Das Buch

Der Planet Erde hat in seiner 4,6 Milliarden Jahre währenden Lebensgeschichte bereits viele Katastrophen überstanden: Kontinentalverschiebungen, Klimaveränderungen, Meteoriteneinschläge, Erdbeben, Vulkanausbrüche. Mindestens fünfmal kam es aufgrund solcher Ereignisse zu einem Massensterben, bei dem große Teile aller Lebewesen ausstarben, das letzte Mal am Ende der Kreidezeit vor rund fünfundsechzig Millionen Jahren, als die Dinosaurier verschwanden.

Heute sind wir wieder Zeuge eines solchen Massensterbens, aber diesmal wurde es nicht verursacht durch äußere Einflüsse, nicht verursacht durch große Naturkatastrophen. Nein, diesmal ist nur eine einzige Spezies für dieses Massensterben verantwortlich: Der Mensch. Wir, die wir uns selbst gerne als die Krone der Schöpfung bezeichnen, haben alle Bereiche des Planeten verändert: Die Atmosphäre, die Wälder, den Boden, die Ozeane. Bis in jeden noch so abgelegenen Winkel, sei es bis in die tiefste Tiefsee oder den entferntesten Punkt der Antarktis, lässt sich die Spur des Menschen verfolgen. Der Mensch hat die Erde so sehr verändert, dass Wissenschaftler bereits ein neues Erdzeitalter heraufbeschworen sehen: Das Anthropozän.

Wie stark die durch den Menschen verursachten Veränderungen auf der Erde bereits sind und was das für unser aller Überleben bedeutet, das zeigt dieses Buch eindrucksvoll.

Der Autor

Oliver Herchen, 1974 in Wiesbaden geboren und von Hause aus Bau- und Wirtschaftsingenieur, beschäftigt sich bereits seit vielen Jahren mit den Themen Umwelt und Nachhaltigkeit, so auch in seiner Diplomarbeit, die er im Jahr 2007 unter dem Titel »*Corporate Social Responsibility – Wie Unternehmen mit ihrer ethischen Verantwortung umgehen*« (ISBN: 978-3837002621) veröffentlichte. Hauptberuflich setzt er große Verkehrs-Infrastrukturprojekte um und hat dort unter anderem mit Umweltverträglichkeitsstudien und Planfeststellungsverfahren zu tun. Herchen lebt mit seiner Familie in der Nähe von Darmstadt.

Oliver M. Herchen

Des Menschen Erde

Inferno Anthropozän

Bibliografische Information der Deutschen Nationalbibliothek:
Die Deutsche Nationalbibliothek verzeichnet diese Publikation in der Deutschen Nationalbibliografie; detaillierte bibliografische Daten sind im Internet über http://dnb.d-nb.de abrufbar.

1. Auflage März 2017

Titelbild: »Destruction of the world because of man. world provided by nasa« (Quelle: www.shutterstock.com, Stockfoto-ID: 172615001, Benutzer: alphaspirit)

Herstellung und Verlag: BoD – Books on Demand, Norderstedt

ISBN: 9 783741 299124

www.des-menschen-er.de

felix qui potuit rerum cognoscere causas

für Petra und Fabian

Inhalt

Prolog

Freitagabend, der 18. Dezember 2009. Die Weltklimakonferenz in Kopenhagen währte nun schon den zwölften Tag. Heute sollte ihr letzter sein. Doch würde es auch ein guter werden?

Es war eine wahre Mammutveranstaltung, die im *Bella Center* der dänischen Hauptstadt stattfand: 16.500 Teilnehmer aus 193 Staaten, darunter über einhundert Staats- und Regierungschefs, angefangen von Bundeskanzlerin *Angela Merkel* über Frankreichs Präsident *Nikolas Sarkozy* und Chinas Ministerpräsident *Wen Jiabao* bis hin zu US-Präsident *Barack Obama*, waren zusammen gekommen, um über nichts weniger als die Zukunft der Welt zu entscheiden. Ganze zwei Jahre lang war die Konferenz penibel vorbereitet worden, unter anderem durch Veranstaltungen in Bonn, Barcelona und Bangkok. Alles schien gerichtet, um endlich, nach schier endlosem Ringen, den großen Durchbruch hin zu einem ambitionierten, gerechten und bindenden Klimaschutzabkommen zu schaffen. Der Weg schien also nicht mehr weit, die schwarz-weiße Zielflagge bereits in Sicht.

Noch einen Monat zuvor, im November, hatte es eine beispiellose Initiative gegeben: Sechzig Nobelpreisträger, darunter die Friedensnobelpreisträger *Michail Gorbatschow* und der *Dalai Lama*, hatten eindringlich in einem gemeinsamen Memorandum an die an der Veranstaltung teilnehmenden Politiker appelliert, sich zu einigen. Nur mit einem tragfähigen Klimaabkommen, gepaart mit einer kohlenstoffarmen Energieversorgung sowie dem Schutz, der Erhaltung und der Wiederherstellung der tropischen Wälder, könne die Menschheit den Problemen, die aus dem Klimawandel entstehen, entschlossen entgegentreten. »*Wir müssen die unerbittliche Dringlichkeit des Jetzt begreifen*«, mahnten sie. »*Wir wissen, was zu tun ist. Wir können nicht warten, bis es zu spät ist. Wir können nicht warten, bis verloren geht, was uns am kostbarsten ist!*«[1] Eine Einigung sei daher Pflicht.

Rückblick: Im Dezember 1997, bereits zwölf Jahre zuvor, war die Weltgemeinschaft ebenfalls zusammen gekommen, um ein gemeinsames Vorgehen im Kampf gegen den Klimawandel zu beschließen. Im japanischen Kyoto verständigte man sich damals darauf, die Emissionen von Treibhausgasen im Zeitraum von 2008 bis 2012 weltweit auf unter das Niveau von 1990 zu senken. Für jeden einzelnen Staat wurden dazu verbindliche Reduktionsziele festgelegt. Dieses »*Kyoto-Protokoll*«, wie es nach seinem Konferenzort genannt wurde, war bahnbrechend. Denn obwohl es den meisten Umweltverbänden nicht weit genug ging, war es immerhin die erste internationale Regelung dieser Art überhaupt.

Da das Protokoll im Jahr 2012 auslief, galt es nun in Kopenhagen, ein noch wirksameres und strengeres Nachfolgeabkommen zu beschließen, das es ablösen sollte. Darin sollte das grundsätzliche Ziel, die von der Menschheit verursachte Erderwärmung auf maximal zwei Grad Celsius gegenüber dem vorindustriellen Zustand zu begrenzen, verbindlich festgeschrieben werden. Es sollte also ein Vertrag her, der auf gerechte, effektive und wissenschaftsbasierte Weise verbindliche Ziele zur Verminderung von Treibhausgasemissionen für alle Staaten vorschreibt. Auch Regelungen über eine länderübergreifende Technologiekooperation sowie eine Zusage der reicheren Staaten zur Mitfinanzierung und Unterstützung der wirtschaftlich schwächeren sollten mit aufgenommen werden.[2]

Dass die Verhandlungen darüber nicht leicht werden würden, war allen Beteiligten von vornherein klar. Doch die Erwartungen, die in die Konferenzteilnehmer gesetzt wurden, waren riesig. Eine hoffnungsfrohe Stimmung verbreitete Optimismus. Der allgemeine Tenor lautete: Es wird zwar schwer, aber wir haben hier und heute die große Chance, Geschichte zu schreiben! Doch es sollte anders kommen.

Wenn man an diesem Freitag in die müden und gereizten Gesichter im Plenum blickte, konnte man in ihnen sehr gut den bisherigen Verlauf der Konferenz ablesen. Der letzte Abend war bereits angebrochen und es gab noch keinerlei Fortschritte oder gar Ergebnisse. Bisher war die ganze Veranstaltung einfach eine riesengroße Enttäuschung. Die Fronten waren verhärtet, die Teilnehmerstaaten zerstritten. Es lief viel hinter den Kulissen, es wurde debattiert und disputiert, aber wirklich weiter kam man nicht. Chinas Premier *Wen Jiabao* glänzte bisher durch Abwesenheit, obwohl es ohne die Chinesen nicht ging; sein zur mächtigen Industrienation aufgestiegenes Land zählte mittlerweile zu den größten Treibhausgasemittenten überhaupt. Die Verhandlungsführerin, die frühere dänische Umweltministerin und designierte EU-Klimakommissarin *Connie Hedegaard*, hatte schon am 16. Dezember, zwei Tage vor Schluss, entnervt das Handtuch geworfen. Nach ihrem Rücktritt sprang Ministerpräsident *Lars Løkke Rasmussen* für sie ein. Es war allen klar, dass sich die Teilnehmer, ja die ganze Weltgemeinschaft vollends blamieren würde, wenn an diesem letzten Abend nicht zumindest ein Minimalkonsens zustande kam.

Das wusste auch US-Präsident *Barack Obama*, als er am späten Nachmittag im Bella Center eintraf. Er kündigte sofort an, dass die Zeit für Reden nun vorbei sei und dass er die Verhandlungsführung übernehmen wolle. In einer Runde von Regierungschefs aus fünfundzwanzig wichtigen und repräsentativ ausgewählten Staaten, darunter Deutschland, Russland, Brasilien, Japan und die Europäische Union, machte er sich sogleich an die Arbeit, die Grundzüge eines Zwölf-Punkte-Papiers zu erarbeiten. Es trug den Titel »*Copenhagen Accord*« und bestand aus einer Sammlung vager politischer Absichtserklärungen auf lediglich drei Seiten. Aber auch der mächtigste Mann der Welt musste bald feststellen, dass es nicht so lief, wie er sich das vorgestellt hatte. Die Verhandlungen waren wesentlich zäher als gedacht. Trotzdem hoffte er auf einen Kompromiss, mit dem alle leben konnten: »*Heute fallen die Würfel*« meinte er.

Gegen 21:00 Uhr bat Obama ungeduldig um ein Gespräch mit Wen Jiabao, der jedoch zunächst unauffindbar war. Angeblich soll er sich die meiste Zeit in seinem Hotelzimmer aufgehalten haben. Obama musste warten – eine ungewöhnliche Situation für einen US-Präsidenten. Nachdem seine Mitarbeiter den Chinesen endlich in einem Verhandlungsraum ausfindig gemacht hatten, soll Obama wutentbrannt in den Raum gestürmt sein und gerufen haben: »*Sind Sie jetzt bereit mit mir zu reden, Herr Premier? Sind Sie jetzt bereit?*«

Allerdings war Wen nicht alleine im Zimmer, sondern unterhielt sich gerade mit dem indischen Staatschef *Mammohan Singh* und Südafrikas Präsident *Jacob Zuma*. Die drei sahen sich nun unvermittelt zu einem Gespräch mit Obama genötigt und auf dessen ungeduldiges Drängen hin einigte sich diese vollkommen zufällig besetzte Runde schließlich auf einen Minimalkompromiss. Normalerweise hätte sich Obama daraufhin gemäß den diplomatischen Gepflogenheiten mit seinen engeren Partnern, wie der Europäischen Union, abstimmen müssen, tat dies jedoch nicht, sondern berief gegen 22:25 Uhr einige wenige US-Journalisten zu einer improvisierten Pressekonferenz zusammen.

Dort verkündete der Präsident den *Copenhagen Accord* als Abschluss des Klimagipfels. Als zentraler Punkt wurde darin das Zwei-Grad-Ziel anerkannt. Zur Erreichung dieses Zieles solle der Höhepunkt der Treibhausgas-Emissionen »*so bald wie möglich*« erreicht werden. Für die Bekämpfung des Klimawandels sowie die notwendigen Anpassungsmaßnahmen an denselben sollten darüber hinaus insbesondere für die ärmeren Länder dreißig Milliarden US-Dollar für den Zeitraum von 2010 bis 2012 und ab 2020 jährlich hundert Milliarden US-Dollar zur Verfügung gestellt werden.[3] Von verbindlichen Reduktionszielen jedoch, wie sie eigentlich vorgesehen waren, war plötzlich keine Rede mehr. Obama gab zwar zu, dass womöglich einige Länder der Meinung sein könnten, dieses Ergebnis sei enttäuschend. Mehr sei seiner Ansicht nach allerdings einfach nicht möglich gewesen. Immerhin, und das sei hervorzuheben, hätten sich aber große Schwellenländer wie Indien und China erstmals zur Notwendigkeit der

Emissionsminderung bekannt und zudem das Ziel, die Erderwärmung nicht über zwei Grad Celsius steigen zu lassen, akzeptiert.

Nach diesen Worten beendete der Präsident sein Statement, verließ die Konferenz, stieg in die *Air Force One* und flog zurück in die USA, angeblich wegen der schlechten Wetterlage dort. Auch Bundeskanzlerin *Angela Merkel*, die sich in der Vergangenheit stark für den Klimaschutz engagiert hatte und auf der Konferenz zu einer gemeinsamen Kraftanstrengung aufgerufen hatte, flog derweil zurück nach Berlin. Beide dachten wohl, damit wäre die Sache erledigt. Aber sie täuschten sich.

Während Merkel und Obama nämlich im Flugzeug saßen, stimmte die etwas überrumpelte EU-Kommission zwar widerstrebend Obamas Kompromiss zu, viele afrikanische Staaten lehnten ihn aber ab. Als am frühen Morgen gegen 3:15 Uhr *Ian Fry* aus dem pazifischen Inselstaat Tuvalu in der wieder zusammengerufenen Vollversammlung ans Rednerpult trat, stellte der Vertreter des nur sechsundzwanzig Quadratkilometer großen und 12.000 Einwohner zählenden Landes klar: »*Wir führen unsere Verhandlungen nicht über die Medien, sondern hier im Plenum!*« Denn dieser angebliche Konsens bedeute für seinen Inselstaat nur eines, nämlich »*den Tod!*« Sein Land müsse befürchten, im wahrsten Sinne des Wortes in den Fluten des Pazifiks zu versinken, wenn das Weltklima um zwei Grad ansteige. »*1,5 Grad Celsius sind das Maximale!*« rief er. Und zu den dreißig Milliarden Dollar, die die Industrienationen zwischen 2010 und 2012 an die ärmeren Staaten zur Unterstützung überweisen sollten, bemerkte er: »*Es sieht so aus, als würden uns dreißig Silberlinge angeboten, um unser Volk und unsere Zukunft zu verraten. Doch unsere Zukunft steht nicht zum Verkauf!*« Tuvalu könne den Kompromissentwurf nicht akzeptieren! Beifall im Plenum.

Mit diesem Paukenschlag begann die Abschlusssitzung der Weltklimakonferenz. Und weil nach den Regularien der Vereinten Nationen auf Klimakonferenzen Beschlüsse nun einmal *ein-*

stimmig gefasst werden müssen, musste Gastgeber Dänemark jetzt den Super-GAU befürchten: Eine Konferenz ohne jeden Abschluss.

Als Rasmussen als Verhandlungsführer den Delegierten nach der Fry-Rede nur sechzig Minuten Bedenkzeit geben wollte, begehrten auch Bolivien und Venezuela auf. »*Wir wollen unsere Stimmen erheben, müssen wir uns dafür erst die Hände abschneiden?*«, beklagten sie. Ein »*Staatsstreich gegen die Charta der Vereinten Nationen*« drohe, da der Kompromiss nicht im Plenum ausgehandelt worden sei. Auch Costa Rica monierte, dass ständig neue Dokumente »*aus heiterem Himmel*« auftauchten. Als der stellvertretende Delegationsleiter der USA, *Jonathan Pershing*, zu Wort kommen wollte, wurde er von einigen Delegierten zurechtgewiesen: Er sei nicht an der Reihe.

Nicaragua warf den führenden Industriestaaten, die an der Aushandlung des Kompromisses beteiligt waren, einen »*Übernahmeversuch*« vor und beantragte im Namen von acht Staaten, die Konferenz abzubrechen und im kommenden Jahr fortzusetzen. Rasmussen löste das Plenum daraufhin auf und berief es nach langen Beratungen um 5:00 Uhr morgens wieder ein. Aber besser wurde es auch dann nicht.

Die Nicaragua-Gruppe forderte nun, das Obama-Papier zu einem »*Informationspapier*« herabzustufen, woraufhin Indien, das ja an der Aushandlung beteiligt war, heftig protestierte. Dann legte der Sudan, der während der zwei Verhandlungswochen den Vorsitz in der Gruppe der Entwicklungsländer innehatte, nach – und wie: Er warf dem Westen vor, dass er mit einer Erderwärmung von zwei Grad Celsius die »*Auslöschung Afrikas*« riskiere und verglich dieses Vorgehen mit dem, »*was einmal sechs Millionen Menschen*« in Europa den Tod gebracht habe. Außerdem habe sich der Konferenzpräsident Rasmussen »*einseitig, undurchsichtig und gegen die Verfahrensregeln*« verhalten.

Tumulte und heftige Empörung im Saal ob des Holocaust-Vergleichs. Doch letztendlich führte genau dies wohl zur Wende.

Deeskalation war nun angesagt, moderatere Töne wurden laut. Der Premierminister der Malediven, *Mohammed Nasheed*, kritisierte zunächst ebenfalls das Abrücken von einem möglichen 1,5 Grad-Ziel. Doch dann meinte er, dass der vorgeschlagene Kompromiss wohl der einzige Weg sei, überhaupt etwas gegen die Erderwärmung zu unternehmen. Diese Weltklimakonferenz dürfe einfach nicht ergebnislos enden!

Auf diesen Zug sprangen dann weitere Staaten auf, Australien, Spanien, Frankreich, Großbritannien und schließlich auch die Vertreter kleinerer Inselstaaten, die versicherten, sie hätten bei der Entstehung des Dokuments mit am Tisch gesessen.

Erst drei Stunden nach dem Auftritt Tuvalus, gegen 6:20 Uhr am frühen Morgen, kamen die Vereinigten Staaten wieder zu Wort. Ihr Klimabotschafter *Todd Stern* verteidigte das Prozedere, das Kompromisspapier außerhalb des Plenums von fünfundzwanzig Staaten ausgehandelt zu haben, und drohte angesichts des unbefriedigenden Verhandlungsverlaufs damit, dass sich die Vereinigten Staaten im Falle eines Scheiterns ganz aus dem Klimaprozess der Vereinten Nationen zurückziehen könnten.

Wenig später, um 7:06 Uhr kehrte Ian Fry aus Tuvalu ans Rednerpult zurück. Er konstatierte, dass alle müde und emotional seien, das Papier Schwächen habe und man sich unter diesen Umständen lieber vertagen solle, um dann *»etwas zu erreichen, auf das wir stolz sein können«*.

Also immer noch keine Zustimmung. Langsam, aber sicher, machte sich Verzweiflung breit. Saudi-Arabiens Vertreter sprach vom *»fürchterlichsten Klimagipfelplenum«*, das er je erlebt habe. Nichts sei richtig gelaufen. Und dann an Rasmussen gerichtet: *»Mister Präsident, Sie haben hier keinen Konsens und wir brauchen Konsens, um zu entscheiden. Das Papier kann nicht beschlossen werden, jedenfalls nicht hier!«* Er sei mittlerweile seit 48 Stunden auf den Beinen und wolle jetzt ins Hotel zurück.

Die unterschiedlichen Interessen traten nun immer offener zutage: Die Nicaragua-Gruppe, die gefordert hatte, Obamas Kompromiss zum Infodokument herabzustufen, wollte sich von den Industriestaaten nichts vorschreiben lassen. Für die kleinen Inselstaaten ging es um die Existenz. Und andere, wie Großbritannien, wollten Solidarität mit den USA zeigen und ein Debakel für den Westen verhindern. Für sie war wichtig, dass am Ende wenigstens ein Minimal-Abschluss stehe. Doch auch der schien verspielt, als Rasmussen um 8:00 Uhr in der Früh erklärte: »*Wir können dieses Papier heute nicht beschließen.*«

Die Briten beantragten daraufhin eine Unterbrechung. Hinter den Kulissen wurde weiter verhandelt, gestritten und diskutiert, um doch noch eine Lösung zu finden. Es ging jetzt nur noch darum, die ganz große Blamage, den Super-GAU, eine Konferenz ohne jeden Abschluss, abzuwenden.

Um 10:30 Uhr, als die Sitzung wieder einberufen wurde, saß plötzlich nicht mehr Rasmussen auf dem Vorsitzenden-Sessel, sondern ein unbekannter Delegierter. Der sagte bestimmt: »*Wir versuchen, drei Sachen schnell hinzubekommen: Die COP* [- die Konferenz der Vertragsparteien -] *nimmt Kenntnis vom Copenhagen-Accord vom 18. Dezember. Das ist jetzt so beschlossen!*« und haute seinen Hammer auf den Tisch.

Der langsam aufbrandende Applaus ermunterte ihn, noch zwei weitere, angebliche Beschlüsse herunter zu rattern. Welche das waren, bekam aber niemand so recht mit. Die Konferenz war nun endgültig zur Farce geworden.

Nachdem der erste Applaus verklungen war, gab es wieder Einsprüche. China monierte, dass der Vorstand eigenmächtig agiere. Auch Indien, Saudi-Arabien und der Sudan hatten Einwände.

Um 11:30 Uhr erschien UNO-Generalsekretär *Ban Ki Moon* und hielt eine Rede. Zur Verwunderung aller war es jedoch diejenige, die er für den Fall einer gelungenen Konferenz hätte halten sollen: »*Es ist ein großes Vergnügen, mit Ihnen an der Bekämpfung des Klimawandels zu arbeiten... Es war sehr schwierig, es gab dramatische und emotionale Momente... Sie haben gezeigt, was globale Führungskraft bedeutet... Wir haben uns auf viele wichtige Punkte geeinigt, auf das Zwei-Grad-Ziel, auf den Schutz der Wälder, auf einen Sofortfonds von dreißig Milliarden Dollar und einen Grünen Fonds von hundert Milliarden Dollar im Jahr 2020... Eine sofortige Umsetzung ist nötig und eine Transformation dieses Akkords in ein rechtsverbindliches Abkommen im kommenden Jahr... Sie waren der Herausforderung gewachsen während dieser Konferenz. Heute sind wir einen entscheidenden Schritt nach vorne getreten.*«

Ungläubige Blicke. Niemand konnte glauben, was er da hörte. Aber keiner wagte mehr etwas zu sagen. Warum Ban Ki Moon diese Rede hielt, weiß keiner so genau. Als er selbst später danach gefragt wurde, sagte er, er habe nur zwei Stunden geschlafen. Vielleicht war es aber auch nur ein Fall von Realitätsverlust oder verzweifelter Hoffnung. Denn beschlossen wurde in Kopenhagen rein gar nichts. Es wurde lediglich die Existenz des Obama-Papiers »*zur Kenntnis genommen*«, das heißt also, mit der niedrigsten Form der diplomatischen Anerkennung eine offizielle Ablehnung gerade noch so verhindert. Den Konferenzteilnehmern ersparte das zwar die absolute Blamage. Doch dem Klima brachte es rein gar nichts. Man kann sich deshalb dem Urteil der Tageszeitung *Die Welt* voll und ganz anschließen: »*Klima-Gipfel in Kopenhagen faktisch gescheitert.*«[4] Und der *Spiegel* resümierte: »*Der Gipfel des Versagens endet absurd und bitter.*«[5] Dennoch will die *Zeit* die Hoffnung noch nicht vollends aufgeben: »*Weltrettung vertagt*« schreibt sie.[6] Na immerhin.

◇◇◇

Keine vierundzwanzig Stunden später beschloss der amerikanische Senat im fernen Washington D. C. mit großer Mehrheit von achtundachtzig zu zehn Stimmen den bis dato größten Verteidigungsetat in der Geschichte der Vereinigten Staaten: Im bereits seit drei Monaten laufenden Haushaltsjahr sollten 636 Milliarden Dollar (circa 443 Milliarden Euro) für die Rüstung zur Verfügung gestellt werden, davon alleine 128,3 Milliarden nur für die Kriege im Irak und in Afghanistan, wobei die US-Regierung schon angekündigt hatte, noch weitere dreißig Milliarden für die erst kürzlich beschlossene Entsendung von zusätzlichen dreißigtausend Soldaten nach Afghanistan zu benötigen.

Zur Erinnerung: Dreißig Milliarden Dollar war genau die Summe, die sämtliche Industrienationen der Erde gemäß dem *Copenhagen Accord* in den Jahren 2010 bis 2012 den Entwicklungsländern für den Klimaschutz zur Verfügung stellen wollten. Allerdings nicht verpflichtend. Sie hatten es schließlich nur »*zur Kenntnis genommen*«.[7]

Gaia

WAS FÜR EIN ENDE SOLL DIE AUSBEUTUNG DER ERDE IN ALL DEN KÜNFTIGEN JAHRHUNDERTEN NOCH FINDEN?
BIS WOHIN SOLL UNSERE HABGIER NOCH VORDRINGEN?
[Plinius der Ältere, 23 oder 24 bis 79 n. Chr., römischer Offizier und Gelehrter]

ALLES WAS GEGEN DIE NATUR IST, HAT AUF DAUER KEINEN BESTAND.
[Charles Darwin, Begründer der Evolutionstheorie]

MICH INTERESSIERT NUR DIE ZUKUNFT,
DENN DAS IST DIE ZEIT, IN DER ICH LEBEN WERDE.
[Albert Schweitzer, deutsch-französischer Friedensnobelpreisträger]

Der Weltklimagipfel vom Dezember 2009 in Kopenhagen bedeutete nicht nur für die Vereinten Nationen, sondern für die gesamte Weltgemeinschaft eine Blamage, ja mehr noch: einen Offenbarungseid. Denn trotz höchster Erwartungen und Hoffnungen war es nicht gelungen, im weltweiten Kampf gegen den Klimawandel auch nur einen Schritt weiterzukommen.

Für Diejenigen, die glaubten und darauf gesetzt hatten, dass die Menschheit wenigstens in den entscheidenden Momenten in der Lage sein sollte, in ihrem eigenen Interesse zusammenzustehen und das Gemeinwohl der gesamten Spezies über die individuellen Bedürfnisse Einzelner zu stellen, war es geradezu ein Schock: Es hatte sich doch tatsächlich gezeigt, dass der Menschheit das Hemd weitaus wichtiger schien als der Rock, selbst dann, wenn der Hemdkragen ihm bereits die Kehle zuschnürt. Und doch stellte der Gipfel von Kopenhagen im jahrelangen Klimaprozess der Vereinten Nationen nur eine Episode dar. Und dazu noch nicht einmal eine, die sonderlich aus dem Rahmen fiel.

Den Ursprung des UN-Klimaprozesses bildet die *Klimarah-*

menkonvention, mit vollständigem Titel »*Rahmenübereinkommen der Vereinten Nationen über Klimaänderungen*«, kurz: UNFCCC[8]. Sie wurde am 9. Mai 1992 in New York verabschiedet, im selben Jahr also, in dem auch der »*Erdgipfel*«, die große »*Konferenz der Vereinten Nationen über Umwelt und Entwicklung*« (UNCED), in Rio de Janeiro tagte. Genau dort wurde sie auch von 154 Staaten unterzeichnet; in Kraft trat sie knapp zwei Jahre später, am 21. März 1994. Nach ihrem Artikel 2 hat die Klimarahmenkonvention das Ziel, eine »*Stabilisierung der Treibhausgaskonzentrationen in der Atmosphäre auf einem Niveau zu erreichen, auf dem eine gefährliche anthropogene Störung des Klimasystems verhindert wird. Ein solches Niveau sollte innerhalb eines Zeitraums erreicht werden, der ausreicht, damit sich die Ökosysteme auf natürliche Weise den Klimaänderungen anpassen können, die Nahrungsmittelerzeugung nicht bedroht wird und die wirtschaftliche Entwicklung auf nachhaltige Weise fortgeführt werden kann.*«[9]

Eine deutliche Ansage also. Doch liest man sie heute, dann kann man nicht umhin, festzustellen, dass wir Menschen im Dezember 2009 in Kopenhagen keinen Schritt weiter waren als im Mai 1992 in New York. Selbst weitere fünf Jahre später, bei der zwanzigsten Weltklimakonferenz im Dezember 2014 im peruanischen Lima, waren wir nicht weiter als 1992. Kurz gesagt: Wir haben sage und schreibe mehr als zwei Dekaden ins Land ziehen lassen, ohne der in der Klimarahmenkonvention formulierten Absicht, einen wirksamen Klimaschutz zu erreichen, auch nur ein Stückchen näher zu kommen. Erst auf der einundzwanzigsten Weltklimakonferenz im Dezember 2015 in Paris konnte sich die Weltgemeinschaft mit dem »*Übereinkommen von Paris*« (»*Paris Agreement*«) dazu durchringen, endlich das anzugehen, was sie bereits dreiundzwanzig Jahre zuvor in New York verabschiedet hatte. Dieses Pariser Übereinkommen ist das bisher deutlichste Bekenntnis dazu, gemeinsam an einem Strang zu ziehen und zu versuchen, auf das oben genannte Ziel hinzuarbeiten.

Doch was dieser Vertrag wirklich wert ist und ob er tatsächlich dazu geeignet ist, einen wirksamen Klimaschutz herbeizuführen, wird erst die Zukunft zeigen.

Dabei war es eigentlich einmal ganz anders gedacht. Um ihre Ziele voranzubringen und ihre Durchführung zu überprüfen, hatte die Klimarahmenkonvention in ihrem Artikel 7 nämlich genau jene regelmäßig stattfindende *Konferenz der Vertragsparteien* (»*Conference of the Parties*«, kurz: COP) eingesetzt, von denen Kopenhagen als COP 15 bereits die fünfzehnte ihrer Art war. Zunächst begann auch alles ganz vielversprechend. Die erste Weltklimakonferenz (COP 1) fand im März 1995 in Berlin statt, nur ein Jahr nach Inkrafttreten der Konvention. Schon zwei Jahre später, 1997, bei der COP 3 im japanischen Kyoto, wurden erstmals völkerrechtlich verbindliche Zielwerte für den Ausstoß von Treibhausgasen festgelegt. Das *Kyoto-Protokoll* sah vor, die Treibhausgasemissionen in den Jahren 2008 bis 2012 im Schnitt um 5,2 Prozent gegenüber dem Niveau von 1990 zu senken. Die einzelnen Industrieländer verpflichteten sich darin, ein jeweils individuell festgelegtes Reduktionsziel zu erreichen. Für die Entwicklungs- und Schwellenländer wurden dagegen keine Ziele festgelegt.

Das Abkommen trat, nach einem langwierigen Ratifizierungsprozess, 2005 in Kraft. Bis 2011 hatten es 193 Staaten unterzeichnet. Allerdings zeigten sich bald die ersten Schwierigkeiten. Die USA, einer der größten Treibhausgasemittenten überhaupt, trat nie bei und die großen Schwellenländer China und Indien waren ohnehin außen vor. Für einige, wie Russland und Frankreich, lag das Reduktionsziel bei Null Prozent, anderen, wie Spanien oder Australien, wurde sogar eine Steigerung zugebilligt. Und Kanada, das nach den USA und Australien immerhin die höchsten Pro-Kopf-Emissionen unter den Industrienationen hat, stieg 2011 sogar komplett aus.

Es wurde schnell deutlich, dass Kyoto nicht mehr war als nur ein erster Schritt im langen Kampf gegen den Klimawandel. Im

Grunde genommen war das auch von Anfang an klar. Seine wichtigste Intention war, zu zeigen, dass ein internationales Abkommen überhaupt möglich ist. Dass aber das Reduktionsziel von insgesamt 5,2 Prozent bei weitem nicht ausreichen würde, war allen Beteiligten wie auch der interessierten Öffentlichkeit sehr wohl bewusst.

Umso wichtiger war es, darauf hinzuarbeiten, dass nach dem Auslaufen des Kyoto-Protokolls im Jahr 2012 ein strengeres und effektiveres Nachfolgeabkommen verabschiedet würde. Zunächst wurde daher auf der im Jahr 2007 stattfindenden COP 13 auf Bali der »*Fahrplan von Bali*« (»*Bali Roadmap*«) beschlossen, der zum Ziel hatte, genau dies bis zur Weltklimakonferenz zwei Jahre später in Kopenhagen zu erreichen. Auch wurden darin die inhaltlichen Anforderungen eines solchen Vertrages festgelegt (»*Bali Action Plan*«). Dass es dann in der dänischen Hauptstadt nicht so weit kam, haben wir bereits erfahren.

Die UN-Diplomaten ließen sich von dem niederschmetternden Ergebnis der COP 15 in Kopenhagen dennoch nicht entmutigen. Zunächst einigte man sich 2012 auf der COP 18 in Doha/Katar nach beinahe schon gewohnt zähen Verhandlungen und einem umstrittenen Abstimmungsverfahren notgedrungen darauf, das auslaufende Kyoto-Protokoll mangels Alternative zunächst bis zum Jahr 2020 zu verlängern (»*Kyoto II*«). Russland, Kanada, Japan und Neuseeland waren fortan aber nicht mehr daran beteiligt, sondern nur noch die (damals) 27 EU-Staaten, einige weitere europäische Länder sowie Australien. Insgesamt waren diese Länder allerdings bestenfalls für elf bis dreizehn Prozent der weltweiten Kohlendioxid-Emissionen verantwortlich – Tendenz stark fallend. Das war ernüchternd. Aber wenigstens wurde in Doha auch ein grober Arbeitsplan beschlossen, der vorsah, bis 2015 eine neue Klimaschutzvereinbarung auszuhandeln, die langfristig alle Staaten, auch die großen Treibhausgasemittenten USA und China, mit einbezieht. Mit dem Übereinkommen von Paris ist dies dann auch tatsächlich gelungen – gleich mehr dazu.

Fazit nach über zwanzig Jahren UN-Klimaprozess bleibt aber zunächst, dass, wenn die Lage nicht so ernst wäre, man fast schon darüber schmunzeln könnte, mit welch immensem Aufwand – die jährlichen Klimakonferenzen mit Tausenden von Teilnehmern waren schließlich nur die Spitze des Eisbergs – die Weltgemeinschaft versucht hat, gemeinsam an einer Lösung zu arbeiten und wie erschreckend wenig dann doch dabei heraus kam. Das Ganze mutet fast an wie ein schwerfälliger Supertanker, bei dem der Motor ausgefallen ist und der nun versucht, mit Segeln vorwärts zu kommen, manövrierunfähig, und bange darauf hoffend, dass ein kräftiger Windstoß käme und den Kahn wenigstens ein paar Meter in die richtige Richtung treibe.

Doch was sind die Gründe für diese Schwerfälligkeit? Welche Lehren sind aus den – beinahe – gescheiterten Klimakonferenzen zu ziehen? Und was zeigt uns das für den Umgang des Menschen mit seinem Planeten insgesamt?

Wirtschaftliche Interessen vs. Nachhaltigkeit

Zunächst einmal ist festzustellen, dass die Art und Weise, wie die Vereinten Nationen versuchten, den Prozess voranzubringen, offenkundig nicht der ideale Weg war. Der Grundsatz, Beschlüsse nur gemeinsam, das heißt einstimmig, zu fassen, ist bei fast zweihundert teilnehmenden Parteien fast unmöglich. Der Gedanke, der dahinter steht, nämlich dass über niemanden Kopfes hinweg etwas beschossen werden soll, ist zwar lobenswert, doch wäre eine demokratische Entscheidungsfindung, bei der es um Mehrheiten geht, weitaus zielführender. Hinzu kommt, dass jedes Land gleichberechtigt nebeneinander stehen soll, also ein kleiner Inselstaat genauso viele Stimmen hat wie ein Milliardenvolk. Dass dabei auf einen Einwohner Tuvalus mehr als hunderttausend Chinesen kommen, wird dabei völlig außer Acht gelassen. Umgekehrt wäre es aber sicher auch nicht richtig, China hunderttausend und Tuvalu nur eine Stimme zu geben, alleine schon deswegen, weil Tuvalu bei einem starken Anstieg des Meeresspiegels in ein paar Jahrzehnten schlicht und ergreifend nicht mehr vorhanden wäre; bei China ist das dagegen eher unwahrscheinlich. Hier ist es also an den Vereinten Nationen, eine handhabbare und praktikable Lösung zu finden, um die Entscheidungsfindungsprozesse in solchen Mammutveranstaltungen zu vereinfachen und trotzdem gerecht zu gestalten.

Doch auch wenn es diese Prozesse gäbe, würden sie ein gravierendes Problem dennoch nicht beseitigen können, nämlich die vielen unterschiedlichen Interessen, die aufeinander prallen und einen Kompromiss so unglaublich schwer machen. Doch welche sind das? Vordergründig betrachtet müsste man doch annehmen, dass alle Staaten den Klimaschutz befürworten, oder etwa nicht?

Betrachten wir zunächst die Europäische Union mit ihren derzeit achtundzwanzig, nach dem »*Brexit*« bald siebenundzwanzig Mitgliedsstaaten. Nach außen spricht die Union zwar meist mit einer Stimme, aber hinter den Kulissen gibt es äußerst heterogene Ansichten, beispielsweise im Hinblick auf die künftige Rolle der Atomenergie: Deutschland lehnt sie bekanntlich strikt ab, während Frankreich entschieden auf sie setzt. Das heißt also, die kollektive Meinung der EU, welche aus dem Blickwinkel etwa eines Entwicklungslandes als ein einigermaßen homogenes Gebilde erscheinen muss, ist bereits ein hart errungener Kompromiss. Grundsätzlich besagt dieser, dass sich die EU für eine wirksame Klimapolitik einsetzt und sogar bereit ist, dort eine gewisse globale Vorreiterrolle einzunehmen. Sie versucht, anderen Staaten als gutes Beispiel zu dienen und hofft auf diese Weise, dass die anderen nachziehen. Doch auch die EU weiß, dass sie alleine nur wenig bewegen kann. Ohne die großen Klimaemittenten USA, China und Indien wird es nicht gehen. Darum hat sie ihre Reduktionsziele mit einem Beschluss aus dem Jahr 2007 an die Bedingung geknüpft, dass insbesondere diese Staaten und andere Industrienationen außerhalb Europas ebenfalls ihren Beitrag zum Klimaschutz leisten. Aus Angst, möglicherweise wirtschaftliche

Nachteile zu erleiden, bot sie für das Jahr 2020 zunächst nur zwanzig Prozent als Reduktionsziel gegenüber dem Niveau von 1990 an; erst wenn die anderen genannten Staaten mitmachten, wollte sie das Ziel auf dreißig Prozent erhöhen. Dazu kam es jedoch aufgrund des gescheiterten Kopenhagener Gipfels zunächst nicht. Dabei hält der Weltklimarat – wir werden später noch auf ihn zu sprechen kommen – diese Zahlen für deutlich zu gering: Um das angestrebte Zwei-Grad-Ziel zu erreichen, sei in den Industriestaaten eine Reduktion von mindestens fünfundzwanzig bis vierzig Prozent im genannten Zeitraum erforderlich. Angesichts dessen erschien die EU zwar als ein Vorreiter, allerdings als einer mit wenig Elan. Erst im Oktober 2014, als das Pariser Übereinkommen bereits am Horizont erkennbar war, und sich auf Seiten der USA, Chinas und Indiens Bewegung zeigte, beschlossen die EU-Mitglieder, ihre Treibhausgasemissionen bis zum Jahr 2030 um mindestens vierzig Prozent gegenüber dem Jahr 1990 zu senken.[10]

Ein Blick über den großen Teich zeigte lange ein anderes, wesentlich trüberes Bild. Im Gegensatz zur EU waren die USA bis Paris der größte Blockierer einer wirksamen globalen Klimaschutzpolitik – was im Übrigen für große Teile der amerikanischen Öffentlichkeit und auch der politischen Entscheidungsträger bis heute gilt. Gerade der frisch gewählte US-Präsident *Donald Trump*, der in der Vergangenheit den Klimawandel bereits als »*Erfindung der Chinesen*« bezeichnet hat, lässt in dieser Hinsicht nichts Gutes erwarten. Andere Länder – Japan, die Schweiz, Norwegen, Kanada, Australien und Neuseeland – hatten sich den Amerikanern vor Paris weitgehend angeschlossen, am Ende sogar auch Russland. Diesen als »*Umbrella-Group*« bezeichneten Staaten ist gemein, dass sie alle eine starke Affinität zu fossilen Energieträgern haben, entweder durch entsprechende Rohstoffvorkommen oder aber durch eine auf ihnen basierende Wirtschaft. Sie befürchteten, dass sie es sind, die durch allzu ambitionierte Reduktionsziele in wirtschaftlicher Hinsicht am stärksten getroffen sein könnten und lehnten die Klimaschutzpolitik ab, um ihre wirtschaftliche Souveränität zu behaupten. Innerhalb der USA ist das Thema sehr umstritten. Hier stehen sich große Anti-Klima-Lobbygruppen und die von ihnen unterstützten Republikaner auf der einen sowie die Befürworter einer engagierten Klimapolitik auf der anderen Seite hart gegenüber. Diese innenpolitischen Machtkämpfe und die daraus resultierenden Rücksichtnahmen führten lange dazu, dass nach außen hin keiner die Zügel wirklich in die Hand nehmen wollte oder konnte, auch ein Präsident Obama nicht. Durchsetzen konnte er sich erst, als sich auch die großen Schwellenländer China und Indien bereit erklärten, das Pariser Übereinkommen zu unterzeichnen. Zum Glück, muss man sagen, denn unter seinem Nachfolger wäre dieser Vertrag wahrscheinlich niemals zustande gekommen.

Genauso vielschichtig wie innerhalb der EU und der Umbrella-Group waren und sind die Interessen auch unter den Entwicklungs- und Schwellenländern. Auch sie treten zwar häufig gemeinsam auf, bilden aber keineswegs eine homogene Einheit. Vielmehr weisen sie erhebliche Unterschiede auf, was einerseits im Stand der jeweiligen Entwicklung und andererseits im Reichtum an Bodenschätzen begründet ist. Grob kann man vier Untergruppen unterscheiden: Erstens, die so genannten Schwellenländer, wozu China, Indien und Brasilien zählen. Zweitens, die erdölexportierenden Staaten, die in der OPEC zusammengefasst sind. Drittens, die kleinen Inselstaaten, die beim Anstieg des Meeresspiegels um ihre Existenz fürchten müssen (»*Alliance of Small Island States*« – AOSIS). Und schließlich, viertens, die am wenigsten entwickelten und ärmsten Länder der Welt (»*Least Developed Countries*« – LDC's).

Die erste Untergruppe, die Schwellenländer, zeichnen sich durch einen langjährigen wirtschaftlichen Aufschwung mit hohen Wachstumsraten aus. Doch dieses hohe und lang anhaltende Wachstum führte mithin zu einem starken Anstieg der Treibhausgasemissionen in diesen Ländern, wobei zu erwarten ist, dass der Anstieg weiter zunimmt. China liegt heute bereits an der Spitze der weltgrößten Klimasünder, noch vor den USA. Auch Indien folgt bereits auf Rang vier hinter Russland. Deswegen erschien es aus Sicht der EU und auch aus Sicht der Umbrella-Gruppe unter Führung der USA logisch, eine Einbindung dieser Staaten in die Klimaschutzziele zu fordern. Das jedoch sahen die Schwellenländer selbst vollkommen anders. Sie lehnten einschneidende Reduktionsziele, die Auswirkungen auf ihre wirtschaftliche Prosperität hätten, lange entschieden ab, da sie ihrer Meinung nach zunächst Anspruch auf eine aufholende wirtschaftliche Entwicklung hätten. Sie hatten also die Sorge, dass ihr weiterer wirtschaftlicher Aufschwung gefährdet werden könnte und verwiesen darauf, dass ja die Industrienationen ebenfalls zunächst ihre eigene wirtschaftliche Entwicklung jahrzehntelang ohne Rücksicht auf Verluste vorangetrieben hätten, bevor ihnen irgendwann eingefallen sei, dass sie damit das Klima schädigten. Für den Fall eines Entgegenkommens forderten die Schwellenländer deswegen einen Technologietransfer und finanzielle Unterstützung durch die Industriestaaten. Genau das wurde ihnen dann in Paris zugesichert.

Einer der stärksten Widerstände gegen die Minderung von Treibhausgasen kommt dagegen aus der zweiten Untergruppe, den OPEC-Staaten. Diese haben ein sehr starkes Interesse an der weiteren Ölförderung, da ihr gesamter Reichtum auf dieser Ressource beruht. Dementsprechend sorglos gehen sie mit fossilen Brennstoffen um, weswegen ihre Treibhausgasemissionen auch relativ hoch sind. Um also ihre Exportmacht und den damit einhergehenden Wohlstand nicht zu gefährden, lehnen sie eine globale Klimaschutzpolitik entschieden ab.

Die beiden letzten Untergruppen, nämlich die kleinen Inselstaaten und die ärmsten Länder der Welt, wären dagegen die größten »Verlierer« des Klimawandels, da sie von ihm einerseits am stärksten betroffen wären, andererseits aber zu wenige Mittel haben, um den Auswirkungen adäquat zu begegnen. Sie setzen sich deswegen energisch für eine wirksame Klimapolitik ein, können aber wenig zu ihrer Finanzierung beitragen und sind deswegen auf Unterstützung in anderen Lagern angewiesen.[11]

So unterschiedlich diese vielen Interessenslagen auf den ersten Blick auch erscheinen mögen, gibt es doch in den meisten Fällen die eine große Gemeinsamkeit. Es klingt schon beinahe zu banal, um ausgesprochen zu werden, aber im Grunde genommen ist es immer wieder die gleiche Argumentation, die gegen eine weltweite Klimapolitik hervorgebracht wurde und wird: Wirtschaftliche Interessen. Wenn es gilt, Geld in die Hand zu nehmen oder Einbußen hinzunehmen, um den Klimawandel zu bekämpfen, wird zunächst ablehnend auf angeblich bedrohte Arbeitsplätze, auf ins Stocken geratenes Wachstum oder auf die Minderung der eigenen Wettbewerbsfähigkeit verwiesen, wohl wissend, dass diese Gründe immer ziehen. In Wahrheit sollen aber nur die persönlichen Einschränkungen, die nun drohen, aber wohl leider unvermeidlich sind, um jeden Preis verhindert werden. Jeder scheint sich hier selbst der Nächste zu sein und sabotiert deswegen zugunsten seiner eigenen (vordergründigen und kurzfristigen) Vorteile eine bessere, weil gemeinschaftliche und vernünftige Lösung zum Vorteil Aller. Betrüblicherweise zieht der Einzelne dabei die für sich selbst bessere Lösung nicht einmal deshalb vor, weil es ihm an Wissen über die beste Lösung im Sinne der Allgemeinheit mangelt. Nein, der eigene Vorteil wird sogar gesucht, *obwohl* jeder weiß, dass das eigene Zurückstecken eine bessere Lösung für alle ermöglichen könnte. Doch aus Angst, von anderen, die nicht mitmachen, übervorteilt zu werden, macht man selbst nicht mit – das klassische Gefangenendilemma also. Im Grunde genommen offenbart das aber nur die Grenzenlosigkeit des menschlichen Egoismus. Die einzige Möglichkeit, einen Ausweg aus diesem Dilemma zu finden, ist, sich selbst an die eigene Nase zu packen und nicht zuerst mit dem Finger auf die anderen zu zeigen.

Im Übrigen gilt das nicht nur für die Klimaproblematik. Sie ist vielmehr nur Teil eines größeren Ganzen, mit dem sich dieses Buch beschäftigen will. Die Veränderung des Klimas durch den Menschen, das heißt, eine *dauerhafte* Veränderung, die weitreichende Folgen für das komplette Ökosystem des Planeten Erde hat, steht nicht allein, sondern neben einer Reihe weiterer Eingriffe des Menschen in die Natur, die nicht minder bedeutsam sind. Dazu zählen die Waldvernichtung ebenso wie die Verschmutzung und Ausbeutung der Meere, das Artensterben ebenso wie die Zerstörung wertvollen fruchtbaren Bodens. All diese Eingriffe, zusammenfassend als »*globaler Wandel*« bezeichnet, haben eines gemeinsam: Sie gehen so weit, dass sie irreversibel sind, also in der Zukunft nicht rückgängig gemacht werden können und damit auf lange Zeit Auswirkungen auf künftige Generationen und deren Lebensräume haben werden.

Zwar ist ein globaler Wandel nichts Neues, man könnte vielmehr sagen, er ist sogar die Regel. Denn in der über 4,6 Milliarden Jahre währenden Erdgeschichte gab es immer schon große Veränderungen: starke Temperaturschwankungen, Klimaänderungen, die Verschiebung und die Neuentstehung von Kontinenten, Erdbeben, Vulkanausbrüche, Meteoriteneinschläge, massenhafte Artensterben, wie das vor fünfundsechzig Millionen Jahren, als die Dinosaurier ausstarben. Doch selbst dieses einschneidende Ereignis am Ende der Kreidezeit, bei dem über vierzig Prozent der damals auf der Erde lebenden Arten verschwanden, war ein Prozess, der sich über etwa eine Million Jahre hinzog. Erdgeschichtlich betrachtet zwar ein kurzer Zeitraum, aber für uns Menschen eine unvorstellbar lange Zeit.

Der derzeit durch die Menschheit ausgelöste globale Wandel ist von der Größenordnung her vergleichbar mit den Vorgängen, die an der so genannten »*KT-Grenze*«, also jenem Übergang von der Kreidezeit zum Tertiär vor fünfundsechzig Millionen Jahren, vonstattenging und welche die Biosphäre des Planeten Erde damals massiv bedrohten. Es gibt nur einen kleinen, aber entscheidenden Unterschied zu heute: Das, was damals in einer Million

Jahren geschah, haben wir heute in geradezu lächerlich erscheinenden zweihundert Jahren geschafft! Das verdeutlicht vielleicht, wie dramatisch unsere heutige Situation tatsächlich ist. Es gab in 4,6 Milliarden Jahren Erdgeschichte noch niemals zuvor solche weitreichenden Veränderungen in so kurzer Zeit! Dessen müssen wir uns bewusst sein.

Dagegen anzugehen und die aktuellen Veränderungen weniger folgenreich zu gestalten, versucht das Prinzip der »*Nachhaltigkeit*« oder »*Nachhaltigen Entwicklung*« (englisch: »*Sustainable Development*«). Der Begriff wurde erstmals im 1987 erschienenen Abschlussbericht der »*Weltkommission Umwelt und Entwicklung*«, dem so genannten »*Brundtland-Bericht*« (benannt nach der ehemaligen norwegischen Ministerpräsidentin *Gro Harlem Brundtland*, die in der Kommission den Vorsitz innehatte), definiert. Demnach ist es eine »*Entwicklung, die die Bedürfnisse der Gegenwart befriedigt, ohne zu riskieren, dass künftige Generationen ihre eigenen Bedürfnisse nicht befriedigen können*«. Es geht also darum, im Sinne einer generationenübergreifenden Gerechtigkeit zu handeln, indem wir nicht auf Kosten unserer Kinder und Enkel mehr natürliche Ressourcen verbrauchen und schädigen, als uns vielleicht zusteht.

Leider ist das Wort »*nachhaltig*« in den letzten Jahren im Deutschen abseits der umweltpolitischen Thematik zu einem regelrechten Modewort gereift. Es wird mittlerweile in allen möglichen und unmöglichen Situationen verwendet, wodurch seine ursprüngliche Bedeutung stark verwässert wird. So spricht man heute von »nachhaltigem Erfolg«, »nachhaltigem Wirtschaften«, »nachhaltigen Lösungen« und sogar »nachhaltigem Wachstum«. Der Begriff wird heute häufig im Sinne von »*dauerhaft*« oder »*anhaltend*« benutzt und hat gerade letzteres fast verdrängt. Resultat ist, dass das Wort »*Nachhaltigkeit*« mittlerweile von denjenigen, die seine ursprüngliche Bedeutung meinen, lieber vermieden wird, um nicht missverstanden zu werden. Das gilt (überwiegend) auch für dieses Buch.

Dabei tauchte das Prinzip der Nachhaltigkeit in Deutschland bereits Anfang des 18. Jahrhunderts auf. Der kursächsische Oberberghauptmann und Leiter des Oberbergamtes Freiberg *Hans Carl von Carlowitz* (1645 bis 1714), zu dessen Aufgabengebiet die Verwaltung der Holzversorgung des kursächsischen Berg- und Hüttenwesens gehörte, verfasste 1713 das erste deutsche Werk zur Forstwirtschaft mit dem Titel »*sylvicultura oeconomica*«. Darin beschrieb er das Prinzip, dass nur so viel Holz zu schlagen sei, wie auch nachwachsen könne. Er nennt das eine »*kontinuierliche beständige und nachhaltende Nutzung*«. Damit waren der Begriff und seine Bedeutung geboren.[12]

Doch was vor dreihundert Jahren bezogen auf den Wald vielleicht noch so einfach schien, nämlich nur in einem solchen Maße in ihn einzugreifen, in welchem er sich auch wieder regenerieren kann, ist heute ungleich schwerer. Die Menschheit ist zahlreicher geworden und mit ihr nicht nur die Art und Menge der durch sie verursachten Umweltschäden, sondern auch die Vielfalt der Meinungen und Interessen. An den gescheiterten Klimakonferenzen sehen wir, wie schwer sich globale Herausforderungen in einem solchen Rahmen lösen lassen, vor allem dann, wenn massive wirtschaftliche Interessen oder gar menschliche Grundbedürfnisse berührt werden.

Zugleich ist die Welt auch komplexer geworden. Ein Thema kann heute nicht mehr vollkommen isoliert betrachtet werden, sondern streift sogleich das nächste. Der Klimawandel ist nur eines von vielen in einer langen Reihe von Umwelt- oder Welt-Problemen. Er ist gewissermaßen nur eine Speiche im großen Rad des Umgangs der Menschheit mit seinem Planeten. Und alle Sphären dieses Planeten sind betroffen: Luft, Boden, Wasser, Wald. Die Gefahr besteht darin, dass das Thema Klimawandel die anderen Themen überstrahlt und sie zurück drängt. Das dürfen wir aber nicht zulassen. Der Klimawandel ist zwar zweifellos das wohl drängendste, aber nicht das einzige Problem, das wir haben. Wir dürfen uns nicht alleine auf den Klimawandel konzentrieren, wir müssen uns auch den anderen zuwenden. Die Erde braucht ein ganzheitliches Konzept, damit sie und ihre tierischen und pflanzlichen Bewohner friedlich in Eintracht mit der Menschheit bestehen können. Und auch das Klimaproblem lässt sich nicht singulär betrachten. Es lässt sich nicht lösen ohne das große Ganze zu berücksichtigen, nämlich die Erde als ein hochkomplexes System. In ihm kann das Drehen einer klitzekleinen Stellschraube am einen Ende Auswirkungen haben auf das größte Zahnrad am entgegengesetzten Ende und es kann passieren, dass wir das erst bemerken, wenn das große Rad mit voller Umdrehung läuft und wir es nicht mehr anhalten können.

Der »grüne Guru«, der britische Chemiker und Geophysiker *James Lovelock* (*1919), vertrat als einer der ersten ein solch ganzheitliches Konzept. Mit seiner »*Gaia-Theorie*« betrat er Neuland. Er wurde dafür anfangs belächelt, aber mittlerweile haben seine Ideen eine breite Anerkennung gefunden.

Die Gaia-Theorie

Lovelock hatte 1957 den so genannten »*Elektroneneinfangdetektor*« (ECD) erfunden, der es ermöglichte, chlorierte Giftstoffe wie PCB und DDT in der Umwelt nachzuweisen. Aus dieser Erfindung und den mit ihrer Hilfe durchgeführten Untersuchungen resultierte die erschreckende Erkenntnis, dass sich Giftstoffe in der Nahrungskette nach oben immer weiter anreichern, was *Rachel Carson* (1907 bis 1964) in ihrem berühmten Buch »*Der stumme Frühling*«[13] von 1962 publik machte. Sie wurde damit zur »Mutter« der modernen Umweltschutzbewegung.

Lovelock hingegen qualifizierte sich mit dieser Referenz für höhere Aufgaben und wurde in den 1960er Jahren von der amerikanischen Weltraumbehörde NASA engagiert. Sie versprach sich von ihm, ein Gerät zu entwickeln, das Leben auf fremden Planeten aufspüren könne. Nach den Vorstellungen der NASA sollte dieses Instrument Gesteinsproben des Mars untersuchen.

Doch Lovelock erkannte schnell, dass das nicht zum Erfolg führen würde. Denn einerseits lag es ja im Bereich des Möglichen, dass dort eventuell vorhandenes Leben sich in biochemischer und physikalischer Hinsicht grundlegend von dem uns bekannten Leben auf der Erde unterschied; dann wäre es mit irdischen Methoden wohl kaum nachweisbar. Oder aber man untersuchte genau diejenigen Gesteinsproben, die eben *keinen* Hinweis auf Leben bargen; dann wäre die Untersuchung genauso wenig aussagekräftig. Er bemühte sich deswegen um ganzheitliche Ansätze.

Konnte man nicht die Zusammensetzung der Atmosphäre analysieren und daraus Rückschlüsse ziehen? Bei einem Planeten ohne Leben ist zu erwarten, dass seine Atmosphärengase bereits alle möglichen chemischen Verbindungen eingegangen sind, das heißt, sie muss sich zumindest annähernd in einem chemischen Gleichgewicht befinden. Bei einem Planeten, auf dem Leben existiert, sieht das womöglich vollkommen anders aus, da die Lebewesen die Atmosphäre zwangläufig als Rohstoffquelle und auch als Deponie für ihre Abfallprodukte nutzen. Die Folge davon sei, so Lovelocks Überlegung, dass die Atmosphäre eines lebendigen Planeten eben kein natürliches chemisches Gleichgewicht besitze, sondern vielmehr hoch reaktiv sein müsse. Auch als die US-Regierung das NASA-Programm wenig später stoppte, arbeitete Lovelock weiter an seiner Idee. Als er die Daten der Atmosphären von Venus, Mars und Erde verglich, stellte er fest, dass er mit seiner Vermutung richtig lag: Die Atmosphären von Venus und Mars waren in einem chemischen Gleichgewicht und bestanden vorwiegend aus Kohlendioxid. Bei der Erde ist das jedoch vollkommen anders. Beispielsweise reagieren Sauerstoff (O_2) und Methan (CH_4) unter der Einwirkung von Sonnenlicht miteinander schnell zu Kohlendioxid (CO_2) und Wasser (H_2O), deshalb dürfte es diese beiden Gase in der Erdatmosphäre eigentlich gar nicht geben. Dass es sie aber dennoch gibt, hat nur einen Grund: Das Leben auf der Erde, das sie produziert! Auf diese Weise verändert das Leben die Zusammensetzung der Atmosphäre.

Lovelocks Gedanken gingen aber noch weiter: Wenn das Leben auf der Erde die Zusammensetzung der Atmosphäre verändert, wie konnte es dann sein, dass sie sich in den letzten dreihundertfünfzig Millionen Jahren, insbesondere was den Gehalt an Sauerstoff und Methan betrifft, kaum verändert hat? Konnte es vielleicht sogar sein, dass das Leben die atmosphärischen Gase nicht nur hervorbringt, sondern sie auch reguliert? Dass es die Atmosphäre in einer solch stabilen Zusammensetzung hält, wie es für sie möglichst günstig ist?

Am Beispiel Sauerstoff sei das illustriert: Er verbindet sich nicht nur leicht mit Methan, sondern auch mit den Metallen der Erdkruste zu Metalloxiden. Ferner reagiert er mit dem Kohlenstoff, aus dem Pflanzen bestehen, in einer exothermen chemischen Reaktion zu Kohlendioxid. Eine solche Reaktion – vulgo: Verbrennung – ist aber abhängig von der Menge des verfügbaren Sauerstoffs beziehungsweise von seiner Konzentration in der Luft. Würde der Sauerstoffgehalt der Atmosphäre auf über fünfundzwanzig Prozent steigen, würde dies riesige Brände zur Folge haben und ein großer Teil der Vegetation wäre innerhalb kurzer Zeit zerstört, selbst der feuchteste Regenwald könnte spontan in Flammen aufgehen. Würde der Sauerstoffgehalt dagegen aber auf unter fünfzehn Prozent sinken, könnten selbst bei trockenster Vegetation keine Brände entstehen, Holz würde sich nicht entzünden. Der tatsächliche Sauerstoffgehalt liegt ziemlich genau in der Mitte dieser beiden Extreme, nämlich bei etwa einundzwanzig Prozent. Doch wie kann das sein?

Sauerstoff gelangt permanent als Abfallprodukt der pflanzlichen Photosynthese in die Luft. Und trotzdem lag der Sauerstoffgehalt in der Atmosphäre in den letzten dreihundertfünfzig Millionen Jahren nie so niedrig, dass er Brände verhindert hätte und nie so hoch, dass die gesamte Vegetation verbrannt wäre. Wie hat das Leben auf der Erde das nur fertig gebracht? Das kann eigentlich nur durch eine Art Selbstorganisation (*Autopoiesis*) erklärt werden.[14]

Genau diese Überlegungen Lovelocks waren der Beginn der Vorstellung einer Erde als Organismus, einer »*Mutter Erde*« also, die gewissermaßen selbst lebendig ist. Lovelock nannte diese Mutter Erde später auf Vorschlag seines Freundes, des Romanciers und späteren Literaturnobelpreisträgers *William Golding* (1911 bis 1993, »*Herr der Fliegen*«) und in Anlehnung an die gleichnamige griechische Erdgöttin »*Gaia*« – die Gaia-Theorie war geboren.[15]

Ganz im Gegensatz zu diesem ganzheitlichem Ansatz verfolgen die moderne Wissenschaft wie auch die Politik heute meistens eine *reduktionistische* Sichtweise (von lateinisch *reducere* = »zurückführen«). Diese geht auf den französischen Philosophen *René Descartes* (1596 bis 1650) zurück, der forderte, dass komplexe Fragestellungen am besten zu lösen seien, wenn man sie in kleinere Teile zerlege und diese dann untersuche. Erst im zweiten Schritt werde dann aus den einzelnen Teilen auf das Ganze geschlossen. Das ist das Prinzip der *Induktion*: Aus einer begrenzten Anzahl von Daten wird verallgemeinernd auf das Verhalten von Allem geschlossen. Diese Methode ist ziemlich gut darin, einfache, lineare Zusammenhänge, also in der Regel Ursache-Wirkungs-Beziehungen, exakt zu beschreiben. Allerdings hat sie oft Schwächen in ihren getroffenen Schlussfolgerungen.

Der diametrale Ansatz dazu – so wie ihn auch Lovelock vertritt – ist der *holistische* (von griechisch *holos* = »ganz«). Der Holismus beschreibt eine ganzheitliche Sichtweise, denn er geht davon aus, dass »*das Ganze immer mehr ist als nur die Summe seiner Teile*«, wie schon *Aristoteles* (384 bis 322 v. Chr.) erkannte. Das gilt im Besonderen für ein hochkomplexes System wie die Erde, in dem die vielfältigsten physikalischen, chemischen und biologischen Vorgänge wirken, die sich nicht isoliert betrachten lassen, sondern in Wechselbeziehungen mit ihrer Umgebung stehen.[16] Die zwischen den Teilsystemen stattfindenden Prozesse sind eben nicht linear-kausal, sondern bestehen nebeneinander, das heißt in einer Koexistenz und zeigen viele *Rückkopplungen*. Man unterscheidet dabei grundsätzlich zwischen *negativen* Rückkopplungen, also solchen, die die ursprüngliche Wirkung abschwächen, sowie *positiven* Rückkopplungen, die die ursprüngliche Wirkung verstärken. Die positiven Rückkopplungen sind meistens die gefährlicheren, da sie Prozesse in Gang bringen, die sich nicht mehr stoppen oder umkehren lassen. Einige davon könnten durch den Klimawandel losgetreten werden, dazu aber später mehr.

Zu den negativen Rückkopplungen zählen diejenigen, die die Selbstregulierungsprozesse der Erde steuern. Und auf sie, insbesondere auf diejenigen, bei denen Lebewesen beteiligt sind, stützt Lovelock seine Gaia-Theorie. Eine davon betrifft die *Salinität*, also den Salzgehalt der Meere. Er liegt heute bei durchschnittlich 3,5 Prozent, einem für die Meeresbewohner optimalen Wert. Er hat sich vermutlich seit Milliarden von Jahren kaum verändert. Wie aber kann das sein? Immerhin waschen Regen und Flüsse pro Jahr bis zu vier Milliarden Tonnen Salze aus den Gesteinen der Erdoberfläche aus und spülen sie in die Ozeane. Überraschenderweise steigt der Salzgehalt aber nicht an, obwohl er noch weit unterhalb des Sättigungspunktes liegt. Es scheint vielmehr eine natürliche Selbstregulierung zu geben, die ihn konstant hält.

Bekannt sind zwar seit langem chemische und physikalische Prozesse, die den Meeren Salz entziehen, etwa das Absetzen von Salz bei Verdunstung und Verlandung oder auch die Bindung und Sedimentation von Salzen durch Tone und andere anorganische Verbindungen. Allerdings misslang bislang jeder Versuch, den Salzentzug durch diese rein abiotischen Prozesse nachzubilden. Erst wenn die Meeresbewohner, insbesondere Mikroorganismen wie Kieselalgen (*Diatomeen*), mit in die Überlegung einbezogen werden, schließt sich der Kreis. Diese Lebewesen lagern nämlich Silikate, also Salze der Kieselsäure, sowie Kalium in ihre Schalen ein; wenn sie absterben, sinken sie zum Meeresboden und bilden fortan die Sedimente. Auf diese Weise wird Salz dem Wasser entzogen.[17]

Trotz oder gerade wegen ihrer geradezu revolutionären Thesen und ihrer schlüssigen Argumentation rief die Gaia-Theorie nach ihrer Publikation durch Lovelock und seine Kollegin, die Mikrobiologin *Lynn Margulis*, Anfang der 1970er Jahre in der etablierten Wissenschaft nicht nur Ablehnung, sondern sogar Spott hervor. Die Vorstellung einer Erde als Lebewesen erschien vielen Wissenschaftlern als zu esoterisch, obwohl Lovelock immer wieder betont hatte, dass seine Gaia nicht im Sinne eines animalistischen Weltbildes, wie es viele Naturvölker vertreten, zu verstehen sei. Suspekt erschien den Wissenschaftlern, die in jenen Jahren noch viel stärker als heute in einem Spartendenken verankert waren, auch die Idee, dass Organismen ihre Umgebung verändern und damit aktiv formen sollen. Nach ihrer bisherigen Überzeugung gingen sie immer davon aus, dass sich Organismen lediglich ihrer Umgebung anpassen, also auf sie *reagieren* können.

Natürlich »handelt« ein Lebewesen, das auf Gaia zu Hause ist, nicht bewusst, um den Gesamt-Organismus zu regulieren – das wäre gar nicht möglich. Aber eine Ameise oder eine Biene handelt auch nicht bewusst und trotzdem handelt sie so, dass sie ihrem Volk den größten Nutzen bringt. Oder blicken wir auf eine Zelle im menschlichen Körper: Auch hier wird nicht jede einzelne von ihnen zentral vom Gehirn aus gesteuert. Vielmehr erfüllt jede einzelne die ihr aufgetragenen Aufgaben so, damit es für die Gesamtheit des Organismus am günstigsten ist.

Als Reaktion auf die anhaltende Kritik und um seine Theorie einer breiten Öffentlichkeit näher zu bringen, entwickelte Lovelock später ein Computermodell, mit dem bewiesen werden sollte, dass Rückkopplungen ein System stabil halten können, selbst wenn sich äußere Einflüsse ändern. Das Modell nutzt dazu die so genannte »*Albedo*«. Diese kennt jeder, der schon einmal den Unterschied zwischen einem weißen und einem schwarzes Kleidungsstück in der Sonne verspürt hat. Die Albedo (lateinisch für »Weißheit«) bezeichnet das Rückstrahlvermögen von Oberflächen eines Himmelskörpers, also das Maß, inwieweit eine

Oberfläche die einfallende Sonnenenergie absorbiert oder reflektiert. Sie berechnet sich aus dem Quotienten aus einfallender und reflektierter Lichtmenge. Somit kann ihr Wert zwischen null (vollständige Absorption) und eins (vollständige Reflexion) liegen. Bei hellen und reflektierenden Flächen ist er hoch, wie beispielsweise bei frischem Schnee und Eis (Wert zwischen 0,8 und 0,9), bei dunklen und matten Flächen wie Meerwasser oder Wald niedrig (Wert zwischen 0,05 und 0,2).[18]

Aus dieser Tatsache resultiert auch die bekannteste positive Rückkopplung im Zusammenhang mit der Klimaerwärmung, die »*Eis-Albedo-Rückkopplung*«. Sie beschreibt den Vorgang, dass dann, wenn die Temperaturen in der Arktis steigen, zunächst das Meereis schmilzt. Verschwindet aber das Eis mit seinem sehr hohen Albedo-Wert und tritt an seine Stelle das dunkle Meerwasser mit seinem sehr niedrigen Albedo-Wert, dann wird die zuvor noch in hohem Grade vom Eis reflektierte Sonnenenergie nun nach seinem Verschwinden ganz im Gegensatz dazu in hohem Grade vom dunklen Meerwasser absorbiert. Resultat ist, dass die Eisschmelze zu noch höherer Erwärmung führt, was wiederum noch mehr Eis schmilzen lässt und so fort. Und genau diese Eis-Albedo-Rückkopplung ist auch der Grund, warum in der Arktis bisher die weltweit höchste regionale Temperaturerwärmung festgestellt wurde.

In Lovelocks Computermodell, »*Daisyworld*« genannt, ist die Situation eine andere. Hier wird keine *positive*, sondern eine *negative* Rückkopplung im Zusammenhang mit der Albedo simuliert. Dies geschieht wie folgt: Auf einem fiktiven erdähnlichen Planeten gibt es nur zwei Spezies, nämlich schwarze *Daisys* (engl. für »Gänseblümchen«) und weiße. Der Planet selbst ist grau. Beide Arten haben dieselbe Wachstumskurve, das heißt, ab fünf Grad Celsius sprießen erst die Samen, bei zweiundzwanzig Grad herrschen die besten Wachstumsbedingungen und bei vierzig Grad kommt das Wachstum zum erliegen. Im Modell erwärmt sich die Sonne langsam im Laufe ihrer Lebensdauer (so wie es auch unsere wirkliche Sonne tut); währenddessen bescheint sie den Planeten. Es zeigt sich, dass zunächst die schwarzen Daisys sprießen, da sie durch das größere Absorptionsvermögen ihrer Blüten gegenüber den weißen Daisys und dem nackten Boden begünstigt sind. Sie breiten sich aus und irgendwann bedecken sie einen Großteil des Planeten. Dadurch ändert sich auch das Absorptionsverhalten des Planeten insgesamt; er erwärmt sich. Durch den kontinuierlichen Temperaturanstieg werden irgendwann die weißen Daisys begünstigt. Sie breiten sich mehr und mehr aus und verdrängen die schwarzen Daisys, bis sie schließlich die Oberhand gewonnen haben und den gesamten Planeten bedecken, der sich dann seinerseits abkühlt.

Das Zusammenspiel der schwarzen und weißen Blüten schafft es, die Temperatur des Planeten über einen längeren Zeitraum relativ stabil zu halten, nämlich bei etwa zweiundzwanzig Grad Celsius, obwohl die Energiezufuhr von außen immer weiter zunimmt. Sie schaffen es, indem sie am Anfang der Simulation eine starke Erwärmung bewirken und in der Folge dann eine kontinuierliche Veränderung hin zu einer starken Abkühlung am Ende. Nur irgendwann, wenn eine weitere Ausbreitung der weißen Daisys und damit eine Abkühlung nicht mehr möglich sind und die Temperatur weiterhin steigt, versagt das System urplötzlich krachend; der Planet stirbt.[19]

Jene Temperaturstabilität, die das Modell trotz der kontinuierlich zunehmenden Strahlungsleistung der Sonne zeigte, war das Bemerkenswerte. Und es war genau das, was Lovelock beweisen wollte: Dass sich der Planet selbst regulieren kann. Selbst als später »Kaninchen« (Pflanzenfresser), »Füchse« (Raubtiere) und »Katastrophen« (die zu einer zeitweiligen Reduzierung der Daisys führten) in das Modell eingebaut wurden, funktionierte es noch. Das Erstaunliche war sogar, dass die selbstregulierenden Kräfte von Daisyworld umso größer wurden, je mehr Arten eingefügt wurden.[20]

Daisyworld trug schließlich dazu bei, dass die Gaia-Theorie

über die Jahre auch jenseits theologischer und esoterischer Kreise immer mehr Anhänger gefunden und sich ihren festen Platz in der Wissenschaft erobert hat. Auch wenn die Ansicht, die Erde sei ein Lebewesen, von vielen weiterhin nicht geteilt wird, hat sie insofern einen wertvollen Beitrag zur Wissenschaft geleistet, da sie unser Verständnis von Regelkreisen und Rückkopplungen geschärft hat. Sie spielen heute gerade in der Klimaforschung eine entscheidende Rolle. Selbst der wissenschaftliche Mainstream betrachtet die Erde heute als ein sich selbst regulierendes System. Die Gaia-Theorie war eine der zentralen Ausgangspunkte für die interdisziplinäre Erdsystemforschung, die unseren Planeten als ein Zusammenspiel physikalischer, chemischer, biologischer und sozialer Komponenten, Prozesse und Wechselwirkungen begreift.

Die Erdsystemforschung untersucht heute vorwiegend *globale Umweltveränderungen*. Für sie gibt es zwei grundlegende Ursachen, nämlich jene, die natürlichen Ursprungs sind und jene, die durch das Handeln des Menschen auf diesem Planeten ausgelöst werden. Letztere nehmen bekanntermaßen immer weiter zu. Viele der Umweltveränderungen sind uns zumindest rudimentär bekannt, in seinen ganzen Ausmaßen und erschreckenden Auswüchsen aber oft viel zu wenig präsent. Es lohnt sich aber, sich damit auseinander zu setzen. Denn erst die Auseinandersetzung mit diesen Themen ermöglicht es uns, etwas zu verändern. Und Veränderung ist dringend geboten. Denn ein Weiter-so wie bisher wird die Menschheit unweigerlich in die Katastrophe führen. Bereits heute beuten wir unseren Heimatplaneten so sehr aus, dass von »Nachhaltigkeit« nicht einmal mehr ansatzweise die Rede sein kann.

In den nächsten Kapiteln dieses Buches werden wir uns deshalb damit beschäftigen, inwiefern wir auf die verschiedenen Sphären der Erde einwirken, auf die Luft (Atmosphäre), den Wald (stellvertretend für die Biosphäre), den Boden (Lithosphäre) und schließlich das Meer (Hydrosphäre). Wir werden dabei feststellen müssen, dass unser Einfluss gravierend, ja verheerend ist und zwar nicht nur auf die einzelnen genannten Teilbereiche, sondern auf das System Erde insgesamt.

Ob es trotzdem noch Hoffnung gibt, ob unser Planet in der Lage ist, uns noch lange von und mit ihm leben zu lassen, das hängt zu einem Großteil von uns alleine ab. Von uns, die wir uns selbst für die am höchsten entwickelten Lebewesen in der Geschichte dieses Planeten halten. Ob unsere Intelligenz aber auch ausreicht, uns selbst zu retten, wird sich zeigen. Treten wir also unsere Reise um die Welt an und beginnen dazu zunächst mit der Luft, die wir tagtäglich atmen. Wir können nicht umhin, dazu noch einmal auf das Thema Klimawandel zu sprechen zu kommen.

Luft und Klimawandel

DER MENSCH IST STÄNDIG IN GEFAHR,

DAS NIE DAGEWESENE FÜR UNDENKBAR ZU HALTEN.

[Albert »Al« Gore, US-amerikanischer Politiker und Friedensnobelpreisträger]

ÜBERALL GEHT EIN FRÜHES AHNEN

DEM SPÄTEREN WISSEN VORAUS.

[Alexander von Humboldt, deutscher Naturforscher]

Wenn wir unseren blauen Planeten aus dem Weltall betrachten und uns vorstellen, dass er eine Kugel mit genau einem Meter Durchmesser sei, dann ist die dünne Lufthülle, in der sich unser gesamtes Klimageschehen abspielt und in der auch unsere Flugzeuge fliegen – der untere Teil der Erdatmosphäre, die so genannte *Troposphäre* also – gerade einmal einen Millimeter dick. Erstaunlich, oder?

Noch erstaunlicher ist allerdings, wie sorglos wir Menschen mit dieser dünnen Lufthülle umgehen. Wir müssen uns nur einmal umschauen: Fabrikschlote recken ihre langen Hälse in den Himmel, Kühltürme von Kraftwerken entlassen riesige Wasserdampfwolken, aus Schornsteinen von Gebäuden und Schiffen wehen lange Rauch- und Rußfahnen, Auspuffrohre von Fahrzeugen belasten unsere Innenstädte mit Stickoxiden, Gestank und Feinstaub und über unsere Städte wölben sich Dunst- und Smogglocken. Überall belasten Rauch, Ruß, Staub, Gase, Dampf, Aerosole und Geruchsstoffe die Luft. Es scheint, als betrachteten wir unsere Atmosphäre lediglich als eine riesengroße Kloake, als Müllkippe, auf der wir unseren Dreck entsorgen können.

Das ist befremdlich. Denn wir dürfen nicht vergessen, dass diese dünne Lufthülle die Lebensgrundlage für fast alle Lebewesen auf dieser Erde ist. Ja mehr noch: Sie ist nicht nur Lebensgrundlage, sondern gewissermaßen sogar »Grundnahrungsmittel«, denn wir alle atmen die Luft tagtäglich ein. Und doch gehen wir mit ihr viel fahrlässiger um, als wir es beispielsweise mit unserem Trinkwasser tun.

Zugegeben, in den letzten Jahrzehnten hat sich einiges getan. So gibt es heute Katalysatoren und Dieselpartikelfilter für Kraftfahrzeuge, es gibt Rauchgasentschwefelungs- und Rauchgasentstaubungsanlagen für Kohlekraftwerke, es gibt Elektro- und mechanische Filteranlagen für die Industrie, es gibt Grob- und Feinstaubfilter für alle möglichen Anwendungen, es gibt Rauch- und Fahrverbote. Das hat zwar zumindest in den westlichen Industrienationen wieder für bessere Luft gesorgt, aber dennoch sterben nach Schätzungen der Weltgesundheitsorganisation (WHO) jedes Jahr bis zu sieben Millionen Menschen an den Folgen von verschmutzter Luft; 5,9 Millionen von ihnen alleine in Asien.[21] Freilich ist diese Zahl lediglich eine grobe Schätzung, da sich nur die wenigsten Todesfälle eindeutig auf Ursachen wie Feinstaub, Stickoxide, Rauch und Ruß zurückführen lassen. Aber alleine schon die Größenordnung zeigt die Schwere des Problems. Die WHO bezeichnet die globale Luftverschmutzung deshalb sogar als »*die größte umweltbedingte Gesundheitsgefahr*«.

Eine *noch* größere Gefahr geht allerdings von einem Gas aus, das für uns Menschen eigentlich völlig ungiftig ist: Kohlendioxid (CO_2). Der massive Anstieg dieses und anderer Treibhausgase in der Atmosphäre ist bekanntlich verantwortlich dafür, dass sich die Erde langsam aber stetig erwärmt.

Der Erste, der feststellte, dass sich der Kohlendioxidgehalt der Luft in jüngerer Zeit kontinuierlich erhöht, war der amerikanische Klimatologe *Charles D. Keeling* (1928 bis 2005). Über Jahrzehnte hinweg hat er die Kohlendioxid-Konzentration der Atmosphäre gemessen. Er tat dies an einem Ort, der, um Verfälschungen auszuschließen, weit ab von jeglicher Industrie liegt: Auf dem Gipfel des 4.170 m hohen *Mount Mauna Loa* auf Hawaii. Seit den 1950er Jahren hatte er den Berg regelmäßig bestiegen und seine

Aufzeichnungen in einer Kurve dargestellt. Diese berühmt gewordene und nach ihm benannte *Keeling-Kurve* zeigt zweierlei: Zum einen ein Zickzack-Muster mit Jahr für Jahr wiederkehrenden Ausschlägen. Diese Ausschläge hat man das »Atmen« der Natur genannt: In jedem Frühjahr nämlich, wenn die grünen Pflanzen auf der mit der größeren Landmasse bedeckten Nordhalbkugel der Erde aus dem Winterschlaf erwachen, wenn ihre Knospen wieder sprießen und ihre Blätter wieder wachsen und gedeihen, entziehen sie der Atmosphäre Kohlendioxid; die Vegetation, oder, wenn man so will, Gaia, atmet gewissermaßen ein. Im Herbst dann, wenn die Blätter von den Bäumen fallen und von den Organismen am Boden zersetzt werden, wird der Atmosphäre wieder Kohlendioxid zugeführt; die Vegetation beziehungsweise Gaia atmet aus. An der Keeling-Kurve kann man förmlich sehen, wie die Erde lebt.

Das andere, was die Kurve zeigt, und das war das eigentlich Erschreckende, ist, dass sich nach jedem Ausatmen ein bisschen *mehr* Kohlendioxid in der Atmosphäre befand als ein Jahr zuvor. Die Kurve zeigt also ein kontinuierliches Ansteigen über Jahrzehnte hinweg. Es wurde nicht lange gerätselt, woran das liegen könnte, denn es gab eigentlich nur eine Erklärung dafür: Der Mensch war schuld daran! Durch das Verbrennen von Milliarden Tonnen Kohle, Öl und Gas über viele Jahrzehnte hinweg war eine immer größere Menge an Kohlendioxid in die Atmosphäre gelangt – und dieser Umstand war nun deutlich messbar![22]

Doch warum soll eigentlich eine höhere CO_2-Konzentration in der Luft zwangsläufig zu höheren Temperaturen führen, wie es behauptet wird? Welche Mechanismen sind für diese Korrelation verantwortlich? Und woher wissen wir das überhaupt? Wir ahnen es bereits: »schuld« daran ist der so genannte »*Treibhauseffekt*«, der im Übrigen etwas vollkommen Natürliches ist.

Der Treibhauseffekt

Im Jahre 1824[23] stellte der französische Physiker und Mathematiker *Joseph Fourier* (1768 bis 1830) sich die spannende Aufgabe, eine Energiebilanz der Erde aufzustellen. Grundsätzlich erscheint das recht simpel: Energie wird der Erde durch das Sonnenlicht zugeführt, wodurch sie sich erwärmt. Die Erde strahlt diese Wärme dann in Form von infrarotem Licht wieder ins Weltall ab. Fourier ging davon aus, dass sich die ein- und austretende Energie ausgleicht und sich die Erde dadurch auf ihre vorherrschende globale Durchschnittstemperatur von rund vierzehn Grad Celsius erwärmt. Doch als er nachrechnete, kam er zu einem überraschenden Ergebnis: Nach seiner Berechnung hätte die Durchschnittstemperatur nicht bei plus vierzehn Grad, sondern bei minus achtzehn Grad Celsius liegen müssen. Außerdem stellte er fest, dass der Unterschied zwischen Tag und Nacht viel größer hätte sein müssen, als er tatsächlich ist, da die Erde nachts auf ihrer sonnenabgewandten Seite zwar weiterhin Wärme abgibt, die Zufuhr durch die Sonne aber unterbleibt. Fourier vermutete, dass es irgendetwas in der Atmosphäre geben müsse, was die Erde wärmer hält, als sie eigentlich sein müsste, irgendeine Art »warmer Mantel« also. Allerdings konnte er sich nicht vorstellen, was das sein könnte.[24] Dies fand erst Jahre später, 1859, der irische Physiker *John Tyndall* (1820 bis 1893) heraus.

Zunächst muss man dazu wissen, dass die Erdatmosphäre fast ausschließlich, das heißt zu über neunundneunzig Prozent, nur aus zwei Gasen besteht, nämlich zu 78,08 Prozent aus Stickstoff (N_2) und zu 20,95 Prozent aus Sauerstoff (O_2). Sauerstoff ist dasjenige Gas, das wir zum Atmen benötigen. Das fehlende Prozent besteht überwiegend aus Argon (Ar; zu 0,93 Prozent), aus Wasserdampf (sein Anteil schwankt zwischen etwa ein Promille bis hin zu 2,5 Prozent) sowie aus Aerosolen und Spurengasen. Aerosole sind winzige feste oder flüssige Schwebeteilchen, die sich chemisch nicht mit den anderen Gasen der Luft verbinden, wie zum Beispiel Ruß oder Staub. Sie spielen bei der Wolken- und Niederschlagsbildung als Kondensationskerne eine nicht unerhebliche Rolle.[25] Zu den Spurengasen zählen die Gase Kohlendioxid (CO_2), Methan (CH_4), Ozon (O_3), Schwefeldioxid (SO_2), Fluorchlorkohlenwasserstoffe (FCKW) und andere.

Tyndall führte ein Experiment durch, bei dem er infrarotes Licht durch einen in einem Glas eingeschlossenen »künstlichen Himmel« schickte und dabei die Temperatur desselben maß. Zunächst verwendete er »reine« Luft, bestehend nur aus Stickstoff und Sauerstoff; die »Verunreinigungen« hatte er zuvor entfernt. Doch zu seiner Überraschung hatte das infrarote Licht keinerlei Einfluss auf die Lufttemperatur – es ging ungehindert hindurch. Erst als er dann die anderen Gase – Kohlendioxid, Methan, Wasserdampf – hinzufügte, war plötzlich alles anders. Die Luft erwärmte sich. Tyndall war damit der erste, der experimentell nachwies, dass Gase Wärme absorbieren können. Der Treibhauseffekt war entdeckt![26]

Diese Entdeckung ist bis heute eine der wichtigsten Erkenntnisse der Klimaforschung. Sie besteht im Wesentlichen darin, dass Gase, die aus mindestens drei Atomen bestehen, wie ein Filter wirken. Das trifft zu auf die dreiatomigen Gase Kohlendioxid (CO_2), Wasserdampf (H_2O), Lachgas (Distickstoffmonoxid; N_2O) und Ozon (O_3) sowie auf das fünfatomige Methan (CH_4). Jedes dieser Gase absorbiert bestimmte Wellenlängen aus dem Bereich des infraroten Lichts. Die Gasmoleküle werden dabei in Schwingung versetzt, erwärmen sich und dadurch auch die anderen, sie umgebenden Gasmoleküle; auf diese Weise wird die Luft insgesamt wärmer.

Die verschiedenen Treibhausgase ergänzen sich perfekt; jedes hat seine eigenen Absorptionswellenlängen. Während das energiereiche, von der Sonne ausgehende und in die Erdatmosphäre eindringende, sichtbare Licht mit seinen Wellenlängen zwischen 380 und 780 Nanometern (nm) ungehindert hindurch gelassen wird, wird das von der Erdoberfläche zurück strahlende, energieärmere langwellige und unsichtbare infrarote Licht zunächst vom Wasserdampf absorbiert. Er »erledigt« den größten Teil und lässt nur zwei schmale Wellenbereiche zwischen 3.500 und 4.500 nm sowie zwischen 7.000 und 13.000 nm übrig. Und genau diese beiden Bereiche werden nun von den übrigen Treibhausgasen geschlossen. Kohlendioxid und Lachgas füllen die erste, kurzwelligere Lücke und Ozon die zweite, langwelligere; Methan schließt beide. Auf diese Weise ergänzen sich die verschiedenen Gase auf geradezu schon geniale Weise und bilden gemeinsam den natürlichen Treibhauseffekt, der die Energie in der Atmosphäre hält und ohne den kein Leben auf der Erde möglich wäre. Darauf sei nämlich an dieser Stelle noch einmal hingewiesen: Der natürliche Treibhauseffekt ist *per se* etwas sehr gutes, ohne ihn wäre die Erde nichts anderes als eine unwirtliche Eiskugel. Während also der winzige Anteil der Spurengase die ganze Arbeit erledigt, sind die beiden überragenden Hauptbestandteile der Atmosphäre, die zweiatomigen Gase Sauerstoff (O_2) und Stickstoff (N_2), für den Treibhauseffekt völlig irrelevant.[27]

Die einzelnen Treibhausgase sind aber hinsichtlich ihres Einflusses auf den Effekt unterschiedlich zu beurteilen. Am stärksten wirkt der Wasserdampf. Das gilt nicht nur, weil er den größten Wellenlängenbereich abdeckt, sondern auch, weil er mit einem Volumenanteil von bis zu 2,5 Prozent in der Luft am deutlich häufigsten vorkommt. Obwohl ein Molekül Kohlendioxid einen fünfundzwanzigfach höheren Effekt hat als ein Molekül Wasserdampf, ist der Wasserdampf durch seine größere Menge für fünfundsechzig Prozent des gesamten Treibhauseffekts verantwortlich. Er tritt meist in gelöster, unsichtbarer Form auf und entsteht vor allem durch die Verdunstung von Meerwasser. Unter Druck oder niedrigen Temperaturen kondensiert er und bildet Wolken, die aus winzigen Wassertropfen oder Eiskristallen bestehen, und die sich in Form von Niederschlägen entladen können. Für den Treibhauseffekt entscheidend ist aber nur die unsichtbare, nicht kondensierte Form, die etwa 96 Prozent des

Wassers in der Atmosphäre ausmacht. Trotz seines hohen Einflusses wird Wasserdampf aber in der Regel *nicht* zu den direkten Treibhausgasen gezählt. Das hat folgenden Grund: Bekanntlich ist die *relative* Luftfeuchtigkeit – also der Anteil des Wasserdampfs in der Luft – variabel. Die *maximale* Luftfeuchtigkeit hingegen – also die maximale Menge, die die Luft aufnehmen kann – ist wiederum abhängig von ihrer Temperatur; bei höheren Temperaturen kann die Luft eine größere Menge an Wasser aufnehmen. Wenn es also wärmer wird, gelangt nicht nur mehr Wasser durch Verdunstung in die Atmosphäre, sondern desto mehr Wasser kann die Luft auch aufnehmen. Das heißt also, Wasserdampf ist nicht nur verantwortlich für den Treibhauseffekt, sondern sein Anteil in der Luft ist auch Folge desselben.

Es handelt sich hierbei um eine klassische positive Rückkopplung: Je wärmer es wird, desto mehr Wasserdampf ist in der Luft vorhanden und desto stärker ist wiederum der Treibhauseffekt. Entscheidend für uns Menschen ist, dass wir die Menge des Wasserdampfes in der Atmosphäre nicht steuern können. Der Wasserkreislauf, bestehend aus Verdunstung, Kondensation und Wolkenbildung, Niederschlag und Zurückfließen des Wassers über Bäche und Flüsse ins Meer, regelt sich autonom und es gibt keinerlei Möglichkeit für uns Menschen, darauf Einfluss zu nehmen, außer über die Temperatur. Und weil das so ist, wird Wasserdampf eben meist *nicht* zu den engen Treibhausgasen gezählt.

Dagegen kann der Mensch aber sehr wohl Einfluss nehmen auf die Menge des zweitwichtigsten Klimagases in der Luft: Kohlendioxid. Dieses ist, wie bereits bemerkt, ungiftig und kommt in jeder Sprudelwasserflasche vor. Es entsteht bei der Verbrennung von Kohlenstoff, der in den fossilen Brennstoffen Kohle, Öl, Erdgas und in organischen Stoffen wie Holz enthalten ist. Es entsteht außerdem bei der chemischen Verbrennung von Fetten, Kohlehydraten und Eiweißen, die ebenfalls Kohlenstoff enthalten. Es entsteht also unter anderem auch in unserem Körper: Wir atmen CO_2 aus.

Der Anteil des Spurengases Kohlendioxid in der Atmosphäre beträgt gerade einmal winzige 0,04 Prozent. Und weil diese Zahl so klein und unhandlich ist, spricht man in der Regel von 400 Teilen pro Million, englisch *parts per million* oder kurz *ppm*. Vor der Industrialisierung, also bevor der Mensch begann, den seit Jahrmillionen im Erdboden sicher verborgenen Kohlenstoff ans Tageslicht zu fördern und mit ihm nichts Besseres anzufangen wusste, als ihn zu verbrennen, um daraus Energie zu gewinnen, um das Jahr 1800 also, lag der Anteil von Kohlendioxid in der Luft bei lediglich 280 ppm, ein Wert also, der um etwa ein Drittel unter dem heutigen lag.

Wie beim Wasserdampf existiert auch beim Kohlendioxid eine Wechselwirkung mit den Meeren. Kohlendioxid kann nämlich in Form von Kohlensäure eine lose Verbindung mit Wasser eingehen (wie wir tagtäglich in Sprudelwasserflaschen sehen können). Kohlendioxid wird somit von den Ozeanen teilweise absorbiert. Dies geschieht, wenn es regnet: Wenn Regentropfen die Kohlendioxid-Moleküle (CO_2) unter Wasser (H_2O) drücken, lösen sie sich in ihm und ein geringer Anteil von etwa 0,2 Prozent reagiert zu Kohlensäure (H_2CO_3). Durch den Wellengang werden die gelösten Kohlendioxid-Moleküle wieder an die Atmosphäre abgegeben. Wie beim Wasserdampf gibt es auch beim Kohlendioxid eine positive Rückkopplung, die wie folgt aussieht: Steigen die CO_2-Konzentrationen in der Atmosphäre, dann führt das wegen des Treibhauseffektes zunächst zu höheren Temperaturen der Luft und in der Folge auch zu höheren Temperaturen des Wassers, da dieses von der Luft erwärmt wird. Da wärmeres Wasser jedoch weniger Kohlendioxid aufnehmen kann als kaltes, wird das Gas bei steigenden Wassertemperaturen wieder an die Atmosphäre abgegeben, was den Treibhauseffekt verstärkt.

Die größte Sorge im Hinblick auf den Klimawandel bereitet beim Thema Kohlendioxid jedoch seine hohe chemische Stabilität. Kohlendioxid verbindet sich nämlich nicht mit anderen Gasen und verbleibt deswegen sehr lange in der Luft. Seine Verweildauer dort liegt bei dreißig- bis fünfunddreißigtausend Jahren. Nur ganz allmählich wird seine Konzentration durch die chemische Verbindung mit Kalkstein oder durch die Aufnahme durch Meeresorganismen und deren Absinken in tiefere Meeresschichten verringert. Deswegen erhöht sich der Bestand von Kohlendioxid durch unser »Hineinblasen« des Gases in die Atmosphäre auch immer weiter. Die natürlichen Abbauzeiträume sind für menschliche Maßstäbe einfach viel zu lang, als dass wir darauf setzen könnten.[28]

Das drittwichtigste Treibhausgas nach Wasserdampf und Kohlendioxid ist Methan. Es entsteht bei der Verrottung von organischem Material unter Ausschluss von Sauerstoff, also zum Beispiel in den Mägen von Rindern, in Klärwerken und auf Mülldeponien. Sein Anteil in der Luft ist noch viel geringer als der von Kohlendioxid. Er liegt gerade einmal bei 1,8 ppm. Allerdings ist Methan weit schädlicher als Kohlendioxid; pro Gewichtseinheit absorbiert es aus dem infraroten Licht eine vierundzwanzigfach größere Menge an Strahlungsenergie als CO_2. Dafür ist seine Verweildauer auch deutlich kürzer: Nach nur etwa zwölf Jahren reagiert es mit dem Luftsauerstoff und zerfällt in Kohlendioxid und Wasser. Man kann deswegen die Schädlichkeit der verschiedenen Treibhausgase nur vergleichen, wenn man eine *Zeitspanne* zugrunde legt. Je länger der Zeitraum, desto geringer ist der schädigende Einfluss von Methan auf das Klima im Vergleich zu Kohlendioxid. So liegt er nach hundert Jahren nur beim vierundzwanzigfachen und nach fünfhundert Jahren nur noch beim achtfachen. Die kurzfristig schädlichere Wirkung von Methan ist aber Grund genug, warum es im Zweifel sinnvoll ist, Methan abzufackeln und dadurch Kohlendioxid und Wasser entstehen zu lassen. Noch besser ist es natürlich, Methan, das im Grunde nichts anderes ist als Biogas, einer energetischen Nutzung zuzuführen.

Neben diesen drei wichtigsten Treibhausgasen Wasserdampf, Kohlendioxid und Methan gibt es noch weitere, unter anderem Lachgas (Distickstoffmonoxid), Ozon und die Flourchlorkohlenwasserstoffe. Lachgas, mit einem Anteil von 0,3 ppm in der Atmosphäre vertreten, entsteht vor allem in der Landwirtschaft durch den Einsatz von Düngemitteln. Im Vergleichszeitraum von hundert Jahren ist seine klimaschädliche Wirkung pro Gewichtseinheit 265 mal höher als die von Kohlendioxid, durch die geringe Konzentration trägt es aber nur zu vier Prozent zum Treibhauseffekt bei. Etwas mehr, nämlich zu neun Prozent, trägt Ozon bei, das sich in Höhen von dreißig bis vierzig Kilometern über dem Boden aus Sauerstoff bildet und uns vor dem gefährlichen UV-Licht schützt. Ozon ist pro Gewichtseinheit in hundert Jahren sogar zweitausendmal schädlicher als CO_2, allerdings auch nur mit einem winzigen Anteil von 0,05 ppm in der Atmosphäre vertreten. Bleiben noch die Flourchlorkohlenwasserstoffe (FCKWs). Sie haben Berühmtheit erlangt als Verursacher des Ozonlochs. Es handelt sich um künstliche Gase, die in Spraydosen und Kühlschränken Verwendung fanden. Pro Gewichtseinheit sind sie in hundert Jahren etwa vierzehntausendmal klimaschädlicher als Kohlendioxid. Glücklicherweise ist ihre Produktion seit dem »*Abkommen von Montreal*« im Jahr 1987 verboten, weshalb ihr Anteil in der Atmosphäre allmählich wieder abnimmt. Trotzdem werden sie während der nächsten hundert Jahre noch für etwa elf Prozent des Treibhauseffekts verantwortlich sein.[29]

Fassen wir also noch einmal zusammen: Wir wissen durch die Berechnungen von Fourier, dass es auf der Erde wärmer ist, als es aufgrund ihrer Lage im Weltall und ihres Abstands zur Sonne eigentlich sein müsste. Ferner wissen wir seit Tyndall, dass der Treibhauseffekt dafür verantwortlich ist. Und schließlich wissen wir, dass wir Menschen in den vergangenen zweihundert Jahren den Anteil der Treibhausgase in der Atmosphäre signifikant erhöht haben. Folglich müsste dies unweigerlich zu höheren Temperaturen auf der Erdoberfläche führen. Doch steigen die Temperaturen tatsächlich? Konnten wir das nachprüfen? Und wenn sie wirklich steigen, können wir auch mit Sicherheit sagen, dass tatsächlich unsere Treibhausgasemissionen dafür verantwortlich sind? Schließlich gab es auf der Erde schon immer große Temperaturschwankungen, wie etwa beim Wechsel von Warm- und Kaltzeiten. Kann eine Klimaänderung, sollte sie wirklich stattfinden, also nicht auch natürliche Ursachen haben, wie es einige sogenannte »Klimaskeptiker« behaupten?

Um diese Fragen zu beantworten und das wissenschaftliche Puzzlespiel weiter zu treiben, sollten wir uns zunächst einmal anschauen, wie Klimadaten eigentlich gewonnen werden und wie zuverlässig sie sind beziehungsweise sein können.

Klimaforschung und Klimadaten

Eines vorweg: Wenn wir uns mit dem Klima beschäftigen, müssen wir zunächst einmal verstehen, was der Unterschied zwischen *Wetter* und *Klima* ist. Wir können nämlich nicht wissen, ob es am 15. Januar in Berlin regnet oder schneit, es bewölkt ist oder die Sonne scheint. Aber wir wissen, dass der 15. Januar *normalerweise* weniger geeignet ist, ein Bad im Wannsee zu nehmen, als der 15. Juli (jahreszeitbedingt). Wir wissen auch, dass es mit Badehose am 15. Januar am Wannsee sicher ungemütlicher zugeht als zur gleichen Zeit am Strand von Dubai (ortsbedingt). Schließlich wissen wir sogar, dass es am 15. Januar auf dem Gipfel des *Mont Blanc* in mehr als 4.800 Metern Seehöhe vermutlich etwas frischer ist als am selben Tag auf nur 380 Metern Seehöhe an der nicht allzu weit entfernten *Avenue de la Paix* im schweizerischen Genf (höhenbedingt). Das jeweils erste ist *Wetter*, das zweite *Klima*.

Man kann also sagen: Wetter ist das, wie es tatsächlich ist und Klima das, wie man es unter den gegebenen Bedingungen für normal hält – ein aus statistischen Daten über Jahre und Jahrzehnte ermittelter Durchschnittswert. Oder anders ausgedrückt: Wetter ist gewissermaßen der einzelne Messwert und Klima die Gaußsche Normalverteilung. Erkenntnisse über eine *Veränderung* des Klimas kann man deswegen nur gewinnen, wenn man möglichst langfristige Trends aus der Erdgeschichte heraus ableitet und daraus Rückschlüsse auf künftige Entwicklungen zieht.

Die internationale Deutungshoheit über diese künftigen Entwicklungen des Klimas gebührt ebenjener Organisation, die genau an der schon erwähnten *Avenue de la Paix* in Genf ihren Sitz hat, nämlich dem *Intergovernmental Panel on Climate Change*, kurz IPCC, in Deutschland oft auch als »*Weltklimarat*« bezeichnet. Das IPCC, dem im Jahr 2007 zusammen mit dem ehemaligen US-Präsidentschaftskandidaten und Umweltschützer *Al Gore* der Friedensnobelpreis verliehen wurde, wurde im November 1988 gemeinsam vom *Umweltprogramm der Vereinten Nationen* (UNEP) und der *Weltorganisation für Meteorologie* (WOM) gegründet. Hier in Genf, in dem modernen, zehngeschossigen, ellipsenförmigen Glasbau mit direktem Blick auf den imposanten weißen Völkerbundpalast, in dem die Vereinten Nationen ihren europäischen Sitz haben, wird die Arbeit von dreitausendfünfhundert Wissenschaftlern aus einhundertdreißig Ländern zusammengeführt. Dabei betreibt das IPCC selbst keine Forschungsarbeit, sondern wertet nur die neuesten wissenschaftlichen Arbeiten aus, die es zu diesem Thema gibt, bevor es sie für die politischen Entscheidungsträger in so genannten »*Sachstandsberichten*« zusammenfasst und ihnen Handlungsempfehlungen mit auf den Weg gibt. Die eigentliche Forschungsarbeit geschieht in Instituten, Universitäten und Forschungseinrichtungen überall auf der Welt.[30]

Grundsätzlich gibt es zwei Arten, Klimadaten zu gewinnen. Das eine sind die *direkten* Messdaten, die man mit Hilfe geeigneter Instrumente wie Thermometern, Barometern, Hydrometern und dergleichen erlangt. Das andere sind die *indirekten* Messdaten, so genannte »*Proxydaten*«, mit deren Hilfe man Klimabedingungen für Zeiten rekonstruieren kann, in denen es noch keine geeigneten Messinstrumente gab. Direkte Messdaten gibt es, seit die entsprechenden Instrumente dafür erfunden wurden. Sie reichen hundert, hundertfünfzig und teilweise bis zu zweihundertfünfzig Jahre zurück. Es leuchtet aber ein, dass Messdaten aus dem 18. Jahrhundert eine andere Qualität haben als diejenigen aus dem 21. Jahrhundert: Je weiter sie zurückreichen, desto geringer war die Messdichte und umso weniger ausgefeilt und genau waren die Messinstrumente. Außerdem tritt bei der Aufstellung von Messreihen noch ein weiteres Problem hinzu, nämlich das der *Inhomogenität*. So kann sich der Standort der Messstation über die Jahre geändert haben oder die Umgebung nicht mehr die gleiche sein, etwa weil die Stadt gewachsen ist, wodurch sich vielleicht Wind- und Temperaturverhältnisse gewandelt haben. Auch kann sich die Art der Messung geändert haben: Früher wurde vielleicht zweimal am Tag auf das Thermometer geschaut, das vor dem Fenster hing, heute misst ein abgeschirmter elektronischer Messfühler alle zehn Minuten die Temperatur. Eine Veränderung in einer Messreihe muss deswegen nicht unbedingt auch eine tatsächliche Änderung wiedergeben, sondern kann auch auf äußere Umstände bei der Datenaufnahme zurückzuführen sein. Deswegen sind Rohdaten meist nicht zu verwenden, sie müssen vorher zunächst homogenisiert werden. Das ist teilweise sehr aufwendig, weil dazu viele vergleichbare Messdaten ausgewertet, Sekundärdaten über die Geschichte einer Messstation durchforstet, Ausreißer eliminiert beziehungsweise geglättet und schließlich Korrekturfaktoren eingerechnet werden müssen, bevor man schließlich eine endgültige, homogenisierte Messreihe erhält. In der Praxis gestaltet sich das häufig schwierig, weil vergleichbare Daten fehlen oder die Indikatoren widersprüchliche Aussagen enthalten.[31] Selbst direkt gemessene Daten müssen also nicht immer so eindeutig sein, wie sie zunächst erscheinen. Für indirekte Messdaten gilt das aber umso mehr.

Um Erkenntnisse über das Klima in vorinstrumenteller Zeit, also über das so genannte *Paläoklima*, zu erlangen, gibt es verschiedene Verfahren. Zu nennen wäre da zum Beispiel die *Dendrochronologie*, also die Auswertung der Jahresringe von Bäumen. Diese Methode hat den Vorteil, dass sie nicht nur lückenlose Zeitreihen liefert, sondern auch auf alte, vor langer Zeit gefällte Bäume angewendet werden kann, die etwa in Bauwerken Verwendung fanden und somit noch erhalten sind. Allerdings hat die Methode auch den Nachteil, dass festgestellte Wachstumsstörungen der Bäume nicht nur durch klimatologische Verhältnisse, sondern auch durch andere Umstände, wie zum Beispiel Schädlingsbefall, verursacht sein können. Deswegen wertet man wenn möglich eine große Zahl von Bäumen aus, um die Ausreißer herauszufiltern.[32]

Die besten Proxydaten, die uns zur Verfügung stehen, stammen aus Eisbohrkernen. Man kann sie aus Eisschilden oder Gletschern entnehmen, die dauerhaft unter dem Gefrierpunkt liegen, da dort kein Antauen und Wiedergefrieren stattfindet. Der gesamte Niederschlag in Form von Schnee wird dort Jahr für Jahr in neuen Schichten angehäuft, wobei die unteren Schichten durch den Druck, den die oberen ausüben, zusammengedrückt werden. Durch diesen Druck entsteht Gletschereis, in dem Luftbläschen eingeschlossen werden. Jede einzelne Schicht kann man einem bestimmten Jahr zuordnen; man weiß also, wann sie entstand.

Da die Eisschilde der Antarktis und Grönlands teilweise mehr als dreitausend Meter dick sind, kann man dort Eisschichten erbohren, die bis zu achthunderttausend Jahre alt sind. So erreichte etwa im Dezember 2004 eine Bohrung im Rahmen des Projekts EBICA (»*European Project for Ice Coring in Antarctica*«), die an einem Eisberg der Antarktis, dem so genannten »*Dome C*«, vorgenommen wurde, eine Tiefe von 3.270 Metern. Solche Bohrungen sind extrem schwierig und zeitaufwändig; sie dauern oft mehrere Jahre. Die Mannschaft hat nicht nur mit extremen Temperaturen von bis zu minus fünfzig Grad Celsius zu kämpfen, sondern es können auch Eissplitter den Bohrer, der nur zehn Zentimeter im Durchmesser misst, verstopfen. Auch können die entnommenen Bohrkerne zerbersten, wenn die Luftblasen, die sie einschließen, zu groß sind.

Doch trotz aller Schwierigkeiten ist der überaus hohe Wert solcher Eisbohrkerne für die Wissenschaft unbestritten. Die Luft in den Bläschen innerhalb der einzelnen Schichten lässt sich nämlich analysieren, wodurch Rückschlüsse auf die Zusammensetzung der zum jeweiligen Zeitpunkt existierenden Atmosphäre gezogen werden können. So lassen sich etwa der jeweilige Anteil an Sauerstoff, Kohlendioxid, Stickstoff und Methan messen und die Beschaffenheit des enthaltenen Staubs bestimmen. Zudem lässt sich die herrschende Temperatur mit Hilfe der so genannten *Isotopenmethode* ermitteln. Dieses Verfahren ist für die Klimaforschung von fundamentaler Bedeutung. Es beruht auf der Tatsache, dass ein Wassermolekül aus Wasserstoff- und Sauerstoffatomen besteht. Während die Anzahl der Protonen im Kern eines bestimmten chemischen Elements immer gleich ist, gibt es teilweise Varianten, die sich hinsichtlich der Anzahl ihrer im Kern angelagerten Neutronen unterscheiden. Diese verschiedenen Atomvarianten nennt man *Isotope*. Auch für das Element Sauerstoff gibt es sie und dies macht man sich zunutze; für die Temperaturmessung benötigt man die Sauerstoffisotope 16 und 18.

Wasser mit einem ^{16}O-Isotop ist leichter und verdunstet schneller als solches mit einem ^{18}O-Isotop. Durch die Ermittlung des Verhältnisses der beiden Isotope in den Paläo-Luftbläschen kann man präzise Rückschlüsse auf die Temperatur ziehen und zwar konkret auf die Temperatur des Meerwassers, das seinerzeit verdunstete und über der Antarktis in Form von Schnee zu Boden fiel.[33] Mit Hilfe der Isotopenmethode lassen sich somit detaillierte Temperaturkalender erstellen, welche heute die Hauptquelle für unser Wissen über die Durchschnittstemperatur der Atmosphäre im Laufe der Erdgeschichte sind.[34]

Ähnliche Erkenntnisse wie aus den Eisbohrkernen lassen sich aber auch aus Bohrkernen gewinnen, die aus Sedimenten in mehreren tausend Metern Tiefe am Meeresgrund entnommen werden. Dazu ist es lediglich erforderlich, Sedimente in solchen Gebieten anzubohren, in denen keine Strömungen herrschen. Sie enthalten hauptsächlich abgestorbene Organismen, die sich Schicht für

Schicht auf dem Ozeanboden abgelagert haben. Auch sie kann man analysieren und die Isotopenverhältnisse bestimmen. Zudem liefert die Artenzusammensetzung der vorgefundenen Organismen wertvolle Hinweise. Tiefseebohrkerne haben den Vorteil, dass sie oft noch sehr viel weiter zurück reichen als Eisbohrkerne, teilweise bis zu zweihundert Millionen Jahre. Sie lassen sich allerdings nicht so genau datieren, da die einzelnen Schichten nicht immer eindeutig einem bestimmten Jahr zuzuordnen sind.

Auch aus nacheiszeitlichen alpinen Seen lassen sich Bohrkerne entnehmen, da dort vergleichbare Ablagerungsprozesse wie in der Tiefsee stattfinden. Ähnlich verhält es sich auch mit den Stalaktiten und Stalagmiten in Tropfsteinhöhlen. Durch einsickerndes Wasser in das Gestein werden Mineralien gelöst, die sich in der Höhle dann in Form dieser einmaligen Gebilde wieder zusammensetzen. Die Jahrringe von Tropfsteinen sind allerdings sehr dünn, was enorme Anforderungen an die Leistungsfähigkeit der isotopen-chemischen Analysemethoden stellt, weswegen dieses Verfahren noch recht jung ist.[35]

Die Kunst besteht am Ende darin, wenn möglich mehrere der vorgenannten Quellen auszuwerten und auf Ergebnisse zu stoßen, die sich gegenseitig bestätigen. Wenn das gelingt, können Paläoklimatologen ein schlüssiges Bild der Klimageschichte unseres Planeten erstellen. Schauen wir uns dieses Bild einmal näher an.

Klimavariabilität und ihre Urheber

Hauptmerkmal der Klimageschichte unseres Planeten ist, dass sie im Verlauf ihrer 4,6 Milliarden Jahre stets von großen Schwankungen geprägt war. Theoretisch kann die Erde zwischen zwei Klimaextremen pendeln, nämlich zwischen einer vollständigen Vereisung, einem »Schneeball Erde«, sowie einer vollständigen Eisfreiheit. Überwogen hat in der Vergangenheit letzteres, nämlich ein warmes, auch an den Polen eisfreies Klima. Sehr wahrscheinlich war dieser Zustand in mehr als neunzig Prozent der Zeit vorhanden. Eine völlig vereiste Erde hat es hingegen wohl nie gegeben, auch wenn einige Wissenschaftler annehmen, dass es vor etwa siebenhundertfünfzig Millionen Jahren einmal fast soweit gewesen sein könnte. Für das Leben auf der Erde wäre das freilich der Super-GAU gewesen – nur ganz wenige Arten hätten diesen Zustand überlebt. Aber ansonsten dürfte die Vereisung selbst in den kältesten Perioden, ausgehend von den Polen, nie wesentlich über dreißig Grad nördlicher und südlicher Breite hinausgegangen sein. Verantwortlich dafür waren und sind die Meere, die durch ihre große Wasserfläche dämpfend auf Klimaänderungen wirken und schwer zum Vereisen zu bringen sind.

Doch neben den Eiszeiten gab es im Laufe der Erdgeschichte auch heiße Perioden, vor allem zu Beginn. Nach heutigem Erkenntnisstand bildete sich die Erdatmosphäre in drei Phasen. In der ersten Phase, *Hadaikum* genannt, gleich nach ihrer Entstehung vor 4,6 Milliarden Jahren, war die Erde ein flüssiger Feuerball, der von zahlreichen Meteoriten bombardiert wurde. Die flüssige Masse gab Gase frei, die schließlich die Uratmosphäre bildeten. Sie bestand hauptsächlich aus Wasserstoff, Helium und Methan, zu geringeren Teilen auch aus Ammoniak (NH_3) und Wasser. Dieser Ausgasungsvorgang dauerte einige hundert Millionen Jahre.

Darauf folgte die zweite Phase, *Archaikum* genannt, die vor etwa vier Milliarden Jahren begann und ganze anderthalb Milliarden Jahre, also rund ein Drittel des bisherigen Erdenlebens, dauerte. Damals wurden in einer Art Hochofenprozess Nickel- und Eisenoxid zu Nickel und Eisen reduziert. Beide Elemente bilden heute den Erdkern. Der Sauerstoff, der bei diesem Prozess frei wurde, ließ andere Stoffe im Erdmantel oxidieren. Die Atmosphäre enthielt damals wohl dieselben Bestandteile, wie sie auch heute noch bei einem Vulkanausbruch frei werden – überwiegend Wasserdampf, daneben Kohlendioxid und Schwefelwasserstoff sowie Spuren von Stickstoff, Wasserstoff, Kohlenmonoxid, Helium, Methan und Ammoniak. Die Erde kühlte in dieser Zeit erstmals auf unter einhundert Grad Celsius ab, wodurch der Wasserdampf kondensieren konnte und es zu Niederschlägen kam, die Jahrtausende andauerten. Zwar verdampften diese sofort wieder, da die Erdoberfläche noch sehr heiß war, doch beschleunigte dieser Vorgang die Abkühlung des Planeten. Irgendwann, als es die Temperatur zuließ, konnte sich Wasser auf der Oberfläche sammeln, die ersten Ozeane entstanden. Dadurch nahm der Anteil des Wasserdampfs in der Atmosphäre ab, während sich derjenige der übrigen Gase – insbesondere Kohlendioxid und Stickstoff – erhöhte. Gleichzeitig wusch der Regen große Mengen an Schwefelwasserstoff und Kohlendioxid aus der Luft aus, die sich dann in den neu entstandenen Ozeanen lösten. Das Kohlendioxid reagierte zunächst mit dem Wasser der Ozeane zu Kohlensäure, bevor durch weitere chemische Prozesse Carbonate ausgefällt wurden, die sich am Meeresboden in Form von Sedimenten ablagerten. Diese bilden die Grundlage der heutigen Gesteinshülle der Erde.

Vor etwa 3,4 Milliarden Jahren betraten dann in den Ozeanen die ersten Lebewesen die Bühne. Sie intonierten nicht nur die Ouvertüre zur nun beginnenden dritten Phase, sondern spielten darin auch die Hauptrolle. Ihr Instrument war die Photosynthese, die von einfachen Organismen, allen voran den *Cyanobakterien* (Blaualgen) vorzüglich gespielt wurde. Aus Kohlendioxid (CO_2) und Wasser (H_2O) gewannen sie mit Hilfe des Sonnenlichts Glukose, also Traubenzucker ($C_6H_{12}O_6$) und, gewissermaßen als Abfallprodukt, Sauerstoff (O_2). Dieser Sauerstoff entwich allmählich in die Atmosphäre und reicherte sich dort immer mehr an. Lebewesen, so primitiv sie damals auch noch waren, hatten also einen ganz entscheidenden Anteil daran, unsere heutige Atmosphäre mit ihrem hohen Sauerstoffanteil entstehen zu lassen. Für die Lebewesen selbst war das jedoch gar nicht gut, denn Sauerstoff war für die damaligen anaeroben Lebewesen giftig. So kam es, dass der nun neue, freie Sauerstoff, der sich in Gewässern und in der Luft verbreitet hatte, vor etwa 2,4 Milliarden Jahren, gegen

Ende des Archaikums, die »*Große Sauerstoffkatastrophe*« (»*Great Oxygenation Event*« – GOE) auslöste. Es kam zu einem Massensterben, dem ersten, jedoch nicht letzten in der Geschichte des Planeten.

Massensterben bewirken in der Regel aber auch einen Sprung in der Evolution, da nun plötzlich andere, zuvor benachteiligte und unterlegene Arten die Oberhand gewinnen und für sich neue Entwicklungschancen wittern. Durch den höheren Anteil verfügbaren Sauerstoffs konnten nun neue Lebewesen mit einer veränderten, weiter entwickelten Form des Stoffwechsels, bei der mehr Energie freigesetzt wird, auf den Plan treten. Auf diese Weise wurde die Evolution auf eine neue, zuvor undenkbar erscheinende Stufe gehoben, was schließlich erst die Voraussetzung dafür war, dass später Leben auf dem Land entstehen konnte.

Die Große Sauerstoffkatastrophe war vermutlich auch mitverantwortlich für die erste große bekannte Eiszeit in der Erdgeschichte, die so genannte »*Huronische Eiszeit*«. Der nun erstmals freie Sauerstoff in der Atmosphäre reagierte nämlich mit dem starken Treibhausgas Methan zum weniger starken Treibhausgas Kohlendioxid und zu Wasser. Ergebnis war, dass es zu einer globalen Abkühlung kam und wahrscheinlich weite Teile der Kontinente vereisten.

Die Klimaforschung geht heute davon aus, dass es für die Schwankungen des Erdklimas im Verlauf der Geschichte vier Hauptursachen gibt. Die erste davon haben wir bereits kennengelernt: Es sind die Klimagase, die für den Treibhauseffekt verantwortlich sind. Steigt ihre Konzentration in der Atmosphäre an, wird es wärmer – und umgekehrt.

Die zweite Ursache ist die Intensität der von der Sonne abgestrahlten Energie. Sie ist nämlich keineswegs konstant. Verantwortlich dafür sind die so genannten »*Sonnenflecken*«, die etwas kühler sind als der Rest der Sonnenoberfläche. Wie genau die Sonnenflecken auf das Klima der Erde wirken, ist noch unzureichend erforscht. Aber *dass* sie Einfluss haben, davon kann ausgegangen werden.[36] Hinzu kommt, dass die Strahlung der Sonne im Verlauf der Erdgeschichte immer stärker wurde, was Lovelock in seiner *Daisyworld* ja auch simuliert hat. Als die Erde entstand, war die Sonnenstrahlung um ein Drittel geringer als heute. Vor sechshundert Millionen Jahren lag sie bei etwa 94 Prozent des heutigen Wertes, vor dreihundert Millionen Jahren bei 97 Prozent.[37]

Die dritte Ursache für die Klimaschwankungen auf der Erde ist die Verteilung der Landmassen. Seit der deutsche Geowissenschaftler *Alfred Wegener* (1880 bis 1930) die Theorie der Kontinentalverschiebung entworfen hat, wissen wir, dass sich die Landflächen auf der Erde über Jahrmillionen verändern. Die mittelozeanischen Rücken sind die Quelle dafür. Dort tauchen flüssige Gesteinsmassen aus dem Erdinneren auf und erzeugen somit eine »Strömung«, die die Kontinente in Bewegung setzt. Liegen größere Landmassen in Polnähe, kann dies Eiszeiten auslösen. Auch beeinflusst die Form der Kontinente die Meeresströmungen. So ist ein fast kreisförmiger Kontinent auf einem Pol, der komplett von Meer umgeben ist – so wie es heute am Südpol der Fall ist – viel stärker von den wärmeren Gebieten isoliert, als wenn es Landbrücken gäbe, die die Meeresströmungen in nord-südlicher Richtung ablenkten. Deshalb vereiste die Antarktis erst, als sich vor etwa vierunddreißig Millionen Jahren die Südspitze Südamerikas von der Antarktischen Halbinsel trennte und es fortan kein Hindernis mehr gab für die Meeres- und Luftzirkulation rund um den antarktischen Kontinent.[38] Auf diese Weise sorgt die Veränderung der Landmassen auf der Erde auch für eine Veränderung des Klimas.

Die vierte Ursache für die Klimaschwankungen der Erde wurde schließlich von *Milutin Milanković* (1879 bis 1958) entdeckt. Milanković, eigentlich Bauingenieur, geriet in den Turbulenzen der Balkankriege von 1912/13 und des nachfolgenden Ersten Weltkrieges aufgrund seiner serbischen Nationalität in Budapest in Haft, wo er aber an der Bibliothek der ungarischen Akademie der Wissenschaften arbeiten durfte. Er nutzte die Jahre seiner Gefangenschaft, um dort intensiv über das große Rätsel der Eiszeiten nachzudenken. Ende des ersten Weltkriegs hatte er eine erste Monographie verfasst, in der er alle Aspekte des Themas zusammen getragen hatte. Er arbeitete jedoch die folgenden Jahrzehnte weiter, bis er schließlich im Jahr 1941 sein großes Werk veröffentlichte.

Milanković beschrieb darin drei wichtige Zyklen, die Einfluss auf das Klima der Erde nehmen. Der erste und längste dieser »*Milanković-Zyklen*« betrifft die Umlaufbahn der Erde um die Sonne. Diese beschreibt keinen perfekten Kreis, sondern, wie schon der deutsche Astronom *Johannes Kepler* (1571 bis 1630) im Jahr 1609 herausfand, eine leichte Ellipse. Das Maß, wie weit eine Ellipse von einem Kreis abweicht, nennt man »*Exzentrizität*«. Bei einem Kreis ist ihr Wert Null.

Nun ist aber die Exzentrizität der Erdbahnellipse nicht konstant, sondern verändert sich periodisch. Ihr Wert schwankt zwischen 0,005 (also nahezu kreisförmig) und 0,058 (leicht elliptisch) und zwar in einem Zyklus von etwa hunderttausend Jahren. Ist die Ellipse »flach«, bringt sie die Erde im Jahresverlauf näher an die Sonne heran und weiter von ihr weg, als dies in einem »runden« Zustand der Fall wäre. Somit verändert sich die Intensität der Sonneneinstrahlung auf der Erdoberfläche über die Jahrtausende spürbar, je nachdem, ob wir uns gerade auf einer runden oder flachen Ellipse bewegen. Wenn die Umlaufbahn ihre *höchste* Exzentrizität erreicht, beträgt der Strahlungsunterschied zwischen dem größten und dem geringsten Abstand zur Sonne im Jahresverlauf ganze dreiundzwanzig Prozent. Dagegen erreicht er bei der *geringsten* Exzentrizität lediglich zwei Prozent. Momentan ist die Exzentrizität eher gering – der Strahlungsunterschied zwischen Januar und Juli beträgt nur etwa sechs Prozent.

Der zweite Milanković-Zyklus betrifft die Neigung der Erdachse zur Umlaufbahn. Auch diese variiert; sie ändert sich periodisch im Laufe von etwa 42.000 Jahren und zwar zwischen einem Neigungswinkel von 21,8 Grad und einem von 24,4 Grad. Vom Neigungswinkel hängt ab, wo die meiste Strahlung auf der Erdoberfläche einfällt. Ist die Neigung größer, entfernen sich die Wendekreise weiter vom Äquator und die Sommer auf der Erde werden wärmer und die Winter kälter als bei einer geringeren Neigung. Momentan liegt der Neigungswinkel im mittleren Bereich bei 23,44 Grad.

Der dritte Zyklus betrifft die Tatsache, dass die Erdachse leicht »eiert«, das heißt, sie verändert ihre Richtung (»*Präzession*«). Dieser Zyklus dauert etwa 22.000 Jahre und führt dazu, dass die Jahreszeiten nicht immer im selben Bahnpunkt der Erdbahnellipse auftreten. Der geringste Abstand zur Sonne wird derzeit am 3. Januar durchlaufen, das heißt dann, wenn auf der Nordhalbkugel Winter herrscht. Wenn sich dieser Punkt in elftausend Jahren in den Sommer verschoben haben wird, dann werden die Jahreszeiten auf der Nordhalbkugel strenger ausfallen und länger andauern.

Die Auswirkungen, die die Milanković-Zyklen insgesamt haben, selbst wenn man ihre Extreme berücksichtigt, liegen bei weniger als einem Zehntel Prozent, was die Gesamtmenge des die Erdoberfläche erreichenden Sonnenlichts betrifft. Das hört sich wenig an, aber selbst diese minimale Variation kann einen Temperaturunterschied von fünf Grad Celsius auf der Erde auslösen. Wenn die Kontinentalverschiebung, wie es derzeit der Fall ist, große Landflächen in die Nähe der Pole bringt, so dass sich in harten Wintern so viel Schnee anhäufen kann, dass er im Sommer nicht mehr schmilzt, dann lösen die Milanković-Zyklen Eiszeiten aus.[39] Dies zeigt, dass selbst vermeintlich kleine Ursachen erhebliche Auswirkungen auf das Klima der Erde haben können.

Jüngere Klimageschichte

Vor fünfhundert Millionen Jahren gab es die fünfzehn- bis zwanzigfache Konzentration von Kohlendioxid in der Atmosphäre. Das lag an der noch jungen, aktiven Erdkruste, die durch ihre zahlreichen Vulkanschlote das Gas in die Luft spuckte. Auch gab es noch keine Pflanzen, jedenfalls nicht auf dem Land, die es wieder aus der Luft hätten entfernen können.

Das änderte sich erst, als sich vor etwa dreihundertfünfzig bis vierhundertfünfzig Millionen Jahren die Vegetation auf den Kontinenten breit machte. Im Zeitalter des *Karbon* entzog die sich ausbreitende Pflanzendecke der Atmosphäre große Mengen an CO_2 und lagerte es in Form von Kohlesümpfen in der Erde ein. Ähnliches geschah in den Ozeanen, in denen abgestorbenes Plankton auf den Meeresboden sank und sich dort absetzte. Dort verschwand es unter immer neuen Schichten und im Laufe von langen Zeiträumen ließ der hohe Druck von oben und der fehlende Sauerstoff unten aus den sterblichen Überresten der karbonzeitlichen Pflanzen und Tiere die heutigen Kohle- und Erdöl-Lagerstätten entstehen. Der aus der Atmosphäre entnommene Kohlenstoff wurde auf diese Weise zunächst einmal über Jahrmillionen hinweg in den Tiefen der Erde eingelagert. Erst in unseren heutigen Tagen entkommt er bekanntlich wieder aus seinem sicheren Grab, indem wir ihn gewissermaßen exhumieren und mittels Sauerstoffbeatmung (Verbrennung) wiederauferstehen lassen.[40]

Die Erdgeschichte ließ dem Karbon-Zeitalter zunächst das *Perm* und dann die *Trias* folgen. Letztere darf sich bereits zum Erdmittelalter (*Mesozoikum*) zählen, genau wie die nachfolgende *Jura* und die *Kreide*. Dieses Erdmittelalter, welches vor 225 Millionen Jahren begann und vor 65 Millionen Jahren endete, ist uns einigermaßen vertraut, jedenfalls wissen wir, dass damals unsere großen alten Bekannten, die Dinosaurier, ihr Unwesen trieben.

Dinosaurier waren bekanntermaßen Reptilien und somit wechselwarme Tiere, dessen Körpertemperatur von derjenigen der Umgebung abhängig ist. Bei Kälte sind sie weniger aktiv als bei Wärme. Während Säugetiere einen großen Teil ihrer Energie für die Aufrechterhaltung einer konstanten Körpertemperatur aufwenden müssen, ist das bei Reptilien nicht der Fall. Ist es warm, sind sie den erstgenannten deutlich überlegen. Und dies erklärt auch ihren Erfolg: Genau *weil* das Erdmittelalter eine globale Warmzeit war, konnten sich die Dinosaurier so lange und dominant auf der Erde behaupten; die mittlere Temperatur lag damals wohl um etwa zehn Grad Celsius über der heutigen.

Zu dieser erdmittelalterlichen Warmzeit war es wie folgt gekommen: Nachdem der Erdatmosphäre durch die Kohle- und Erdölentstehung in den Zeitaltern des Karbon und des Perm Kohlendioxid entzogen worden war, die Temperaturen wegen des verringerten Treibhauseffektes gefallen waren und es eine Groß-Eiszeit gab, wurde es zu Beginn des Erdmittelalters wieder wärmer. Grund dafür war die damalige Landverteilung auf der Erde. Es gab im Erdmittelalter nur einen einzigen großen, zusammenhängenden Kontinent, »*Pangäa*« genannt (von altgriechisch *pān* = »ganz« und *gaia*, also »*ganze Erde*«). Pangäa war riesig, reichte aber nicht bis zu den Polen, oder vielmehr: reichte *nicht mehr* bis zu den Polen, da es zuvor, etwa vor fünfhundert bis zweihundertfünfzig Millionen Jahren, über den Südpol hinweg gewandert war. Nun aber umspülte der Weltozean den großen Kontinent bis über beide Pole hinweg und sorgte so für einen ungehinderten, alles nivellierenden globalen Wärmeaustausch. Auf diese Weise blieben die hohen Breiten, wo es kein Festland gab, von einer großflächigen Schneebedeckung verschont. Auf den niedrigen Breiten hingegen, im Inneren des riesigen Kontinents, weitab von der dämpfenden Wirkung der Ozeane, konnten sich die Landmassen tüchtig aufwärmen und mit ihnen der gesamte Globus. Trotz üppigen Pflanzenwuchses lag gegen Ende des Erdmittelalters der Kohlendioxidgehalt der Atmosphäre beim Dreifachen des heutigen, nämlich bei etwa tausend ppm. Der Riesenkontinent Pangäa musste erst zerbrechen, damit sich das änderte.

Ab dem Ende des Jura vor etwa hundertfünfzig Millionen Jahren geschah genau das. Pangäa zerbrach in das nördliche *Laura-*

sia und das südliche *Gondwana.* Vor etwa hundert Millionen Jahren zerbrach dann auch Gondwana in das heutige Südamerika und Afrika – der Südatlantik war geboren. Die Kontinente entwickelten sich in der Folge immer weiter hin zu ihrem heutigen Aussehen. Es entstanden neue Teile und schoben sich gegeneinander, so dass sie Gebirge aufwarfen. In dieser Zeit, vor etwa fünfzig Millionen Jahren, entstanden etwa die Rocky Mountains und die Anden in den beiden Amerikas, der Himalaya an der Stelle, an der der indische Subkontinent auf die asiatische Platte traf und in Europa die Alpen, die Karpaten und die Pyrenäen. Diese so genannte »*Tertiäre Gebirgsbildung*« entzog der Erdatmosphäre durch die damit verbundene Kalksteinbildung wieder große Mengen an Kohlendioxid. Dazu trug aber noch ein weiterer Vorgang bei, der in dieselbe Zeit fällt: Die Entstehung unserer heutigen Braunkohle. Ähnlich wie bei der Steinkohle Millionen Jahre zuvor spielten auch hierbei abgestorbene Bäume und Sträucher eine Rolle. Sie sammelten sich in Mooren und bildeten zunächst Torf, bevor durch Druck und unter Sauerstoffabschluss die Kohle entstand. Genau wie bei der Steinkohle wurde damit auch hier der Kohlenstoff der Atmosphäre dauerhaft entzogen und im Erdboden eingelagert.

Der niedrigere CO_2-Gehalt sorgte nun in der beginnenden Erdneuzeit (*Känozoikum*) wieder für sinkende Temperaturen. Die Abkühlung verlief jedoch nicht stetig, sondern schubweise. Vier Hauptschübe sind dabei auszumachen. Der erste von ihnen, vor etwa fünfundsechzig Millionen Jahren, setzte der Warmzeit des Mesozoikums endgültig ein Ende. Auslöser war vermutlich derselbe Meteoriteneinschlag, der auch ein Faktor für das Aussterben der Dinosaurier war. Durch die Wucht des Einschlags waren riesige Mengen an Gesteinsstaub in die Atmosphäre gelangt, die die Erdoberfläche verdunkelten, wodurch sie sich abkühlte. Der zweite Schub, vor etwa vierunddreißig Millionen Jahren, hing mit der Vereisung der östlichen Antarktis zusammen, die seitdem ihren Eispanzer trägt. Im dritten, vor sechs bis zehn Millionen

Jahren, verschlang dieser Eispanzer auch die westliche Antarktis; gleichzeitig vereiste auch Grönland. Der vierte Schub schließlich, vor 2,6 Millionen Jahren, bildete den Beginn des globalen quartären Eiszeitalters, in dem wir uns noch heute befinden.[41]

Allerdings gab es innerhalb dieser Schübe hin zu einem immer kälteren Klima auch eine deutliche Gegenbewegung. Diese fand vor etwa fünfundfünfzig Millionen Jahren statt, und zwar an der Grenze vom *Paläozän* zum *Eozän*, den beiden ältesten Untergruppen der Erdneuzeit. In der Wissenschaft wird dieses Ereignis deswegen auch als »*Paläozän-Eozän-Temperaturmaximum*« (PETM) bezeichnet. Damals stieg die globale Temperatur im Mittel um etwa fünf bis sechs Grad Celsius an.

Das PETM wurde in jüngster Zeit viel diskutiert, da es Ähnlichkeiten mit unserer heutigen Situation haben soll. Ursache muss eine plötzliche Freisetzung von großen Mengen Kohlendioxid in die Atmosphäre gewesen sein, also genau das, was heute stattfindet. Verantwortlich dafür waren vermutlich so genannte Methaneisvorkommen am Meeresgrund. Methaneis oder Methanhydrat ist ein eisähnliches Gemisch aus Wasser und Gas, das nur bei hohem Druck und bei niedrigen Temperaturen stabil ist. Ändern sich diese Bedingungen, reagiert das Methan (CH_4) mit dem Sauerstoff des Wassers (H_2O), so dass CO_2 entsteht, welches an die Meeresoberfläche und damit in die Luft gelangt. Gleichzeitig wird dem Wasser dabei aber auch Sauerstoff entzogen. Deswegen kam es während des PETM zu einem Massensterben in den Ozeanen – die Meerestiere erstickten einfach. Viele der Tiefseebewohner, die wir heute kennen, entwickelten sich erst nach diesem gravierenden Einschnitt. Was jedoch die konkrete Ursache für diesen Vorgang am Ende des Eozäns war, können wir nur vermuten. Möglicherweise waren es starke Vulkanaktivitäten, ein Meteoriteneinschlag oder auch andere Vorgänge, die eine Kettenreaktion auslösten, bei der Wärme entstand, wodurch immer mehr Methan freigesetzt wurde. Allerdings ist zweifelhaft, ob die damit verbundene Erderwärmung damals tatsächlich, wie es teilweise behauptet wird, innerhalb weniger Jahrzehnte stattgefunden hat. Wahrscheinlicher sind Zeiträume von mehreren tausend Jahren.

Aber eines zeigt uns das PETM-Ereignis allemal und das sollten wir uns deutlich vor Augen führen: Dass nämlich eine große Freisetzung von Kohlendioxid unweigerlich eine globale Erwärmung zu Folge hat und dass dies darüber hinaus ein Massensterben von Lebewesen auslösen kann! Von daher ist eine Analogie zur heutigen Situation sicher nicht ganz von der Hand zu weisen.[42]

Doch springen wir noch einmal zum jüngsten Zeitalter der Erdgeschichte, dem *Quartär*. Mit seinem Beginn vor etwa 2,6 Millionen Jahren begann eine Eiszeit, die heute noch immer anhält. Innerhalb dieser Eiszeit gab es (und gibt es immer noch) einen regelmäßigen Wechsel von Kaltzeiten (*Glazialen*) und Warmzeiten (*Interglazialen*): Der Tanz der Milanković-Zyklen im Zusammenspiel mit der uns schon bekannten Eis-Albedo-Rückkopplung, bei der das Verschwinden des arktischen Meereises die Energie-Absorption und damit die Erwärmung verstärkt, kommt nun voll zur Geltung. Beide wiegen sich in einem rhythmischen Warm-Kalt-Takt mit einer Dauer von etwa hunderttausend Jahren. Aufgeführt wird dieser Tanz auf dem für sie günstigen Parkett der heutigen, uns wohlbekannten Konfiguration der Kontinente und ihrer sie umfließenden Meeresströmungen.

Wie wir gesehen haben, ist der Zeitpunkt der Kaltzeiten anhand der von Milanković entdeckten astronomischen Erdbahnzyklen nachvollziehbar und auch für die Zukunft berechenbar. Die letzten Kaltphasen haben dabei in der Regel deutlich länger angehalten als die dazwischen liegenden Warmphasen, nämlich etwa neunzigtausend Jahre gegenüber etwa zehntausend Jahren. Die vorerst letzte Warmperiode, die »*Eem-Warmzeit*«, herrschte vor etwa 126.000 bis 115.000 Jahren. Ihr folgte die vorerst letzte große Kaltzeit, die im Alpenraum als »*Würm-Kaltzeit*« und in Mittel- und Nordeuropa als »*Weichsel-Kaltzeit*« bezeichnet wird. Sie dauerte bis vor etwa 11.700 Jahren. Ihren Höhepunkt erlebte sie vor etwa achtzehn- bis zwanzigtausend Jahren. Zu dieser Zeit war der *homo sapiens*, der moderne Mensch also, bereits voll entwickelt. Er hatte bereits Werkzeuge und betätigte sich in Form von Höhlenmalereien künstlerisch. In Europa und Nordamerika teilte er sich seinen Lebensraum mit den zahlreichen damals lebenden Großtierarten (*Megafauna*) wie dem *Wollmammut* und dem *Mastodon*, dem *Wollnashorn*, dem *Riesenhirsch* oder dem *Riesenfaultier*. Fast alle dieser Großtierarten verschwanden aufgrund der Klimaveränderung am Ende der Kaltzeit von unserem Planeten, nur in Afrika und Südasien überlebten einige von ihnen. Zum Höhepunkt der Kaltzeit reichte die Eiskappe der Arktis bis nach Norddeutschland, während im Süden die Alpengletscher bis weit in das Alpenvorland vorstießen. Nach ihrem Rückzug ließen sie den Starnberger See, den Ammersee und auch den Bodensee zurück. Die Eisschilde und Gletscher dieser Zeit hielten riesige Wassermassen gefangen, was dazu führte, dass der Meeresspiegel ganze einhundertzwanzig Meter tiefer lag als heute. Flache Schelfmeere wie die Nordsee oder auch der Persische Golf lagen fast komplett trocken, es gab Landbrücken und Inseln, die heute nicht mehr existieren und die Kontinente bedeckten eine weitaus größere Fläche als heute.[43] Gegen Ende dieser letzten großen Kaltzeit wurde es langsam wärmer. Das Eis zog sich zurück und der Meeresspiegel stieg.

Die ausgeprägte Warmphase, die innerhalb unseres Quartären Eiszeitalters darauf folgte, begann also vor etwa 11.700 Jahren und dauert bis heute an. Sie wird als »*Holozän*« bezeichnet. Das Holozän ist nicht nur warm, sondern auch außergewöhnlich stabil. Und es hatte auf die Entwicklung der menschlichen Zivilisation einen entscheidenden Einfluss. In ihren Anfang fällt die so genannte »*Neolithische Revolution*«, also das erstmalige Aufkommen von Viehzucht und Ackerbau in der Geschichte der Menschheit. Die bis dato vorherrschende Lebensweise als Jäger und Sammler veränderte sich in der nun beginnenden Jungsteinzeit hin zu derjenigen von sesshaften Bauern. Die Ursache hierfür ist eindeutig in der Klimaveränderung zu suchen, auch wenn die genauen Umstände nicht gänzlich geklärt sind. Im Gebiet des *Fruchtbaren Halbmondes,* also im Zweistromland an Euphrat und Tigris und im heutigen Nahen Osten bis nach Ägypten, in dem sich die ersten Hochkulturen bildeten, veränderte sich durch den Temperaturanstieg die Vegetation: Das bisherige trockene Steppenklima wich einer feuchteren, stärker bewaldeten Landschaft. Die bis dahin bejagten Großwildherden (insbesondere die Gazellen) wanderten ab und die Menschen sahen sich gezwungen, andere Nahrungsquellen aufzutun. Sie begannen, Wildziegen und Wildschafe in Herden zu halten und zu domestizieren und auf den nun fruchtbareren Böden Getreide anzubauen. Gleichzeitig kam es auch in anderen Teilen der Welt zu ähnlichen grundlegenden Veränderungen. So begann man in China, den bis dahin nur gesammelten wilden Reis nach und nach zu kultivieren.[44] Und selbst in Mitteleuropa, das noch lange nicht so weit entwickelt war und wohin sich die neolithischen Kulturen des Nahen Ostens erst Jahrhunderte und Jahrtausende später ausbreiten sollten, wurde das Gebiet, das die Jäger und Sammler durchstreifen mussten, kleiner, weil sich nach dem Rückzug des Eises und der eiszeitlichen Tundren sowie der sich daran anschließenden Wiederbewaldung mehr Sammelgut in Form von Früchten, Nüssen und Muscheln finden ließ und die Großwildherden leichter zu jagenden Waldtieren wichen. Man kann also ohne Übertreibung sagen: Ohne das warme, stabile Klima des Holozäns gäbe es keine menschliche Zivilisation, so wie wir sie heute kennen. Das ist wichtig.

Doch auch das Holozän war nicht immer gänzlich stabil; auch innerhalb der letzten zehntausend Jahre gab es Schwankungen. So kam es etwa vor 8.200 Jahren zu einer merklichen Abkühlung, vermutlich dadurch ausgelöst, dass das Wasser eines riesigen Schmelzwassersees der letzten Kaltzeit in den nördlichen Atlantischen Ozean gelangte. Vor 7.000 bis 5.500 Jahren hingegen war es zwar ähnlich warm wie heute, doch offenbar in einigen Gegenden deutlich feuchter. Die heutigen Trockenwüsten in Asien und

Afrika, allen voran die Sahara, waren nicht heiß und trocken wie in unseren Tagen, sondern eine grüne Savanne, in der Hirten, Fischer und Jäger lebten, wovon uns heute noch Höhlenmalereien tief unter dem Wüstensand anschaulich Zeugnis geben. Und ebenfalls tief unter der Sahara liegt bis heute das weltweit größte unterirdische Süßwasserreservoir, gespeist vom Regen, der vor Tausenden von Jahren niederging. Zu der Frage, warum die Sahara später austrocknete, gibt es verschiedene Theorien. Vermutlich lag es an der geringen, aber kontinuierlichen, von Milanković entdeckten Veränderung der Erdachse (Präzession), die die Sonneneinstrahlung veränderte. Infolgedessen heizte sich der Boden stärker auf, die Vegetation verdorrte und das Monsunsystem, das vorher die Regenfälle in die Sahara gebracht hatte, veränderte sich. Zusammengenommen führten vermutlich verschiedene Rückkopplungen zu einem plötzlichen Klimawechsel – das *Goldene Zeitalter* der Sahara war vorbei.[45]

Auch innerhalb der letzten Jahrhunderte kam es zu Klimaveränderungen. So gab es im 16. bis 18. Jahrhundert in Europa die so genannte »*Kleine Eiszeit*«, in der es um etwa 0,2 bis 0,6 Grad kälter war als im Mittelalter. Wunderbar veranschaulicht wird uns das heute noch durch die bekannten Winterbilder niederländischer Maler wie etwa *Pieter Bruegel dem Älteren* (1525/30 bis 1569) oder *Hendrick Avercamp* (1585 bis 1634).

Das Anthropozän

So deutlich die Stabilität des für die menschliche Entwicklung so bedeutsamen Holozäns trotz seiner Schwankungen über viele Jahrtausende war, so deutlich werden nun aber auch die Veränderungen spürbar, die es in jüngster Zeit erfährt. Die von uns Menschen verursachten Klimaveränderungen sind so gravierend, dass unsere heutige Zeit mittlerweile von vielen Wissenschaftlern gar als eigenständiges Erdzeitalter verstanden werden will, nämlich als dasjenige mit dem Faktor Mensch als dem bestimmendem Element, als das »*Anthropozän*«. Um die Relationen begreifen zu können, die den radikalen Schritt rechtfertigt, eine erdgeschichtlich betrachtet winzige Zeitspanne von wenigen Jahrhunderten nach etwas zu benennen, was üblicherweise viele Jahrmillionen dauert, müssen wir uns nur die nackten Zahlen ansehen.

Die durchschnittliche Temperatur auf der Erdoberfläche liegt heute bei 14,5 Grad Celsius. Dabei handelt es sich um einen Mittelwert, der sämtliche Jahreszeiten, Klimazonen und Tageszeiten einschließt. Zweihundert Jahre zuvor, also vor Beginn der Industrialisierung, als der Kohlendioxidgehalt der Luft noch bei zweihundertachtzig und nicht bei den heutigen vierhundert ppm lag, betrug die globale Durchschnittstemperatur etwa 13,5 Grad. Das bedeutet, der Mensch hat es geschafft, die durchschnittliche Temperatur auf der Erdoberfläche um knapp ein Grad anzuheben (der neueste Bericht des IPCC spricht von 0,85 Grad).

Dagegen lag die durchschnittliche Temperatur während der letzten eine Million Jahre, also innerhalb unseres erdneuzeitlichen Eiszeitalters mit seinen Wechseln aus Glazialen und Interglazialen, bei etwa elf Grad Celsius. In den Warmzeiten konnte dieser Wert um bis zu vier Grad nach oben und in den Kaltzeiten um bis zu zwei Grad nach unten abweichen. Auf dem Höhepunkt der letzten Kaltzeit, der Würm- oder Weichselkaltzeit vor etwa achtzehntausend Jahren, lag die Durchschnittstemperatur auf der Erdoberfläche bei etwa neun Grad, also 5,5 Grad unter der heutigen.

Wir erinnern uns: Damals lag ganz Norddeutschland und auch die Voralpenregion unter Eis, also so, wie es heute in Grönland der Fall ist. Zwischen diesen Eis- und Gletscherflächen breitete sich eine baumlose Tundra aus. Leben war damit nahezu unmöglich, die Temperaturen lagen in Mitteleuropa im Schnitt bei minus vier Grad. Menschen lebten zu dieser Zeit anderswo, in Afrika, Indien und Australien oder auch am Mittelmeer. In den Tropen, wo heute Temperaturen von etwa sechsundzwanzig Grad herrschen, lagen sie damals bei einundzwanzig Grad, also so hoch, wie heute in Nordägypten oder Florida. In Süditalien war es damals so warm wie heute in Deutschland, das heißt, etwa acht bis zehn Grad kühler.[46]

Auf dem Höhepunkt der letzten Warmzeit, der *Eem-Warmzeit* vor etwa 120.000 Jahren, lag die globale Durchschnittstemperatur dagegen bei etwa 16,5 Grad Celsius. In Grönland war es damals drei bis fünf Grad wärmer als heute. Und weil das ziemlich genau mit dem übereinstimmt, was die Klimaforscher für die nächsten Jahrzehnte für diese Region prognostizieren, lohnt es sich für sie, dieses Ereignis näher zu erforschen, insbesondere im Hinblick auf das mögliche Abschmelzen des grönländischen Eisschildes und die daraus erwachsenden Gefahren.

Am 27. Juli 2010 erreichte das internationale Forschungsprojekt »*North Greenland Eemian Ice Drilling*« (NEEM) mithilfe einer Eiskernbohrung das grönländische Felsbett unter dem Eis in knapp 2.540 Metern Tiefe. Bei der näheren Untersuchung der Eisschichten zeigte sich, dass Grönland weder während der Zeit der Wikinger noch während des Eem jemals komplett »grün« war, wie sein Name suggeriert. Nur der Süden der Insel war bewaldet. Sein Eisschild hatte aber im Eem gegenüber der vorausgegangenen Kaltzeit um etwa vierhundert Meter an Mächtigkeit verloren und seine Oberfläche lag hundertdreißig Meter tiefer als heute. Der Meeresspiegel stand damals etwa vier bis sechs Meter über dem heutigen Niveau.[47]

Es erscheint derzeit nicht unwahrscheinlich, dass wir in den nächsten Jahrzehnten auf ähnliche Verhältnisse zusteuern, wie sie zur Zeit des Eem herrschten. Und es erscheint auch nicht unwahrscheinlich, dass wir die Verhältnisse der Eem-Warmzeit in einigen wenigen Jahrhunderten sogar noch deutlich übertreffen könnten.[48] Was uns konkret in der Zukunft erwartet, können wir nur vermuten. Doch ihre Vermutungen haben die Klimaforscher im Bericht des IPCC sehr detailliert niedergeschrieben. Wir werden uns gleich damit auseinandersetzen.

Rückblickend auf die bisherige Klimageschichte der Erde lassen sich aber bereits einige Punkte hervorheben. Zuallererst lässt sich feststellen, dass es immer schon dramatische Klimaveränderungen gegeben hat. Das alleine ist also nichts Ungewöhnliches. Deutlich wurde auch, dass das Klima sehr sensibel bereits auf kleine Impulse reagiert. So können etwa bereits geringfügige Veränderungen in der Strahlungsenergie der Sonne große Turbulenzen im Klimageschehen der Erde auslösen. Der amerikanische Klimatologe *Wallace Broecker* (*1931) hat das einmal bildhaft auf den Punkt gebracht. Er meinte: »*Das Klima ist kein träges Faultier, sondern gleicht eher einem wilden Biest*«.[49]

Und noch drei weitere Dinge sollten uns klar geworden sein. Erstens nämlich, dass die Temperaturunterschiede, die zu erheblichen Auswirkungen führen, in absoluten Zahlen gemessen gar nicht einmal so hoch erscheinen, jedenfalls nicht in den Augen eines Laien.

Zweitens, dass der Kohlendioxidgehalt in der Atmosphäre schon immer einen großen Einfluss auf die Temperatur hatte und umgekehrt. Zusammenfassend lassen unsere Erkenntnisse über das Klima somit nur den Schluss zu, dass die massiven anthropogenen Treibhausgasemissionen auch massive Auswirkungen auf das Klima haben *müssen*, etwas anderes ist gar nicht möglich.

Und schließlich drittens ist festzustellen: Im regelmäßigen Rhythmus der Warm- und Kaltzeiten innerhalb unseres seit 2,6 Millionen Jahren andauernden quartären Eiszeitalters müsste der gegenwärtige Temperaturanstieg gar nicht zwangsläufig zur Katastrophe führen, nämlich dann nicht, wenn wir uns ohnehin in einer Kaltzeit befänden. In diesem Fall würden wir die nächste Warmzeit lediglich schneller herbeiführen, als dies auf natürlichem Wege ohnehin geschehe. Dem ist aber nicht so. Das Ungewöhnliche und Gefährliche an unserer heutigen Situation ist, und daran sei noch einmal ausdrücklich erinnert, dass wir uns gegenwärtig in einer ausgeprägten Warmzeit, dem Holozän, befinden. Und in eben jener warmen Phase führen wir eine Erwärmung herbei; wir satteln also gleichsam auf eine bestehende

Warmzeit eine weitere oben drauf. Das ist zumindest innerhalb der letzten ein, zwei Millionen Jahre etwas völlig Neues. Befänden wir uns dagegen derzeit in einer Kaltzeit, wäre die Situation nicht ganz so dramatisch, weil nicht ungewöhnlich, höchstens die Geschwindigkeit des Wandels schneller als gewohnt. Die heutige Situation *ist* aber ungewöhnlich. Und deswegen ist auch die Zahl der Beispiele aus der Vergangenheit, die auf unsere künftige Lage schließen lassen könnten, sehr gering. Die eben erwähnte Eem-Warmzeit ist eine der wenigen, auf die das zutrifft. Das IPCC hat trotzdem eine Prognose gewagt. Mit allen Unsicherheiten, die der Situation geschuldet sind. Schauen wir sie uns also einmal näher an.

Auswirkungen und Folgen des Klimawandels

Der fünfte und bislang jüngste Sachstandsbericht des IPCC (»*Assessment Report 5*«, kurz: AR5), der in den Jahren 2013 und 2014 veröffentlicht wurde, ist ein wahres Mammutwerk. Er besitzt mehrere tausend Seiten und an seiner Entstehung haben etwa achthundert Autoren mitgewirkt. Er gliedert sich in drei Teile, »*Arbeitsgruppen*« (*Working Groups*) genannt, sowie einen zusammenfassenden »*Synthesebericht*«, der am 2. November 2014 der Öffentlichkeit vorgestellt wurde. Die Arbeitsgruppe I beschreibt »*Physikalisch-wissenschaftliche Grundlagen*«, Arbeitsgruppe II »*Folgen, Anpassung, Verwundbarkeit*« und Arbeitsgruppe III »*Klimaschutz*« (Minderung des Klimawandels). Alleine der Bericht der Arbeitsgruppe I umfasst 2.216 Seiten. Seine einleitende Kernaussage lautet: »*Die Erwärmung des Klimasystems ist eindeutig, und viele dieser seit den 1950er Jahren beobachteten Veränderungen sind seit Jahrzehnten bis Jahrtausenden nie aufgetreten. Die Atmosphäre und der Ozean haben sich erwärmt, die Schnee- und Eismengen sind zurückgegangen, der Meeresspiegel ist angestiegen und die Konzentrationen der Treibhausgase haben zugenommen.*«[50]

Die globale Durchschnittstemperatur ist im Zeitraum zwischen 1880 und 2012 um 0,85 Grad Celsius gestiegen. Der Trend zur Erwärmung, so das IPCC, sei somit eindeutig, allerdings sei eine präzise Aussage über die *Geschwindigkeit* der Erwärmung schwierig, da es in der Vergangenheit beträchtliche Schwankungen im Bereich von Jahren und Jahrzehnten gegeben habe. So sei sie beispielsweise in den fünfzehn Jahren zwischen 1998 und 2012 langsamer vonstatten gegangen als im langjährigeren Durchschnitt seit 1951.

Genau dieser Umstand war einige Zeit lang für viele »Klimakritiker« ein gefundenes Fressen. Es war ihr Hauptargument, den Klimawandel in Frage zu stellen und die Arbeit des IPCC zu diskreditieren. Allerdings übersahen sie dabei, dass »*jedes der letzten drei Jahrzehnte* [...] *an der Erdoberfläche sukzessive wärmer* [war] *als alle vorangehenden Jahrzehnte seit 1850*« und dass es »*in der Nordhemisphäre* [...] *1983–2012 wahrscheinlich die wärmste 30-Jahr-Periode der letzten 1400 Jahre* [gab]«[51].

Dass diese fünfzehn Jahre mit langsamerer Erwärmung dem grundsätzlichen Trend eben *nicht* zuwiderlaufen, wird auch schnell deutlich, wenn man sich die entsprechende Temperaturkurve seit 1850 betrachtet. Es gibt dort viele deutliche Ausreißer nach oben und nach unten, aber seit etwa 1910 gibt es einen ungebremsten Trend nach oben mit einer Unterbrechung etwa von 1940 bis 1975 und eben derjenigen in jüngster Zeit zwischen etwa 1998 und 2012. Seitdem werden aber wieder Jahr für Jahr neue Temperaturrekorde gemessen.

Die Abschwächung der Erwärmung nach dem Zweiten Weltkrieg, insbesondere in den Jahren 1958 bis 1965, in denen die globale Durchschnittstemperatur sogar um etwa 0,3 Grad Celsius fiel, wird auf die enorm ansteigenden Schwefelemissionen in dieser Zeit zurückgeführt. Die Aerosole, die sich in der Luft anreicherten, führten zu einer erhöhten Albedo, wodurch sich die Atmosphäre abkühlte. Diese heute allgemein anerkannte Tatsache rief Anfang der 1970er Jahre sogar Wissenschaftler auf den

Plan, die vor einer durch die Aerosole ausgelösten bevorstehenden Eiszeit warnten. Eine mediale Panikmache ließ daraufhin nicht lange auf sich warten. Zwar gab es auch damals bereits Hinweise auf die globale Erwärmung durch Treibhausgase, doch der durch die Aerosole verursachte gegenläufige Effekt überlagerte diese deutlich. Heute weiß man aber, dass das lediglich eine Episode war und die Erwärmung weiter geht.[52]

Worauf hingegen die Abschwächung des Temperaturanstiegs um die Jahrtausendwende zurückzuführen ist, darüber ist sich die Wissenschaft noch uneins. Das IPCC spricht wage davon, dass die Ursachen dieses so genannten »*Temperatur-Hiatus*« sehr wahrscheinlich in einer Kombination aus verminderter Sonnenaktivität, erhöhter vulkanischer Aktivität auf der Erde und natürlichen Klimaschwankungen zu suchen sind. Möglicherweise hat man in den Klimamodellen auch die Energieaufnahmefähigkeit insbesondere der tieferen Schichten der Ozeane unterschätzt. Oder aber der Rückgang des arktischen Meereises hat in Nordeuropa und Nordasien im Winter zu Veränderungen der Luftzirkulation geführt, die dort eine Abkühlung zur Folge hatte. Ausgeschlossen wird aber auch nicht, dass erneut die von der Menschheit in die Luft geblasenen Aerosole schuld sind.

Doch was der Grund auch immer gewesen sein mag, Fakt ist jedenfalls, dass spätestens seit den Rekordtemperaturen des Jahres 2015, das im Durchschnitt 0,87 Grad Celsius wärmer war als das dreißigjährige Mittel aus den Jahren 1951 bis 1980, klar ist, dass es keine Pause gab. Die globale Erwärmung schreitet ungehindert voran, daran gibt es keinen Zweifel mehr.

Deutlich wird an der Episode des Temperatur-Hiatus lediglich, dass die Komplexität des Klimasystems der Erde von der Wissenschaft immer noch nicht bis ins letzte Detail verstanden ist. Doch am grundsätzlichen Wahrheitsgehalt der Aussage, dass der Mensch eine Veränderung des Klimas herbeiführt, ändert das nichts. Das IPCC konstatiert daher auch: »*Der menschliche Einfluss* [...] *wurde in der Erwärmung der Atmosphäre und des*

Ozeans, in Veränderungen des globalen Wasserkreislaufs, in der Abnahme von Schnee und Eis und im Anstieg des mittleren globalen Meeresspiegels nachgewiesen. Auch einige Veränderungen von extremen Wetter- und Klimaereignissen wurden auf menschlichen Einfluss zurückgeführt.« Die Folgen seien bereits erkennbar: »*Einige einzigartige und empfindliche Ökosysteme, zum Beispiel in der Arktis oder Warmwasser-Korallenriffe, sind schon heute vom Klimawandel bedroht. Die geographische Verbreitung von Arten und ihre Interaktion untereinander haben sich verändert. Die Erträge von Weizen und Mais werden überwiegend negativ beeinflusst. In vielen Regionen haben geänderte Niederschläge oder Schnee- und Eisschmelzen die Wasserressourcen beeinträchtigt.«*[53]

Würden die Treibhausgasemissionen nicht erheblich reduziert, würde die Erwärmung weiter gehen und laut IPCC langfristige Veränderungen in allen Komponenten des Klimasystems bewirken. »*Der Klimawandel wird für Menschen und Umwelt bereits bestehende Risiken verstärken und neue Risiken nach sich ziehen. Schnellerer und stärkerer Klimawandel beschränkt die Wirksamkeit von Anpassungsmaßnahmen und erhöht die Wahrscheinlichkeit für schwerwiegende, tiefgreifende und irreversible Folgen für Menschen, Arten und Ökosysteme. Anhaltende hohe Emissionen würden zu meist negativen Folgen für Biodiversität, Ökosystemdienstleistungen und wirtschaftliche Entwicklung führen und die Risiken für Lebensgrundlagen, Ernährungssicherung und menschliche Sicherheit erhöhen.«*[54] Doch der Reihe nach. Schauen wir uns die einzelnen Punkte noch einmal näher an.

Wenn vom Klimawandel die Rede ist, werden häufig historische Fotos von Gebirgsgletschern bemüht, die beweisen sollen, dass diese im Laufe der letzten Jahrzehnte stark zurückgegangen sind. Der Gletscherschwund ist gewissermaßen zusammen mit dem Eisbären zu *dem* Symbol für den globalen Klimawandel und seine Bedrohung geworden. Und in der Tat sind Gletscher vielleicht die besten Klimaindikatoren überhaupt, da sie sehr sensibel auf Klimaschwankungen reagieren.

So bemerkt das IPCC auch: »*Während der letzten beiden Jahrzehnte haben die Eisschilde in Grönland und in der Antarktis an Masse verloren, die Gletscher sind fast überall in der Welt weiter abgeschmolzen, und die Ausdehnung des arktischen Meereises sowie der Schneebedeckung in der Nordhemisphäre im Frühjahr haben weiter abgenommen.*« Der Umfang der weltweiten Gletschermasse habe erheblich abgenommen; in den knapp vierzig Jahren von 1971 bis 2009 seien alleine außerhalb der Polkappen etwa 226 Gigatonnen (oder Kubikkilometer) Eis pro Jahr verloren gegangen, wobei sich die Rate in der zweiten Hälfte dieses Zeitraums noch einmal auf 275 Gigatonnen pro Jahr verstärkt habe.[55]

Das entspricht einem Eiswürfel mit einer Kantenlänge von etwa 6,5 Kilometern, der jedes Jahr verschwindet. Zwar hängt die Gletschermasse nicht alleine von der Temperatur ab, sondern auch von der Häufigkeit von Niederschlägen einerseits und der Stärke der Sonneneinstrahlung andererseits, doch gilt tendenziell, dass sie bei steigendem Thermometer abschmelzen.[56] Und dass sie abschmelzen, bleibt nicht ohne Folgen.

Gletscher bilden einen sehr wertvollen Wasserspeicher, da sie auch bei stark schwankenden saisonalen Niederschlägen ganzjährig Wasser abgeben und Flüsse speisen. Es gibt viele Gebiete auf der Erde, in denen die komplette Wasserversorgung an einer solchen Quelle hängt. Dazu zählt etwa die peruanische Hauptstadt Lima mit ihren knapp acht Millionen Einwohnern. Die Stadt liegt zwischen der Pazifikküste und dem bis zu sechstausend Meter hohen Gebirgszug der Anden. Die regenreichen Ostwinde aus dem Amazonasgebiet können diese gewaltige Gebirgsbarriere nicht überwinden, weshalb sich hier, auf der anderen Seite der Berge, eine Küstenwüste gebildet hat, die kaum Trinkwasser bereithält. Die Stadt entnimmt ihren gesamten Trinkwasserbedarf deswegen dem Fluss *Rímac*, der sich wiederum aus den

Schmelzwassern der Andengletscher, wie dem *Eulalia*-Gletscher, speist. Die fast senkrechte Sonneneinstrahlung in den tropischen Breiten macht die äquatorialen Gletscher aber besonders empfindlich gegenüber Klimaänderungen. Die Gletscher Perus haben in den vergangenen dreißig Jahren fast zwanzig Prozent ihres Volumens verloren. Schon heute führt der Rio Rímac teilweise so wenig Wasser, dass es komplett für die Trinkwasserversorgung der Millionenstadt herhalten muss. Kein Tropfen von ihm erreicht mehr den Pazifik. Das bedeutet, dass die Stadt mit dieser wertvollen Ressource äußerst sparsam umgehen muss. Eine weitere Steigerung des Bedarfs ist nicht möglich. Doch was wird, wenn die Gletscher weiter schmelzen? Wenn weniger Wasser zur Verfügung steht, wird die Verteilung schwieriger, soziale Auseinandersetzungen sind zu erwarten. Und irgendwann, wenn die Quelle weiter versiegt, werden nicht nur die Menschen, sondern auch alle sonstigen Lebewesen in der Region ihrer Lebensgrundlage beraubt werden. Es steht also zu befürchten, dass Lima auf eine düstere Zukunft hinsteuert.[57]

Genauso wie die Gletscher der Hochgebirge schmilzt bei steigender Temperatur aber auch anderswo das Eis. Besonders betroffen ist die Heimat der Eisbären, also das arktische Eis um den Nordpol herum. Anders als beim Südpol gibt es um den Nordpol bekanntermaßen keine Landmassen; das dortige Eis schwimmt im Meer. Der Rückgang des arktischen Meereises war in den letzten Jahren dramatisch.

Das IPCC schätzt, dass seine mittlere jährliche Ausdehnung in den vergangenen drei Jahrzehnten jeweils um etwa vier Prozent abgenommen habe. Das entspricht etwa einer halben Million Quadratkilometer pro Jahrzehnt, also einer Fläche so groß wie Spanien. Im Sommer war der Eisverlust sogar noch höher. Laut IPCC lag er »*für das sommerliche Meereis-Minimum* [...] *sehr wahrscheinlich im Bereich von 9,4 bis 13,6 Prozent pro Jahrzehnt*«, was einer Fläche zwischen 0,73 und 1,07 Millionen Quadratkilometer entspräche. Im Klartext heißt das, dass die Ausdehnung des arktischen Meereises seit 1979 insgesamt um mehr als zwölf Prozent und im Sommer sogar um bis zu vierzig Prozent abgenommen habe. Das entspricht tatsächlich der anderthalbfachen Fläche Grönlands!

Das IPCC stellt dann auch nüchtern fest, dass wahrscheinlich *»ein sommerlicher Eisrückgang in der Arktis wie in den letzten drei Jahrzehnten* [...] *noch nie vorgekommen«* sei und die Meeresoberflächentemperaturen heute zumindest im Vergleich mit den letzten 1.450 Jahren außergewöhnlich hoch seien.[58] Wenn der gegenwärtige Trend anhalte, könne der Nordpol bereits Mitte des Jahrhunderts völlig eisfrei sein.

Das Schmelzen des Meereises führt zwar nicht, wie oft irrtümlich angenommen, zu einem Anstieg des Meeresspiegels, da das schwimmende Eis dasselbe Volumen hat wie das von ihm verdrängte Wasser (was jeder leicht in einem Wasserglas-Versuch nachprüfen kann). Aber das Verschwinden des Eises hat Einfluss auf die Albedo, da der Kontrast zwischen dem hellen, reflektierenden Eis und der dunklen Wasseroberfläche kaum größer sein könnte. Hierin liegt der Grund, warum die Arktis ganz besonders von der Erderwärmung betroffen ist und das Eis dort in solchen Ausmaßen schwindet. Für die sensiblen Ökosysteme dort wäre der komplette Eisverlust eine Katastrophe. Die großen Säuger der Region, vor allem der Eisbär, aber auch Robben und andere Tiere, die es in der unwirtlichen Umgebung ohnehin nicht leicht haben, sowie zahlreiche Seevögel könnten dem Untergang geweiht sein.[59]

Doch der Mensch denkt bereits wieder in ökonomischen, anstatt in ökologischen Kategorien. Durch die Eisschmelze in der Arktis eröffnen sich nämlich plötzlich Schifffahrtswege, die in vergangenen Jahrhunderten für viele Seefahrer ein unerfüllbarer Wunschtraum blieben, nun aber den internationalen Handel revolutionieren könnten. Es handelt sich dabei um die so genannte »*Nordostpassage*« nördlich der sibirischen Landmasse sowie die »*Nordwestpassage*« nördlich von Kanada. Die großen

Umwege um Afrika herum oder durch den Suez- und Panamakanal wären dann nicht mehr nötig. So misst etwa der übliche Seeweg von Hamburg nach Tokio durch den Panamakanal circa dreiundzwanzigtausend und durch den Suezkanal circa einundzwanzigtausend Kilometer; die Nordwestpassage würde den Weg auf nur noch sechszehntausend Kilometer verkürzen. Nebenbei könnten die Reedereien die hohen Kanalgebühren sparen, die pro Durchfahrt durch den Panama- oder Suezkanal anfallen – sie liegen bei durchschnittlich etwa dreihunderttausend Dollar – und sie könnten größere Schiffe einsetzen, da sie die Größenbeschränkung etwa des Panama-Kanals nicht beachten müssten. Das zeigt, dass es aus wirtschaftlicher und geopolitischer Sicht künftig von erheblicher Bedeutung sein wird, wer diese neuen Routen kontrolliert. Um die Nordwestpassage ist bereits ein Streit zwischen Kanada und den USA entbrannt; während Kanada die Nordwestpassage in allen seinen Varianten als sein ureigenstes Hoheitsgewässer ansieht und deswegen gefragt werden möchte, wenn sie durchfahren wird, sehen die USA sie als internationales Gewässer an.[60] Es ist geradezu symptomatisch, dass die negativen Auswirkungen, die eine massive Ausweitung des Schiffsverkehrs in diesen bisher weitgehend unberührten arktischen Gebieten zwangläufig haben muss, bei diesen wirtschafts- und geopolitischen Auseinandersetzungen gar nicht zur Debatte stehen. Offenbar werden sie als Nebensächlichkeiten abgehakt oder gar bewusst ignoriert, um den ökonomischen Stellungskrieg zu gewinnen.

Doch zurück zur Eisschmelze an den Polen. Sie beschränkt sich nämlich nicht nur auf das arktische Meereis, sondern betrifft auch die beiden großen Festlands-Eisschilde des Planeten – das auf Grönland und das auf dem antarktischen Kontinent. Auch sie beginnen allmählich zu schmelzen. Beide Eisschilde besitzen eine Mächtigkeit von drei bis vier Kilometern; in ihnen sind riesige Wassermassen gefangen. Wenn sie ins Meer gelangen, beginnt der Meeresspiegel – im Gegensatz zum Abschmelzen des Meereises – unweigerlich zu steigen. Zwar ist ein durch den Klimawandel ausgelöstes vollständiges Abschmelzen der Antarktis derzeit äußerst unwahrscheinlich und es würde auch sehr lange dauern. In Grönland aber, wo die Temperaturen nicht so stark unter dem Gefrierpunkt liegen, könnte dieses Szenario schon sehr bald eintreten. Allerdings ist sich die Wissenschaft noch uneinig darüber, in welchem Ausmaß dies geschehen könnte.

Das IPCC schreibt dazu: »*Die durchschnittliche Geschwindigkeit des Eisverlustes des Grönländischen Eisschildes ist sehr wahrscheinlich beträchtlich von 34 (-6 bis 74) Gigatonnen pro Jahr im Zeitraum von 1992 bis 2001 auf 215 (157 bis 274) Gigatonnen pro Jahr im Zeitraum von 2002 bis 2011 angestiegen.*« Die Klammerwerte geben dabei die Bandbreite der unterschiedlichen Prognosen wider. Dagegen sei beim antarktischen Festlandeis am anderen Ende des Globus »*die durchschnittliche Geschwindigkeit des Eisverlustes* [...] *wahrscheinlich von 30 [-37 bis 97] Gigatonnen pro Jahr im Zeitraum von 1992 bis 2001 auf 147 [72 bis 221] Gigatonnen pro Jahr im Zeitraum von 2002 bis 2011 angestiegen*«. Dies betreffe vor allem die nördliche antarktische Halbinsel sowie Teile der Westantarktis.[61]

Auch die Festlandseisschilde an den Polen schmelzen, soviel ist sicher. Jedoch kennen die Wissenschaftler noch nicht alle Faktoren, die dabei eine Rolle spielen – die soeben zitierten unterschiedlichen Prognosewerte geben davon ein Zeugnis ab. So weiß man beispielsweise nicht, inwieweit an der Oberfläche entstandenes Schmelzwasser durch Spalten und Risse im Eis in die Tiefe gelangen und dort möglicherweise eine Art Schmierfilm bilden kann, der ein Abrutschen der Eismassen ins Meer begünstigt.

Bereits heute lassen sich, zumindest an der Rändern des Grönland- und auch des Antarktis-Eisschildes Abbrüche von Schelfeis feststellen. Da Eisschelfe genauso wie das arktische Meereis im Wasser schwimmen, hat das jedoch noch keine Auswirkungen auf den Meeresspiegelanstieg. Allerdings könnte ein vermehrtes Abbrechen von Schelfeis eines Tages dazu führen, dass auch das dahinter liegende Eisschild auf dem Festland ins Meer rutscht und dadurch abschmilzt.[62]

Der Anstieg des Meeresspiegels wird aber nicht nur durch das Schmelzen von Gletschern und Eisschilden ausgelöst. Es gibt noch eine andere Ursache, nämlich die thermische Ausdehnung des Meerwassers, die sein Volumen erhöht. Im Unterschied zum Meeresspiegelanstieg aus der Eisschmelze mit seinen von Unwägbarkeiten geprägten Prognosen lässt sich derjenige aus der thermischen Volumenausdehnung relativ einfach berechnen.

Laut IPCC sei der Meeresspiegel seit 1901 im Mittel insgesamt um neunzehn bis einundzwanzig Zentimeter gestiegen. Das entspräche einem durchschnittlichen jährlichen Anstieg von etwa 1,7 Millimetern. Allerdings habe die Anstiegs*geschwindigkeit* in den letzten Jahrzehnten zugenommen. Während die jährliche Durchschnittsrate zwischen 1971 und 1992 noch bei *»2,0 (1,7 bis 2,3) mm pro Jahr«* gelegen habe, habe sie sich zwischen 1993 und 2010 auf *»3,2 (2,8 bis 3,6) mm pro Jahr«* gesteigert. Das hieße also, dass sich die Anstiegsgeschwindigkeit in den letzten zwanzig Jahren gegenüber dem langjährigen Schnitt fast verdoppelt habe!

Verursacht werde der Anstieg dabei zu knapp neununddreißig Prozent durch die thermische Ausdehnung der Ozeane, zu etwa siebenundzwanzig Prozent durch die Gletscherschmelze, zu etwa zwölf Prozent durch das Abschmelzen des Grönländischen Eisschildes, zu etwa zehn Prozent durch das Abschmelzen des Antarktischen Eisschildes und zu etwa zwölf Prozent aus der verminderten Wasserspeicherung an Land.[63]

Während die Gletscher der Hochgebirge sehr schnell und sensibel auf Klimaänderungen reagieren, verhält es sich beim Meeresspiegelanstieg, vor allem demjenigen aus der thermischen Ausdehnung, ganz anders. Dieser ist sehr träge. Der Anstieg beginnt spät und langsam, setzt sich dann aber sehr lange fort, da Wasser Wärme sehr langsam aufnimmt, sie dafür aber umso länger hält. Das ist auch der Grund, warum durch unsere Heizungsrohre Wasser fließt und nicht etwa Luft strömt; ist das Medium erst einmal erwärmt, kann es die Wärme sehr lange halten. Hat der Anstieg des Meeresspiegels also erst einmal begonnen, dann kann er viele Jahrhunderte weiter gehen. Selbst wenn wir von heute auf morgen den kompletten Treibhausgasausstoß beenden würden, was natürlich vollkommen utopisch ist, dann würde der Meeresspiegel durch die bereits erhöhten Temperaturen in der Atmosphäre noch jahrhundertelang weiter ansteigen. Eine Prognose des Meeresspiegelanstiegs muss also zwingend mit einem Zeithorizont verknüpft sein, denn je weiter der Blick in die Zukunft reicht, desto höher muss der Prognosewert sein. Ist kein Zeithorizont angegeben, ist die Aussage schlicht nicht zu bewerten und somit unseriös.

Das IPCC macht üblicherweise zwei verschiedene Angaben zum Zeithorizont seiner Prognosen, nämlich einmal für die Mitte dieses Jahrhunderts (Mittelwert aus den Jahren 2046 bis 2065) und einmal für das Ende des Jahrhunderts (Mittelwert aus den Jahren 2081 bis 2100). Der kleine, aber feine Unterschied zu einer Angabe für die Jahre 2050 und 2100 ist dabei zu beachten.

Für die Mitte des Jahrhunderts gehen die verschieden Szenarien des IPCC von einem prognostizierten Meeresspiegelanstieg zwischen vierundzwanzig und dreißig Zentimetern und für das Ende des Jahrhunderts von einem zwischen vierzig und dreiundsechzig Zentimetern aus. Für das Jahr 2100 sieht das höchste Szenario einen maximalen Anstieg von 98 Zentimetern.[64] Aber wie gesagt: Das ist nur eine Momentaufnahme, kein Maximalwert. Der Anstieg wird auch nach dem Jahr 2100 in jedem Fall weiter gehen. Und falls das antarktische Festlandeis doch beginnen sollte, schneller zu schmelzen als angenommen, wäre der Anstieg noch sehr viel größer.

Ein knapper Meter hört sich zunächst nicht nach allzu viel an, aber wir sollten wissen, dass viele Küsten sehr dich besiedelt sind, insgesamt dreimal so dicht wie der globale Durchschnitt. Etwa dreiundzwanzig Prozent der Weltbevölkerung leben weniger als hundert Kilometer von einer Küste entfernt und weniger als hundert Meter über dem Meeresspiegel. Werden keine Gegenmaßnahmen ergriffen, würden bei einem Anstieg von einem Meter weltweit hundertfünfzigtausend Quadratkilometer dauerhaft überflutet. Betroffen wären davon hundertachtzig Millionen Menschen. Ein höherer Meeresspiegel führt zu einer höheren Küstenerosion und zu Überschwemmungen, vor allem in tief liegenden Gebieten wie den Niederlanden oder der norddeutschen Tiefebene. Auch einige Megastädte liegen in ausgedehnten Flussdeltas, die von Überflutung betroffen wären, allen voran Shanghai und Kairo. Alleine in der ägyptischen Hauptstadt leben zwölf Millionen Menschen auf einem Gebiet, das bereits bei einem Wasseranstieg von nur einem halben Meter überflutet wäre. Auch die dicht besiedelten Länder Pakistan, Indonesien und Thailand wären stark betroffen. Die vielen kleinen Inselstaaten im Pazifik, aber auch die Malediven im Indischen Ozean, die gegenüber dem Meeresspiegelanstieg und extremen Wetterereignissen besonders verwundbar sind, müssen gar um ihre Existenz fürchten.[65]

Besonders betroffen aber ist ein Land, dass gewissermaßen als das Epizentrum des Klimawandels gelten kann: Bangladesch. Im am dichtesten besiedelten Flächenstaat der Erde leben mehr als hundertsechzig Millionen Menschen auf einer Fläche, die gerade einmal doppelt so groß wie Bayern ist. Das sind mehr als tausendeinhundert Menschen pro Quadratkilometer, mehr als fünfmal so viele wie in Deutschland. Bangladesch liegt im ausgedehnten Mündungsdelta der Flüsse *Brahmaputra*, *Ganges* und *Meghna*, in dem es bereits heute oft zu Überschwemmungen kommt. Bei einem Meeresspiegelanstieg von einem Meter würden mehr als zwanzig Prozent des Landes dauerhaft im Meer versinken. Zwanzig bis dreißig Millionen Menschen wären davon betroffen. Auch die Hauptstadt Dhaka mit ihren fünfzehn Millionen Einwohnern liegt in großen Teilen nur zwei Meter über dem Meeresspiegel. Das Land am Golf von Bengalen ist aber eines der ärmsten der Welt. Es kann es sich nicht leisten, wie vielleicht die Niederlande, aufwendige Deiche und Schutzbarrieren zu bauen. Außerdem ist es zu klein, als dass es dreißig Millionen Menschen einfach in andere Landesteile umsiedeln könnte. Diese dreißig Millionen Menschen würden dann unweigerlich zu Klimaflüchtlingen. Das weiß aber auch das Nachbarland Indien, das Bangladesch auf drei Seiten umschließt. Vielleicht auch deswegen errichtet der große Nachbar an der gemeinsamen Grenze seit fünfundzwanzig Jahren einen 4.400 Kilometer langen Zaun aus Stahl und Stacheldraht, der von der indischen *»Border Security Police«* gesichert wird. Von Bangladesch aus betrachtet, bildet dieser Zaun eine undurchdringliche Mauer, die es fast vollkommen einschließt. Im Süden ist das Meer, das immer näher rückt und auf der Landseite gibt es praktisch keine Fluchtmöglichkeit. Was passiert, wenn mehrere Millionen von Klimaflüchtlingen diese Grenze überwinden wollen, ja müssen, weil ihnen keine andere Wahl bleibt? Wird Indien dann sein Militär in Stellung bringen? Wird es diese Flüchtlinge tatsächlich aufhalten wollen? Das sind Fragen, die den Klimawandel nicht nur zu einem Umwelt- und einem wirtschaftlichen, sondern auch zu einem sicherheitspolitischen Problem werden lassen. Und das gilt nicht nur für Bangladesch.[66]

Das Meer hat aber nicht nur Einfluss auf die küstennahen Gebiete der Erde. Das Klima ganzer Weltregionen wird vielmehr bestimmt von den zahlreiche Meeresströmungen, die die Ozeane durchfließen. Die bekannteste unter ihnen ist wohl der so genannte *»Golfstrom«*, der vom Golf von Mexiko kommend und durch den Nordatlantik fließend das Klima in Westeuropa und auch in Nordamerika maßgeblich beeinflusst. Im nördlichen Bereich heißt er *»Nordatlantikstrom«*. Er befördert bei einer Geschwindigkeit von 1,8 Metern in der Sekunde hundertmal mehr Wasser als sämtliche Flüsse der Erde zusammen. Seine Leistung beträgt 1,5 Petawatt, was etwa der Leistung von zwei Millionen (!) Atomkraftwerken entspricht. Das erklärt, warum an der südenglischen Kanalküste Palmen wachsen, während auf gleicher Breite im kanadischen Neufundland arktische Temperaturen herrschen. Im Nordmeer und in der Labradorsee zwischen Grönland und der Nordwestküste Kanadas fallen riesige Wassermassen in die Tiefe und ziehen warmes Wasser aus dem Süden nach. In zwei bis drei Kilometern Tiefe fließen diese kalten Wassermassen dann wieder als kalter Tiefenstrom nach Süden; auf diese Weise entsteht eine gewaltige Zirkulation, die einen Wärmeaustausch zwischen der Äquatorregion und dem Nordatlantik zur Folge hat.

Der Regisseur *Roland Emmerich* hat in seinem Film »*The Day after Tomorrow*« aus dem Jahr 2004 auf drastische Weise vor Augen geführt, was passieren könnte, wenn der Golfstrom einmal nicht mehr strömt. Das ist nach derzeitigen wissenschaftlichen Erkenntnissen zwar relativ unwahrscheinlich, aber es zeigt doch, wie abhängig beispielsweise Europa von funktionierenden Meeresströmungen ist. Und dass es bei weiter steigenden globalen Temperaturen durchaus irgendwann einmal zu einer Abschwächung des Golfstroms und damit zu einer Abkühlung Westeuropas kommen könnte, kann niemand wirklich ausschließen.

Der Golfstrom beziehungsweise Nordatlantikstrom ist Teil des so genannten »*Globalen Förderbandes*« oder der »*Thermohalinen Zirkulation*«. Sie verbindet sämtliche Ozeane miteinander und ist ganz erheblich für den globalen Wärmeaustausch verantwortlich. Der Begriff »*thermohalin*« deutet an, was seine Antriebskräfte sind, nämlich Unterschiede in der Temperatur und im Salzgehalt des Meerwassers.[67] Im Nordatlantik kühlt das warme, aus dem Süden an der Meeresoberfläche hierher geströmte Wasser ab. Gleichzeitig wird es salzhaltiger, da Teile des Wassers gefrieren und dabei Salz an das umgebende Wasser abgegeben wird. Beides, geringere Temperatur und höherer Salzgehalt, bewirken die Erhöhung der Dichte des Wassers; deswegen wird es schwerer und sinkt ab. Auf diese Weise wird der Nordatlantik gewissermaßen zum Motor des globalen Förderbandes.

Nun kann die durch den Klimawandel verursachte globale Erwärmung diese Meeresströmungen auf zweifache Weise abschwächen. Zum einen führt die thermische Ausdehnung des Meerwassers zu einer Verringerung seiner Dichte. Dadurch können die Dichteunterschiede, die für die Ingangsetzung der Strömungsprozesse erforderlich sind, verändert werden. Zum anderen können erhöhte Niederschläge und Schmelzwasser aus Grönland dazu führen, dass das Meerwasser im Nordatlantik durch das zusätzliche Süßwasser verdünnt wird und somit der Salzgehalt in den oberen Meeresschichten abnimmt. Beide Faktoren, geringere Dichte und geringerer Salzgehalt, erschweren dem Wasser das Absinken in die Tiefe und damit auch das Nachströmen von warmem Wasser aus dem Süden. Der Motor würde gewissermaßen ins Stottern geraten und an Leistung verlieren mit der Folge, dass die Temperaturen im Nordatlantikraum abnehmen und im südlichen Bereich zunehmen. Zu befürchten ist dabei, dass die Situation, in der das Absinken der Wassermassen nicht mehr funktioniert, nach einem anfänglichen Nachlassen abrupt eintritt.

Das IPCC hält es für sehr wahrscheinlich, dass die Zirkulation durch die globale Erwärmung im 21. Jahrhundert abgeschwächt werde, aber für »*sehr unwahrscheinlich, dass* [sie] *im 21. Jahrhundert* [...] *einen abrupten Übergang oder Kollaps erfahren wird*«. Allerdings fügt es hinzu: »*Ein Kollaps jenseits des 21. Jahrhunderts kann jedoch bei starker, anhaltender Erwärmung nicht ausgeschlossen werden.*«[68]

Und das hätte dann tatsächlich weltweite Folgen, da das globale Förderband die gesamte Erdkugel beeinflusst. So würde sich die Südhalbkugel insgesamt deutlich stärker erwärmen, da die Wärmeenergie, die dort heute durch ihren Transport nach Norden fehlt, dann künftig vorhanden wäre. Auch hätte es Auswirkungen auf die Nährstoffversorgung der Ozeane insgesamt und des nördlichen Atlantiks im Besonderen. Welche konkreten Folgen ein Versiegen des Nordatlantikstroms aber tatsächlich hätte, kann kein Modell sicher voraussagen, da die Zusammenhänge einfach viel zu komplex und noch zu wenig erforscht sind.[69]

Ähnliches gilt auch für die so genannten »*Permafrostböden*« der Erde. Das sind diejenigen Gebiete in Hochgebirgszonen und in den hohen Breiten, in denen der Boden durch die niedrige Temperatur dauerhaft gefroren ist. Beginnt er zu tauen, verändert er sich. Im Gebirge kann es zu Hangrutschungen, Bergstürzen oder Murenabgängen kommen, im Flachland wird das Gelände weich und schlammig. Fundamente von Gebäuden und Straßen, die bisher im dauergefrorenen Boden sicher standen, können plötzlich nicht mehr standsicher sein und Beschädigungen erfahren. Auch Bäume können umkippen, wenn die Wurzeln im weichen Untergrund plötzlich keinen Halt mehr finden. Seen, die Tieren als Wasserquelle dienen, können versickern, weil der vormals gefrorene Untergrund dies nun nicht mehr verhindert. Diese Gefahren sind für die betroffenen Gebiete schlimm genug, doch es droht dabei noch eine größere.

Wenn der Boden nämlich taut, werden die Verrottungsprozesse von organischem Material, das am Boden bisher sofort eingefroren war, fortgesetzt. Das gilt insbesondere für die weiträumigen Moore, die in den betroffenen Gebieten, etwa Sibirien, existieren. Bei der Verrottung entstehen große Mengen an Kohlendioxid und Methan, die in die Atmosphäre gelangen. Wie groß diese Mengen tatsächlich sind und inwieweit sie den Treibhauseffekt verstärken, ist sehr schwer abschätzbar. In jedem Fall bildet dieser Umstand aber eine positive Rückkopplung zur globalen Erwärmung, der nicht außer Acht gelassen werden darf.

Viele Wissenschaftler gehen auch davon aus, dass durch die Klimaerwärmung Wetterextreme wie Stürme, Überschwemmungen und Dürren zunehmen. Das lässt sich allerdings ebenfalls sehr schwer nachweisen, da Wetterextreme alleine schon von der Definition her selten sind und sich deswegen daraus keine gesicherten statistischen Aussagen treffen lassen. Es lassen sich lediglich einige Trends erkennen, die darauf schließen lassen, dass für die subjektiv zunehmenden Extremwetterereignisse tatsächlich der Klimawandel verantwortlich ist. In bester Erinnerung sind uns beispielsweise noch die großen Überschwemmungen in Ostdeutschland, das Oderhochwasser 1997, das Elbehochwasser 2002 und dasjenige vom Sommer 2013. Auch der extreme Sommer des Jahres 2003, der in Europa bis zu dreißigtausend Todesopfer forderte, wurde häufig dem globalen Temperaturanstieg angelastet, genauso wie zahlreiche tropische Wirbelstürme der letzten Jahre, allen voran der Hurrikan »*Katrina*«, der im August 2005 New Orleans zerstörte oder der Taifun »*Yolanda*«, der im November 2013 auf den Philippinen große Schäden anrichtete. Doch ist der Klimawandel tatsächlich die Ursache dafür?

Zwar wird ein Zusammenhang vermutet, aber sicher ist sich die Wissenschaft nicht. So weiß man zum Beispiel, dass tropische Wirbelstürme abhängig sind von der Temperatur des Meerwassers, über dem sie entstehen; sie muss mindestens sechsundzwanzig Grad Celsius betragen. Es liegt daher auf der Hand, daraus zu schließen, dass höhere Temperaturen auf der Erdoberfläche und damit auch in den oberen Wasserschichten der Ozeane eine höhere Anzahl von Stürmen hervorrufen. Allerdings ist für die Entstehung der Hurrikane und Taifune nicht die Wassertemperatur allein entscheidend, sondern wohl vielmehr die Temperaturdifferenz zwischen ihr und den höheren Lagen der Atmosphäre. Und auch diese wird sich selbstverständlich erwärmen. Es könnte also auch sein, dass die Schwelle, bei denen die Wirbelstürme entstehen, von sechsundzwanzig auf dreißig Grad ansteigt und sich dadurch ihre Zahl und ihre Heftigkeit zunächst gar nicht verändern.[70]

Ähnlich verhält es sich mit Überschwemmungen, Starkregen und Dürren. Es ist anzunehmen, dass durch höhere Temperaturen die Verdunstung in feuchten Gebieten zunimmt und die dadurch hervorgerufene vermehrte Wolkenbildung zu häufigeren Niederschlägen führt. Auf der anderen Seite führen höhere Temperaturen in trockenen Gebieten zu mehr Hitzewellen und Dürren. Aber daraus zu schließen, dass diese Ereignisse global betrachtet zunehmen und extremer werden, ist schwierig. Es kann genauso sein, dass in Zukunft nur *andere* Gebiete betroffen sind als heute, sich also die Wetterereignisse lediglich regional verschieben. Dasselbe gilt für durch den Meeresspiegelanstieg ausgelöste Überschwemmungen; auch hier sind künftig wohl lediglich andere Gebiete betroffen als heute.

Häufig wird als Beweis für zunehmende Wetterextreme auf Statistiken von Versicherungen verwiesen, die angeben, dass ein Unwetter eine nie da gewesene Schadenshöhe verursacht habe oder ähnliches. Allerdings ist dabei zu bedenken, dass ein Sturm im Jahre 2010 auch einen viel höheren Sachwert vernichten kann als etwa ein gleichstarker im Jahre 1910, ganz einfach deshalb, weil zu diesem Zeitpunkt viel weniger Menschen auf der Erde lebten und damit auch weniger Gebäude und Infrastrukturen vorhanden waren, die zerstört werden konnten. Außerdem tendieren Versicherungen dazu, die Schäden in solchen Statistiken möglichst hoch zu beziffern, damit sie ein gutes Argument haben, bei der nächsten Gelegenheit ihre Beiträge zu erhöhen. Wenn sie nämlich umgekehrt behaupten würden, die Schadenshöhen wären in den letzten zehn oder zwanzig Jahren kontinuierlich gesunken, würde der Kunde den Brief mit der Beitragserhöhung vielleicht doch nicht mehr so leicht akzeptieren. Eine gewisse Skepsis gegenüber den Versicherungsangaben kann daher nicht schaden.

Das IPCC hält sich folgerichtig mit der Beurteilung der Zunahme von Wetterextremen auch etwas zurück. Es schreibt lediglich: *»Sehr wahrscheinlich hat weltweit die Anzahl der kalten Tage und Nächte abgenommen und die Anzahl der warmen Tage und Nächte zugenommen. Wahrscheinlich ist die Häufigkeit von Hitzewellen in weiten Teilen Europas, Asiens und Australiens angestiegen. Es gibt wahrscheinlich mehr Landregionen, in denen die Zahl der Starkniederschlagsereignisse zugenommen hat, als solche, wo diese abgenommen hat. Die Häufigkeit oder Intensität von Starkniederschlagsereignissen ist in Nordameri-*

ka und Europa wahrscheinlich angestiegen. In anderen Kontinenten ist das Vertrauen in Änderungen bei den Starkniederschlagsereignissen höchstens mittel.«[71]

Genauso schwierig wie der Nachweis, dass der Klimawandel Wetterextreme produziert, ist es, nachzuweisen, welchen Einfluss der Klimawandel auf die Ökosysteme der Erde hat. *Dass* er Einfluss hat, ist sicher, nur welchen genau, ist im Einzelfall schwer abzuschätzen. Fakt ist aber, dass die allermeisten Lebewesen, ob Tiere oder Pflanzen, einen Temperaturbereich haben, in dem sie sich besonders wohl fühlen, schließlich haben sie sich im Zuge ihrer evolutionären Entwicklung an die jeweils regional herrschenden Klimaverhältnisse angepasst. In der Erdgeschichte kann man nachweisen, dass sich beispielsweise Wälder bei veränderten Temperaturen ausgebreitet oder wieder zurückgezogen haben. Auch heute kann man feststellen, dass sich Fische im Meer oder auch Insekten auf dem Land weiter nach Norden bewegen, weil es wärmer wird. Da die meisten Ökosysteme ein äußerst empfindliches Gleichgewicht besitzen, kann eine plötzlich gehäuft auftretende Tierart dieses Gleichgewicht völlig zerstören, etwa weil sie dort keine natürlichen Feinde hat. Die Wanderung bestimmter Tierarten kann also die Zusammensetzung eines Ökosystems so weit ändern, dass einige wenige Arten die Oberhand gewinnen und andere aussterben.

Nichtsdestotrotz waren Klimaveränderungen in der erdgeschichtlichen Vergangenheit für die überwiegende Zahl der irdischen Lebewesen kein großes Problem, da die Veränderungen meist relativ langsam verliefen, so dass sie sich über den Prozess der Evolution daran anpassen konnten. Und wenn es doch einmal schneller ging, so hatten sie immer noch die Möglichkeit, zwischen den einzelnen Klimazonen zu wandern und auf diese Weise das für sie angenehmste Klima wiederzufinden. Erst wenn das nicht möglich war, weil sie etwa von ihrer Insel nicht weg oder auf ihrem Berggipfel nicht höher hinaus konnten, wurden sie zum Klimaopfer. Und hin und wieder, man vermutet, dass das fünf oder sechsmal in der Erdgeschichte vorkam, gab es ein Massenaussterben, weil die Veränderungen eben doch so groß waren, dass sich eine erhebliche Zahl der Lebewesen nicht schnell genug anpassen konnte.

Heute haben sich die Verhältnisse jedoch für viele Lebewesen gegenüber der Vergangenheit verschlechtert. Ihre Lebensräume sind zu kleinen Biotopen oder Reservaten geschrumpft und die potentiell rettenden Wandermöglichkeiten durch Straßen, Eisenbahnlinien und Schifffahrtskanäle versperrt. Möglicherweise ist aber auch ihre Population einfach so stark gewachsen, dass an anderer Stelle nicht mehr genügend Platz ist, um dorthin auszuweichen (dieses Kriterium trifft insbesondere auf uns Menschen zu). Diese Umstände machen es den heutigen Lebewesen schon schwer genug, sich Klimaveränderungen anzupassen. Und in dieser Situation kommt nun ein Klimawandel daher, der in seiner Geschwindigkeit in der Erdgeschichte ohne Beispiel ist. Selbst diejenigen Lebewesen, die die Möglichkeit zur Anpassung hätten, haben womöglich gar nicht die Zeit, die sie benötigen, weil der vom Menschen ausgelöste Klimawandel viel schnellere Veränderungen nach sich zieht, als es eine natürliche Ursache täte. Die teilweise stark veränderte Kombination von Wetterereignissen und ihren Folgen wie Überschwemmungen, Wasserknappheit, Dürren, Brände, Insektenbefall oder Ozeanversauerung erschweren es den Ökosystemen dabei noch zusätzlich, ihr Gleichgewicht zu erhalten. So kann es kaum verwundern, dass sich gegenwärtig vor unseren Augen ein Massenaussterben abspielt, wie es in der Erdgeschichte selten eines gegeben hat. Das IPCC schätzt, dass schon bei einem Anstieg der globalen Temperatur von nur 1,5 bis 2,5 Grad Celsius das Aussterberisiko aller Lebewesen drastisch um etwa zwanzig bis dreißig Prozent zunehme.[72]

Was sich so dramatisch auf die Ökosysteme der Welt auswirkt, kann aber auch nicht ohne Einfluss auf die Landwirtschaft und damit auf die Ernährungssicherheit des Menschen bleiben. Das IPCC erwartet deshalb, dass der Temperaturanstieg die Ernteerträge von Nutzpflanzen verändere und zwar so, dass ein leichter Anstieg zu höheren Erträgen führe, während ein noch höherer sie wieder verringere. In den niedrigen Breiten, in denen es ohnehin schon heiß sei, könnte bereits ein geringer Temperaturanstieg zu Ernteausfällen führen, weil dort vermehrt Dürren vorkämen.

Damit hat der Klimawandel aber auch direkte Folgen auf die Gesundheit des Menschen. Durch Ernteausfälle und Dürren ist vermehrt mit Unterernährung und ihren Folgekrankheiten zu rechnen. Auch könnten die bereits angesprochenen Extremwetterereignisse wie Hitzewellen, Überschwemmungen, Erdrutsche, Wasserknappheit, Stürme und Brände zu Todesfällen und damit insgesamt zu einer höheren Sterblichkeit führen; erhöhtes bodennahes Ozon könnte häufigere Herz- und Atemwegserkrankungen verursachen und die Veränderung der regionalen Ausbreitung von Bakterien und anderen Lebewesen könnte Infektionskrankheiten auslösen.

Wenn wir uns zusammenfassend all diese bedrohlichen Folgen eines Klimawandels vor Augen führen, so können wir ermessen, was ein immer weitergehender Temperaturanstieg bedeuten würde. Das IPCC erwartet, dass die Temperaturen bis zum Ende dieses Jahrhunderts *mindestens* 1,5 Grad Celsius über dem Durchschnitt der Jahre 1850 bis 1900 liegen werden und dass der Anstieg auch über das Jahr 2100 hinaus weitergehe. Dabei werde die Erwärmung »*weiterhin Schwankungen* [...] *von Jahren und Jahrzehnten aufweisen und regional nicht einheitlich sein*«.

Bezogen auf die mittlere globale Erdoberflächentemperatur der Jahre 1986 bis 2005 erwarten die verschiedenen Szenarien eine Temperaturerhöhung für die Jahre 2081 bis 2100 zwischen 0,3 und 4,8 Grad Celsius. Dabei werde sich »*das Gebiet der Arktis* [...] *schneller erwärmen als das globale Mittel, und die mittlere Erwärmung über dem Land wird größer sein als über dem Meer*«.[73]

Wir müssen uns diese Aussagen noch einmal auf der Zunge zergehen lassen: Eine Zunahme der globalen Durchschnittstemperatur von 4,8 Grad Celsius bereits bis zum Ende dieses Jahrhunderts wird also nicht ausgeschlossen! Welche Auswirkungen das haben wird, können wir uns angesichts der zurückliegenden Zeilen ausmalen; sie wären schlichtweg verheerend und würden das von uns gewohnte Bild der Erde radikal verändern. Das Holozän wäre dann endgültig vorbei und das Anthropozän Realität. Denn wir erinnern uns: Der Temperaturunterschied zwischen dem Höhepunkt der letzten Eiszeit und heute liegt ebenfalls bei rund fünf Grad! Wenn die Menschheit einen solchen Temperaturanstieg und seine weitreichenden, soeben beschriebenen Folgen verhindern will, dann ist sie zu dringendem Handeln gezwungen.

Fragwürdige Klimapolitik

Wir können die globale Erwärmung also nicht mehr verhindern, aber wir können versuchen, sie soweit einzudämmen, dass sowohl die menschliche Zivilisation wie auch der gesamte Planet möglichst wenig Schaden nehmen. Es gilt also, und das ist trotz aller zuwider laufender Interessen spätestens seit der Verabschiedung des *Übereinkommens von Paris* im Dezember 2015 dann doch internationaler Konsens, den Ausstoß von Treibhausgasen so weit zu hemmen, dass der Anstieg der durchschnittlichen Erdtemperatur gegenüber vorindustrieller Zeit auf »*deutlich unter zwei Grad Celsius*« beschränkt werden kann, wie es in Artikel 2 des Übereinkommens heißt. Das Pariser Übereinkommen schafft somit einen Handlungsrahmen, der es der internationalen Gemeinschaft ermöglicht, den Klimawandel zu bekämpfen. Nur über die Art und Weise, wie das erreicht werden kann, ist sie sich noch nicht ganz einig. Doch wir haben keine Zeit mehr, lange über die konkreten Maßnahmen zu diskutieren. Wir müssen handeln und zwar sofort.

Angesichts dessen stellt sich aber die Frage, warum es immer noch Menschen gibt, die den Klimawandel und die Prognosen des

IPCC anzweifeln. Nun, in den meisten Fällen steckt dahinter System. Die wahren Motive werden zwar in der Regel dezent verschwiegen, doch kann angenommen werden, dass sie aus drei Richtungen kommen. Die erste von ihnen ist die Fraktion der Vertreter eines radikalen Freiheitsbegriffs und eines Marktliberalismus, wie etwa viele Anhänger der amerikanischen Republikaner. Drahtzieher sind mächtige Wirtschaftsunternehmen und deren Lobby, die ihre wirtschaftliche Handlungsfreiheit bedroht sehen. Um ihre Interessen zu vertreten, finanzieren sie beispielsweise vermeintlich unabhängige Forschungsinstitute, so genannte »*Denkfabriken*« (»*Think Tanks*«), deren Ziel es ist, wissenschaftlichen Dissens vorzutäuschen, die öffentliche Meinung zu manipulieren und Zweifel am Klimawandel zu säen.

Die zweite Fraktion der »Klimaskeptiker« (alleine der Begriff ist schon absurd) ist eine Gruppe von Leuten – meist selbst Wissenschaftler und mit einem Professorentitel einer namhaften Universität versehen – die sich zu profilieren suchen oder sich persönliche Vorteile erhoffen, indem sie, während sie sich hinter dem Deckmantel wissenschaftlicher Seriosität verstecken, alternative Einzelmeinungen vertreten. Zu nennen wären hier Personen wie die amerikanischen Physiker *Fred Singer* (*1924) und *Frederick Seitz* (1911 bis 2008). Diese zweite Gruppe handelt meist in Abstimmung oder im Auftrag der ersten, während die erste sich wiederum auf die »wissenschaftlichen Erkenntnisse« der zweiten beruft.[74]

Die dritte Gruppe schließlich sind diejenigen unter den meist wissenschaftlichen Laien, die sich nicht intensiv mit der Materie beschäftigt haben, den Täuschungsmanövern der ersten beiden Gruppen auf den Leim gegangen sind oder einfach jede Art von Veränderung ablehnen, weil der Status Quo und das Weiter-so nun einmal bequemer sind.

In der Regel versuchen die Klimaskeptiker, die Arbeit des IPCC zu diskreditieren, indem einzelne Methoden, Prognosen oder Modellrechnungen angezweifelt werden und daraus dann die angebliche Fehlerhaftigkeit der gesamten Arbeit abgeleitet wird. Oder es wird behauptet, neben den Berechnungen und Prognosen des IPCC gebe es auch alternative Meinungen, die ebenso Gehör finden müssten.

Wenn man sich dazu aber die Arbeitsweise des IPCC vor Augen führt, dann wird schnell klar, dass die Behauptungen der Klimaskeptiker nicht der Wahrheit entsprechen. Das IPCC betreibt selbst gar keine Forschungsarbeit und stellt auch keine Berechnungen auf, wie weiter oben bereits erwähnt wurde. Die Aufgabe der Wissenschaftler, die an den IPCC-Berichten mitarbeiten, ist vielmehr, die weltweit existierende Fachliteratur und die veröffentlichten Forschungsergebnisse zu sichten, zusammen zu tragen, zu diskutieren und zu bewerten. Die Arbeit des IPCC leistet also zweierlei. Zum einen fasst sie den aktuellen internationalen Forschungsstand zusammen und bietet so *»eine Art Serviceleistung für die Gesellschaft, indem die Fülle der verstreuten Fachliteratur, die sonst keiner überblicken kann, hier zusammenfassend zugänglich gemacht wird«*[75], wie es der Klimaforscher *Stefan Rahmstorf* (*1960) auf seiner Homepage formuliert.

Zum anderen bildet das IPCC aber auch ein wertvolles Diskussionsforum, indem es Spezialisten aus verschiedenen Forschungsgebieten und Regionen zusammenbringt. Ergebnisse und Argumente werden austauscht, unterschiedliche Bewertungen offen diskutiert und auf diese Weise neue Erkenntnisse gewonnen. Die Entstehung der Berichte ist ein offener Prozess, da Entwürfe zu den Kapiteln bereits vorab im Internet kursieren und von jedem kommentiert und ergänzt werden können. Auf diese Weise ist sichergestellt, dass grundsätzlich *sämtliche* Meinungen gehört werden. Der Bericht selbst ist schließlich ein gemeinsamer Konsens, möglicherweise sogar einer, der eher vorsichtig formuliert daherkommt, da er sich keinesfalls dem Vorwurf der Übertreibung oder gar Panikmache ausgesetzt sehen möchte. Dass es dabei Extrem- und Einzelmeinungen schwer haben, liegt in der Natur der Sache und ist auch gut so. Deswegen ist die Behauptung, neben der »Meinung« des IPCC gäbe es auch Alternativmeinungen, die ebenfalls Berechtigung auf Gehör finden müssten, schlicht Humbug und eine Verdrehung der Tatsachen. Dass einzelne Daten oder Prognosen fehlerhaft oder von Unsicherheiten geprägt sein können, ist dem IPCC sehr wohl bewusst und es verknüpft seine Aussagen deswegen immer mit einer Bewertung der jeweiligen Zuverlässigkeit. Prognosen sind schließlich bereits *per definitionem* wissenschaftlich basierte Voraussagen der Zukunft, die sich aus Beobachtungen in der Vergangenheit speisen. Selbst von Supercomputern in tagelanger Rechenarbeit erstellte Klimamodelle können nur so zuverlässig sein, wie die Daten, mit denen sie gefüttert wurden. Zudem erstellen solche Klimamodelle immer lediglich ein *Szenario*; ob dieses tatsächlich so eintritt, kann man erst im Nachhinein sicher sagen. Viel wichtiger als die hundertprozentige Genauigkeit der Prognosen muss daher sein, die internationale Politik zum Handeln zu bewegen, ihr die Notwendigkeit desselben aufzuzeigen, ihr die sinnvollsten Handlungsoptionen vorzustellen und ihr die dazu notwendigen Hintergrundinformationen an die Hand zu geben. Schauen wir uns also einmal an, was die Politik in dieser Hinsicht bisher geleistet hat.

Wie wir bereits gehört haben, war über einen Zeitraum von mehr als einem Jahrzehnt das auf internationaler, weltumspannender Ebene wichtigste Instrument, das im Zusammenhang mit der Bekämpfung des Klimawandels eingeführt wurde, das *Kyoto-Protokoll*. Es trat am 16. Februar 2005 in Kraft und wurde am 4. November 2015 vom *Übereinkommen von Paris* abgelöst.

Das Kyoto-Protokoll war insofern revolutionär, da es erstmals überhaupt verbindliche Reduktionsziele für Treibhausgase einzelner Staaten festschrieb. Allerdings galt das lediglich für die Industrieländer; die Entwicklungs- und Schwellenländer blieben außen vor. Anhang B des Protokolls führte insgesamt neununddreißig Staaten auf, für die verbindliche Ziele festgelegt wurden, darunter die damals fünfzehn Mitgliedsstaaten der Europäischen

Union, die sich verpflichteten, ihren Ausstoß gegenüber dem Basisjahr 1990 um insgesamt acht Prozent zu senken. Nach dem Prinzip der Lastenteilung (»*burden sharing*«) teilten sie dieses gemeinsame Reduktionsziel aber untereinander auf. Während sich Deutschland etwa zu einer Reduktion um einundzwanzig Prozent und Großbritannien zu einer um 12,5 Prozent verpflichtete, sollte Frankreich sein Niveau von 1990 lediglich halten und Spanien wurde sogar eine Erhöhung um fünfzehn Prozent zugestanden. Insgesamt lag die Bandbreite der Zielvorgaben der Teilnehmerstaaten zwischen minus acht Prozent (neben der EU weitere skandinavische und osteuropäische Länder) auf der einen und plus acht (Australien) beziehungsweise plus zehn Prozent (Island) auf der anderen Seite. Für die USA war ein Ziel von minus sieben Prozent vorgesehen. Alle Vertragspartner wollten auf diese Weise gemeinsam dafür sorgen, »*innerhalb des Verpflichtungszeitraums 2008 bis 2012 ihre Gesamtemissionen* [an Treibhausgasen] *um mindestens 5 v.H. unter das Niveau von 1990 zu senken*«[76], wie es in Artikel 3 des Vertrages hieß.

Tatsächlich erreichten sie bis zum Jahr 2010 sogar fast zehn Prozent, allerdings mit der Einschränkung, dass die USA als größter Emittent unter den Vertragsstaaten das Protokoll nie ratifiziert haben und somit nicht mehr berücksichtigt wurden. Die Zahl täuscht auch darüber hinweg, dass viele Staaten ihr Ziel dennoch deutlich verfehlt haben. Zu nennen sind hier insbesondere Australien und Island (jeweils plus dreißig Prozent), Spanien (plus fünfundzwanzig), Neuseeland (plus zwanzig) sowie Portugal und Kanada (jeweils plus siebzehn).[77] Vielleicht war diese deutliche Verfehlung auch der Grund, warum Kanada 2011 komplett ausstieg.

Die Erklärung, warum es dennoch zu der doch recht deutlichen Gesamtreduktion um immerhin zehn Prozent kam, ist in erster Linie im Zusammenbruch der osteuropäischen Volkswirtschaften nach 1990 zu suchen. So verringerte etwa Russland seine Treibhausemissionen in diesen zwei Dekaden um fünfunddreißig Prozent, die Ukraine, Rumänien, Bulgarien und die drei baltischen Staaten gar allesamt um mehr als fünfzig Prozent. Auch Deutschland konnte sein ambitioniertes Ziel vor allem deshalb erreichen, weil die alten, dreckigen Industrien der ehemaligen DDR, die 1990 noch bestanden hatten, zwischenzeitlich aufgegeben wurden.

Das Kyoto-Protokoll war zwar, das muss man ihm zugutehalten, das erste internationale Vertragswerk dieser Art und damit auch ein wichtiges Signal an die Welt, das Thema ernst zu nehmen. Allerdings war von vorneherein klar, dass es ein deutlich strengeres Nachfolgeabkommen geben müsse, da die in Kyoto formulierten Reduktionsziele – insgesamt nur fünf Prozent für die Vertragspartner, die übrigen Staaten waren ohnehin nicht beteiligt – bei weitem nicht ausreichen würden, um wirksam gegen den Klimawandel vorzugehen. Um das zu schaffen, musste man nicht nur die Anstrengungen deutlich verschärfen, sondern man musste vor allem auch die größten Klimaemittenten USA, China und Indien mit ins Boot holen. Dies soll nun mit dem Übereinkommen von Paris gelingen.[78]

Das Pariser Übereinkommen ist anders aufgebaut als sein Vorgänger, was wohl genauso der Zähigkeit des jahrelangen Verhandlungsprozesses geschuldet ist wie den Widerständen einiger Staaten und dem Aufeinanderprallen widersprüchlichster Interessen. Dass man sich in Paris schließlich doch geeinigt hat (was anfangs nicht unbedingt erwartet, dafür am Ende aber umso mehr bejubelt wurde), ist sicher darauf zurückzuführen, dass der Wissensstand und die allgemeine Akzeptanz über die bedrohliche Gefahr des Klimawandels in den vergangenen Jahren deutlich zugenommen hat. Ein entscheidender Faktor dürfte aber auch die krachende Niederlage von Kopenhagen gewesen sein. Nach all der Kritik, Enttäuschung und Häme, die darauf folgten, konnte sich sechs Jahre später kein Politiker der Welt mehr eine zweite solche Blamage leisten. So gesehen, hatte Kopenhagen vielleicht doch etwas Gutes.

Die entscheidende Weiterentwicklung – wenn diese Vokabel in dem Zusammenhang überhaupt angebracht ist – des Pariser Übereinkommens gegenüber Kyoto ist die Art und Weise des Zustandekommens der Reduktionsziele. Während im Kyoto-Protokoll den einzelnen Teilnehmerstaaten nämlich ihre Reduktionsziele noch vorgegeben, also gewissermaßen *verordnet* wurden, können sie sich nach dem Pariser Übereinkommen ihre Ziele nun *selbst* geben. Das heißt, das vormalige Prinzip des »*top down*« (von oben nach unten) wurde ersetzt durch das Prinzip des »*bottom up*« (von unten nach oben). Überspitzt formuliert, wurde also der »Obrigkeitsstaat« abgelöst durch eine Art »Basisdemokratie« - was den festgefahrenen Klimaverhandlungen wohl entscheidend zum Durchbruch verhalf. Konkret funktioniert das – mit den Worten des Übereinkommens selbst – wie folgt: »*Jede Vertragspartei erarbeitet, übermittelt und behält aufeinanderfolgende national festgelegte Beiträge bei, die sie zu erreichen beabsichtigt. Die Vertragsparteien ergreifen innerstaatliche Minderungsmaßnehmen, um die Ziele dieser Beiträge zu verwirklichen*« (Artikel 4, Absatz 2). »*Jeder nachfolgende national festgelegte Beitrag einer Vertragspartei wird eine Steigerung* [...] *darstellen und ihre größtmöglichen Ambitionen unter Berücksichtigung ihrer gemeinsamen, aber unterschiedlichen Verantwortlichkeiten und ihrer jeweiligen Fähigkeiten angesichts der unterschiedlichen nationalen Gegebenheiten ausdrücken*« (Artikel 4, Absatz 3)[79]. Das heißt also, die einzelnen Staaten legen eigenständig ihre Reduktionsziele fest und übermitteln sie alle fünf Jahre an die Konferenz der Vertragsparteien, wobei jedes nachfolgende Ziel eine Steigerung gegenüber dem Vorgänger erfahren muss. Dabei wird den Industrienationen eine größere Verantwortung aufgebürdet als den Entwicklungsländern, denen ihrerseits ein ihrer schwierigeren Situation geschuldeter »Nachlass« gewährt wird. Die Ziele jedes einzelnen Vertragspartners werden in einem öffentlichen Register eingetragen, das von dem im ehemaligen Bonner Regierungsviertel ansässigen ständigen

Sekretariat der Klimarahmenkonvention (»*UNFCCC Secretariat*«) geführt wird. Auf diese Weise verpflichten sich die Vertragspartner, ihre national gesteckten Ziele einzuhalten; auf welche Art und Weise sie diese allerdings erreichen, bleibt ihnen selbst überlassen.

Neu gegenüber Kyoto ist auch, dass kein Gesamt-Reduktionsziel mehr vorgegeben wird. Das Ziel lautet nicht mehr »*mindestens fünf Prozent*« (wie noch in Kyoto) oder »*mindestens fünfzig Prozent*«, sondern die Ziele werden allgemein formuliert und betreffen drei Themenbereiche. Das erste Thema ist, den »*Anstieg der durchschnittlichen Erdtemperatur deutlich unter 2 °C über dem vorindustriellen Niveau* [zu halten] *und Anstrengungen* [zu unternehmen], *um den Temperaturanstieg auf 1,5 °C* [...] *zu begrenzen*«, das zweite, »*die Fähigkeit zur Anpassung an die nachteiligen Auswirkungen der Klimaänderungen* [zu erhöhen] *und die Widerstandsfähigkeit gegenüber Klimaänderungen sowie eine hinsichtlich der Treibhausgase emissionsarme Entwicklung so* [zu fördern], *dass die Nahrungsmittelerzeugung nicht bedroht wird*« und schließlich das dritte, »*die Finanzmittelflüsse in Einklang* [zu bringen] *mit einem Weg hin zu einer hinsichtlich der Treibhausgase emissionsarmen und gegenüber Klimaänderungen widerstandsfähigen Entwicklung.*«[80]

Oberstes Ziel ist also die Begrenzung des Temperaturanstiegs auf zwei, wenn möglich gar auf 1,5 Grad Celsius. Daneben sollen Maßnahmen ergriffen werden, um den Auswirkungen des Klimawandels zu begegnen. Und schließlich sollen die dafür notwendigen Finanzmittel zur Verfügung gestellt werden. Für letzteres werden vor allem die Industrieländer in die Pflicht genommen; den Entwicklungsländern soll dagegen finanzielle Unterstützung zuteilwerden.

Es bleibt zu hoffen, dass alle diese drei im Artikel 2 des Übereinkommens formulierten hehren Ziele auch tatsächlich erreicht werden können, auch wenn das, wie wir bereits gehört haben, hinsichtlich der maximal angestrebten Temperaturerhöhung überaus ehrgeizig erscheinen mag. In Kraft trat das Pariser Übereinkommen, nachdem es mindesten fünfundfünfzig Vertragsstaaten, die gemeinsam mindestens fünfundfünfzig Prozent der weltweiten Treibhausgasemissionen auf sich vereinen, ratifiziert hatten. Mit der Übergabe der entsprechenden Dokumente an den UN-Generalsekretär *Ban Ki Moon* durch die Europäische Union, Kanada und Nepal konnte der Vertrag schließlich am 4. November 2016, kurz vor Beginn der 22. Weltklimakonferenz im marokkanischen Marrakesch, in Kraft treten. Er gilt für die Zeit ab 2020, wenn das verlängerte Kyoto-Protokoll ausläuft. Die drei größten Emittenten, China, die USA und Indien waren nun – im Unterschied zu Kyoto – ebenfalls mit an Bord. Das stimmt zumindest hoffnungsfroh, genauso wie der recht kurze Ratifizierungsprozess von weniger als elf Monaten.

Was dieses Pariser Übereinkommen aber tatsächlich wert ist und ob es die hohen Erwartungen, die es weckt, auch erfüllen kann, muss sich erst noch beweisen. Wichtig ist in diesem Zusammenhang insbesondere, wie sich die USA unter ihrem neuen Präsidenten *Donald Trump* verhalten. Dieser hatte im Wahlkampf bereits angekündigt, aus dem hart erkämpften Vertrag wieder aussteigen zu wollen, was natürlich fatal wäre, da ein global wirksamer Klimaschutz ohne die USA – als dem weltweit zweitgrößten Treibhausgas-Emittenten nach China – kaum möglich wäre. Doch selbst wenn er, Trump, der sich in der Vergangenheit bereits des Öfteren als Klimaskeptiker hervorgetan hat, dieses »Versprechen« *nicht* in die Tat umsetzen sollte, besteht dennoch die große Gefahr, dass das Pariser Übereinkommen – dessen Erfolg schließlich von den *freiwilligen Zusagen* seiner Unterzeichnerstaaten abhängt – gleichsam ausgehöhlt wird, nämlich dann, wenn die Vereinigten Staaten ihre nationalen Klimaschutzanstrengungen einstellen oder deutlich zurückfahren.

Wenn auf der Homepage des Weißen Hauses[81] aber zu lesen ist, dass die Trump-Administration mit ihrem »*America First Energy Plan*« eine Energieautonomie der Vereinigten Staaten schaffen möchte, indem sie auf eigene Öl- und Gasvorkommen setzt und dazu »*schädliche und unnötige Regelungen*« wie den von Präsident Obama initiierten Klimaaktionsplan »*beseitigt*« oder wenn sie einen *Scott Pruitt* (*1968) zum Chef der US-Umweltschutzbehörde EPA (»*Environmental Protection Agency*«) beruft, der als überzeugter Klimawandelleugner gilt und der sich in seiner Zeit als Generalstaatsanwalt nicht nur als einer der energischsten Kämpfer gegen Obamas Klimaschutzmaßnahmen entpuppte, sondern dem auch enge Verbindungen zur mächtigen Öl- und Gasindustrie nachgesagt werden und der in den vergangenen Jahren mehr als ein Dutzend Mal genau jene Behörde verklagte, der er jetzt vorstehen soll, dann ist genau dies zu erwarten, nämlich dass der Klimaschutz es unter dieser Administration äußerst schwer haben wird.[82]

Wer, wie Trump, einen Militäretat, der ohnehin bereits annähernd so hoch ist wie derjenige aller übrigen Staaten der Welt zusammengenommen, noch einmal um rund zehn Prozent oder vierundfünfzig Milliarden US-Dollar pro Jahr erhöhen möchte und das dazu nötige Geld ausgerechnet im Umweltsektor und in der Entwicklungshilfe einsparen will, der scheint einfach noch nicht begriffen zu haben, wo die wirklich essenziellen und existenziellen Probleme unserer Zivilisation und unseres Planeten liegen.

Und wenn das passiert, was sich andeutet, wenn die Vereinigten Staaten sich vom globalen Klimaschutz verabschieden, dann ist sogar zu befürchten, dass vielleicht andere wichtige Staaten wie China dem Beispiel der Amerikaner folgen, weil sie sich ebenfalls nicht mehr an ihre Zusagen gebunden fühlen. Dann allerdings wäre das gefeierte Pariser Klimaschutzabkommen das Papier nicht mehr wert, auf dem es geschrieben steht. Wir können nur inständig hoffen, dass es nicht soweit kommt.

Nichtsdestotrotz – denn Schwarzmalerei lähmt bekanntlich nur und bringt uns in unserem Anliegen nicht weiter – wollen wir uns an dieser Stelle der bedeutenden Frage zuwenden, welche konkreten Möglichkeiten und Lösungsansätze die Politik eigentlich hat, um den Klimawandel zu bekämpfen und ihm adäquat zu begegnen. Denn das Pariser Übereinkommen schreibt seinen Vertragsparteien schließlich nicht vor, *wie* die Treibhausgasminderungen und damit der Klimaschutz herbeizuführen sind, es hält sie lediglich dazu an, dies zu tun. Doch welche Gesetze und Regularien wurden von den Regierungen der Welt dazu bisher geschaffen? Welche eignen sich dazu, nicht nur bloße Absichten zu artikulieren, sondern sie auch tatsächlich in greifbares Handeln umzumünzen? Welche haben sich vielleicht schon bewährt oder Erfolge gebracht? Betrachten wir zur Beantwortung dieser Fragen zunächst einmal die europäische Ebene, bevor wir auf die deutsche Situation zu sprechen kommen.

Auf europäischer Ebene beschloss die EU bereits im Oktober 2003, einen Handel mit Emissionszertifikaten für Kohlendioxid und andere Treibhausgase für Unternehmen einzuführen, um den Treibhausgasausstoß zu mindern. Auch das Kyoto-Protokoll sah ein solches Handelssystem vor; allerdings galt dieses im Unterschied zum europäischen nur für den Handel zwischen Staaten und sollt außerdem nur »zusätzlich«, also nachgeordnet zu den dort formulierten Reduktionszielen, gelten. Das europäische Handelssystem nennt sich ETS (für »*Emission Trading System*«) und begann am 1. Januar 2005. Es funktioniert genauso wie dasjenige aus dem Kyoto-Protokoll nach dem Prinzip des »*Cap and Trade*«, das heißt, es wird eine absolute Menge an erlaubten Emissionen (*Cap*) festgelegt und dann zwischen den Teilnehmern ein Handel (*Trade*) mit ihnen ermöglicht.

Beim internationalen Handelssystem zwischen Staaten nach dem Kyoto-Protokoll ergaben sich die Caps aus den Minderungsverpflichtungen, die im Protokoll festgelegt waren. Gehandelt wurde dort mit Emissionsberechtigungen, die jeweils einer Tonne CO_2-Äquivalent entsprechen und »*Assigned Amount Units*« (AAU) hießen.[83] Auch das Pariser Übereinkommen sieht in seinem Artikel 6 einen solchen »*Mechanismus zur Minderung der*

Emissionen von Treibhausgasen« vor. Die präzise Ausgestaltung desselben, also die »*Regeln, Modalitäten und Verfahren«* eines solchen Mechanismus sind aber noch von der Konferenz der Vertragsparteien zu beschließen.[84]

Die Zertifikate im europäischen Handelssystem, mit denen gehandelt wird, nennen sich »*European Union Allowances«* (EUA), diejenigen für den Flugverkehr, die erst später eingeführt wurden, »*EU Aviation Allowances«* (EUAA). Zum Start des Handelssystems im Jahr 2005 mussten die EU-Mitgliedsstaaten zunächst nationale Zuteilungspläne (*Allokationspläne*) erarbeiten, die festlegten, wie viele Zertifikate welcher Wirtschaftszweig erhalten sollte. Nach Zustimmung der Europäischen Kommission wurden schließlich zunächst entsprechende Zertifikate den Mitgliedsstaaten zugeteilt und zwar gemäß den nationalen Reduktionsverpflichtungen aus dem Kyoto-Protokoll sowie weiterer Kriterien, die sich unter anderem an den nationalen Wirtschaftsstrukturen orientierten. Die Staaten wiederum verteilten die Zertifikate dann an die betroffenen Unternehmen.

Insgesamt umfasst das Handelssystem der EU die Energieerzeuger sowie die energieintensiven Industriebranchen. Dazu zählen insbesondere Kraftwerke, Erdölraffinerien, Eisen- und Stahlwerke, Kokereien, Chemiewerke und die Produktionsverfahren von Aluminium, Zement, Kalk, Glas, Keramik, Ziegeln, Zellstoff und Papier. Auch die so genannten »*Cracker«* der Chemieindustrie, die die langen Molekülketten der Schweröle aufbrechen und dadurch leichte Mineralölsorten herstellen, wurden 2008 mit einbezogen. Damit umfasst das europäische Handelssystem etwa fünfundvierzig Prozent des gesamten CO_2-Ausstoßes der EU. Kraftwerke sind praktisch komplett erfasst; es fehlen nur Kleinstanlagen mit weniger als zwanzig Megawatt Leistung. Diese machen jedoch weniger als ein Prozent der gesamten in Deutschland produzierten Strommenge aus.

Andere Bereiche sind dagegen bisher nicht in den Emissionshandel eingebunden. Das betrifft in erster Linie die privaten

Haushalte sowie den gesamten Verkehrssektor (obwohl beide Bestandteil des Kyoto-Protokolls waren). Lediglich der Luftverkehr wurde 2012 integriert, vorläufig aber nur für Flüge, die innerhalb der EU stattfinden. Eine Ausdehnung des Emissionshandels auf weitere Wirtschaftszweige ist aber geplant.

Das Handelssystem funktioniert wie folgt: Ein Unternehmen darf nur so viele Treibhausgase emittieren, wie durch die von ihm gehaltenen Zertifikate gedeckt sind. Überschreitet es die Mengen, ist eine Geldbuße fällig. Möchte ein Unternehmen mehr emittieren, muss es also zusätzliche Zertifikate erwerben, benötigt es weniger, kann es welche verkaufen. Handeln können die Firmen bilateral oder an einer Energiebörse, wie etwa der in Leipzig. Dazu müssen sie ein Konto bei der nationalen Emissionshandelsstelle einrichten, die in Deutschland beim Umweltbundesamt angesiedelt ist. Die Handelsstelle führt ein Register über alle Zertifikate und kontrolliert den Handel. Außerdem sind die Unternehmen verpflichtet, jährlich einen nach den Leitlinien der EU-Kommission erstellten Emissionsbericht vorzulegen und diesen von einem zertifizierten Sachverständigen verifizieren zu lassen. Die nationalen Register laufen beim europäischen Zentralregister in Brüssel zusammen. Damit ist auch ein Austausch zwischen den nationale Konten der Mitgliedsstaaten möglich. Ziel der EU ist, den Gesamtumfang der ausgegebenen Zertifikate von Handelsperiode zu Handelsperiode (die erste lief von 2005 bis 2007, die nächste von 2008 bis 2012 und die dritte von 2013 bis 2020) zu reduzieren und zwar um insgesamt einundzwanzig Prozent im Gesamtzeitraum über alle drei Handelsperioden. Seit der dritten gelten neue Regeln; der Gesamt-Cap wird nun jährlich um 1,74 Prozent gesenkt, die Zertifikate der Stromproduktion werden nun zu Marktpreisen versteigert, anstatt kostenlos zugeteilt. Auch bei den Anlagen der energieintensiven Industrie wird die kostenlose Zuteilung zurückgefahren, indem der Auktions-Anteil schrittweise von zwanzig auf siebzig Prozent erhöht wird.

Grundsätzlich ist also mit dem europäischen Emissionshandelssystem ETS eine Steuerung und eine langfristige Treibhausgasreduzierung EU-weit möglich, zumindest innerhalb der berücksichtigten Branchen. Darüber hinaus wirkt das System auch über die Grenzen der EU hinaus, da umweltpolitische Maßnahmen von EU-Mitgliedsstaaten in Entwicklungsländern, die die Senkung des CO_2-Ausstoßes zum Ziel haben, ebenfalls belohnt werden.[85]

Eigentlich ist der Gedanke des *Cap and Trade* auch so einfach wie genial: Indem man es einem freien Handel überlässt, die Erlaubnis, eine bestimmte Schadstoffmenge auszustoßen, unter den betroffenen Unternehmen aufzuteilen, erspart man sich den Aufwand, technische Auflagen zu erlassen und branchen- und firmenspezifische Vorgaben zu machen. Auch entstehen den Firmen selbst geringere Kosten, als wenn sie aufwendige technische Einrichtungen anschaffen müssten.

Um dies zu verdeutlichen, kann man sich zwei Gruppen von Unternehmen denken. Die eine Gruppe hat nur geringe Möglichkeiten, ihre Produktionsprozesse so zu verändern, dass sie eine Treibhausgasreduzierung erreicht – oder aber sie muss erhebliche Kosten dafür aufwenden. Sie ist deswegen bereit, für entsprechende Zertifikate einen hohen Preis zu zahlen, da sie sonst möglicherweise ihren Betrieb einstellen muss oder nicht mehr wettbewerbsfähig wäre. Die andere Gruppe kann dagegen ihre Reduktionsziele leicht und zu geringen Kosten erreichen. Sie benötigt ihre Zertifikate also nicht unbedingt und verkauft sie an denjenigen, der ihr den höchsten Preis dafür zahlt.

Auf diese Weise erfolgt mithilfe des Marktes ein Ausgleichsmechanismus: Diejenigen Reduktionsstrategien, die am wenigsten kosten und am meisten bringen, werden als erstes umgesetzt. So kann man nicht nur ein gegebenes Umweltziel am schnellsten erreichen, sondern fördert auch die besten technischen Innovationen. Die Unternehmen der zweiten Gruppe werden bestrebt sein, jegliche technische Lösung einzusetzen, die ihnen durch den

Verkauf von Zertifikaten einen Gewinn einbringt. Und sie können desto mehr einsetzen, je mehr die andere Gruppe bereit ist, für die Zertifikate zu zahlen. Der Handel mit Zertifikaten ist also im Grunde genommen ein gelungenes Beispiel dafür, wie man die Mechanismen eines freien Marktes zum Vorteil aller, auch der Umwelt, nutzen kann.

Allerdings funktioniert der europäische Emissionshandel mehr schlecht als recht, da zu viele Zertifikate auf dem Markt sind und der damit einhergehende Preisverfall dazu geführt hat, dass die europäischen Klimagasemissionen in den letzten Jahren kaum gesenkt werden konnten. Aus diesem Grund hat das EU-Parlament in Straßburg Anfang 2017 für eine Verknappung der Zertifikate gestimmt. Fortan sollen jährlich nicht mehr nur 1,74 Prozent, sondern mindestens 2,2 Prozent von ihnen aus dem Handel genommen und mehrere hundert Millionen komplett gelöscht werden, um eine Preisanstieg herbeizuführen. Dies halten jedoch viele Umweltschutzverbände für zu wenig.[86]

Und noch ein weiteres Problem gibt es: Der europäische Emissionshandel ist ein ordnungspolitisches Instrument, das einen Rahmen setzt, sich aber aus dem Tagesgeschäft, dem eigentlichen Handel, heraushält, indem es rein auf das Funktionieren des Marktes setzt. So weit, so gut. Allerdings bedeutet das auch, dass weitere Instrumente, die in das Marktgeschehen selbst eingreifen, mit diesem System nicht kompatibel sind, ja ihm sogar Konkurrenz machen. Darüber hinaus ist das System des europäischen Emissionshandels ein Instrument der Europäischen Union; es gilt für alle Mitgliedsstaaten gesamthaft und funktioniert auch nur gesamthaft. Weitere Instrumente zur Treibhausgasreduzierung neben ihm, auch und insbesondere auf der nationalen Ebene von Mitgliedsstaaten, können nicht funktionieren, weil eine Einsparung in einem Mitgliedsstaat sofort zur Folge hat, dass die dort frei gewordenen Zertifikate über den Markt in einen anderen Mitgliedsstaat gelangen. Da die Gesamtmenge der zugelassenen Treibhausgasemissionen aber von der EU vorgegeben wird, bringt eine etwa in Deutschland eingesparte Menge CO_2 rein gar nichts, da sie mittels der dann frei gewordenen Zertifikate etwa nach Spanien oder Italien gelangt und dann eben dort ausgestoßen wird! Auf diesen wichtigen Umstand weist der ehemalige Präsident des IFO-Instituts, *Hans-Werner Sinn*, in seinem Buch »*Das grüne Paradoxon*« [87] hin.

Dieser Tatsache zum Trotz gibt es in Deutschland, das sich ja gerne als umweltpolitischer Vorreiter sieht und gerne mit gutem Beispiel voran gehen möchte, vier zentrale nationale Gesetze, die ebenfalls die Verringerung von Treibhausgasen zum Ziel haben, nämlich das »*Stromsteuergesetz*« (StromStG), das »*Energiesteuergesetz*« (EnergieStG), das »*Erneuerbare-Energien-Gesetz*« (EEG) und das »*Kraft-Wärmekopplungs-Gesetz*« (KWKG).

Die beiden ersten von ihnen, das Stromsteuer- und das Energiesteuergesetz, beruhen auf dem Prinzip einer so genannten »*Pigou-Steuer*«, benannt nach dem englischen Ökonomen *Arthur Cecil Pigou* (1877 bis 1959). Dieser hatte bereits 1920 den Gedanken geäußert, dass negative Auswirkungen von wirtschaftlichen Aktivitäten, also beispielsweise auf die Umwelt, in das Wirtschaftlichkeitskalkül des Verursachers mit einbezogen werden müssten, um auf diese Weise das »Marktversagen« in diesem Punkt zu korrigieren. Gemeinhin nennt man das die »*Internalisierung von negativen externen Effekten*«. Pigous Vorschlag war der einer Steuer, die eine Lenkungsfunktion hat, indem sie bestimmte Produkte, die besonders negative Auswirkungen (externe Effekte) haben, durch einen steuerlichen Aufschlag verteuert, um auf diese Weise die Nachfrage nach diesen Produkten und dadurch auch die negativen Auswirkungen auf die Umwelt zu verringern. Die in Deutschland übliche Bezeichnung für die Pigou-Steuer ist »*Ökosteuer*«.[88]

Die deutsche Ökosteuer wurde im Zuge der ökologischen Steuerreform im Jahr 1999 eingeführt. Sie war aber kein eigenständiges Gesetz, sondern bestand zunächst aus der Überarbeitung des Mineralölsteuergesetzes nach ökologischen Kriterien und der

Einführung des neuen Stromsteuergesetzes. Im August 2006 wurde das Mineralölsteuergesetz dann durch das Energiesteuergesetz abgelöst. Beide Steuern, die Stromsteuer und die Energiesteuer (und vorher bereits die Mineralölsteuer), belasten verschiedene Formen des fossilen Energieverbrauchs. Allerdings ist die jeweilige Steuerhöhe dabei je nach Art des fossilen Brennstoffs sowohl pro Kilowattstunde Primärenergie als auch pro Tonne ausgestoßenen Kohlendioxids sehr unterschiedlich. Dies und auch die zahlreichen Ausnahmen, die es gibt, sind nicht immer plausibel. Deswegen wäre hier sicher eine grundlegende Reform sinnvoll, um die gewünschte Lenkungsfunktion gerechter und wirksamer zu gestalten.

Ungeachtet dessen tragen die Strom- und Energiesteuer erheblich zu den Einnahmen des deutschen Fiskus bei: Die Höhe der Energiesteuereinnahmen lag im Jahr 2015 bei 39,6 Milliarden Euro, diejenige der Stromsteuereinnahmen bei 6.6 Milliarden Euro. Hinzu kommt noch die Mehrwertsteuer in Höhe von neunzehn Prozent, die auf diese Steuern noch einmal hinzu gerechnet werden muss. Insgesamt hatten die Umweltsteuern damit einen Anteil von knapp neun Prozent an den gesamten Steuereinnahmen der Bundesrepublik.[89]

Das dritte Gesetz, das Erneuerbare-Energien-Gesetz aus dem Jahr 2000, soll zur Erhöhung des Anteils von erneuerbaren Energien an der Stromerzeugung beitragen. Dazu wird die Stromerzeugung aus Wasser, Wind, Deponie-, Klär- und Grubengas, Biomasse, Erdwärme und Sonnenlicht mithilfe von Subventionen gefördert, um diese Techniken wettbewerbsfähiger zu machen. Die Subventionen werden jedoch nicht vom Staat gezahlt, sondern über entsprechende Zuschläge, der so genannten »*EEG-Umlage*«, von den Kunden der Energieversorgungsunternehmen. Die Netzbetreiber sind darüber hinaus verpflichtet, Ökostrom von den Produzenten »vorrangig« abzunehmen und ihnen dafür einen staatlich festgelegten Preis, genannt »*Einspeisevergütung*«, zu zahlen. Die Höhe der Einspeisevergütungen wurde über die Jahre kontinuierlich gesenkt, was auch deswegen möglich war, weil die Herstellkosten der Anlagen wie beispielsweise Photovoltaikmodule oder Windturbinen aufgrund der geförderten Verbreitung gesunken sind.

Befürworter des EEG loben es als vorbildlich, da es in der Tat dazu beigetragen hat, dass der Anteil der erneuerbaren Energien insbesondere bei der Stromerzeugung in Deutschland auf einen Höchststand geklettert ist. Im Jahr 2016 lag er bei immerhin 29,5 Prozent[90] und war damit sogar der höchste unter allen Energieträgern, was noch vor wenigen Jahren viele Experten nicht für möglich gehalten hätten. Insbesondere die Verpflichtung zur vorrangigen Abnahme von Öko-Strom hat dazu beigetragen, die Innovationen zu pushen und großindustrielle Strukturen aufzubauen. Das EEG ist sogar so erfolgreich, dass ihm sein Erfolg gewissermaßen über den Kopf gewachsen ist. Der Hauptkritikpunkt am EEG ist nämlich, dass trotz regelmäßig sinkender Einspeisevergütungen die Belastung für den deutschen Steuerzahler mittlerweile immens ist. Während sie im Jahr 2003 noch bei 0,41 Cent je Kilowattstunde lag, erhöhte sich der Betrag bis zum Jahr 2016 auf 6,354 Cent je Kilowattstunde, was einer Gesamtbelastung von mehr als zwanzig Milliarden Euro entspricht. Zudem gab es seit Langem Kritik an den Ausnahmeregelungen für die Industrie. Das führte im Jahr 2014 zu einer viel diskutierten Reform des EEG mit dem Hauptziel, die Umlage stabil zu halten und im Gegenzug die Höhe der Einspeisevergütung weiter zu senken.

Das vierte Gesetz schließlich, das Kraft-Wärmekopplungs-Gesetz, trat am 1. April 2002 in Kraft und hat zum Ziel, »*im Interesse der Energieeinsparung, des Umweltschutzes und der Erreichung der Klimaschutzziele der Bundesregierung einen Beitrag zur Erhöhung der Stromerzeugung aus Kraft-Wärme-Kopplung in der Bundesrepublik Deutschland auf 25 Prozent bis zum Jahr 2020* [...] *zu leisten*«, wie es in seinem Paragraphen 1 heißt.[91] Kraft-Wärme-Kopplung (KWK) bedeutet, in einer Anlage gleichzeitig Strom und Wärme zu erzeugen. Dadurch wird ein deutlich höherer Wirkungsgrad des eingesetzten Brennstoffs erzielt, als wenn nur eines von beiden, Strom oder Wärme, produziert würde. Ähnlich wie beim EEG erhalten die Betreiber der Kraft-Wärme-Kopplungsanlagen eine Vergütung, die auf den gesamten Stromverbrauch umgelegt wird. Außerdem genießen KWK-Anlagen denselben Einspeisevorrang ins öffentliche Netz wie diejenigen Anlagen, die nach dem EEG gefördert werden.[92]

Neben diesen vier Gesetzen gibt es aber auch noch viele andere Instrumente, mit denen den Deutschen die Abkehr von den fossilen Energieträgern schmackhaft gemacht werden soll. So gibt es zahlreiche Anreizprogramme, Zuschüsse und günstige Kredite beispielsweise durch das *Bundesamt für Wirtschaft und Ausfuhrkontrolle*, die *Kreditanstalt für Wiederaufbau* (KfW) oder auch durch viele Kommunen. Gefördert wird ein breites Spektrum an Umweltschutzmaßnahmen, angefangen von der Solarthermie bis hin zur Gebäudesanierung.

Für den deutschen Steuerzahler sind all diese Maßnahmen extrem teuer. Wie teuer genau, lässt sich dabei noch nicht einmal sagen. Rechnet man Energie- und Stromsteuer, Einspeisevergütung – jeweils einschließlich Mehrwertsteuer –, das Gebäudesanierungsprogramm von jährlich etwa neun Milliarden Euro sowie auch die enormen Investitionen von Hausbesitzern für neue Heizungen, Fenster oder Dämmungen, zu denen sie durch neue Vorschriften gezwungen werden, dann liegen die Kosten gut und gerne jenseits der hundert Milliarden Euro-Marke pro Jahr. Der Klimaschutz scheint den Deutschen also eine Menge wert zu sein. Die Frage ist nur: Werden die Gelder auch sinnvoll und effizient eingesetzt?

Das darf bezweifelt werden. Denn solange nämlich der europäische Zertifikatehandel besteht und die in Deutschland eingesparten Treibhausgase dann eben anderswo von unseren europäischen Freunden in die Luft geblasen werden, verpuffen die hundert Milliarden Euro im Sinne des Weltklimas nutzlos in der

Atmosphäre. Das heißt nicht nur, dass es rein gar nichts bringt, wenn ein paar neue Windräder in Niedersachsen entstehen oder die Stadt Marburg ihren Hausbesitzern eine Photovoltaikanlage auf dem Dach verordnet. Das heißt auch, dass der Deutsche mit seinem sauer verdienten Geld die mittels EEG-Umlage verteuerten Strompreise nicht nur zahlen muss, um damit die Photovoltaikanlage seines Nachbarn mitzufinanzieren. Er zahlt sie auch, um damit den spanischen Stromkunden zu subventionieren, weil dessen Energieversorger durch den Erwerb eines günstiges Zertifikats für seine alten Kohleschleudern auf den Bau eines neuen, teuren Solarkraftwerks verzichten und dadurch den Strompreis für seine Kunden senken konnte. Das gilt zwar nicht uneingeschränkt, da der europäische Emissionshandel, wie wir bereits gehört haben, nicht alle Wirtschafsbereiche erreicht und durch die niedrigen Marktpreise derzeit auch nicht gut funktioniert, aber grundsätzlich ist das so.[93] Es muss deswegen dringend eine Lösung dafür gefunden werden, wie der Zertifikatehandel gleichzeitig mit den übrigen nationalen Reduktionsmaßnahmen bestehen kann, um dann vereint eine größtmögliche Wirkung im Kampf gegen den Klimawandel zu erzielen. Denn nur dann, wenn sowohl die europäischen, als auch die nationalen Regularien im Einklang mit dem Pariser Klimaschutzabkommen stehen und sich nicht gegenseitig widersprechen und konterkarieren, ist ein globaler Klimaschutz, so wie er dringend erforderlich ist, möglich und umsetzbar. Denn der Klimawandel ist nun einmal kein nationales oder europäisches Problem, er ist ein weltweites Problem.

Deswegen müssen wir den Blick auch über den europäischen Tellerrand hinaus richten auf die weltweite Situation. Und dazu gehört nicht zuletzt auch der Weltmarkt, der Weltmarkt für fossile Energierohstoffe. Ein Markt besteht jedoch – wie wir alle wissen – nicht nur aus einer Nachfrageseite, sondern gleichermaßen auch aus einer Angebotsseite, sonst wäre er nämlich gar kein Markt. Doch wurden auch beide Seiten hinreichend berücksichtigt?

Rechnung ohne den Wirt

Beim Klimaschutz wird immer davon ausgegangen, dass eine Einsparung von Kohlendioxid und anderer Treibhausgase automatisch auch dem Klima zugute kommt. Doch auch auf dem Markt für fossile Brennstoffe, bei deren Verbrennung nun einmal der »Hauptklimakiller« CO_2 entsteht, gibt es, wie auf jedem Markt, zwei Seiten derselben Medaille, nämlich Angebot und Nachfrage. Die Klimapolitik betrachtet aber meist nur die Nachfrageseite: Wenn ich weniger Treibhausgase produzieren will, dann muss ich eben einfach weniger Öl, Kohle und Gas verbrennen – so die gängige Meinung. Aber reduziert sich denn auch automatisch das *Angebot* an fossilen Brennstoffen, wenn die *Nachfrage* durch gezielte Reduktionsmaßnahmen zurück geht? Das ist die entscheidende Frage. Und vielleicht machen wir die Rechnung da einfach ohne den Wirt.

Also schauen wir uns den Wirt einmal näher an. Da wären zum Beispiel die erdölexportierenden Länder, wie die Staaten am Persischen Golf, Venezuela oder Nigeria. Auch Russland mit seinen enormen Rohstoffvorkommen für Kohle und Erdgas zählt dazu. Oder auch das erdölreiche Norwegen. Für diese Staaten stellen ihre Rohstoffvorkommen einen erheblichen Kapitalwert dar; oft beruht ihr gesamter Reichtum auf diesen naturgegebenen Schätzen. Und diese Staaten sollen ihre Schätze nun einfach ungehoben lassen, nur weil einige andere Staaten meinen, ihre Nachfrage reduzieren zu müssen? Wohl kaum. Es ist nicht gerade davon auszugehen, dass *Gazprom* demnächst weniger Gas durch seine Pipelines schickt oder die OPEC ihre Fördermengen senkt. Im Gegenteil. Wie jeder Unternehmer versuchen die Rohstoffeigner natürlich, ihren Gewinn zu maximieren. Die Rohstoffe sind nun einmal da und können mit einem mehr oder weniger großen Aufwand gefördert und verkauft werden. Je höher der zu erzielende Preis, desto mehr Aufwand kann betrieben werden, um die Kohle oder das Erdöl aus der Tiefe zu holen.

In diesem Zusammenhang müssen wir uns die grundlegende volkswirtschaftliche Gleichung vor unserem inneren Auge in Erinnerung rufen, nämlich diejenige aus Angebot und Nachfrage: Aufgetragen als Preis über der Menge gibt es eine Nachfragekurve, bei der der Preis bei zunehmender Menge fällt und eine Angebotskurve, bei der der Preis bei zunehmender Menge steigt. An dem Punkt, an dem sich Angebots- und Nachfragekurve schneiden, liegt der Marktpreis, das heißt derjenige Preis, der bei einem bestimmten Angebot und bei einer bestimmten Nachfrage auf dem Markt erzielt wird.

Nehmen wir also an, das Angebot an Kohlenstoff auf dem Markt bleibt gleich. Wenn dann aber die Nachfrage sinkt, weil sich die EU entschließt, die Anzahl ihrer Emissionszertifikate zu verknappen oder die Vertragsparteien des Pariser Übereinkommens plötzlich intensiv an der Verwirklichung ihrer versprochenen Ziele arbeiten, dann verschiebt sich die Nachfragekurve nach links und der Preis für fossile Energieträger auf dem Weltmarkt *fällt*. Den Staaten, die das Pariser Übereinkommen ratifiziert haben, bringt das wenig, da sie sich ja zur Reduktion verpflichtet haben und deswegen nun nicht plötzlich doch mehr Kohlenstoff verbrennen können. Aber diejenigen Staaten, die das Klimaabkommen *nicht* oder noch nicht ratifiziert haben, freuen sich – möglicherweise oder wahrscheinlich – über den niedrigeren Preis. Und dieser niedrigere Preis ruft unter denjenigen Staaten, die keiner Verpflichtung unterliegen, möglicherweise einen Nachfrageboom hervor, der dazu führt, dass nun nicht weniger, sondern *mehr* Kohlendioxid in die Luft geblasen wird! Das heißt also, ein strenges Klimaschutzabkommen, bei dem nicht alle oder die meisten Staaten der Welt mitmachen, kann sogar kontraproduktiv sein, nämlich dann, wenn das auf Seiten derjenigen Staaten, die sich nicht zur Reduzierung verpflichtet haben, aufgrund des Preisverfalls zu einer Emissions*steigerung* führt. Oder andersherum ausgedrückt: Solange die Angebotsseite gleich bleibt, bringen auch noch so ehrgeizige nationale Beiträge der Vertragspartner des Pariser Übereinkommens nichts, wenn einige andere ungestraft weiter walten können, wie es ihnen beliebt. Die Angebotsseite ist also das Entscheidende – und diese wurde bisher kaum beachtet. Aber zunächst: Wie hoch ist das Angebot eigentlich? Wie viele fossile Energieträger stecken überhaupt noch in der Erde?

Vor vierzig Jahren, als die »*Grenzen des Wachstums*«[94] veröffentlicht wurden, ging man davon aus, dass die Vorräte derart begrenzt seien, dass man bald mit einem Nachschubmangel rechnen müsse. Doch das ist natürlich so nicht der Fall. Je größer die Nachfrage und der zu erzielende Preis, desto größer auch der Ehrgeiz, neue Lagerstätten zu finden und in die Fördertechnik zu investieren. Es finden sich immer noch genügend weiße Flecken auf der Landkarte und das wissen auch die Mächtigen dieser Welt. Nicht umsonst gibt es bereits einen Kampf um Rohstoffvorkommen, sei es im Pazifik, im Nordpolarmeer oder in der Antarktis. Die Global Player versuchen sich in Position zu bringen – China, Indien, die USA, Russland und andere. Heute muss man angesichts des drohenden Klimawandels eher befürchten, dass die Welt *zu viele* fossile Rohstoffe hat.

Grundsätzlich sind Rohstoffe unbearbeitete, in der Natur vorkommende Stoffe, die abgebaut, gefördert und weiterverarbeitet werden. Wir unterscheiden dabei zwischen »*Reserven*« und »*Ressourcen*«. Reserven sind diejenigen Vorkommen, die man nach dem heutigen Stand der Technik wirtschaftlich abbauen könnte; Ressourcen sind darüber hinaus diejenigen Lagerstätten, die man kennt, aber deren Abbau sich unter den derzeit gegebenen Umständen nicht lohnt. Ressourcen kommen ständig hinzu; sie sind gewissermaßen die eben noch weißen Flecken auf der Landkarte.

Betrachtet man die Rohstoff-Vorkommen der fossilen Energieträger Kohle, Erdöl und Erdgas, dann besitzt die Kohle das bei Weitem größte Potential; unter den Reserven besitzt sie einen Anteil von sechsundfünfzig Prozent, unter den Ressourcen sogar einen Anteil von neunundachtzig Prozent an allen fossilen Energieträgern. Bis heute wurden etwa 180 Gigatonnen Kohle aus der Erde geholt. Demgegenüber belaufen sich die Reserven auf 762 Gigatonnen, die Ressourcen gar auf über 16.200 Gigatonnen! Damit sind nach nunmehr zwei Jahrhunderten intensiver Nutzung erst gut *ein* Prozent der weltweiten Kohlevorkommen verbraucht! Bei Erdöl liegt dieser Anteil deutlich höher, nämlich bei dreiundzwanzig Prozent; gefördert wurden bisher etwa 171 Gigatonnen, als Reserven sind aber noch 216 Gigatonnen und als Ressourcen noch 331 Gigatonnen vorhanden.[95] Laut »*Energiestudie 2013*«[96] der *Bundesanstalt für Geowissenschaften und Rohstoffe* (BGR) sei damit Erdöl »*der einzige nicht erneuerbare Energierohstoff, bei dem in den kommenden Jahrzehnten eine steigende Nachfrage wahrscheinlich nicht mehr gedeckt werden*«[97] könne. Für Kohle und auch für Erdgas kann davon allerdings nicht im Mindesten die Rede sein.

Von zur Neige gehenden Rohstoffen also keine Spur. Das zeigt, wie viel Kohlendioxid wir die nächsten Jahrhunderte noch in die Luft blasen könnten, wenn wir so weiter machten wie bisher. Welche Auswirkungen das jedoch auf das Klima hätte, darf man sich gar nicht ausmalen.

Doch was macht man nun mit diesen enormen Bodenschätzen, die gleichzeitig Umweltgifte sind? Noch gibt es keinen globalen Abbauplan, der den Rohstoffeignern vorschreiben würde, wie viel sie noch verkaufen dürfen. Auch das Pariser Übereinkommen trifft dazu keinerlei Aussage. Die Entscheidung, *wie viele* fossile Energieträger aus den Lagerstätten an die Erdoberfläche geholt werden, liegt gegenwärtig und auch in absehbarer Zukunft in der Hand der großen Mineralölkonzerne, der Scheichs im Nahen Osten, der russischen Gas- oder der amerikanischen Kohlegesellschaften. Und ob diese Rohstoffeigner tatsächlich zum Wohle der Menschheit auf ihre Gewinne verzichten wollen, bleibt, vorsichtig ausgedrückt, fraglich. Wir sollten kurz die Köpfe in ihre Vorstandsetagen stecken und lauschen.

Zwischen einem Rohstoffvorkommen und einem »normalen« Produkt, das erst hergestellt werden muss, gibt es einen entscheidenden Unterschied. Weil das Produkt – der Rohstoff – sozusagen bereits vorhanden ist, hat der Unternehmer nämlich nicht zu entscheiden, *wie viel* hergestellt werden soll, sondern *wann* es verkauft werden soll. Das heißt also, die Entscheidung liegt darin, wie das Angebot über die Zeit zu verteilen ist. Wenn er wirtschaftlich denkt, und davon ist im Regelfall auszugehen, dann wird der Anbieter versuchen, das Angebot so über die Zeit zu verteilen, dass er den größtmöglichen Gewinn erzielt. Er muss dabei den Marktpreis vorausahnen und auch mögliche künftige Kostenveränderungen bei der Förderung berücksichtigen. Im Grunde genommen muss der Rohstoffeigner vorgehen wie ein Investmentbanker: Er hat die Wahl, sein Vermögen in Form von Kohle, Öl oder Gas in den Lagerstätten zu belassen und später abzubauen oder aber er veräußert sie schnell und legt seinen Gewinn auf dem Kapitalmarkt an. Ist der Kapitalmarkt also attraktiv, führt das zu früherer Förderung. Das wiederum erhöht das Angebot auf dem Weltmarkt und drückt den aktuellen Marktpreis. Dadurch steigen aber die zu erwartenden Marktpreise in der Zukunft, was die frühe Förderung wiederum weniger attraktiv macht. Umgekehrt führt die Verschiebung der Förderung in die Zukunft zu einer Verknappung in der Gegenwart und dadurch zu höheren aktuellen Preisen. Daraus folgen wiederum niedrigere Preise in der Zukunft, was wiederum die frühe Förderung attraktiver macht.[98]

Der amerikanische Statistiker und Ökonom *Harold Hotelling* (1898 bis 1973) hat 1931 die nach ihm benannte »*Hotelling-Regel*« aufgestellt, die das Verhalten von Eignern erschöpfbarer Ressourcen beschreibt. Er kommt zu dem Schluss, dass ein Ressourceneigner nur dann seine Ressource *nicht* verkauft, wenn er erwarten kann, dass der Wert der Ressource mit der Zeit höher steigt als der Kapitalmarktzins. Tut er das nicht, ist also der Kapitalmarktzins höher als die zu erwartende Wertsteigerung, wird er die Ressource sofort abbauen und seinen Gewinn anlegen.[99]

Grundsätzlich kann man den Ressourceneignern also keinen Vorwurf machen. Sie tun das, was jeder in der Marktwirtschaft tut: den Gewinn maximieren. Der Fehler liegt vielmehr im Markt selbst, nämlich darin, dass die externen Kosten, die durch die Förderung entstehen, den Anbietern wirtschaftlich nicht angelastet werden. Der Anbieter macht durch den Verkauf der Kohle oder des Öls also Gewinn auf Kosten der Allgemeinheit. Das kann er jedoch aus eigenen Stücken nicht ändern. Er ist nur der Teilnehmer am Spiel; auf die Spielregeln hat er (normalerweise) keinen Einfluss. Deswegen ist ein ordnungspolitisches Korrektiv unerlässlich.

Im Prinzip erscheinen zwei Möglichkeiten denkbar, das Problem des Ressourcenabbaus in den Griff zu bekommen, eine radikale und eine etwas praktikablere. Die radikale ist die, die Rohstoffe für immer im Boden zu belassen. Auf den ersten Blick wäre das für das Klima natürlich das Beste. Aber leider lässt sich das nicht so einfach bewerkstelligen. Denn die endgültige Versiegelung der Bodenschätze würde *de facto* einer Enteignung gleichkommen. Und das wäre den Eigentümern nur sehr schwer zu vermitteln.

Hinzu kommt die Unsicherheit in der Zukunft. Kann man wirklich garantieren, dass diese Rohstoffe niemals entnommen werden? Was ist, wenn irgendwann, vielleicht in tausenden von Jahren, die Rohstoffe so knapp werden, dass sie doch benötigt werden? In diesem Zusammenhang darf man auch nicht außer Acht lassen, dass sich viele Lagerstätten von fossilen Energieträgern in politisch labilen Gebieten befinden, im Nahen Osten, in Nordafrika, in Südamerika. Was ist, wenn es einen Putsch gibt, sich neue Machthaber die Bodenschätze aneignen wollen, sich über alle Verträge und Vereinbarungen hinwegsetzen? Diese »Angst vor dem Putsch« führt bereits heute dazu, dass viele Rohstoffeigner ihre Schätze schneller abbauen, als sie es bei stabilen politischen Verhältnissen vielleicht tun würden. Also wie soll man eine dauerhafte Versiegelung garantieren? Dass das so gut wie unmöglich ist, dürfte jedem einleuchten.

Die andere, bessere Möglichkeit ist die, den Abbau von Kohle, Öl und Erdgas zeitlich so weit zu strecken, dass der derzeitige Abbau auf ein möglichst geringes Niveau zurückgefahren wird. Das hätte einen langsameren Anstieg der Treibhausgaskonzentration in der Luft und damit einen langsameren Anstieg der globalen Erwärmung zur Folge. Gleichzeitig müssten dann attraktive, perfekte Substitute entwickelt werden, das heißt wirtschaftlich tragbare alternative Technologien, die dazu führen, dass das Verbrennen von Kohlenstoff irgendwann so unwirtschaftlich und teuer wird, sodass er tatsächlich im Boden verbleibt, weil es sich einfach nicht mehr lohnt, ihn zu fördern. Und selbst wenn die perfekten Substitute *nicht* gefunden werden sollten, es sich also in ferner Zukunft immer noch lohnt, Kohle, Öl und Gas zu fördern, hätte der langsamere Abbau für künftige Generationen den doppelten Vorteil, dass einerseits noch eine größere Menge an fossilen Bodenschätzen vorhanden wäre (etwa für andere Zwecke, als sie zu verbrennen) und sie andererseits mit geringeren Auswirkungen des Klimawandels zurechtkommen müssten. Deswegen muss die Verlangsamung des Abbaus unser oberstes Ziel sein, auf das wir hinarbeiten sollten. Unter den bestehenden Optionen wäre es das Beste, was uns passieren könnte.

Doch ist das auch das Ziel, das die internationale Klimapolitik verfolgt? Nun, sie verfolgt ein solches jedenfalls nicht aktiv, ja schlimmer noch: Ihre Wirkung geht genau in die entgegengesetzte Richtung. Wie wir gesehen haben, betrachtet die Politik nämlich fast ausschließlich die Nachfrageseite; die Nachfrage nach Kohlenstoff soll durch Förderung alternativer Energien, durch Emissionshandel und andere Maßnahmen immer weiter zurück gefahren werden. Doch das beobachten natürlich auch die Rohstoffeigner. Für sie muss die gesamte Klimapolitik wie eine einzige große Kampfansage wirken. Ihr Vermögen soll ihnen genommen werden, indem ihr Produkt nicht mehr gekauft wird. Und weil sie befürchten, dass sie es in Zukunft tatsächlich nicht mehr absetzen können, insbesondere dann, wenn sich die überwiegende Mehrzahl der Staaten dem Pariser Klimaabkommen angeschlossen hat, steigern sie ihre Förderung, damit sie ihren Schatz überhaupt noch an den Mann beziehungsweise den Weltmarkt bringen können. Und da das höhere Angebot den Preis drückt, haben sie auch keine Probleme, nicht nur unter den Nicht-Paris-Ländern dankbare Abnehmer zu finden. Der seit längerem äußerst günstige Ölpreis zeigt dies anschaulich.

Insgesamt führt das dann zu der paradoxen Situation, dass trotz aller globalen Anstrengungen, den Treibhausgasausstoß zu drosseln, er seit Jahren zunimmt. Fast könnte man sogar meinen, je höher die Anstrengungen und eingesetzten Gelder, desto desaströser der Erfolg. Was also tun?

Grundsätzlich sind nicht einmal sämtliche Instrumente schlecht, mit denen es die Klimapolitik versucht. Dem EEG muss man zugute halten, dass es tatsächlich die Ausweitung der erneuerbaren Energien vorangebracht hat. Es hat die Innovation gefördert und großindustrielle Strukturen erst entstehen lassen. Beides hat den Preis dieser Technologien gedrückt und ihre Wettbewerbsfähigkeit erhöht. Auch der Emissionshandel zwingt die Industrie zu innovativen Lösungen und lässt diejenigen von ihnen als erstes zum Standard werden, die den größten Nutzen bringen. Diese eine Schiene des Gleises ist also grundsätzlich richtig verlegt: Innovationen fördern, um möglichst bald gleichwertige Substitute zu entwickeln, die das bloße Verbrennen von Kohlenstoff unwirtschaftlich werden lassen. Wichtig wäre hier, die Innovation durch zusätzliche Gelder noch weiter zu pushen.

Doch darf die zweite Schiene des Gleises nicht vergessen werden: die Bremsung der Rohstoffförderung, damit die Substitute auch tatsächlich dazu führen, einen Großteil des Kohlenstoffs in den Tiefen der Erde zu belassen. Dieses Bremsen geht aber nur gemeinsam mit den Rohstoffeignern. Es reicht einfach nicht, sich auf Reduktionsziele zu verständigen, wenn nicht alle mitmachen.

Wobei »alle« noch gar nicht einmal unbedingt »alle« bedeutet; eigentlich genügen die Hauptrohstoffeigner wie die USA, Russland, China, die OPEC, die EU, Indien, Brasilien, Australien, Kanada, Norwegen und noch ein paar mehr. Alle sie sind mit ins Boot zu holen, damit das Loch, das es zum Sinken bringt, gemeinsam gestopft werden kann.

In dieser Hinsicht gilt es also, die Klimapolitik neu auszurichten, damit sie auch wirklich ihr selbst gestecktes Ziel realisieren kann, nämlich die Beschränkung der globalen Erwärmung auf maximal zwei Grad Celsius gegenüber der vorindustriellen Zeit. Mit dem Pariser Übereinkommen hat sich die internationale Staatengemeinschaft immerhin eindeutig zu diesem Ziel bekannt. Bis es erreicht ist, liegt aber noch ein sehr weiter und überaus steiniger Weg vor uns. Der Kampf gegen den Klimawandel ist die größte Herausforderung unserer Zeit, vielleicht sogar die größte Herausforderung, der sich die Menschheit jemals ausgesetzt sah. Wir sind moralisch verpflichtet, die notwendigen Opfer zu bringen und alle Anstrengungen in Kauf nehmen, um unseren Kindern und Enkeln und allen nachfolgenden Generationen eine lebenswerte Welt zu hinterlassen. Das sollte es uns in jedem Fall wert sein.

Allerdings sollten wir nicht den Fehler begehen, unseren Fokus *ausschließlich* auf den Klimawandel zu richten. Er ist zweifellos das größte, aber beileibe nicht das einzige Umweltproblem, das wir haben. Es nützt wenig, den Klimawandel in den Griff zu bekommen, dabei aber die übrigen Probleme außer Acht zu lassen, zumal in einem hochkomplexen System wie der Erde alles mit allem zusammen hängt. Unsere Atmosphäre pflegt genauso eine intensive Wechselwirkung mit den Ozeanen, wie mit den Landflächen und den Wäldern der Erde. Auch diesen hat die Menschheit gravierende Schäden zugefügt und auch hier gilt es, dringend Lösungen zu finden. Schauen wir uns dies in den nächsten Kapiteln einmal näher an.

Wald

HABT EHRFURCHT VOR DEM BAUM!
ER IST EIN EINZIGES GROSSES WUNDER UND EUREN VORFAHREN
WAR ER HEILIG. DIE FEINDSCHAFT GEGEN DEN BAUM
IST EIN ZEICHEN DER MINDERWERTIGKEIT EINES VOLKES
UND VON NIEDRIGER GESINNUNG DES EINZELNEN.
[Alexander von Humboldt, deutscher Naturforscher]

WENN ES KEINEN WALD MEHR GIBT,
DANN GEHT AUCH DAS VOLK ZUGRUNDE.
[Abraham Lincoln, ehemaliger US-Präsident]

ZU FÄLLEN EINEN SCHÖNEN BAUM
BRAUCHT'S EINE HALBE STUNDE KAUM.
ZU WACHSEN, BIS MAN IHN BEWUNDERT,
BRAUCHT ER, BEDENK ES, EIN JAHRHUNDERT.
[Eugen Roth, deutscher Lyriker und Dichter]

Die Oberfläche des Planeten Erde ist zu 29,3 Prozent von Land bedeckt, die übrigen 70,7 Prozent sind Wasser. Die Größe der Landfläche misst 149,4 Millionen Quadratkilometer. Man kann sie grob in drei ähnlich große Teile gliedern.

Das erste Drittel, etwa 55 Millionen Quadratkilometer, weist keine oder nur sehr spärliche Vegetation auf. Es handelt sich dabei um die Wüsten und wüstenähnlichen Gegenden der Erde. Dazu zählen die großen polarnahen Eisschilde in Grönland und auf dem antarktischen Kontinent, der alleine bereits vierzehn Millionen Quadratkilometer umfasst. Außerdem fallen darunter die großen Permafrost-Gebiete in der sibirischen Tundra und im Norden Kanadas; ferner die Hochgebirgsregionen der Erde, wie der Himalaya, die Anden oder die Rocky Mountains; und schließlich die großen trockenen Wüstengebiete, darunter die Sahara im Norden Afrikas mit ihren 8,7 Millionen Quadratkilometern, aber auch die australischen und arabischen Wüsten, die Namib-Wüste in Südwestafrika oder die Wüste Gobi in Zentralasien.

Das zweite Drittel der Landfläche unseres Planeten – etwa fünfzig Millionen Quadratkilometer – hat die Menschheit direkt für ihre Zwecke in Anspruch genommen. Zehn Prozent davon, also etwa fünf Millionen Quadratkilometer, hat sie bebaut mit Städten und Dörfern, mit Straßen, Eisenbahnstrecken und Flugplätzen, mit Kraftwerken und Industrieanlagen, mit Häfen oder Mülldeponien. Die anderen neunzig Prozent, also etwa 45 Millionen Quadratkilometer, nutzt sie als Acker- und Weideland, etwa für den Anbau von Weizen, Reis und Mais, für Sojabohnen, Raps und Hirse, für Baumwolle und Zuckerrohr oder für die Züchtung von Rindern, Schafen und anderem Getier.[100]

Das letzte Drittel der Erdoberfläche schließlich ist mit Wäldern bestanden. Sie bedecken eine Fläche von über vierzig Millionen Quadratkilometern. Unter ihnen lassen sich drei große zusammenhängende »*Hauptwaldtypen*« unterscheiden, wobei die Übergänge fließend sind, was eine detaillierte Abgrenzung mitunter schwierig macht. Zudem umfasst jede dieser drei Haupttypen wiederum verschiedene Untergruppen, genannt »*Waldformationen*«.[101]

Von den drei Hauptwaldtypen breitet sich der größte unter ihnen ganz im Norden des Globus aus, innerhalb der so genannten »*borealen Zone*«. Diese liegt etwa zwischen fünfzig Grad nördlicher Breite und dem Polarkreis, also in Gegenden wie der russischen Taiga, Skandinavien und dem Norden Kanadas. Dort finden sich ausgedehnte immergrüne Nadelwälder mit einer Ausdehnung von vierzehn Millionen Quadratkilometern – die größte zusammenhängende Waldfläche der Welt. In diesen borealen Wäldern herrschen lange, kalte, schneereiche Winter; die Temperaturen erreichen bis zu fünfzig Grad unter null. Lediglich im Sommer können sich die oberen Bodenschichten erwärmen und auftauen, während in einem Meter Tiefe permanenter Frost regiert. In den kurzen Sommern können die Temperaturen bisweilen aber auch auf die Marke von dreißig Grad plus klettern.[102] Es wächst hier nur eine geringe Zahl von Baumarten, vorwiegend Tannen, Fichten und Kiefern, allesamt Nadelbäume. Diese Arten sind in der Lage, die langen und harten Frostperioden zu überstehen. Der Umstand, dass sie ihre Nadeln das ganze Jahr über nicht verlieren, ermöglicht es ihnen, die komplette kurze Vegetationsperiode von zwei bis vier Monaten sehr effektiv für die Photosynthese zu nutzen.

Weiter südlich, wo es ein wenig wärmer ist, am Übergang zu den angrenzenden Laubwäldern, werden auch die Vegetationsperioden länger. Dort wachsen deswegen auch Lärchen, die ihre Nadeln im Winter abwerfen. Auch einzelne Laubbaumarten, die weniger effektiv mit dem Sonnenlicht umgehen als ihre immergrünen Kollegen, sind hier bereits anzutreffen. Zu ihnen zählen vor allem Pappeln und Birken, die als so genannte »*Pionierbaumarten*« Kahlflächen als erstes wieder besiedeln.

Trotz der harten Bedingungen sind in den borealen Wäldern über dreihundert verschiedene Vogelarten zu Hause, außerdem zahlreiche Säugetiere, darunter Schneeleoparden und Sibirische Tiger, aber auch Elche, Bisons, Vielfraße, Wölfe, Bären, Rentiere und Hirsche.[103]

Die zweite Hauptwaldgruppe ist diejenige der gemäßigten Zonen, wie es sie in Europa, den USA oder China gibt. Sie bedecken etwa sieben Millionen Quadratkilometer. In diesen Breiten wachsen Nadelwälder, Mischwälder, aber auch ausgedehnte reine Laubwälder, bestehend hauptsächlich aus Buchen und Eichen, Ahorn und Esche. Je kälter das Klima, desto kürzer ist die Vegetationszeit und desto mehr gewinnen die Nadelbäume die Oberhand. Das trifft auch auf steigende Höhen zu. In den deutschen Mittelgebirgen etwa herrscht meist ein Mischwald aus Buche, Tanne und Fichte vor. Mit steigernder Höhe wird die Fichte dann das bestimmende Element, so im Alpenraum, im Bayrischen

Wald oder im Harz.[104] Zu den Wäldern der gemäßigten Zonen zählen aber auch die Wälder in den Nationalparks im Westen der USA, in denen eine der größten Baumarten überhaupt wächst. Die eindrucksvollen Mammutbäume (*sequoioideae*) können bis zu dreitausend Jahre alt werden und eine Höhe von hundertdreißig Metern erreichen.

Die dritte und wohl wichtigste Gruppe von Wäldern sind die Regenwälder der Tropen und Subtropen. Sie liegen im Äquatorgürtel zwischen den Wendekreisen auf 23,5 Grad nördlicher und südlicher Breite. Ihre Gesamtfläche beträgt etwa acht Millionen Quadratkilometer. Man kann drei große Gebiete unterscheiden, nämlich Mittel- und Südamerika, Zentralafrika und Südostasien. Dasjenige in Mittel- und Südamerika stellt dabei mit vier Millionen Quadratkilometern etwa die Hälfte der Gesamtfläche des Regenwaldes. Es gibt hier wiederum drei große zusammenhängende Gebiete: Das Amazonas- und Orinokobecken, die Wälder an der Pazifikküste von Ecuador und Kolumbien sowie diejenigen an der Atlantikküste im östlichen Brasilien. Der zweitgrößte Regenwald, etwa 2,5 Millionen Quadratkilometer groß, steht in Südostasien, nämlich auf dem gesamten Malaiischen Archipel bis in den Norden von Australien. Indonesien besitzt dabei den zweitgrößten Regenwald der Welt nach Brasilien. Die übrigen 1,8 Millionen Quadratkilometer gibt es schließlich in Zentralafrika, vorwiegend im Kongobecken, aber auch im Osten von Madagaskar und auf einigen Inseln im Indischen Ozean wie La Réunion und Mauritius.

In den Tropischen Regenwäldern herrscht ein besonderes Klima; es ist sehr feucht und über das ganze Jahr hinweg fast konstant warm. In diesem Klima entstand ein äußert komplexes Ökosystem, in dem schätzungsweise bis zu fünfzig, einige Quellen sprechen sogar von bis zu neunzig Prozent aller Landarten der Erde beheimatet sind. Diese Artenvielfalt ist auf der Erde ohne Beispiel; allenfalls die ebenso in tropischen Regionen anzutreffenden Korallenriffe können mit einer ähnlichen biologischen

Vielfalt aufwarten.

Typisches Element des Regenwald-Klimas – neben der konstant warmen Temperatur – sind die häufigen und sehr heftigen Regenfälle. Im Schnitt fallen etwa zweihundert Millimeter Niederschläge pro Monat, und zwar relativ konstant über das Jahr verteilt.[105] In Deutschland sind es im Vergleich dazu nur etwa siebenhundert Millimeter im ganzen Jahr. Wie das Tropenklima entsteht und welche Bedeutung der Tropische Regenwald für den gesamten Planeten und seine Bewohner hat, werden wir gleich noch näher beleuchten. Zunächst aber sollten wir einen Blick auf den heutigen Zustand der Wälder werfen.

Waldzustandsbericht

Eines vorweg: Sich mit dem Zustand der Wälder, insbesondere mit demjenigen der Tropischen Regenwälder zu beschäftigen, ist schmerzlich.

In Brasilien, in den Bundesstaaten *Pará*, *Mato Grosso* oder *Rondônia*, wo sich vor nicht allzu langer Zeit noch der wunderbarste Amazonas-Regenwald mit seiner unglaublichen Artenvielfalt erstreckte, fährt man heute teilweise hunderte von Kilometern durch zerstörte und verlassene Gebiete. Man fährt über staubige, holprige Pisten, umgeben von verkohlten Baumstümpfen und ebenso verkohlten, zurückgelassenen, abgeknickten Baumstämmen, die hier und dort, Mahnmalen gleich, windschief in den Himmel ragen. Der Boden, der sich rings um uns ausbreitet, ist rötlich-braun, von Bulldozern und anderem schweren Gerät zerfahren, teilweise fortgeschwemmt von den starken, tropischen Regenfällen und das darunter liegende Gestein und Geröll offenbarend. Am Horizont ziehen dichte, dunkle Rauchschwaden entlang – letzte Rauchzeichen, mit denen der noch verbliebene Regenwald in seinem Todeskampf um Hilfe ruft. Auf der Piste kommen uns riesige Laster entgegen, die das Holz fortschaffen. Andere Lebewesen sind weit und breit nicht zu sehen, die Vögel sind verschwunden, die wenigen Säugetiere, die vor kurzem noch hier lebten, wurden ihrer Heimat beraubt. Nur vereinzelt sieht man Rinder, die auf dem kargen, nun von Bäumen befreiten Boden grasen. Unweigerlich macht sich ein Gefühl der Trostlosigkeit und Trauer breit.

Szenenwechsel. Hubschrauberflug über das Tiefland der indonesischen Insel Sumatra. Unter uns breiten sich Reihen regelmäßig angepflanzter Bäume aus, alle im selben Abstand, alle von einer einzigen Art: Ölpalmen. Abertausende von ihnen, soweit das Auge reicht, Plantagen unvorstellbaren Ausmaßes. In der Ferne tauchen plötzlich braun-schwarze Rechtecke auf, sauber geometrisch abgetrennt, brennend, dichten, grauen Rauch emporsteigen lassend. Daneben kleine, gelbe Fahrzeuge, die den Boden planieren, das Holz wegräumen, um Platz zu schaffen für weitere Plantagen. Hin und wieder sieht man noch Stellen, die, so scheint es, unberührt sind, stehen gelassen wurden, warum auch immer. Aber es ist offensichtlich, dass auch sie bald weichen müssen. Die Sumatra-Tiger und Orang-Utans, die dieses Gebiet dereinst, als es noch unberührter, dichter, grüner und lebendiger Urwald war, ihren Lebensraum nennen durften, sind verschwunden, getötet, ausgerottet, vertrieben. Wieder überfällt uns ein Gefühl von Übelkeit – man kann den Anblick kaum ertragen. Wie um alles in der Welt ist der Mensch nur zu so etwas fähig?

Wenn wir uns mit dem Thema Wald beschäftigen, insbesondere mit dem Tropischen Regenwald, und uns seiner fortschreitenden und ungebremsten Zerstörung gewahr werden, dann stellen wir uns unweigerlich die Frage nach dem *Warum*. Warum geschieht das? Warum vernichtet der Mensch den Wald? Warum in einem solch apokalyptischen Ausmaß? Warum lassen wir dies zu? Doch ehe wir diese Fragen zu beantworten versuchen, müssen wir die Situation, so wie sie sich uns heute darstellt und so schmerzlich sie auch ist, noch einmal näher unter die Lupe nehmen.

Bevor der Mensch begann, die Erde landwirtschaftlich zu erschließen, gab es auf unserem Planeten noch etwa sechzig bis siebzig Millionen Quadratkilometer Wald.[106] Davon sind heute nur noch rund sechzig Prozent übrig geblieben. Wieviel genau, davon berichtet der *»Weltwaldbericht« (»State of the World's Forests«* – SOFO*)*[107] der *Ernährungs- und Landwirtschaftsorganisation der Vereinten Nationen* (FAO)[108]. Demnach existierten im Jahr 1990 noch etwa 41,7 Millionen Quadratkilometer Wald auf der Erde; zwanzig Jahre später, 2010, waren es jedoch nur noch etwa 40,3 Millionen Quadratkilometer. Das heißt, dass in diesen nur zwanzig Jahren 1,4 Millionen Quadratkilometer oder 3,4 Prozent der gesamten Waldfläche der Erde vernichtet wurden – das entspricht einer Fläche so groß wie Deutschland, Frankreich und Spanien zusammengenommen. In der ersten Hälfte dieses Zeitraums, in der Dekade von 1990 bis 2000, lag der durchschnittliche Verlust bei über 8,3 Millionen Hektar oder 0,2 Prozent pro Jahr, während er in der zweiten Hälfte, der Dekade von 2000 bis 2010, noch immer bei 5,3 Millionen Hektar oder 0,13 Prozent pro Jahr lag. Erfreulich ist zwar, dass der Grad der Zerstörung in der zweiten Hälfte dieses Zeitraums abgenommen hat, doch er ist immer noch so hoch, dass er als dramatisch zu bezeichnen ist. Möglicherweise ist die Zerstörung sogar *noch* dramatischer, als es die nackten Zahlen vermitteln.[109]

Denn es ist gar nicht so einfach, das tatsächliche Ausmaß des Raubbaus festzustellen. Wald ist nämlich nicht gleich Wald und der Zustand vor und nach einer Abholzung auch nicht überall gleich. So gibt es beispielsweise für Regenwald keine feste Definition, die besagt, was zu ihm zählt und was nicht. Man unterscheidet heute in der Regel zwischen einem so genannten *»Primärwald«*, also einem Wald, der gänzlich unberührt ist, und einem *»Sekundärwald«*, also einem, der bereits teilweise zerstört ist. Die Qualität ist nämlich ganz entscheidend: Wenn aus einem Primärurwald die großen, alten, wertvollen Bäume herausgeschlagen werden und dadurch große Lücken entstehen, weil die durch zahlreiche Schlingpflanzen verbundenen Stämme auch andere Bäume mitreißen, und sie anschließend mit Bulldozern abtransportiert werden, ist der Wald zwar formal noch da, das heißt, in der Statistik ist zunächst kein Verlust festzustellen, aber *de facto* hat doch eine erhebliche Zerstörung stattgefunden. Und auch wenn ein alter Baumbestand abgeholzt wird und an seiner Stelle mit frischen Setzlingen wieder aufgeforstet wird, ist das statistisch gesehen kein Rückgang von Waldfläche. Trotzdem dauert es hier aber noch mindestens zwanzig Jahre, bis wieder die ersten größeren Bäume stehen. Selbst Monokulturen, ob sie nun aus Fichten, Kiefern oder Ölpalmen bestehen, können als Wald angesehen werden, denn immerhin steht ja auch hier Baum neben Baum. Und tatsächlich: Eine Umwandlung von Waldflächen in solche Baumplantagen, etwa für Eukalyptus, Kautschuk, Zellstoff oder Papierholz, wird von der FAO lediglich als Wechsel in eine andere Form der Waldlandnutzung klassifiziert, aber nicht als Waldverlust.[110] Als Biotop sind solche Baumplantagen zwar sicher wertvoller als Weideland oder gar Brachflächen. Dass es sich bei ihnen aber weit weniger um ein komplexes, funktionierendes Ökosystem handelt, als bei jenem, welches vielleicht vorher an ihrer Stelle stand, dürfte jedem klar sein.

Das verdeutlicht aber auch die Schwierigkeiten, mit der die FAO, die die zuverlässigsten Daten über den Zustand der Wälder der Welt liefert, zu kämpfen hat. Die erste Schwierigkeit dreht sich um die Frage der Klassifizierung – was ist eigentlich Wald und was nicht und welcher Wald ist im Hinblick auf seine Wertigkeit wie zu beurteilen? Die zweite Schwierigkeit dreht sich um die Datenerhebung – wie stelle ich überhaupt fest, wo Wald existiert und wo nicht und wie lässt sich eigentlich eine Aussage über seinen Zustand treffen? Ihre erste Erhebung des Weltwaldbestandes veröffentlichte die FAO im Jahre 1976. Darin bezifferte sie die jährliche Zerstörung des Tropischen Regenwaldes während der 1970er Jahre auf ganze elf Millionen Hektar (also noch deutlich höher als in den 1990er Jahren). Bei dieser Zahl handelte es sich allerdings mangels zuverlässiger Datenerhebung nur um eine grobe Schätzung, es konnte auch gar nicht anders sein. Dennoch wurde die Zahl in zahlreichen Medien immer wieder zitiert. Schon damals hoffte man, schon bald exaktere Angaben über das tatsächliche Ausmaß der Tropischen Regenwälder und ihrer Zerstörung mittels Satelliten-Aufnahmen zu erlangen, immerhin besaß die amerikanische Weltraumbehörde NASA bereits seit 1972/73 erstes Bildmaterial. Allerdings hat sich diese Hoffnung bis heute nicht erfüllt. Ob man es glauben mag oder nicht: Bis heute gibt es kein weltweites, offizielles satellitengestütztes Monitoringprogramm, das zuverlässige Angaben über die globale Waldbedeckung liefern könnte – und das in Zeiten, in denen uns hochauflösende Fotos von fast jedem Winkel der Marsoberfläche zur Verfügung stehen. Mangels detailliertem Bildmaterial ist die FAO deshalb bei ihrer Datenerhebung auf die Zusammenarbeit mit den Regierungen angewiesen. Sie ist dabei nicht nur abhängig von deren Kompetenz, sondern auch von deren Bereitschaft, exakte Daten zur Verfügung zu stellen. Das erweist sich mitunter jedoch als schwierig, sei es aus technischer Unzulänglichkeit, aus Mangel an Arbeitskräften oder aus der mangelnden Bereitschaft, politisch sensible Daten preiszugeben. Insbesondere in Asien ergaben sich teilweise erhebliche Diskrepanzen zwischen den offiziellen Zahlen, die die Regierungen lieferten, und den Erkenntnissen, die sich aus der Auswertung von Satelliten-Fernüberwachungssystemen ergaben.[111]

Dabei gibt es heute mehr als sechzig Satelliten aus fünfundzwanzig Staaten, die mit kartographischen Systemen ausgestattet sind; viele davon wären in der Lage, geeignete Bilder für eine Waldüberwachung zu liefern. Sie tun es aber nicht, weil Zugang, Verarbeitung und Verbreitung unzureichend geregelt sind. Außerdem können solche Fernerkundungsbilder sehr teuer sein. Das hat dazu geführt, dass fast ausschließlich auf die frei verfügbaren und hochauflösenden Fotos des amerikanischen MODIS-Systems zurückgegriffen wird; die überwiegende Zahl wissenschaftlicher Studien, die zum Thema Waldzerstörung veröffentlicht wurden, befasst sich deshalb wegen der Nähe zu den USA auch mit dem Amazonasgebiet, während für Afrika und Südostasien weit weniger Datenmaterial zur Verfügung steht.

Zudem hat die Fernüberwachung mit der Schwierigkeit zu kämpfen, dass es über bestimmten Gebieten des Tropischen Regenwaldes recht beständige Wolkendecken gibt. Insbesondere hat das die Kontrolle der Waldbedeckung in einigen Regionen Indonesiens behindert. Wolkenfreie Bilder sind selten verfügbar, daher ist es nicht immer leicht feststellbar, ob Primärwälder gerodet und anschließend durch Baumpflanzungen wie der Ölpalme ersetzt wurden. Bei geringer Bildauflösung lässt sich eine solche Veränderungen des Walddeckentyps nämlich nur sehr schwer erkennen.

Behält man diese Unwägbarkeiten bei der Datenerhebung im Hinterkopf, so bedeutet das im Umkehrschluss, dass die von der FAO genannten Zahlen – ein Waldverlust in zwanzig Jahren auf einer Fläche so groß wie Deutschland, Frankreich und Spanien zusammengenommen – möglicherweise nur die Spitze des Eisbergs sind. Dieser Waldverlust verzeichnet nämlich nur diejenigen Flächen, auf denen hinterher wirklich gar kein Wald mehr vorhanden ist, also solche, auf denen man sich nicht einmal die Mühe einer Wiederaufforstung gemacht hat, sondern an deren Stelle bestenfalls Weideflächen oder Sojaplantagen getreten sind. Aussagekräftiger als eine pauschale Flächen-Verlustangabe wäre also eine solche für den Verlust von Primärwald oder, noch besser, eine Angabe, inwieweit die Qualität der bestehenden Waldflächen abgenommen hat. Da eine solche Erfassung aber aus nahe liegenden Gründen äußerst schwierig und aufwendig wäre, müssen wir uns mit den Zahlen der FAO begnügen und schauen sie uns deswegen noch einmal näher an.

Interessant ist, dass der Zerstörungsgrad regional sehr große Unterschiede aufweist. Dort, wo die Industrialisierung bereits früh einsetzte, also in Nordamerika und Europa, aber auch in Russland, ist heute kaum noch Waldverlust festzustellen. Das liegt daran, dass in diesen Ländern die Rodung von Wäldern schon früh betrieben wurde, um Ackerland zu gewinnen. Das gilt für Europa ebenso wie für weite Teile der USA, wo im Zuge der Besiedelung im 19. Jahrhundert großflächig abgeholzt wurde. Im Mittelmeerraum vernichteten schon die Römer große Waldgebiete, um das Holz für den Schiffbau zu nutzen. Heute wird in diesen Ländern dagegen kaum noch Wald vernichtet, weil die besten für die Landwirtschaft nutzbaren Flächen bereits gerodet sind. Wenn es heute dennoch bisweilen zu Abholzungen kommt, wird im Gegenzug in der Regel an anderer Stelle wieder aufgeforstet. So ist in Europa und Nordamerika sogar eine leichte *Zunahme* der Waldfläche festzustellen. Gerade in Europa hat man nämlich den Wert der noch bestehenden Wälder erkannt und strebt in der Regel eine nachhaltige Nutzung an. Auch in Russland, das achtzig Prozent aller europäischen Wälder sein Eigen nennt, nimmt die Waldfläche nicht ab. Die Kehrseite der Medaille ist jedoch, dass es aufgrund der intensiven forstwirtschaftlichen Nutzung kaum noch ursprüngliche Primärwälder gibt. In Russland verringerte sich deren Größe deutlich (die FAO beziffert den Primärwald-Anteil am gesamten europäischen Wald auf etwa ein Viertel, außerhalb Russlands aber auf nur drei Prozent). Ähnlich ist es auch in China. Dort haben der wirtschaftliche Aufschwung und der damit verbundene Durst nach Rohstoffen in den vergangenen Jahren erhebliche Schäden verursacht, aber mittlerweile ist man anscheinend auch dort gewillt, nicht mehr vor der eigenen Haustüre zu wildern. Deswegen stillt China seinen Holzhunger nun kurzerhand aus anderen Quellen, vor allem aus Südostasien; ähnlich handhaben es auch die Inder. Insgesamt ist also der Waldverlust im Bereich der borealen Nadelwälder und in den Wäldern der gemäßigten Zonen recht gering.

Ganz anders sieht es jedoch beim Tropischen Regenwald aus. Gerade die größten unberührten Wälder der Erde, die zudem allesamt in den ärmsten Regionen der Welt liegen, erfahren die größte Zerstörung – in Südamerika, in Zentralafrika und in Südostasien. In den Wäldern Brasiliens, mit über vier Millionen Quadratkilometern nach denen in Russland die zweitgrößten der Welt, gab es in den zwanzig Jahren von 1990 bis 2010 einen durchschnittlichen jährlichen Verlust von einem halben Prozent, was sich über den gesamten Zeitraum der zwei Dekaden auf ein ganzes Zehntel summierte. Damit entspricht die Fläche Wald, die den Motorsägen und Brandrodungen zum Opfer gefallen ist, beinahe der Größe Frankreichs. In anderen Ländern Südamerikas – Bolivien, Kolumbien, Peru oder Venezuela – sieht es nicht besser aus. Auch hier sind die Verlustraten ähnlich hoch wie in Brasilien. In einigen Zentralamerikanischen Staaten wie Honduras und Nicaragua liegt der jährliche Rückgang sogar bei ganzen zwei Prozent. Das ist umso misslicher, da nach Angaben der FAO in Zentral- und Südamerika deutlich über die Hälfte des gesamten weltweiten Primärwaldbestandes zu Hause ist – es fragt sich nur, wie lange noch.

Fast noch schlimmer sieht es allerdings in den Wäldern Südostasiens aus, also in Ländern wie Indonesien, Malaysia, Myanmar, Kambodscha oder Laos. Auch hier nimmt man die heimischen Wälder gnadenlos aus, vielleicht sogar noch schonungsloser als in Südamerika, wo man in den letzten Jahren immerhin einige Erfolge gegen den illegalen Holzeinschlag feiern konnte. Laut FAO lag der durchschnittliche jährliche Raubbau in Südostasien bei über einem halben Prozent, in der Dekade vor dem Jahr 2000 sogar teilweise bei bis zu zwei Prozent, vor allem in Indonesien. Alleine im größten Inselstaat der Welt wurde in den vergangenen zwanzig Jahren eine Fläche fast so groß wie Italien abgeholzt. Und dabei stellt sich noch die Frage, inwieweit die weiträumige Umwandlung von Tropenwald in Palmölplantagen in den Zahlen der FAO überhaupt Berücksichtigung fand.

Bleiben als letztes noch die Wälder Afrikas. Obwohl auf dem schwarzen Kontinent der Druck von Großkonzernen auf den Wald (bisher jedenfalls) nicht so groß ist wie in Südamerika und Südostasien, gab es auch hier große Verluste. In Afrika ist die

Waldzerstörung aber eher auf den Flächen- und Brennholzbedarf der kleinbäuerlichen Landwirtschaft in Kombination mit der wachsenden Bevölkerung zurückzuführen. So kommt es, dass der große Regenwald im Kongo – dreimal so groß wie Frankreich – in den genannten zwanzig Jahren um die Größe Bayerns reduziert wurde, wobei die jährliche Verlustquote bei »nur« 0,2 Prozent lag. Auch in anderen afrikanischen Staaten wie Mozambique, Angola, Sambia, Tansania oder Madagaskar sind große Einbußen zu verzeichnen. In ganz Afrika war die Entwaldungsquote im Schnitt so hoch wie in Brasilien.[112]

Von den drei großen Waldtypen der Erde – dem borealen Nadelwald in den nordischen Breiten, dem Wald der gemäßigten Zonen und dem Regenwald in den Tropen – erfährt somit der letztgenannte die größte Schädigung. Doch welche Bedeutung hat der Wald eigentlich für Gaia? Warum sind der Wald und insbesondere der Tropische Regenwald eigentlich für das Leben auf der Erde so wertvoll? Warum brauchen wir ihn so dringend?

Auf diese Fragen gibt es zwei Hauptantworten: Erstens, wegen seiner Rolle für das weltweite Klimageschehen und zweitens wegen seiner unglaublichen Artenvielfalt.

Wald und Klima

Die Bedeutung der Wälder auf diesem Planeten kann überhaupt nicht hoch genug eingeschätzt werden. In Bezug auf das Weltklima erfüllen sie gleich mehrere wichtige Funktionen. Die erste ist ihre Funktion als »*Kohlenstoffspeicher*« beziehungsweise »*Kohlenstoffsenke*«, welche gerade in Zeiten des Klimawandels und der Suche nach Strategien zu seiner Bekämpfung eine immer zentralere Rolle spielt. Obwohl Wälder, wie wir bereits gehört haben, nur knapp ein Drittel der Landfläche der Erde bedecken, speichern sie über die Hälfte des auf ihr gebundenen Kohlenstoffs. Sie tun dies gleichermaßen in der Vegetation wie im Boden. Das Kohlenstoff-Speichervermögen von Wäldern ist so gewaltig, dass es dasjenige von anderen Ökosystemen um das zwanzig- bis fünfzigfache übertrifft – wobei dasjenige der Tropischen Regenwälder wegen ihrer enormen Biomasse noch einmal um die Hälfte über demjenigen der übrigen Wälder außerhalb der Tropen liegt. Über die Menge des angesammelten Kohlenstoffs vermerkt die Umweltschutzorganisation WWF in ihrem Waldzustandsbericht: »*Insgesamt sind in Wäldern 1.146 Milliarden Tonnen Kohlenstoff gebunden, davon 359 Milliarden Tonnen in der Waldvegetation und 787 Milliarden Tonnen im obersten Meter des Waldbodens. Also enthält der Waldboden derzeit mehr Kohlenstoff als die Atmosphäre.*«[113] Insbesondere der letzte Satz ist bemerkenswert.

Solange den Wäldern nichts geschieht, ist alles gut: Der Kohlenstoff ist dort sicher untergebracht. Werden die Wälder jedoch zerstört, vor allem durch Brandrodung, dann werden riesige Mengen Kohlenstoff in Form von Kohlendioxid freigesetzt und gelangen in die Atmosphäre. Man schätzt, dass durch Waldvernichtung bis zu ein Fünftel der weltweiten Treibhausgasemissionen entstehen, was angesichts der gerade zitierten Zahlen auch nicht verwundern darf. Die Vernichtung von Wäldern heizt also im wahrsten Sinne des Wortes den Klimawandel an. Allerdings bedroht der Klimawandel umgekehrt auch die Wälder; der durch ihn ausgelöste Temperaturanstieg kann nämlich zu einem Vertrocknen und Absterben der Wälder führen, insbesondere derjenigen, die sich ohnehin der größten Sonneneinstrahlung ausgesetzt sehen, nämlich der Tropischen Regenwälder. Das heißt also, die Waldvernichtung heizt den Klimawandel an und dieser wiederum zerstört die Wälder – ein klassischer Teufelskreis, eine positive Rückkopplung.

Es gibt aber einen feinen Unterschied zwischen den Begriffen Kohlenstoff*speicher* und Kohlenstoff*senke*. Ein Speicher ist nämlich statisch, der in ihm enthaltene Kohlenstoff *ceteris paribus* konstant; eine Senke bildet dagegen ein Reservoir, welches zeitweilig oder dauerhaft *zusätzliches* Kohlendioxid aufnimmt und es damit der Atmosphäre entzieht. Ausgewachsene Wälder, wie etwa tropische Primärwälder, sind Speicher; Wälder, die hingegen wachsen, wodurch ihre Biomasse zunimmt, bilden Senken. Das heißt also, dass nur Wälder, die wachsen – etwa durch (aktive) Wiederaufforstung oder (passive) Schonung von Sekundärwäldern, mit dem Ziel, sie wieder zu einem »reifen« Wald heranwachsen zu lassen – zu einer *Minderung* der Treibhausgase in der Atmosphäre beitragen können. Die bloße *Erhaltung* von ausgewachsenen Wäldern ist dagegen wichtig, um den Kohlendioxidgehalt in der Atmosphäre nicht noch weiter *ansteigen* zu lassen; zu einer *Minderung* der Treibhausgaskonzentration trägt dies allerdings nicht bei. Trotzdem sind beide Punkte – die Erhaltung der Speicher und die Vermehrung der Senken – gleichermaßen wichtig; sie sind lediglich auf verschiedenen Seiten derselben Medaille zu finden.

Neben der Funktion als Kohlenstoffspeicher oder -senke gibt es noch eine weitere wichtige Klimafunktion, die die Wälder erfüllen: Auf die Atmosphäre haben sie einen *ausgleichenden und kühlenden Einfluss.* Wenn die Baumkronen nämlich von der einstrahlenden Sonnenenergie getroffen werden, geben sie Wasserdampf ab; dadurch wird die Luft feuchter und kühler. Auch die Wolken, die dabei entstehen, tragen mit ihrer Verschattungswirkung zu dieser Abkühlung bei. Gleichzeitig verringern sie nicht nur die maximale Tagestemperatur, sondern verhindern auch, dass es in der Nacht zu sehr auskühlt. Damit verringern die Wälder mithilfe von Luftfeuchtigkeit und Wolken die Temperaturunterschiede zwischen Tag und Nacht. Für Gebiete, in denen die Sonneneinstrahlung und mithin die Verdunstung besonders stark sind, in Gebieten also, in denen Tropische Regenwälder gedeihen, gilt dies natürlich in besonderem Maße. Umgekehrt heißt das aber auch, dass mit der *Vernichtung* dieser Wälder auch deren Kühlfunktion verschwindet mit der Folge, dass sich auch die Atmosphäre stärker erwärmt. Auch in Bezug auf den Feuchtehaushalt der Luft existiert somit eine positive Rückkopplung.[114]

Welche eng verwobenen Wechselwirkungen zwischen (Regen-) Wald und Klima herrschen, wird aber erst deutlich, wenn wir uns näher mit den klimatischen Bedingungen in den Tropen beschäftigen. Wie bereits angedeutet, entsteht Tropischer Regenwald nur in der Nähe des Äquators zwischen dem nördlichen und südlichen Wendekreis auf jeweils 23,5 Grad nördlicher und südlicher Breite. Er entsteht darüber hinaus nur dort, wo die jährliche Niederschlagmenge einen Wert von zweitausend Millimetern übersteigt und diese Niederschläge gleichzeitig ziemlich gleichmäßig über das Jahr verteilt sind. Nur unter solchen Bedingungen ist die Regenmenge nämlich größer als die Verdunstungsmenge, wodurch ein dauerfeuchtes Klima entstehen kann. Die Verdunstung sorgt für die hohe Luftfeuchtigkeit und diese sorgt wiederum dafür, dass die Temperaturen nicht so stark steigen wie in trockeneren Tropengebieten. Auf diese Weise zeigt das Thermometer nur sehr selten mehr als dreiunddreißig Grad Celsius an. Meistens sind es um die zweiundzwanzig bis dreiundzwanzig Grad in der Nacht und um die neunundzwanzig bis dreißig Grad am Tage, wobei die Temperaturunterschiede zwischen Tag und Nacht größer sind als die zwischen Sommer und Winter. Es gibt somit praktisch keine jahreszeitlichen Schwankungen, noch nicht einmal eine Trockenzeit. Über das ganze Jahr hindurch ist es fast gleichbleibend warm, während die Luftfeuchtigkeit konstant bei über fünfundneunzig Prozent liegt.[115] Dieses dauerhafte schwülwarme Klima ist das Besondere an den Tropen und einer der Gründe, warum sich hier eine außergewöhnliche Artenvielfalt entwickeln konnte.

Darüber hinaus ist das Klima der Tropen Teil – man könnte sogar behaupten: *Motor* – eines globalen Klimasystems, in dem die Tropenwälder eine entscheidende Rolle spielen. Es funktioniert – etwas vereinfacht ausgedrückt – wie folgt: Die Sonne, die im Bereich um den Äquator bekanntlich fast senkrecht über dem Erdboden (im »*Zenit*«) steht, heizt die feuchten Luftmassen über dem Blätterdach des Tropenwaldes sehr stark auf, wodurch diese aufsteigen. Dieser Aufstieg führt dazu, dass der Luftdruck am Boden abnimmt, wodurch hier eine dauerhafte Tiefdruckzone entsteht, die sich wie ein Gürtel entlang des Äquators um den gesamten Globus spannt. Man bezeichnet sie daher als »*Tiefdruckrinne*« oder »*Innertropische Konvergenzzone*«, abgekürzt ITC. Während ihres Aufstiegs kühlt sich die warme, feuchte Luft ab, die in ihr enthaltene Feuchtigkeit kondensiert und es entstehen Wolken. Auf Satellitenbildern ist die ITC daher als Wolkenband meist klar erkennbar. Diese Wolken können sich häufig in sehr starken Gewittergüssen entladen, was erklärt, warum es in den Tropen so häufig regnet. Beim physikalischen Vorgang der Kondensation wird Wärmeenergie freigesetzt, was die Luft weiter nach oben steigen lässt. Erst an der so genannten »*Tropopause*« (von griechisch *tropé* = »Wendung, Kehre« und *pauein* = »beenden«), die in etwa fünfzehn bis achtzehn Kilometern Höhe die wichtigste Grenzfläche der Erdatmosphäre bildet, wird das Emporschweben gestoppt; mangels Alternative muss die Luft nun nach Norden und Süden ausweichen und dem Äquator fortan den Rücken kehren. Die zwar etwas abgekühlte, aber immer noch warme Tropenluft schiebt sich sodann auf ihrem weiteren Weg über die dort befindliche, etwas kühlere Luft der höheren Breiten. Dadurch entstehen zwei Luftschichten: warme Luftschicht oben, kühlere Luftschicht unten. Eine solche Konstellation bezeichnen die Meteorologen als *Inverswetterlage*. Ein Austausch zwischen den niedrigeren und höheren Luftschichten findet dabei wegen der unterschiedlichen Temperaturen kaum statt. Es handelt sich daher um einen relativ stabilen Zustand, den man als Passat*inversion* bezeichnet (warum »*Passat*«, erfahren wir gleich).

Beim Wegströmen der warmen, von der Tropopause am weiteren Aufsteigen gehinderten Luft vom Äquator aus nach Norden und Süden geschieht nun aber noch etwas anderes, was mit der Kugelform der Erde zusammen hängt. Auf ihr verlaufen die Meridiane bekanntlich vom Nordpol über den Äquator zum Südpol; am Äquator haben sie ihren größten Abstand voneinander, während sie an den Polen in einem Punkt zusammen laufen. Das heißt, bedingt durch die Kugelform der Erde rücken die Meridiane also mit zunehmendem Abstand vom Äquator näher zusammen: Von etwa 111 Kilometern am Äquator auf etwa 96 Kilometer am 30. Breitengrad. Das bedeutet, dass die Luft, je mehr sie sich vom Äquator entfernt, immer weniger Platz hat, sich zusammen drängt, dichter und schwerer wird und schließlich um den 30. Breitengrad nördlicher und südlicher Breite herum in Richtung Erdoberfläche hinabsinkt. In Analogie zum dauerhaften Tiefdruckgebiet am Äquator entsteht somit hier ein dauerhaftes Hochdruckgebiet, genannt »*Subtropischer Hochdruckgürtel*«. Folge davon ist, dass am Boden ein Luftdruckgefälle entsteht zwischen dem Hochdruckgebiet des Subtropischen Hochdruckgürtels um den 30. Breitengrad (hohe Luftdichte) und dem Tiefdruckgebiet der Innertropischen Konvergenzzone am Äquator (niedrige Luftdichte). Was geschieht also?

Nun, die Luft will diesen Dichteunterschied ausgleichen und es entstehen Winde, die Richtung Tiefdruckgebiet, also Richtung Äquator, wehen. Genau hierbei handelt es sich um die bekannten »*Passatwinde*«; daher auch der Begriff »*Passat*inversion«. Insgesamt entsteht also ein Kreislauf: In den Tropen steigt die feuchte, aufgeheizte Luft auf, bildet Wolken, regnet sich ab, steigt weiter auf bis zur Tropopause, bewegt sich nach Norden und Süden zu den Wendekreisen, sinkt dort ab und wird in Gestalt der Passatwinde wieder an ihren Ausgangspunkt zurück befördert. Dieses Zirkulationsmuster nennt man auch »*Hadley-Zelle*«, benannt nach dem britischen Rechtsanwalt und Hobby-Meteorologen *George Hadley* (1685 bis 1768), der dieses Phänomen als erster richtig beschrieb.

Die Passatwinde wehen allerdings nicht senkrecht zum Äquator hin, nein: Dadurch, dass die Erde sich durch die Erdrotation gewissermaßen unter den Luftmassen wegdreht, wehen sie vielmehr »schräg« westwärts. Oder anders ausgedrückt: Nach der Richtung, aus der sie kommen, gibt es einen *Nordost-* und einen

Südost-Passat. Das erklärt auch die Vokabel »Innertropische Konvergenzzone«; der Umstand, dass die beiden Passatwinde am Äquator zusammenströmen, gab ihr ihren Namen (von lateinisch *convergere* = »sich hinneigen«).[116]

Das dauerhafte Tiefdruckgebiet in den Tropen schafft also das dortige feucht-warme Klima, während das dauerhafte Hochdruckgebiet nördlich und südlich des Äquators die großen Wüstengebiete entstehen ließ, im Norden allen voran die Sahara und die arabischen Wüsten und im Süden die Wüstengebiete in Südwestafrika und auf dem australischen Kontinent. Wäre dieses System konstant, wäre die Klimazonenverteilung allein abhängig von den Breitengraden. Das ist aber nicht der Fall, weil noch weitere Einflussfaktoren eine Rolle spielen.

Zum einen verschiebt sich ja bekanntlich der Zenitstand der Sonne im Jahresverlauf: sie »wandert« gewissermaßen zwischen den beiden Wendekreisen, steht am Tag der Sommersonnenwende senkrecht über dem nördlichen Wendekreis (dann ist bei uns in Europa Sommeranfang) und am Tag der Wintersonnenwende senkrecht über dem südlichen Wendekreis (dann ist in Europa Winteranfang). Ursache dieses Phänomens ist die Tatsache, dass die Rotationsachse der Erde nicht senkrecht zur Ebene ihrer Umlaufbahn um die Sonne steht, sondern geneigt ist. Die jahreszeitliche Veränderung der Sonneneinstrahlung führt nun aber zu einer periodischen Verschiebung der Innertropischen Konvergenzzone und mit ihr zu einem Umbau des Passatwindsystems.

Jedoch geschieht auch das nicht gleichmäßig, was an der unterschiedlichen Verteilung der Land- und Wassermassen auf der Erdoberfläche und ihren unterschiedlichen Erwärmungs- und Abkühlungseigenschaften liegt. Auch sie beeinflussen die Lage der Innertropischen Konvergenzzone. In Südasien etwa wandert die ITC im Sommer sehr weit nach Norden bis zum Himalaya beziehungsweise bis zum 35. Breitengrad. Dadurch sind einige Gebiete – vor allem in Indien – regelmäßig abwechselnd einmal im Jahr dem Südost- und einmal dem Nordostpassat ausgesetzt;

die so entstehenden Wechselwinde bezeichnet man als (indischen) »*Monsun*« (von arabisch *mausim* = »Jahreszeit«). Auch in anderen Teilen der Erde, in Südostasien, aber auch in Nordaustralien und in Westafrika macht sich das Phänomen bemerkbar. Auch dort treten je nach Gebiet und Jahreszeit regelmäßige Regen- oder Trockenzeiten auf.

Neben der Landmassenverteilung haben aber auch die topographischen Gegebenheiten Einfluss auf das regionale Klima und auf die Ausbreitung der Wälder. Während in Südamerika die Passatwinde von Osten, das heißt, vom Atlantik kommend ungehindert hineinwehen können, werden sie erst am Westrand des Kontinents vom hohen Gebirgszug der Anden aufgehalten, stauen sich dort und regnen ab. Genau diese Konstellation hat dazu geführt, dass in Amazonien der größte Regenwald der Welt entstehen konnte. In Afrika hingegen werden die Passatwinde zunächst vom ostafrikanischen Hochland gebremst, müssen aufsteigen, verlieren dabei einen Teil ihrer Feuchtigkeit, um danach auf der Westseite wieder abzusinken. Dadurch entsteht dort ein trockeneres Föhn-Klima. Resultat ist, dass der Regenwald des Kongo-Beckens wesentlich weniger Feuchtigkeit abbekommt und auch wesentlich kleiner ist, als derjenige auf der anderen Seite des Atlantiks.[117]

Insgesamt ist also festzustellen, dass die Tropischen Regenwälder eine wichtige Rolle im globalen Klimasystem spielen. Ihre weitgehende Vernichtung hätte somit zwangsläufig Folgen für dieses System.

Doch nicht nur global, sondern auch regional ist die Bedeutung der Wälder nicht zu verkennen. Auch hier ist ihr Einfluss groß. Im regionalen Kontext haben Wälder vor allem eine stabilisierende Funktion, nicht nur auf das Klima. Die Baumwurzeln halten den Boden zusammen und schützen ihn vor Erosion, was insbesondere für Hänge und Uferböschungen gilt; das Blätterdach trägt ebenfalls seinen Teil zum Erosionsschutz bei, indem es Regengüsse abhält oder zumindest abbremst. Die Waldböden besitzen ein bemerkenswertes Wasserhaltevermögen, das die Wälder sogar in der Lage versetzt, die zerstörerische Wirkung von Überschwemmungen einzudämmen, indem sie Wasser aufnehmen und die Feuchtigkeit über einen längeren Zeitraum speichern. Umgekehrt können sie diese Feuchtigkeit in Dürreperioden aber auch wieder abgeben und damit deren Auswirkungen ebenfalls abmildern. Selbst an Meeresküsten können Wälder den Naturgewalten Einhalt gebieten, indem sie gleichfalls als Wellenbrecher dienen. So waren nachweislich die Schäden aus dem großen Tsunami, der an Weihnachten 2004 Südostasien heimsuchte, dort am geringsten, wo an den Küsten Mangrovenwälder wuchsen.[118]

Fassen wir also noch einmal zusammen: Wir haben gesehen, dass die Wälder ganz wesentlich das Klima mitbestimmen, sei es auf globaler oder auch nur auf regionaler Ebene. Folglich ist bei einer weitergehenden Zerstörung der Wälder, insbesondere der Tropischen Regenwälder, auch eine gravierende Veränderung von Klimaprozessen zu erwarten – auch wenn die genauen Einzelheiten dieser Veränderungen nur sehr schwer vorhersagbar sind. Die Zerstörung der Wälder trifft also ganz Gaia, sie trifft das gesamte Ökosystem Erde und gefährdet es.

Besonders trifft sie aber all diejenigen, die in und von den Wäldern Leben, zahlreiche Tier- und Pflanzenarten genauso wie uns Menschen selbst. Die Wälder bieten nämlich Nahrung, Schutz und Heimat für solch unterschiedliche Tierarten wie Rotwild, Gorilla und Okapi, Waldameise und Goliatkäfer, Gelbbrust-Ara und Buntspecht, Grüne Mamba und Pfeilgiftfrosch, Kiwi, Koala und Paradiesvogel. Und auch für den Menschen sind sie Erholungsraum, Frischluftspender, Holzlieferant, Apotheke und Nahrungsquelle; die Wälder schenken uns solch wunderbare Dinge wie Pilze, Waldbeeren, Weihnachtsbäume, Kakao und Wildbret. Doch der Tropische Regenwald birgt noch einen ganz besonderen Schatz, der dies alles in den Schatten stellt – seine Artenvielfalt.

Die tropische Artenvielfalt

Anfang der 1980er Jahre schätzte man die Zahl der Arten auf der Erde auf etwa zwei bis drei Millionen. Diese Zahl ergab sich, indem man zu den anderthalb Millionen bekannten Arten noch eine weitere halbe bis anderthalb Millionen vermutlich unentdeckter hinzufügte. Doch dann begann man, die bisher unzugänglichen Baumkronen der Tropischen Regenwälder näher zu untersuchen. Der amerikanische Biologe *Terry L. Erwin* (*1940) entwickelte eine Methode, bei der er mit einer biologisch abbaubaren Chemikalie gezielt die Baumkronen einzelner Bäume einnebelte. Die dort lebenden Insekten, Spinnen und anderen wirbellosen Tiere wurden dadurch betäubt, fielen herunter und wurden von einer ausgebreiteten Plane aufgefangen. So fand er in Panama in einer einzigen Baumart (*Luehea seemannii)* 1.200 Käferarten. Er schätzte, dass davon 162 nur von dieser einen Baumart abhängig seien. Da Käfer nur etwa vierzig Prozent aller Gliederfüßer (*Arthropoden*; neben Käfern auch Insekten, Spinnen, Tausendfüßler, Krebstiere etc.) ausmachen und Erwin auch Insekten am Stamm fand, schätzte er die Zahl der Arthropodenarten auf diesem Baum auf sechshundert. Da man darüber hinaus von bis zu 50.000 verschiedenen Baumarten im tropischen Regenwald ausgeht, kam er auf eine Zahl von dreißig Millionen, die alleine dort beheimatet sein könnten.[119] Diese Zahl erschien zunächst etwas hoch gegriffen, da die von Erwin untersuchte Baumart relativ häufig und auch groß ist und man deshalb nicht unbedingt davon ausgehen konnte, dass es auf jedem Baum eine solche Zahl abhängiger Arten gibt.[120] Doch die Zahlen wurden später von anderen Forschern bestätigt. So stellte der Evolutionsbiologe *Robert M. May* (*1936) Ende der 1980er Jahre weitere umfangreiche Hochrechnungen an und kam auf eine Artenzahl zwischen zwanzig und achtzig Millionen, davon die überwiegende Mehrzahl Insekten und diese wiederum überwiegend in den Tropischen Regenwäldern.[121]

Doch wie hoch die tatsächliche Zahl auch sein mag – wir werden sie wohl nie erfahren, weil niemand sich die Mühe machen wird, in den Baumkronen sämtlicher Baumarten nach sämtlichen Insekten und Käfern zu suchen, um diese anschließend wissenschaftlich zu beschreiben. Und selbst wenn er es wollte, wäre es ganz und gar unmöglich, selbst dann, wenn der Tropische Regenwald die nächsten Jahrzehnte unberührt bliebe. Im Grunde genommen spielt es auch keine große Rolle, ob es nun fünf, zehn oder gar fünfzig Millionen sind. Die beeindruckenden Zahlen verdeutlichen uns allerdings zweierlei: Erstens nämlich, dass der tatsächlichen Zahl der Arten auf der Erde nur mit mathematischen Hochrechnungen beizukommen ist und zweitens, dass vermutlich die deutlich überwiegende Zahl aller Landlebewesen in den Tropischen Regenwäldern zu Hause ist. Schätzungen reichen von mehr als der Hälfte bis hin zu neunzig Prozent.

Angesichts dieser Artenvielfalt könnte man nun erwarten, dass einem eine Masse an Tieren entgegenschlägt, sobald man den Tropischen Regenwald betritt. Viele Naturforscher, die im 19. Jahrhundert die Wälder Amazoniens oder Südostasiens erstmals bereisten, erwarteten das auch. Doch sie wurden sehr schnell eines Besseren belehrt, denn das Gegenteil ist der Fall: Die Tiere des Tropischen Regenwaldes sind relativ unsichtbar, man bekommt sie nicht gleich zu Gesicht. Gemessen an der gesamten Biomasse, die bei etwa tausend und mehr Tonnen pro Hektar liegt, ist der Anteil der Tiere mit nur etwa dreißig bis fünfunddreißig Kilogramm pro Hektar verschwindend gering. Von den tausend Tonnen Biomasse entfallen bereits achtundneunzig Prozent auf das Holz. Und selbst bezogen auf die verbleibende Blattmasse von zwanzig Tonnen je Hektar liegt der tierische Anteil bei winzigen 1,5 Promille.[122] Tatsächlich kann man Monate oder gar Jahre in Amazonien verbringen, ohne auch nur einem einzigen Jaguar oder Puma zu begegnen.

Das Außergewöhnliche an den Tropischen Regenwäldern ist also alleine ihre Artenvielfalt. Es heißt, dass es dort leichter sei, zehn verschiedene Arten von Schmetterlingen zu finden als zehn von einer Art. In Peru wurden auf einem einzigen Hektar Wald zweihundert Baumarten gefunden. In ganz Deutschland gibt es nur sechsundsiebzig. Auf hundert Hektar kamen 230 verschiedene Vogelarten, mehr als in den meisten Bundesstaaten der USA. In einer einzigen Baumkrone fanden sich vierundfünfzig Ameisenarten – mehr als auf den gesamten britischen Inseln.[123]

An den Insekten kann man das Phänomen am besten verdeutlichen: Auf der Insel Borneo hat man in zehn Bäumen 24.000 Gliedertiere gefunden. Darunter gab es 2.800 Arten, das heißt, auf eine Art kamen weniger als neun Tiere. 24.000 Individuen hören sich zunächst nach viel an, sind es aber nicht, wenn man bedenkt, dass dies vielleicht ein Tier je Blatt ist. In außertropischen Wäldern können Millionen von Insekten in nur einer Krone vorkommen, aber hier sind es dann eben nur wenige Arten, Blattläuse etwa oder Raupen einer Schmetterlingsart, die sich gerade stark vermehren. Auf Borneo waren es aber nicht fünf oder zehn Arten, die sich in den zehn Bäumen tummelten, sondern sage und schreibe 2.800![124] Doch wie ist es zu erklären, dass der Artenreichtum, also die Biodiversität, gerade in den Tropen so enorm hoch ist?

Für die Artenvielfalt der Tropischen Regenwälder gibt es zwei Hauptgründe. Der erste hört sich fast wie ein Widerspruch in sich an, ist er aber nicht. Der erste Grund für die Artenvielfalt ist das knappe Nährstoffangebot, das in den Tropen herrscht! Doch wie ist das zu erklären? Damit Arten überleben können, insbesondere solche, die auf einen bestimmten Stoff angewiesen sind, muss natürlich ein Mindestangebot an den Nährstoffen vorhanden sein, die sie benötigen. Der Umstand, dass es beispielsweise in Zentralamazonien keine Schnecken gibt, liegt darin begründet, dass das dort verfügbare Wasser zu wenig Kalk zum Bau ihrer Häuser enthält. Wenn es einen Mangel an Nährstoffen gibt, müssen sich die Arten notgedrungen darauf einstellen. Nährstoffmangel fördert gewissermaßen den evolutionären »Erfindergeist« und führt auf diese Weise zu einer großen Zahl von Problemlösungen.

Auf dieser Tatsache beruht das bereits 1828 von *Carl Sprengel* (1787 bis 1859) formulierte und später von *Justus Liebig* (1803 bis 1873) erweiterte und verbreitete »*Minimumgesetz*«. Es besagt, dass das Wachstum einer Pflanze abhängig ist von der knappsten zur Verfügung stehenden Ressource. Diese Erkenntnis war im 19. Jahrhundert die Grundlage der modernen Mineraldüngung, mit der man die Erträge in der Landwirtschaft erheblich steigern konnte, indem man die notwendigen Nährstoffe wohldosiert künstlich zuführte.[125]

Die Artenzahl ist also niedrig, wenn nur sehr wenige Nährstoffe vorhanden sind, mit denen nur wenige Spezialisten auskommen. Mit verbessertem Angebot nimmt sie stark zu und erreicht schnell ihren Höhepunkt, bevor sie bei weiter steigendem Angebot wieder stark fällt. Grund dafür ist, dass dann die leistungsfähigsten Arten schnell die Oberhand gewinnen und die anderen verdrängen.

Ein weiterer Grund für die hohe Biodiversität in den Tropen ist der Überschuss an Strahlungsenergie der Sonne. Die Pflanzen setzen sie bei der Photosynthese in Kohlenhydrate um, allerdings ist der Nachschub an Energie so groß, dass die Produktion von einfachen Zuckern und Stärke nicht ausreicht, um sie gänzlich zu verarbeiten. Sie verwandeln die Kohlenhydrate deswegen weiter in eine unglaubliche Fülle von chemischen Verbindungen. Die Artenvielfalt ist deswegen auch das Resultat dieser chemischen Vielfalt, insbesondere bei den Insekten, weil diese als erstes die verschiedenen pflanzlichen Inhaltsstoffe verwerten.

Doch die Nährstoffarmut zwingt die Pflanzen auch dazu, mit diesen knappen, aber wichtigen Ressourcen, beispielsweise Phosphor und Kalium, besonders gut hauszuhalten. Sie müssen den Kreislauf am Leben erhalten und dafür sorgen, dass die Verluste möglichst gering bleiben. Auch dazu nutzen sie die chemische Vielfalt, nämlich beispielsweise zur Produktion von Giftstoffen, die Tiere davon abhalten sollen, ihre Blätter zu fressen. Dieses extreme Haushalten der Pflanzen mit den wenigen zur Verfügung stehenden Nährstoffen bedeutet aber auch, dass die Pflanzen kaum Spielraum für eine Nutzung, also etwa für eine Ernte ihrer Früchte, haben. Sie produzieren eben nur so viel, wie es für die Arterhaltung unbedingt notwendig ist. Die Säugetiere des Regenwaldes, die von den Pflanzen leben, haben sich in den Jahrmillionen der Evolution daran angepasst. Sie beanspruchen den Wald nämlich im Hinblick auf das Nahrungsangebot möglichst wenig, sei es durch eine geringe Körpergröße, durch eine geringere Leistungsfähigkeit oder durch eine niedrige Siedlungsdichte. So erklärt sich auch die geringe Masse der Tiere im Verhältnis zur gesamten Biomasse der Wälder.

Die Artenvielfalt ist aber nicht nur Ergebnis des Ökosystems Regenwald, sondern auch dessen Grundlage, beides bedingt sich einander. Denn dadurch, dass jede Pflanze und jedes Tier eine Nische besetzen, schaffen sie sich nicht nur selbst einen Lebensraum, sondern verhindern auch, dass eine Art zu stark wird und eine andere verdrängt. Was passiert, wenn man in dieses Gleichgewicht eingreift, mussten schon zahlreiche Bauern leidvoll erfahren: Pflanzt man nämlich zu viele Nutzpflanzen einer Art auf ehemaligem Regenwaldboden, dann finden plötzlich einige Insektenarten übermäßig Nahrung, vermehren sich schlagartig und werden zur Plage. Die agrarische Nutzung wird dann zu einem nur kurzen Vergnügen. Und da bei den Millionen verschiedener Insektenarten niemand sagen kann, wann, wo und bei welcher Pflanze eine von ihnen zuschlagen wird, kann man die nächste Plage auch nie wirklich ausschließen. Im Umkehrschluss heißt das aber auch: Die feuchten Tropen brauchen die Artenvielfalt um das Gleichgewicht des Ökosystems zu gewährleisten! Eine Kultivierung weniger Nutzpflanzenarten, wie sie in Europa oder Nordamerika praktiziert wird, funktioniert hier schlichtweg nicht, jedenfalls nicht auf Dauer.[126]

Sie funktioniert auch nicht wegen den nährstoffarmen Böden, die hier vorherrschen. Wird der Wald abgeholzt, wird der wirksame Nährstoff-Kreislauf unterbrochen. Durch das Verschwinden des schützenden Blätterdachs und der den Boden stabilisierenden Wurzeln ist es zudem für die sintflutartigen Regenfälle der Tropen ein Leichtes, die dünne Humusschicht einfach wegzuschwemmen. Deswegen verwundert es auch nicht, dass die Erträge auf gerodeten Regenwaldflächen schon nach wenigen Jahren so rapide abnehmen, dass sich der Anbau schon bald nicht mehr lohnt. Man zieht weiter und holzt die nächste Fläche ab, so dass sich der Raubbau immer weiter in den Wald hinein frisst.[127]

Doch was ist eigentlich das Wertvolle an der Artenvielfalt der Tropischen Regenwälder? Kann es uns im weit entfernten Europa nicht herzlich egal sein, ob auf irgendeinem der zahlreichen verschiedenen Tropenbaumarten nun fünf oder fünfzehn endemische Käferarten leben; ob eine Ameisenart nun eher schwarz oder rot gefärbt ist; ob eine Schmetterlingsart nun drei Baumarten oder derer fünf ihr Zuhause nennt; ob eine Spinne sich von diesem oder jenem Insekt ernährt? Sicher, es ist schade, wenn eine Art verschwindet und nie mehr wieder kommt. Vielleicht ist es auch ein Verbrechen gegenüber Gott oder der Evolution, für ihr Aussterben verantwortlich zu sein. Aber spielt es für unser Leben und für das Überleben der Menschheit eine Rolle? Was interessiert sie uns, die Vielfalt der Arten in den Tropen, wenn wir nicht gerade Ornithologen oder Entomologen sind?

Als Naturfreund oder Umweltschützer kann man diese Fragen empört zurückweisen, zielführend ist das jedoch nicht. Denn es geht ja darum, diejenigen für unsere Sache zu gewinnen, die diese Fragen stellen; in eine Diskussion mit ihnen einzutreten; ihnen die Informationen an die Hand zu geben, die sie benötigen, um die Sache objektiv beurteilen zu können. Eine Antwort zu finden, und zwar eine überzeugende, ist deshalb unerlässlich. Und die überzeugende Antwort findet man dann, wenn man sich überlegt, was Artenvielfalt überhaupt bedeutet.

Artenvielfalt bedeutet vor allem *genetische* Vielfalt. Das heißt, die Erbinformationen der unzähligen Arten sind die Schlüssel, die jede einzelne von ihnen für die Herausforderungen in der Umwelt benötigt; Schlüssel, die sich im Laufe des hart umkämpften, Jahrtausende und Jahrmillionen währenden evolutionären Wettbewerbs als tauglich erwiesen haben; Schlüssel, die die unzähligen Arten in die Lage versetzt haben, trotz Nährstoffmangels, trotz zahlloser Feinde, trotz Hitze, ständiger Gewitterschauer und vieler anderer Unwägbarkeiten, zu überleben. Das sind Millionen und Abermillionen von Rezepten und Problemlösungen, Millionen und Abermillionen von Überlebens-, Ernährungs- und Fortpflanzungsstrategien, die sich allesamt lohnen, erforscht zu werden. Viel lernen können wir dabei insbesondere von den indigenen Völkern, die seit Jahrtausenden im und von ihrem Wald leben und sich viele Dinge zunutze gemacht haben, von denen wir in unserer industrialisierten Welt gar keine Vorstellung haben. So wird das Chinin des Chinarindenbaums als Mittel gegen Malaria eingesetzt; es gibt Pilze, die sehr wirksame Antibiotika abscheiden; es gibt Lianen, die empfängnisverhütende Stoffe enthalten; Gürteltiere kann man mit Lepra infizieren, ohne dass sie daran erkranken; Reptilien besitzen Mechanismen, die sie sehr alt und ewig wachsen lassen; bestimmte Raupen haben Schutzstoffe entwickelt, die sie auf den Blättern der hochgiftigen Passionsblume überleben lassen; Kaffee und Tee sind nicht die einzigen koffeinhaltigen Pflanzen.

Es gibt Giftstoffe und Gegengifte, Früchte, Säfte, Farbstoffe, Mechanismen, Symbiosen, Oberflächenstrukturen und vieles andere mehr. Man könnte Tausende weitere Beispiele aufführen und es wäre doch nur ein klitzekleiner Ausschnitt dessen, was wirklich vorhanden ist. Das allermeiste davon ist völlig unbekannt. Der Regenwald ist ein riesengroßes Chemielabor, das die besten und umweltverträglichsten Stoffe entwickelt hat, die man sich denken kann und die zudem bereits jede Bewährungsprobe erfolgreich bestanden haben – sozusagen ein riesiges Archiv mit Millionen von Patenten.[128] Wenn wir den Wald vernichten, geht diese Bibliothek mit seinen unglaublichen Schätzen für immer verloren. Das ist es, was uns am meisten Sorge bereiten muss.

Aber warum tun wir es trotzdem? Warum vernichten wir die Wälder dieser Erde und gerade die wertvollsten von ihnen zuvorderst? Warum vernichten wir sie mit dieser unglaublichen kriminellen Energie, die ihresgleichen sucht? Was haben sie uns getan, dass wir so mit ihnen umgehen?

Ursachenforschung

Man kann es sich kaum vorstellen, dass solch riesige Waldgebiete wie die in Amazonien eines Tages verschwunden sein könnten, aber ein Blick in die Geschichte der Vereinigten Staaten von Amerika zeigt, dass so etwas doch möglich ist. Dort förderte die Regierung über einen Zeitraum von hundertfünfzig Jahren hinweg die Besiedelung des Kontinents durch die Verschiebung der Grenzen nach Westen. Das entscheidende Instrument dazu war der so genannte »*Homestead Act*« aus dem Jahr 1863, ein Bundesgesetz, das es jeder Person über einundzwanzig Jahren erlaubte, sich auf einem unbesiedelten Stück Land niederzulassen, eine Fläche von hundertsechzig *Acre* (rund vierundsechzig Hektar) abzustecken und sie zu bewirtschaften; nach fünf Jahren wurde der Siedler automatisch zum Eigentümer.[129] Parallel zu diesem »Heimstättengesetz« wurde die Transportinfrastruktur in Form der Eisenbahn ausgebaut. 1862 wurde der »*Pacific Railroad Act*« beschlossen, der den Bau und die Finanzierung einer transkontinentalen Eisenbahnverbindung unterstützen sollte. Ab 1865 entstanden die ersten Strecken, bei denen sich die Eisenbahngesellschaften *Central Pacific Railroad, Union Pacific Railroad, Southern Pacific Railroad* und *Santa Fe* einen regelrechten Wettbewerb lieferten. Bis in die 1880er Jahre hinein waren mehrere Verbindungen nach Kalifornien fertig gestellt.

Beides, nämlich Besiedelungspolitik und Infrastrukturausbau, ist im Prinzip genau das, was viele Länder wie Brasilien auch heute noch tun. Auch sie fördern und finanzieren die Besiedelung und den Straßenbau in entlegenen Gebieten wie dem Amazonasbecken durch gezielte Gesetzgebung. Die Amerikaner schafften es binnen hundert Jahren – zwischen etwa 1870 und 1970 – eine Fläche von zwei Millionen Quadratkilometern ursprünglichen Waldes östlich der *Great Plains*, also der großen Präriegebiete östlich der Rocky Mountains, abzuholzen. Und das geschah damals unter einem wesentlich niedrigen Populationsdruck, als er heute in vielen Regenwaldländern herrscht.[130]

Das Beispiel Amerika sollte uns also ein warnendes sein, zumal es in den Jahrhunderten zuvor in Europa auch nicht viel anders aussah. Doch scheint man daraus wenig gelernt zu haben; Geschichte wiederholt sich leider eben viel zu oft.

Heute werden Infrastruktur- und insbesondere Straßenausbau in Tropenwaldregionen sogar als Entwicklungsprogramm von internationalen Organisationen gefördert, um entlegene Orte zu erschließen und sie aus ihrer Abgeschiedenheit zu befreien. Das hört sich zunächst einmal löblich an. Dabei wird aber nicht bedacht, dass der Straßenbau oft erst die Ursache von Waldzerstörung ist. Denn die heimische Bevölkerung, indigene Völker meist, lebt seit Jahrhunderten autark von und mit dem Wald. Der Wald *»ist ihr Supermarkt, ihre Apotheke, ihre Stammkneipe«*.[131] Sie brauchen keine Straßen. Sie gehen zu Fuß oder fahren mit dem Kanu zum nächsten Dorf. Im Wald finden sie alles, was sie zum Leben brauchen. Die Straße ist für sie entbehrlich. Nicht entbehrlich ist sie aber für die Bulldozer und Lastwagen, die erforderlich sind, um die Bäume in großem Umfang zu fällen und das Holz fortzuschaffen. Über achtzig Prozent der Waldvernichtung in Tropischen Regenwäldern geschieht in einem Umkreis von dreißig Kilometern um die großen Nationalstraßen, die durch ihn hindurch führen. Hinzu kommen illegale Straßen, die von kriminellen Geschäftemachern angelegt werden. Die Holzfäller zahlen den Einwohnern bestenfalls eine geringe Entschädigung dafür, dass sie ihren Wald zerstören – natürlich nur einen Bruchteil dessen, was sie selbst für den Verkauf des Holzes erhalten (wie wir an einem Beispiel gleich noch sehen werden). Bei Widerstand droht Vertreibung, denn schließlich können die Indios nicht nachweisen, dass ihnen das Gebiet gehört, auf dem sie leben – ein entsprechendes Dokument gibt es in der Regel nicht.

Doch schauen wir uns einmal die Gründe an, *warum* Wald vernichtet wird. Der WWF hat in seinem Waldzustandsbericht[132] genau diese Frage untersucht. Dort heißt es: »*Waldzerstörung lässt sich selten auf nur eine Ursache zurückführen, sondern ist das Ergebnis vieler Faktoren, die gleichzeitig auf die Wälder einwirken.*«[133] Er hat dabei drei Hauptursachen identifiziert, die Treiber der Zerstörung sind. Die erste ist die Expansion der Landwirtschaft und die damit einhergehende Flächengewinnung für Weiden und Äcker. Laut WWF ist das zu sechsundneunzig Prozent der Grund für die Waldvernichtung. Beim zweiten geht es ebenfalls um Flächengewinnung, aber diesmal für die Infrastruktur, für den Bau von Siedlungen und Verkehrswegen. Das ist in zweiundsiebzig Prozent der Fälle der Hauptgrund, in Südamerika sogar zu dreiundachtzig Prozent. Und schließlich, drittens, geht es um die Gewinnung von Rohstoffen. Das ist in siebenundsechzig Prozent der Fälle die treibende Kraft. Dabei ist in Asien der industrielle Holzeinschlag das Hauptproblem, während in Afrika eher der Brennholzverbrauch der lokalen Bevölkerung hauptverantwortlich ist. Oft spielen, wie erwähnt, mehrere dieser Gründe gleichzeitig eine Rolle, was auch erklärt, warum die Summe der Prozentsätze die hundert weit übersteigt. So ist der Bau von Straßen überhaupt erst die Voraussetzung, um Rohstoffe oder landwirtschaftliche Produkte transportieren zu können und die Gewinnung des Rohstoffs Holz ist in der Regel nur ein Nebenprodukt der Flächengewinnung. Doch betrachten wir die Vorgänge einmal näher.

Rohstoff Holz

Wichtigster Rohstoff des Waldes, wie könnte es auch anders sein, ist Holz. Tropenhölzer gehören zu den begehrtesten und teuersten Holzarten überhaupt. Sie zeichnen sich durch eine hohe Dauerhaftigkeit und häufig auch durch eine schöne Farbe und Maserung aus. Ihre Struktur ist regelmäßiger als diejenige von Hölzern aus den gemäßigten Breiten, da sie durch das gleichbleibende Klima in den Tropen keine Jahresringe bilden. Die bekanntesten und gesuchtesten Hölzer stammen von Baumriesen, die eine Höhe von fünfundvierzig bis sechzig Metern erreichen und damit das Blätterdach des übrigen Waldes überragen. Diese Bäume nennt man »*Überhälter*«. Insbesondere beim Ersteinschlag in Primärwäldern sind diese Bäume, welche häufig einen Stammdurchmesser von hundertfünfzig Zentimetern und mehr erreichen, das bevorzugte Zielobjekt. Angesichts der enormen Vielfalt an Baumarten verteilen sich diese Bäume aber nur in einer relativ geringen Zahl über das gesamte Gebiet, mit der Folge, dass bei ihrem Fällen ein erheblicher Kollateralschaden entsteht. Kommerziell nutzbar sind – je nach Zusammensetzung des Waldes – nur etwa fünf bis zwanzig Prozent des Baumbestandes. Zu ihnen zählen Arten wie *Mahagoni*, *Lapacho* oder *Kapok* aus Amazonien; *Moabi*, *Iroko* oder *Sapeli* aus Afrika sowie *Teak*, *Meranti* oder *Ramin* aus Asien. Die meisten von ihnen, wie Mahagoni, Teak oder *Palisander*, zählen zu den Edelhölzern, die etwa als hochwertiges Furnier Verwendung finden. Teak und *Bangkirai* werden besonders gerne zu Gartenmöbeln und Terrassendielen verarbeitet, während der sehr harte und glatte *Merbau* häufig für Parkett, für Türen, Möbel und Musikinstrumente genutzt wird.[134] Doch egal ob Lapacho für Möbel, Sapeli für den Schiffbau, das sehr leichte *Balsa* für den Modellbau oder Meranti für die Herstellung von Sperrholz – die Anzahl der Tropenholzarten, die sich in unseren heimischen Baumärkten und Möbelhäusern tummelt, ist fast unüberschaubar. Und die Tatsache, dass sich diese Hölzer so gut und so teuer verkaufen lassen, weckt natürlich Begehrlichkeiten. So ist es nicht weiter verwunderlich, dass ein Großteil der Tropenhölzer illegal geschlagen wird oder zumindest von sehr zweifelhafter Herkunft ist. Welche Tricks und Methoden die Akteure dabei anwenden, oftmals umgeben von einem Milieu aus Korruption und Gewalt, beschreibt die französische Biologin *Emmanuelle Grundmann* in ihrem Buch »*Wälder, die wir töten*«[135] sehr eindringlich.

Sie berichtet davon, dass knapp die Hälfte der in Brasilien geschlagenen Hölzer illegal gefällt seien, während der Naturschutzbund WWF diese Zahl sogar auf zweiundsiebzig Prozent schätzt; im zentralafrikanischen Kamerun sei es ebenfalls gut die Hälfte und im südostasiatischen Indonesien sogar fast drei Viertel (WWF: einundsechzig Prozent)![136] Es ist zwar klar, dass diese Zahlen nur eine grobe Schätzung sein können, denn das Wesen der Illegalität ist es ja gerade, dass sie vor der staatlichen Kontrolle verborgen bleiben soll. Aber alleine die Höhe der Zahlen verdeutlicht, welch schwerwiegendes Problem der illegale Holzeinschlag in den Tropenwaldländern tatsächlich ist. Seine Bekämpfung stellt die größte Herausforderung im Zusammenhang mit dem Schutz dieser Wälder dar.

Illegale Abholzung gibt es aber nicht nur in den tropischen Wäldern. Man schätzt, dass weltweit jedes Jahr bis zu hundert Millionen Kubikmeter Holz illegal geschlagen werden, was zur Zerstörung von bis zu fünf Millionen Hektar Wald führt. Der wirtschaftliche Schaden, der dabei entsteht, liegt bei mindestens zwanzig Milliarden Dollar – etwa fünfzehn Milliarden als Gegenwert für das Holz selbst und noch einmal fünf Milliarden für nicht entrichtete Lizenzgebühren und Steuern.[137]

In Indonesien etwa kontrollieren die unter dem Regime von *Haji Mohamed Suharto* (1967 bis 1998) zu Macht und Ansehen gekommenen Holzbarone noch heute den Großteil der Wälder. Suharto verstaatlichte seinerzeit sämtlichen Waldbesitz und ließ gleichzeitig ausländische Direktinvestitionen zu; dadurch stand dem Ausverkauf der Wälder nichts entgegen. Die Regierung kam auf diese Weise an Devisen, konnte ihre Auslandsschulden begleichen und stieg in den 1970er Jahren zum größten Rohholzexporteur der Welt auf. Wenige Jahre darauf, in den 1980ern, reagierte sie auf den steigenden Sperrholz-Bedarf, verbot den Export von Rohholz, spezialisierte sich hinfort auf die Produktion von Sperrholz und bediente gegen Ende des Jahrzehnts drei Viertel des Weltmarktes; später kam auch noch die Produktion von Papierbrei hinzu. Für die Mächtigen des armen Landes war das ein Riesengeschäft. Und so ist es nicht überraschend, dass sie es mit den bestehenden Gesetzen nicht immer so genau nahmen. Spätestens seit den 1990er Jahren stieg der illegale Holzhandel in Indonesien sprunghaft an – und die korrupten Behörden mischten munter mit. Das traurige Ergebnis ist, dass heute selbst die wertvollen Nationalparks des Landes gnadenlos ausgeschlachtet werden, selbst wenn Suharto schon lange nicht mehr an der Macht ist. Grundmann berichtet von gefälschten Papieren und Zertifikaten, von der massiven Überschreitung von zugelassenen Abholzungsmengen, von der Zerstörung von Schutzgebieten und von der Ausbeutung der heimischen Bevölkerung.

Indonesien steht aber nicht alleine da, anderswo sieht es nicht viel besser aus. Überall verdienen Holzbarone und Zwischenhändler viel Geld mit der begehrten Ware – nicht nur im Erzeugerland selbst. Ein kleines Beispiel:

Das Volk der *Papua*, die Ureinwohner von Papua-Neuguinea, erhalten für einen Kubikmeter Merbau aus ihrem Wald gerade einmal elf Dollar. Exportiert wird er bereits für 120 Dollar, während er bei der Ankunft in einem chinesischen Hafen 240 Dollar bringt. In China wird dieser Kubikmeter Merbau dann zu sechsundzwanzig Quadratmetern Parkett verarbeitet und für 468 Dollar in die USA verkauft. Der amerikanische Hausbesitzer zahlt schließlich für diese sechsundzwanzig Quadratmeter Parkett aus feinstem südostasiatischem Tropenholz sage und schreibe 2.288 Dollar, also das zweihundertfache dessen, was der arme Papua für das Rohholz erhalten hat![138]

Man kann anhand dieser Geschichte erahnen, wer alles bei dem »Spiel« verdient und um welche Summen es geht. Im Grunde genommen gibt es für den illegalen Holzeinschlag zwei Ursachen, die zudem eng miteinander verwoben sind, nämlich einerseits die Korruption, besonders diejenige, die auf höheren Regierungsebenen anzutreffen ist, und andererseits das weitgehende Versagen des Strafrechts, mit der Folge, dass die Täter für ihr Tun gar nicht oder kaum zur Rechenschaft gezogen werden. Dass aber von einer korrupten Justiz gesprochene milde Urteile nicht gerade geeignet sind, um höchst gewinnversprechende kriminelle Aktivitäten einzudämmen, dürfte jedem klar sein.

Mittlerweile wurde das Problem der illegalen Regenwaldabholzung von vielen Regierungen als gravierend erkannt und auch die internationale Staatengemeinschaft wurde – nicht zuletzt durch publikumswirksame Aktionen engagierter Nichtregierungsorganisationen – auf das Thema aufmerksam. Seit Mitte der 2000er Jahre verzeichnen einige Staaten, darunter Indonesien, Brasilien und andere Lateinamerikanische Länder einige Erfolge in ihrem Kampf gegen die Übeltäter: Institutionen wurden gegründet, Untersuchungen angestellt, Überwachungssysteme installiert, Gesetze verschärft und Täter dingfest gemacht. Auch internationale Organisationen haben durch die Einführung von Verordnungen und Kontrollmechanismen reagiert. So hat die Europäische Union im Jahr 2005 einen Sofortplan zur Bekämpfung des illegalen Holzeinschlags (»*Forest Law Enforcement, Governance and Trade*«, kurz FLEGT) ins Leben gerufen, der aus zwei Komponenten besteht: Einerseits wird Ländern, die Holz exportieren, ein freiwilliger bilateraler Partnerschaftsvertrag angeboten, indem sich beide Partner verpflichten, zu überprüfen, ob das Holz illegal ist oder nicht. Andererseits wurde im März 2013 die »*EU-Holzhandelsverordnung*« (EUTR) beschlossen, die das »*Inverkehrbringen von illegal geschlagenem Holz und Holzerzeugnissen illegaler Herkunft*« in der EU ausdrücklich verbietet. Auch der US-Kongress war in dieser Richtung aktiv, indem er im Jahr 2008 den so genannten »*Lacey Act*« aus dem Jahr 1900, der den Handel mit illegal geernteten Pflanzen und Wildtieren verbietet, so änderte, dass er nun auch illegal geschlagenes Holz und Holzerzeugnisse mit einschließt.[139]

Doch wenn auch in Brasilien, Indonesien und andernorts erste positive Resultate sichtbar sind – Entwarnung kann noch lange nicht gegeben werden. So wich etwa China, das lange Zeit große Mengen illegalen Holzes aus Indonesien bezog, nach der Verschärfung der dortigen Gesetze kurzerhand nach Papua-Neuguinea aus und importierte es eben fortan von dort. Die nach wie vor grassierende Korruption in den Tropenwaldländern verhindert – leider – Wirksameres, um der Waldvernichtung Herr zu werden. In diesem Punkt anzusetzen, muss daher höchste Priorität haben, damit eine baldige Verbesserung der Situation erreicht werden kann.

Es gibt allerdings auch noch einen anderen Ansatz. Dazu müssen wir uns noch einmal an die Situation beim Thema Kohlenstoff aus dem vorigen Kapitel erinnern. Dort wurde, um den Ausstoß von Kohlendioxid einzuschränken und auf diese Weise den Klimawandel zu bekämpfen, meist nur die Nachfrageseite beachtet, während die Angebotsseite weitgehend außer Acht gelassen wurde. Merkwürdigerweise ist es beim Thema Regenwaldzerstörung gerade umgekehrt: Hier wird meist nur mit dem Finger auf das Angebot, sprich auf die bösen Holzfäller vor Ort gezeigt, die zu stoppen seien; dass aber die gewaltige Nachfrage nach Holz und Holzprodukten erst den Preis in die Höhe schnellen lässt und das (legale oder illegale) Abholzen dadurch erst zu einem solch attraktiven Geschäft macht, wird kaum bedacht. Die Frage muss also (ferner) lauten: *Brauchen* wir überhaupt so viel Holz? Und *für was* benötigen wir eigentlich so viel Holz?

Nun, Holz wird nicht nur in Form von Holz oder Holzprodukten verwendet. Es entstehen daraus nicht nur Bauholz, nicht nur Parkett, es entstehen daraus nicht nur Fenster und Türen, Möbel,

Schiffe und Särge. Es entsteht daraus auch Papier. Viel Papier. Der weltweite Papierverbrauch lag im Jahr 2010 bei 367 Millionen Tonnen und er wird weiter steigen. Gegenüber dem Jahr 1950 hatte er sich bis dahin bereits versiebenfacht. Das entspricht einem weltweiten Pro-Kopf-Verbrauch von zweiundfünfzig Kilogramm pro Jahr, wobei er in den Industriestaaten noch deutlich höher liegt. So sind es in den USA etwa dreihundert Kilogramm pro Jahr und Kopf und auch in Deutschland etwa zweihundertfünfzig Kilogramm. *Zweihundertfünfzig Kilogramm!* Wenn man sich das bildlich vorstellt, dann verbraucht eine vierköpfige Familie in Deutschland fast so viel Papier wie der Kompaktwagen vor ihrer Haustüre auf die Waage bringt! Und das Jahr für Jahr, während der Wagen mehrere Jahre halten muss. Der deutsche Gesamtverbrauch an Papier liegt bei zwanzig Millionen Tonnen, das ist so viel wie ganz Afrika und Südamerika zusammen verbrauchen. Das entspricht einem Güterzug von sechshundert Kilometern Länge und 40.000 Waggons voll mit Büchern, Zeitungen, Zeitschriften, Werbebroschüren, Schulheften, Zeichenmappen, Toiletten- und Küchenpapier, Tapeten, Taschentüchern, Druck- und Kopierpapier, Getränkebechern, Briefumschlägen, Kartons, Verpackungsmaterial. Statistisch gesehen hat ein Kind in Deutschland bis zu seinem ersten Geburtstag schon so viel Papier verbraucht wie ein Inder in fünfzig Jahren. Doch auch der Inder verbraucht zunehmend mehr.[140]

Auch wenn ein guter Teil des in Deutschland und anderswo produzierten Papiers aus Altpapier recycelt wird (in Deutschland sind es etwa siebzig Prozent), sind es doch beträchtliche Mengen, für die das eben gerade nicht gilt: Jeder fünfte abgeholzte Baum auf der Welt wandert in die Papierfabrik! Nicht aus Recyclingpapier hergestellte Papierprodukte, die nur einmal verwendet werden und dazu noch für minderwertige Zwecke – etwa Toiletten- und Küchenpapier oder Papiertaschentücher – gehören eigentlich komplett verboten. Und dem alten Traum vom »papierlosen Büro«, der sich bisher im wahrsten Sinne des Wortes als »Papiertiger« entpuppt hat, sollte angesichts der immer weitergehenden Digitalisierung unserer Arbeitswelt eigentlich viel kompromissloser Fortschritte verordnet werden. Ein Büroangestellter schließlich, der heutzutage immer noch der Ansicht ist, es sei besser, jede E-Mail auszudrucken und sie fein säuberlich in einem Ordner abzuheften, um sie dann in den (Holz-) Schrank zu stellen, gehört konsequenterweise als Umweltsünder gebrandmarkt. Ein vom WWF entwickeltes »grünes« Dateiformat, das wie eine normale pdf-Datei funktioniert, sich allerdings nicht ausdrucken lässt, ist immerhin ein erster Ansatz, um solchen Gepflogenheiten ein Bein zu stellen. Und um das Thema Papier abzuschließen: Hat sich eigentlich angesichts der geradezu galoppierenden Inflation des Internethandels einmal jemand Gedanken darüber gemacht, welche Unmengen an Kartonverpackungen Amazon und Co täglich verschicken? Dass der Online-Einkauf von zu Hause aus zwar möglicherweise drei Liter Benzin für die Fahrt in die nächste Shopping-Mall spart, dem Regenwald dabei aber trotzdem schadet, sollten wir beim nächsten Bestell-Klick und beim nächsten Warenrückversand vielleicht bedenken.

Der brasilianische Zyklus

Hangeln wir uns aber noch einmal vom Endverbraucher im europäischen Wohnzimmer oder Büro zurück an den Anfang der Lieferkette. Bei genauer Betrachtung fällt auf, dass ein großer Teil des dort in den Tropen entwurzelten Holzes gar nicht in den Handel gelangt, weder in den Welthandel noch in den Heimatmarkt des Ursprungslandes. Ein großer Teil des wertvollen Rohstoffs Holz wird sogar *überhaupt* keiner sinnvollen Nutzung zugeführt. Rund die Hälfte (!) des Holzes wird nämlich einfach verbrannt und zwar nicht etwa in Form von Brennholz, das wenigstens zum Kochen oder Heizen oder zur sonstigen Energiegewinnung genutzt werden könnte, sondern schlicht und ergreifend, weil es im Wege ist für die Gewinnung von Acker- und Weideland oder für den Bau von Siedlungen und Straßen. Die Brandrodung kostet in diesem Fall lediglich den Gegenwert eines Streichholzes. Jedenfalls dann, wenn man, was der Normalfall ist, die externen Kosten durch den Klimawandel unberücksichtigt lässt.

Das Holz nämlich ist, wie bereits erwähnt, in der Regel gar nicht das oberste Ziel der Waldvernichtung, sondern bestenfalls ein mehr oder weniger einträgliches Nebenprodukt. Oberstes Ziel ist es vielmehr, die Fläche, auf der der Wald steht, in Anspruch zu nehmen. Die Rodung und ein damit – möglicherweise – verbundener Verkauf des Holzes bildet mithin nur die erste Stufe des »*brasilianischen Zyklus*«: Wenn die Holzunternehmen ihre Konzessionen genutzt haben, nicht mehr allzu viel von dem Wald übrig bleibt und die Ureinwohner vertrieben sind, kommen andere Konzerne, die die Flächen anderweitig okkupieren – der brasilianische Zyklus nimmt seinen Lauf. Er lautet: Holz, Fleisch, Soja.

Nach der Rodung und Vermarktung des Holzes kommen meist zuerst die Rinderzüchter und verwenden die Fläche als Weideland. In Brasilien gibt es heute mehr Rinder als Einwohner, nämlich über 212 Millionen. Sie verteilen sich auf mehr als 172 Millionen Hektar, das entspricht etwa siebzig Prozent der landwirtschaftlichen Nutzfläche des Riesenstaates und fast der fünffachen Fläche Deutschlands. Alleine etwa vierzig Millionen Rinder weiden auf ehemaligem Regenwaldgebiet. Die Flächen, auf denen der Wald gerodet wurde, werden zu über drei Fünfteln von den Viehweiden in Anspruch genommen, ein weiteres Fünftel wird gar nicht genutzt. Auf ihm breitet sich die nachwachsende Sekundärvegetation aus. Die weltweit steigende Nachfrage nach Fleisch, die nach Rindern und Weideflächen verlangt, ist damit der Hauptgrund für die Zerstörung des brasilianischen Regenwaldes; zwischen 1975 und 2006 haben sich die Weideflächen im Amazonasgebiet verfünffacht.

Der große Vorteil der Viehzucht ist, dass sie weitgehend ohne eine gut ausgebaute Infrastruktur auskommt. In abgelegenen Gebieten kann sie deshalb – zumindest kurzfristig – rentabel sein, weil der Verkauf des geschlagenen Holzes die Rodung mitfinanziert. So bedarf die Umwandlung von Wald in Weideland nur geringfügiger Investitionen. Resultat ist, dass auf den illegalen Holzeinschlag meist auch eine illegal betriebene Viehzucht folgt. Auf Dauer ist die Rinderzucht auf den kargen Regenwaldböden jedoch nicht besonders wirtschaftlich, weshalb die Flächen in der Regel nur wenige Jahre genutzt werden. Ein Rind benötigt hier etwa achttausend Quadratmeter Weideland, um sich vernünftig ernähren zu können, das heißt, auf einem Hektar steht oft nur ein einziges Tier – eine furchtbar unwirtschaftliche Form von Landwirtschaft! Pro Jahr und Hektar ergibt das eine Fleischproduktion von gerade einmal vierzig Kilogramm – in Deutschland sind es dagegen sage und schreibe 2.500 Kilogramm, das heißt also mehr als das Sechzigfache![141] Ziehen die Rinderzüchter dann nach drei, vier Jahren weiter, wenn kein Gewinn mehr zu erzielen ist, kommen andere Unternehmer, denen die in der Zwischenzeit ausgebaute Infrastruktur zugutekommt. Die neuen widmen sich nun einem viel profitableren Geschäft: Dem Sojaanbau.

Die wilde Ursprungsform der Sojabohne stammt eigentlich aus Asien. In China und Japan wurde sie bereits vor fünftausend Jahren angebaut. Im 17. beziehungsweise 18. Jahrhundert kam sie nach Europa und Nordamerika – in den US-Agrarstatistiken taucht sie erstmals im Jahr 1924 auf. Verbreitung in Südamerika fand sie jedoch erst ab den 1970er Jahren.

Die Sojabohne (*Glycine max*) hat einen ausgesprochen hohen Öl- und Proteingehalt und zudem eine hohe Ertragsstabilität. Sie besteht unter anderem zu achtzehn Prozent aus Öl und zu achtunddreißig Prozent aus Eiweiß, dessen Qualität mit der von tierischem Eiweiß vergleichbar ist. Bei der Pressung der Bohne entstehen zu zwanzig Prozent Sojaöl und zu achtzig Prozent Sojaschrot oder Sojamehl, also eigentlich die Rückstände, die bei der Ölgewinnung übrig bleiben. Letzteres wird fast vollständig als Futtermittel für die Massentierhaltungen in den USA und der EU verwendet und an Schweine, Geflügel und Rinder verfüttert. Der hohe Eiweißgehalt macht Soja dafür so interessant. Von dem ausgepressten Öl selbst wird etwa die Hälfte zu Biotreibstoff verarbeitet. Der Rest des Öls landet in der Margarine, in der Mayonnaise oder in sonstigen sojahaltigen Lebensmitteln.[142]

Wissen sollte man auch, dass heute etwa achtzig Prozent der angebauten Sojabohnen gentechnisch verändert sind, um sie gegen bestimmte Herbizide resistent zu machen. In den USA als weltweit größtem Produzenten sind es über vierundneunzig Prozent, in Argentinien als Nummer drei sogar siebenundneunzig Prozent. Nur die Nummer zwei, Brasilien, hatte anfangs darauf verzichtet, da in der EU, dem zweitwichtigsten Importeur, gentechnisch veränderte Lebensmittel verboten sind. Aber bedingt durch die starke Nachfrage aus China hat auch Brasilien nachgezogen. Mittlerweile liegt man auch dort bei über achtzig Prozent Gen-Soja. Und auch in der EU sind gentechnisch veränderte Produkte als *Futter*mittel zugelassen, weshalb sie über den Umweg des Fleischkonsums doch wieder in die menschliche Nahrung gelangen.[143]

Die weltweite Anbaufläche von Soja beträgt über hundert Millionen Hektar, davon knapp die Hälfte in Südamerika. In Brasilien beträgt die Fläche vierundzwanzig Millionen Hektar, in Argentinien noch einmal neunzehn Millionen. Damit liegen die beiden Staaten an zweiter und dritter Stelle hinter dem weltgrößten Produzenten USA mit einunddreißig Millionen Hektar. Gemessen an der Anbaufläche liegt Soja damit weltweit an vierter Stelle hinter Weizen, Mais und Reis.

Genauso wie bei Fleisch ist die weltweite Nachfrage nach Soja massiv gestiegen, was wegen der Verwendung von Soja als Futtermittel natürlich miteinander korreliert. Noch Anfang der 1960er Jahre wurden weltweit etwa sechsundzwanzig Millionen Tonnen Soja produziert, heute ist es die zehnfache Menge, nämlich 258 Millionen Tonnen. Davon gelangen 98 Millionen auf den Weltmarkt, werden also exportiert. Größter Exporteur sind die USA; etwa die Hälfte des Weltmarktangebots stammt aber aus den drei südamerikanischen Ländern Brasilien, Argentinien und Paraguay. Der größte Importeur ist China und zwar mit weitem Abstand: Das Reich der Mitte verbraucht alleine etwa zwei Drittel des Weltmarktes. An zweiter Stelle folgt die EU mit vierzehn Millionen Tonnen, ein Drittel davon geht nach Deutschland. Es wird fast ausschließlich für den Futtermittelverbrauch verwendet. Würde Deutschland diese Menge selbst anbauen, müsste über ein Viertel der deutschen Ackerfläche nur dafür verwendet werden. Sojamehl deckt etwa ein Drittel der gesamten Futtermenge ab.[144]

Für die Zerstörung des brasilianischen Regenwaldes spielt es noch nicht einmal eine große Rolle, ob der Sojaanbau direkt auf ehemaligen Regenwaldflächen betrieben wird oder nicht. Denn selbst wenn das nicht der Fall ist, trägt er zumindest indirekt zur Zerstörung des Waldes bei, indem er dann eben auf ehemaligen Viehweiden entsteht, welche sich als Ersatz wiederum ihrerseits neues Terrain im Regenwald suchen. Oder aber die Rinderzucht und der Sojaanbau vertreiben die zahlreichen Kleinbauern in den Wald hinein, wo sie neue Flächen (brand-) roden. Das Ergebnis bleibt das gleiche.

Dass Menschen, die in den tropischen Wäldern leben, eine kleine Fläche roden, sie für den Eigengebrauch als Anbaufläche nutzen, und dann weiter ziehen, wenn der Boden nicht mehr viel hergibt, ist nichts Neues, das gibt es schon seit Jahrhunderten. Früher blieb das ohne nennenswerte Folgen, da die gerodeten Flächen so klein waren, dass sie mit der Zeit wieder zuwachsen konnten. Heute wird die Zahl der kleinbäuerlichen Siedler weltweit jedoch auf drei- bis fünfhundert Millionen geschätzt. Damit kann die natürliche Erholung der Wälder nicht mehr funktionieren. Ein Viertel der Waldzerstörung geht daher auf diese zahlreich gewordenen Kleinbauern zurück. Zur Last kann man ihnen das allerdings kaum legen; sie sind nämlich nur Opfer, die zu diesem Schritt gezwungen werden. Ursächlich dafür ist die ungerechte Landverteilung insbesondere in Brasilien. Diese »*Latifundien*«-Struktur, bei der wenige Großgrundbesitzer riesige Flächen besitzen, ist das Erbe der ehemals portugiesischen Kolonie mit ihrem 350 Jahre dauernden Sklavensystem.[145] Die Großunternehmen, die in Brasilien heute überwiegend in ausländischer Hand liegen, technisieren ihre Produktionsverfahren immer weiter, so dass für die arme Landbevölkerung kaum noch Arbeit bleibt und wenn dann nur schlecht bezahlte. Arbeitslosigkeit und Armut führt zu Hunger. Den Menschen bleibt dann nichts mehr anderes übrig, als in die Regenwälder auszuweichen und hier zu versuchen, ihre Familie zu ernähren. Aber anstatt Agrar- oder Landreformen anzugehen, fördert die brasilianische Regierung eher noch die Besiedelung von bisher unbewohnten Waldgebieten, indem sie den Siedlern gestattet, die Staatswälder in Besitz zu nehmen. Die Kleinbauern holzen kleine Flächen von ein bis fünf Hektar ab oder brennen sie nieder, bewirtschaften die kargen Böden ein paar Jahre, verkaufen sie dann günstig an Großgrundbesitzer, von denen sie unter Druck gesetzt werden, arbeiten als Tagelöhner für diese oder ziehen weiter. So frisst sich die Landnahme immer weiter in den Regenwald hinein. Die Überbevölkerung verstärkt diesen Trend noch. Auch bewaffnete Konflikte in zahlreichen Ländern der Tropenregionen, vor allem in afrikanischen Staaten wie der Elfenbeinküste, Ruanda, Uganda und der Demokratischen Republik Kongo, zwingen die Menschen zur Flucht und drängen sie in den Wald.

Der »brasilianischen Zyklus« aus Holz, Fleisch und Soja zeigt uns eines anschaulich: Schuld an der Zerstörung des tropischen Regenwaldes hat nicht etwa die »böse« einheimische Bevölkerung. Schuld daran haben auch nicht, zumindest nur bis zu einem begrenzten Umfang, die skrupellosen und rücksichtslosen Geschäftemacher, denen die Dollarzeichen in den Augen funkeln. Schuld hat auch nicht die Regierung, die nichts dagegen unternimmt. Denn sie alle hätten nicht die geringste Chance, wenn die Nachfrage nach diesen Produkten nicht da wäre. Und die Nachfrage stammt in erster Linie aus dem reichen Westen. Der Hunger nach Tropenholz, der Hunger nach Fleisch und der Hunger nach Soja sind die eigentlich Schuldigen. Wir im Westen müssen uns also zuerst an die eigene Nase packen, bevor wir mit dem Finger auf die Entwicklungsländer zeigen. Hier, in Europa und in den USA, liegt die Ursache der Waldvernichtung in Südamerika und hier liegt die Ursache der Waldvernichtung in Südostasien (in Zentralafrika dagegen weniger).

Glücklicherweise ist, wie bereits erwähnt, das Ausmaß der Waldvernichtung zumindest in Brasilien seit etwa 2004 rückläufig, insbesondere diejenige, die durch die Rinderzucht und den Sojaanbau verursacht wird (was natürlich noch lange nicht heißt, dass die Waldfläche zunimmt, sondern nur, dass sie weniger stark abnimmt). Für diese erfreuliche Entwicklung sind vier Hauptursachen verantwortlich. Eine davon ist die Tatsache, dass insbesondere Rinderzucht und Sojaanbau von großen, meist ausländischen Konzernen verantwortet werden, die selbstverständlich wirtschaftliche Interessen verfolgen. Ihre Produkte sind für hochsensible internationale Märkte bestimmt, der Druck der Verbraucher entsprechend groß. Dringen nun negative Berichte an die Öffentlichkeit, die die Unternehmen und ihre Praktiken als Hauptverursacher der Regenwaldzerstörung brandmarken, drohen schnell Imageverlust und damit die Gefährdung der Rentabilität, was die Unternehmen schnell zum Einlenken bewegt. So waren entsprechende Kampagnen der Naturschutzorganisation Greenpeace ab 2006 maßgeblich verantwortlich dafür, dass die großen Sojaproduzenten wie der Multi *Cargill* schließlich ein Moratorium unterzeichneten, das den Kauf von Sojabohnen, die aus erst kürzlich gerodetem Land stammten, untersagte.

Zweiter Grund waren verschiedene Strategien der brasilianischen Regierung, um der Waldvernichtung Herr zu werden. Dazu zählte etwa die Einschränkung von Kreditvergaben an Projekte, die den Wald gefährdeten. Gesetzesüberschreitungen wurden strafrechtlich nun ebenfalls wesentlich konsequenter verfolgt. Selbst Käufer von illegal produzierten Waren konnten nun belangt werden. Außerdem wurde von der Regierung ein Monitoring-System auf Basis satellitengestützter Fernerkundung mit dem Namen »*PRODES*« installiert, das die Bekämpfung der Waldzerstörung in Brasilien fortan erheblich erleichterte.

Und schließlich, viertens, wurden neue Pflanzensorten und Maßnahmen zur Bodenverbesserung eingeführt, die zu einer höheren Produktivität pro Fläche führten. Dadurch konnte das bereits gerodete Land viel effizienter genutzt werden, was die Ausweitung der Nutzfläche deutlich eindämmte.[146]

Doch können diese Erfolge aus Südamerika auch als Beispiel für andere Regenwaldregionen dienen? Wünschenswert wäre es allemal. Allerdings sind die Verhältnisse nicht überall gleich.

Palmöl...

Was die Sojabohne für Südamerika ist, ist die Ölpalme (*Elaeis guineensis*) für Südostasien. Hier, insbesondere in Indonesien und Malaysia, ist sie ebenso für die Zerstörung der Regenwälder verantwortlich wie Soja in Südamerika. Und genau wie die Sojabohne in Südamerika ist auch die Ölpalme in Südostasien eigentlich ein Importprodukt – ursprünglich stammt sie nämlich aus Westafrika. Mitte des 19. Jahrhunderts wurden dort die ersten Palmölplantagen angelegt. Erst 1870 kam sie als Schmuckpflanze auf den Malaiischen Archipel. Lange Zeit glaubte man, dass die Ölpalme ausschließlich durch Wind bestäubt würde, bis man auf einer Plantage in Kamerun einen Rüsselkäfer (*Elaeidobius kamerunicus*) entdeckte, der sich als aktiver Bestäuber erwies. Als man diesen Käfer 1981 auf den Plantagen in Malaysia einführte, stieg der Ertrag prompt um vierzig bis sechzig Prozent. Damit begann der Aufstieg Indonesiens und Malaysias an die Spitze des Weltmarktes und gleichzeitig die unerbittliche Zerstörung der dortigen Regenwälder.[147]

Dabei muss man sagen, dass die Ölpalme eigentlich gar keine schlechte Nutzpflanze ist – ganz im Gegenteil. Sie gehört zu den ertragreichsten, die man auf den nährstoffarmen Böden der Tropen überhaupt nur anbauen kann. Ihr Hektarertrag ist höher als der jeder anderen industriell angebauten Pflanze; sie hat eine bessere Kohlenstoffbilanz als die allermeisten anderen Pflanzen, die man auf denselben Flächen anbauen könnte; sie wächst und gedeiht unter relativ geringem Pestizid- und Düngermitteleinsatz; sie trägt das ganze Jahr über Früchte und verlangt ein hohes Maß an ungelernter Arbeit, was die arme heimische Bevölkerung in Lohn und Brot bringen kann; und schließlich passt sie sich sehr gut den Bedingungen an, unter denen Kleinbauern arbeiten, da sie sich sehr gut mit anderen Nutzpflanzen kombinieren lässt und auf diese Weise auch bei kleinen Anbauflächen von zwei bis zehn Hektar hochprofitabel ist. In einem kleinbäuerlichen Umfeld, in dem Naturwaldinseln erhalten bleiben, kann sie deshalb sehr nachhaltig sein und die biologische Vielfalt bewahren. Man kann die Ölpalme also ohne Übertreibung für die beste Pflanze halten, die man auf einem Regenwaldgebiet überhaupt nur anbauen kann – wenn, ja wenn man dafür nicht den Wald in großem Maßstab abholzen würde. Doch warum ist die Nachfrage nach Ölpalmen so stark gestiegen? Warum wird sie in solchen Mengen angepflanzt?[148]

Das Wertvolle an der Ölpalme ist das Palmöl, das man aus ihren fetthaltigen Früchten gewinnt. Palmöl steckt mittlerweile in jedem zweiten Produkt, das in deutschen Supermarktregalen liegt. Es ist ein wichtiger Grundstoff für die Lebensmittel- und Kosmetikindustrie, wird aber auch in Futtermitteln und als Biokraftstoff verwendet. Es steckt in solch unterschiedlichen Produkten wie industriellen Reinigern, in Körperpflegemitteln und Kosmetika, in Seife, in Wasch-, Pflege- und Reinigungsmitteln für den Haushalt, findet Verwendung in der Chemie- und Pharmaindustrie, steckt in Knabberwaren, in Eiscreme, in Schokolade, Pizzen und anderen Fertigprodukten, in Brot- und Backwaren und in Margarine. Palmöl ist in der Industrie deshalb so beliebt, weil es einen so hohen Ertrag pro Hektar Anbaufläche liefert. Er liegt bei 3,3 Tonnen und mehr, während er bei Kokos, Sonnenblume und Raps nur 0,7 Tonnen, bei Soja sogar nur 0,4 Tonnen erreicht.

So kommt es, dass die weltweite Nachfrage nach Palmöl heute fünfzehnmal höher liegt als noch vor dreißig Jahren, nämlich bei über sechzig Millionen Tonnen jährlich – Tendenz stark steigend. Damit ist Palmöl das heute wichtigste Pflanzenöl vor Soja und Raps. Weltweit fließen gut zwei Drittel davon in die Nahrungsmittelindustrie, ein weiteres Viertel in andere industrielle Anwendungen und fünf Prozent werden energetisch genutzt. In Deutschland sieht die Verteilung allerdings etwas anders aus. Hierzulande geht nur ein Drittel an die Nahrungsmittelindustrie, weitere acht Prozent an die Futtermittelindustrie und siebzehn Prozent an die industrielle Verwendung. Über vierzig Prozent werden aber als Biotreibstoff verbrannt!

Dabei stammt Palmöl heute fast ausschließlich, zu neunundneunzig Prozent, aus Indonesien und Malaysia; die Anbaufläche dort beträgt siebzehn Millionen Hektar, also gut die Hälfte der Gesamtfläche Deutschlands. Ein Großteil der neu erschlossenen Anbauflächen entsteht noch immer auf Regenwaldgebiet, riesige Flächen werden dafür abgeholzt. Dabei ist der Flächenzuwachs zwischen 2011 und 2013 sogar noch gestiegen, obwohl 2011 in Indonesien ein Moratorium für neue Konzessionsverträge für Palmöl auf Wald- und Torfböden verhängt wurde.[149]

Bewirtschaftet werden die Plantagen zwar auch noch von etwa anderthalb Millionen Kleinbauern, da der Anbau aber erst richtig lukrativ wird, wenn in der Nähe leicht zugängliche Palmölmühlen vorhanden sind, die wiederum so große Investitionen erfordern, dass sie sich eine kleinbäuerliche Landbevölkerung nicht leisten kann, werden die Kleinbauern zunehmend verdrängt von großen Konzernen, die teilweise Anbauflächen von über 200.000 Hektar besitzen. In großem Stil wandeln sie die Regenwaldflächen in Palmölplantagen um. Die Konzernchefs gehören zu den reichsten Menschen im Land und haben in der Regel gute Kontakte in die Politik. So sind die Anbauflächen in Indonesien in den letzten

Jahrzehnten massiv gewachsen, alleine in der letzten Dekade um etwa 340.000 Hektar pro Jahr. Die Produktion des Landes wuchs gleichzeitig um 1,2 Millionen Tonnen jährlich, während die weltweite Nachfrage um 2,2 Millionen Tonnen stieg. Siebzig Prozent der Plantagen entstanden auf zuvor bewaldeten Flächen und fünfundzwanzig Prozent auf ehemaligen Torfflächen. Und ein Ende dieses »Booms« ist leider nicht abzusehen. Denn solange die Weltmarktpreise für Palmöl nicht massiv fallen, und danach sieht es bei der ständig steigenden Nachfrage absolut nicht aus, werden auch die Anbauflächen ausgedehnt werden. Die indonesische Regierung hat bereits verkündet, dass weitere zweiunddreißig Millionen Hektar des Staatsgebietes für den Anbau von Palmöl geeignet seien. Auf wie vielen davon noch Regenwald steht, sagte sie nicht, aber es wird ein beträchtlicher Teil sein. Was in diesem Fall nicht nur mit den Bäumen, die in der Regel niedergebrannt werden, weil das billiger ist als eine normale Rodung, sondern auch mit den darin lebenden Tieren, wie Orang-Utans und Tigern, geschieht, kann sich jeder selbst ausmalen.[150]

Angesichts dessen ist es eigentlich ein Skandal, dass ein großer Teil des in die EU importierten Palmöls dafür verwendet wird, um es in Form des bei seiner Einführung ab Januar 2011 als besonders umwelt- und klimafreundlich beworbenen Biotreibstoffs »E10« in den Tanks europäischer Autos zu verbrennen. Die Mengen an heimischem Rapsöl zur Herstellung des Biosprits reichen nämlich bei weitem nicht aus, weswegen zwangsläufig auf Palmöl und Soja zurückgegriffen wird. Importverbote wurden zwar diskutiert, aber nie umgesetzt. Der europäische Autofahrer soll im guten Glauben gelassen werden, etwas für die Umwelt und das Klima zu tun, wenn er diese Kraftstoffe tankt. Und die europäischen Politiker wollen sich in dem Image des umweltbewussten Machers sonnen. Dass dafür große Flächen an Regenwald zerstört werden, soll und darf keiner wissen. Glücklicherweise scheint es sich aber zumindest in Deutschland herumgesprochen zu haben, dass dieses »E10« ja doch nicht so toll ist, wie es angepriesen wird. Seine Akzeptanz beim deutschen Autofahrer jedenfalls hält sich ja bekanntlich in Grenzen – bisher jedenfalls und hoffentlich auch auf längere Zeit.

Auch insgesamt scheint sich zumindest in Europa die Erkenntnis durchgesetzt zu haben, dass die zunehmende Verwendung von Palmöl für den Regenwald katastrophal ist. Bisher wurde die Kritik an der massiven Ausweitung der Palmölplantagen zwar oft mit dem immer gleichen Argument gekontert, dass sie zur wirtschaftlichen Entwicklung der Erzeugerländer beitrage und gerade die armen Landgemeinden in die Lage versetze, an Devisen zu gelangen. Die Wahrheit ist aber, dass die einheimische Bevölkerung davon nicht viel sieht, sondern die Gewinne in den Taschen der reichen Unternehmer landen.[151] Nicht zuletzt dank zahlreicher Aufklärungskampagnen von Naturschutzorganisationen ist es daher zu einer breiten, in Naturschutzfragen interessierten europäischen Öffentlichkeit vorgestoßen, dass Palmöl tendenziell eher als schlecht zu bewerten und daher möglichst zu meiden sei. Selbst die Industrie hat bereits reagiert, indem sie »palmölfreie« Produkte als umweltfreundlich bewirbt. Die Frage ist nur: Was sind angesichts des enormen Ausmaßes der industriellen Verwendung von Palmöl die Alternativen? Gibt es überhaupt welche?

Die Naturschutzorganisation WWF hat genau diese Frage mit einer Studie aus dem Jahr 2016[152] zu beantworten versucht. Die erste Erkenntnis daraus war, dass Palmöl mithilfe anderer, ebenfalls in den Tropen gedeihender Pflanzen wie Kokos oder Soja eben *nicht* zu ersetzen sei; gegenüber diesen sei Palmöl sogar die bessere Alternative. Nun, für uns ist das nicht weiter überraschend: Wenn wir uns an den bereits erwähnten überragenden Hektarertrag von Palmöl gegenüber anderen Pflanzenölen erinnern, dann liegt das auf der Hand. Bedauerlicherweise hat diese Aussage aber dazu geführt, dass in den Medien plötzlich die irreführenden Schlagzeilen auftauchten: »*Kaum Ersatz für Palmöl möglich*« (Handelsblatt) oder »*Kauft wieder Palmöl! Im Ernst?*«

(Die Zeit). Das ist fatal, vor allem für die Meinungsbildung derjenigen, die nicht weiter lesen. Denn richtig ist: Natürlich zerstört Palmöl den Regenwald! Und natürlich gibt es keine adäquaten tropischen Alternativpflanzen, denn die würden ihn genauso zerstören! Alternativen wären höchstens Ölpflanzen, die in anderen Breiten angepflanzt werden, Raps etwa oder Sonnenblumen. So sagt auch die WWF-Studie, »*dass es mit einem simplen ›Boykottaufruf‹ nicht getan wäre* [...]. *Denn ein unkritischer Austausch von Palmöl durch andere Pflanzenöle löst die Probleme nicht, sondern verlagert und verschlimmert sie nur. Dies gilt insbesondere für den Austausch von Palmöl durch Kokosnuss- oder Sojaöl. Es würde mehr Fläche benötigt, es entstünden mehr Treibhausgasemissionen und es wären mehr Arten bedroht als bisher. Lediglich bei einem Austausch von Palmöl durch heimische europäische Öle aus Raps und Sonnenblume würde die biologische Vielfalt weniger leiden. Aber auch dafür ist keine unbegrenzte Fläche vorhanden.*«[153] Der WWF fordert deshalb einen »*dringenden ökologischen, ökonomischen und sozialen Kurswechsel*«. Nicht nur der Palmölanbau selbst müsse sich ändern, sondern auch unser Konsumverhalten. »*Würden wir auf Palmöl als Biokraftstoff verzichten und einen bewussteren Verbrauch von Konsumgütern wie Schokolade, Süß- und Knabberwaren, Fertiggerichten und Fleisch etablieren, könnten wir rund fünfzig Prozent des derzeitigen Palmölverbrauchs einsparen. Gelänge es uns, unseren Konsum in diesen Bereichen zu halbieren, würden wir nicht nur die Umwelt entlasten, sondern uns auch den Ernährungsempfehlungen der WHO und DGE annähern – und unserer Gesundheit etwas Gutes tun.*«[154] Die Forderungen des WWF an die Verbraucher lauten demnach: Verzicht auf Palmöl als Biokraftstoff und eine konsequentere Reduzierung des Energiebedarfs; ein bewussteres Einkaufsverhalten und ausgewogene Ernährung, insbesondere weniger Süßes und Fettiges, frische Lebensmittel statt Fertigprodukte, weniger und dafür besseres Fleisch sowie Einkauf von zertifizierten Produkten, etwa nach dem vom WWF initiierten Standard RSPO (»*Roundtable on Sustainable Palm Oil*«). Auch die Unternehmen, die Palmöl verarbeiten, werden aufgefordert, nur noch zu hundert Prozent zertifiziertes Palmöl zu verwenden und außerdem ihre Lieferanten in die Pflicht zu nehmen, entsprechende Standards einzuhalten. Außerdem sollten sie in Bezug auf die Verwendung von Palmöl größtmögliche Transparenz zeigen und ihre Produkte entsprechend kennzeichnen. Und schließlich sollten sie auch bei sämtlichen alternativ eingesetzten pflanzlichen Ölen strenge ökologische und soziale Nachhaltigkeitskriterien ansetzen sowie überall dort, wo es möglich ist, heimischen Ölen den Vorzug geben.

Nicht zuletzt sollte auch die Politik ihren Beitrag leisten, indem sie etwa den Import von Palmöl in die EU an verbindliche Kriterien knüpft, indem sie den Verzicht von Palmöl als Biokraftstoff durchsetzt, indem sie eine Kennzeichnungspflicht für Palmöl auf sämtlichen Verbrauchsgütern einführt und indem sie nach Möglichkeit strengere Sozial- und Umweltstandards in den Erzeugerländern durchzusetzen hilft, beispielsweise durch entsprechende Bedingungen bei der Vergabe von Fördergeldern und Finanzierungen.

Wenn wir diese Forderungen beherzigen, dann können wir zumindest für die Tropischen Regenwälder in Südostasien viel erreichen. Ob es gelingt, bleibt jedoch abzuwarten. Denn eines ist klar: Solange ein entsprechendes Bewusstsein für die Problematik nicht vorhanden ist, ist auch kein konsequentes Vorgehen zu erwarten. Ein solches ist jedoch dringend notwendig, um das Ziel zu erreichen. Leider beschränkt sich die Problematik aber nicht nur auf Soja und Palmöl.

...und andere Übeltäter

Auch wenn Palmöl und Soja sicherlich die Hauptzerstörer des tropischen Regenwalds sind, sind sie leider nicht die einzigen. So werden auch Kakao, Kaffee und Orangen auf ehemaligen Regenwaldflächen angebaut. Die weltweite Nachfrage nach diesen Produkten ist ebenfalls sehr groß.

Kakao zum Beispiel wird hauptsächlich in Westafrika angepflanzt und zwar zu achtzig Prozent von Kleinbauern. In Ghana sind alleine 600.000 Familien damit beschäftigt. Sie erwirtschaften siebzig Prozent der Exporterlöse ihres Landes. Weltmarktführer ist aber die benachbarte Côte d'Ivoire (Elfenbeinküste); sie bedient mit etwa 1,3 Millionen Tonnen alleine ein Drittel des gesamten Weltmarktes. Reich werden die Kakaobauern durch ihre Arbeit jedoch nicht. Durch die ständig sinkenden Weltmarktpreise für ihre Produkte bleibt ihnen vielmehr kaum etwas zum Überleben. Ausbeutung und Kinderarbeit, bis hin zu Kinderhandel und Sklaverei, sind an der Tagesordnung.[155] Und von denjenigen, die so etwas zulassen, den Konzernen nämlich, die den Kleinbauern ihre Produkte zu Niedrigstpreisen abnehmen und sie so erst in die Not treiben, kann man auch nicht viel Rücksicht auf den Wald erwarten. Bei Kaffee ist die Lage ähnlich, nur dass hier der Weltmarktführer Brasilien heißt. Sowohl der Kakaobaum wie auch die Kaffeepflanze benötigen eigentlich Schatten. Deshalb baut man sie entweder zusammen mit anderen Nutzpflanzen wie Kokospalmen, Bananenstauden, Kautschuk, Avocado oder Mango auf Plantagen an oder aber unter noch vorhandenen Regenwaldbäumen. Da dies jedoch schwerer zu bewirtschaften ist, hat man die alten Bäume in der Regel mittlerweile abgeholzt, so dass Monokulturen entstanden sind. Dadurch wird die Biodiversität natürlich massiv beeinträchtigt; Insekten fressende Vögel und andere Tiere finden nun keinen Unterschlupf mehr. Folge davon ist, dass sich Schädlinge ausbreiten, die mit Pestiziden bekämpft werden müssen.[156]

Anders als bei Kaffee und Kakao sind es bei Orangen dagegen meist die Großgrundbesitzer und Konzerne, die die riesigen Plantagen betreiben. Auch hier ist Brasilien mit über achtzehn Millionen Tonnen weltweit der größte Produzent. Darunter hat vor allem der Regenwald in Küstennähe gelitten, auf dessen ehemaligen Flächen die riesigen Plantagen entstanden sind.

Aber Regenwald wird nicht nur zerstört, um das Holz zu verkaufen oder auf seiner Fläche Weiden oder Plantagen anzulegen. Manchmal sind die Bäume auch einfach nur im Weg, um an die wertvollen Bodenschätze zu gelangen, die unter ihren Wurzeln ruhen. So befindet sich etwa im Kongo die Hauptlagerstätte des seltenen Roherzes *Koltan*, aus dem das für die Elektronikbranche wichtige Element *Tantal* (Ta) gewonnen wird. Es wird zur Herstellung von sehr kleinen Kondensatoren mit hoher Kapazität verwendet, wie sie in Smartphones oder Laptops eingebaut werden. Die sprunghafte Nachfrage nach diesen Konsumgütern ab der Jahrtausendwende konnten die bestehenden Koltan-Minen in Australien, Brasilien und Kanada nicht mehr befriedigen. Der Preis für den Rohstoff stieg auf das Zehnfache, wodurch die Vorkommen im Kongo plötzlich in den Mittelpunkt des Interesses rückten. Dass diese in Nationalparks liegen, die sogar zum UNESCO-Welterbe zählen, kümmerte keinen. Jeder wollte das große Geld verdienen. Bäume wurden abgeholzt, um besseren Zugang zu den Minen zu schaffen. Bergbau-Abwässer verschmutzen seitdem die Flüsse und teilweise wird das Koltan auch im Tagebau gewonnen. Hinzu kommt, dass sich die Minenarbeiter ernähren müssen. So ist es keine Seltenheit, dass mitunter nicht nur Büffel und Antilopen, sondern auch Gorillas, Schimpansen und Elefanten geschossen und verspeist werden.[157]

In Südamerika gibt es einen mindestens genauso interessanten Rohstoff unterhalb der Regenwaldflächen: Erdöl. In Ecuador gelangen durch undichte Pipelines große Mengen an Öl und anderen Schadstoffen in den Regenwaldboden und in die Flüsse. Zwischen 1971 und 1991 sollen es alleine im Westen des Landes hundertzehn Millionen Liter gewesen sein, die doppelte Menge dessen, was 1989 bei der Havarie des Tankers »*Exxon Valdez*« vor Alaska den Pazifik verseuchte. Durch die Ausweitung der Erdölflächen sind auch die Lebensräume der heimischen indigenen Völker stark gefährdet. Auch im benachbarten Venezuela sieht es ähnlich aus. Dort sichert der Export von Rohöl achtzig Prozent der Exporterlöse und die Hälfte der Staatseinnahmen.[158]

Dreitausend Kilometer weiter südöstlich, in *Carajás*, gelegen im nordbrasilianischen Bundesstaat *Pará* mitten im Amazonasgebiet, gibt es das größte Eisenerzvorkommen der Welt: Sage und schreibe achtzehn Milliarden Tonnen lagern hier. Die Firma *Vale S.A.*, der größte Bergbaukonzern der Welt, betreibt hier einen riesigen Tagebau. Ausländische Geldgeber unterstützen das Projekt, darunter die EU und die Weltbank. Es werden hundertzehn Millionen Tonnen pro Jahr gefördert, das sind mehr als dreihunderttausend Tonnen am Tag.[159] Teilweise wird das Eisenerz direkt vor Ort verhüttet, teilweise über lange Transportwege zur achthundert Kilometer entfernten Küste geschafft. Die Verhüttung erfolgt in über vierzig Hochöfen, die sich um die Mine herum angesiedelt haben und die aus dem Eisenerz Roheisen herstellen. Die Hochöfen verwenden aber nicht, wie sonst heute fast überall auf der Welt üblich, Kokskohle, sondern Holzkohle. Nach Angaben von Greenpeace arbeiten hier Tausende von Tagelöhnern in sklavenähnlichen Verhältnissen daran, aus dem Regenwaldholz in illegalen Kohlemeilern Holzkohle herzustellen. Zur Verhüttung von einem Kubikmeter Eisenerz werden über sechzehn Kubikmeter Holzkohle benötigt, die wiederum aus dreiunddreißig Kubikmetern Rohholz gewonnen werden.[160] Wie viel Regenwaldfläche diesem Treiben bereits zum Opfer gefallen ist, kann niemand sagen, denn nach der Abholzung gilt auch hier oft der brasilianische Zyklus: es folgen Rinderweiden und Sojafelder.

Doch das Beispiel, das vielleicht am besten zeigt, wie es um den Regenwald tatsächlich bestellt ist, stammt aus dem ganz im Norden von Südamerika gelegenen Französisch-Guayana. Dort gibt es nämlich Gold. Im Jahre 1855 zum ersten Mal entdeckt, wurden bis in die 1920er Jahre hinein nach offiziellen Angaben 207 Tonnen des gelben Metalls gewonnen, bevor die Förderung zum Erliegen kam. Bis, ja bis im Jahr 1995 eine Forschungsstelle auf Anfrage des französischen Staates einen Bericht veröffentlichte, wonach in Guayana Goldreserven von fünfhundert Tonnen vorhanden seien. Das löste einen regelrechten Goldrausch aus. Neben einigen legalen Schürfstellen wird vor allem illegal gefördert. Illegale Arbeitskräfte kommen über die Grenze, mit Hochdruckwasserstrahlern werden von Kähnen aus die Böschungen der Wasserläufe abgespritzt, der Schlamm abgesaugt und durch Siebe gespritzt. Das Gold wird mit hochgiftigem Quecksilber amalgamiert, das in großen Mengen in die Flüsse gelangt. Zehn Tonnen jährlich sollen es sein. Natürlich gibt es andere, umweltfreundlichere, aber deutlich teurere Methoden, aber die Goldsucher kümmern sich nicht darum. Das Quecksilber gelangt vom Wasser in die Böden und zerstört die Nahrungsketten des Waldes. Die Quecksilberdämpfe gefährden zudem nicht nur die Arbeiter selbst, sondern auch die indigenen Völker, die dort leben. Die Regierung versucht mit allen Mitteln, diesem illegalen Treiben ein Ende zu setzen. Die Grenze wird kontrolliert, Hubschrauber eingesetzt und zahlreiche Lager in den Regenwäldern ausgehoben oder zerstört. Der Erfolg ist aber mehr als dürftig.[161] Das Schlimme daran ist, dass es sich hier nicht um irgendein korruptes oder diktatorisch geführtes Dritte-Welt-Land handelt, das vielleicht auch noch seine hohen Auslandsschulden begleichen muss. Nein, ganz im Gegenteil: Französisch-Guayana ist ein voll integrierter Teil des französischen Staates und damit auch Teil der Europäischen Union und der NATO; der Euro ist gesetzliches Zahlungsmittel. Wenn es hier nicht gelingt, etwas gegen die Regenwaldzerstörung zu unternehmen und den damit verbundenen illegalen Machenschaften das Handwerk zu legen, wo dann?

Hoffnungslosigkeit verboten

Doch so deprimierend sich das alles anhört: Den größten Fehler, den wir im Zusammenhang mit dem tropischen Regenwald machen können, ist, seine Lage als *hoffnungslos* zu bezeichnen, selbst wenn sie uns auch noch so hoffnungslos erscheinen mag.

Denn Hoffnungslosigkeit heißt Resignation, heißt ihn abzuschreiben, den Wald. Aber wir dürfen den »kranken grünen Mann« nicht für tot erklären, wir müssen ihm helfen. Denn er kann – mit unserer Hilfe – wieder aufgerichtet werden, er kann wieder wachsen und gedeihen und uns ein genauso treuer wie wertvoller Gefährte in der Zukunft sein. Schulterzuckendes Wegducken wäre fatal, *Handeln* muss vielmehr die Maxime sein. Doch wie soll das angesichts der bedrohlichen Lage konkret aussehen?

Wenn man sich die Sorge um den Tropischen Regenwald anschaut, so hat sie in den letzten Jahrzehnten mehrere Phasen durchlaufen. Nachdem die Tropenwälder der Menschheit jahrhundertelang immer als etwas Unheimliches und Unzerstörbares galten, mehrten sich in den 1970er Jahren erstmals Berichte, die die besorgniserregenden Ausmaße ihrer Zerstörung beschrieben. Für die Welt war das ein Schock; sie musste reagieren, um sie zu retten. In den 1980er Jahren wurde deshalb zunächst versucht, das Problem durch zwischenstaatliche Vereinbarungen in den Griff zu bekommen. Am Ende dieses langen Prozesses stand der Erdgipfel von Rio de Janeiro im Jahr 1992. Ergebnisse waren unter anderem die Verabschiedung der *»Rio-Erklärung über Umwelt und Entwicklung«* sowie der *»Biodiversitäts-Konvention« (»Convention on Biological Diversity«* – CBD*)*. Auf dem Papier hörte sich das zwar ganz gut an, praktische Erfolge für den Wald ließen aber weiter auf sich warten. Um das zu ändern, gab es in den 1990er Jahren verstärkt Koalitionen zwischen Nichtregierungsorganisationen, staatlichen Entwicklungsorganisationen, Finanzinstitutionen und Regierungen. Hilfreich in diesem Zusammenhang waren vor allem die verbesserten technologischen Möglichkeiten der satellitengestützten Fernerkundung.

Als dann aber spätestens mit Beginn des neuen Jahrtausends der Klimawandel verstärkt in den internationalen Fokus geriet und alle anderen Umweltthemen überstrahlte, wurde der Wald in erster Linie auf seine Funktion als Kohlenstoffspeicher beziehungsweise Kohlenstoffsenke reduziert. Unter anderem resultierte daraus der Vorschlag (übrigens aus Papua-Neuguinea und Costa Rica), die Regenwaldländer für einen Verzicht auf die Waldzerstörung zu entschädigen; eine entsprechende Initiative namens REDD+ (»*Reducing Emissions from Deforestation and Forest Degradation*«[162]) wurde ins Leben gerufen, die ab 2005 regelmäßig auf den Weltklimakonferenzen verhandelt wurde und schließlich in das Übereinkommen von Paris mit einfloss.

Das Problem ist aber: Das Sterben des Tropischen Regenwaldes wurde damit auf ein einziges Element reduziert, nämlich Kohlenstoff! Der Biodiversitätsverlust und das Artensterben jedoch, welche mit seiner Zerstörung einhergehen, wurden in den Hintergrund gedrängt und kaum noch beachtet! Für die breite Öffentlichkeit ist das Thema Regenwaldzerstörung daher weitgehend uninteressant geworden, schließlich beschäftigten sich die internationalen Organisationen kaum noch damit. Oder sie ist – schlimmer noch – der Ansicht, dass der Tropische Regenwald ohnehin nicht mehr zu retten sei! Das stimmt aber einfach nicht. Er ist sehr wohl zu retten, nur das Bewusstsein dafür muss wieder an die Oberfläche dringen![163] Doch welche Handlungsoptionen haben wir?

Nun, die große, alles heilende Lösung gibt es natürlich nicht. Es kann sie auch gar nicht geben angesichts der zahlreichen Akteure, die beteiligt sind an diesem Spiel. Aber es gibt vielleicht mehrere kleine Puzzleteile, die, richtig zusammen- und energisch umgesetzt, am Ende ein schönes, zukunftweisendes Gesamtbild zu ergeben imstande sind. Der Schweizer Biologe, Tropenwaldspezialist und ehemalige Generaldirektor des WWF, *Claude Martin*, beschreibt in seinem Buch »*Endspiel*«[164] einige dieser Puzzleteile, die uns als Leitfaden dienen können. Er unterteilt sie in mehrere Bereiche. Zum einen nennt er »*grundsätzliche Naturschutzprinzipien*«, die einzuhalten sind; zweitens die »*Bekämpfung der Grundursachen*« der Waldzerstörung; drittens sind »*strategische Direktiven*« vorzugeben, um erfolgreich zu sein, und schließlich, viertens, ist das »*Schmieden von Allianzen und Partnerschaften*« nicht nur sinnvoll, sondern sogar unerlässlich.

Beginnen wir mit den grundsätzlichen Naturschutzprinzipien. Es sind drei. Erstes Prinzip muss zunächst der Schutz der bisher weitgehend *unberührten* Tropischen Regenwälder sein, also der noch vorhandenen Primärwälder. Die Ressourcenausbeutung hat in ihnen nichts zu suchen. Sie sollten unbedingt und gänzlich von Holzeinschlag oder gar dem Anlegen von Plantagen an seiner statt verschont bleiben. Denn nur der Erhalt der Primärwälder bietet die Chance, die dort vorhandene Biodiversität und Artenvielfalt zu erhalten. Wenn schon die Ressourcen des Waldes genutzt werden sollen, dann sollte sich dies auf die anderen, bereits beeinträchtigten Waldgebiete beschränken. »*Holzprodukte*«, so Martin, »*sollten vielmehr aus sorgfältig bewirtschafteten Konzessionen und den großen, bereits bestehenden Sekundärwäldern kommen.*«[165] Wichtigstes Ziel muss also sein, zunächst die noch vorhandenen Primärwälder unter Schutz zu stellen.

Zweites Prinzip sollte sein, den Wald nicht zu fragmentieren, das heißt, ihn nicht so sehr zu zerstückeln, dass nur noch kleine, aber keine großen zusammenhängenden Flächen mehr übrig bleiben. Denn je kleiner die verbleibenden Waldgebiete, desto höher die Wahrscheinlichkeit, dass lokale Tier- und Pflanzenarten aussterben. Das liegt auch daran, dass gerade die Randbereiche der Wälder besonders anfällig sind für extreme Wetterereignisse, für Brände und für Dürren. Je größer aber die verbleibenden Waldflächen, desto weniger gefährdete Randbereiche gibt es und desto ungestörter können sich Fauna und Flora in ihnen entfalten. Ein besonderes Problem in diesem Zusammenhang stellt der Wanderfeldbau von Kleinbauern dar, denn gerade er fördert die Waldfragmentierung. An diesem Punkt sollte eingegriffen werden, etwa indem die Kleinbauern in agroforstwirtschaftlichen Methoden geschult werden, die eine dauerhafte Landwirtschaft ermöglichen und sie somit in die Lage versetzen, an einem Ort sesshaft zu werden.

Das dritte Prinzip sollte sein, die Kulturen und Rechte indigener Völker stärker zu schützen. Es hat sich nämlich gezeigt, dass die Menschen, die seit Jahrhunderten mit und von ihrem Wald leben, ihn viel besser hüten als etwa Großgrundbesitzer oder gar multinationale Konzerne, die in erster Linie ihre wirtschaftlichen Interessen im Blick haben. In Lateinamerika ließ sich sogar nachweisen, dass Waldgebiete, die als offizielles Territorium indigener Volksgruppen ausgewiesen waren, mindestens so gut gegen Entwaldung geschützt wurden wie offizielle Naturschutzgebiete. Indigene Volksgruppen bewahren eben schon aus Eigeninteresse ihren Lebensraum. Damit sie dies können, ist es jedoch erforderlich, nicht nur die Menschenrechte dieser Gruppen anzuerkennen und sie vor Übergriffen etwa durch eingewanderte Farmer, illegale Holzfäller oder Jäger zu schützen, sondern ihnen auch einen Rechtsanspruch auf ihren Grund und Boden zuzusichern. Denn häufig werden sie vertrieben mit dem bloßen Argument, das Gebiet gehöre ja ohnehin niemandem – und die Indios haben dann keine Möglichkeit, das Gegenteil zu beweisen.

Würden diese drei Prinzipien eingehalten und engagiert umgesetzt, wäre schon viel gewonnen. Ohne die Bekämpfung der Grundursachen, die für die Entwaldung verantwortlich sind, wird es allerdings auf lange Sicht nicht gehen. Die Erhaltung des Tropischen Regenwaldes ist dauerhaft nur möglich, wenn auch diese Grundursachen bekämpft werden. Sie seien hier genannt:

An erster Stelle der Ursachen, die das Überleben insbesondere der Tropischen Regenwälder gefährdet, steht der Klimawandel. Er sei hier nur der Vollständigkeit halber noch einmal aufgeführt; über die Schwierigkeiten seiner Bekämpfung haben wir schließlich bereits viel erfahren. Eine weitere Ursache der Tropenwaldzerstörung ist die kommerzielle Lebensmittel- und Biotreibstoffproduktion; sie hat in diesen Wäldern einfach nichts zu suchen. Ein wichtiger Faktor ist auch die enorme Lebensmittelverschwendung gerade in den schnell wachsenden urbanen Zentren. Würde sie reduziert, müssten auch weniger Nahrungsmittel produziert werden, wodurch wiederum der Druck auf die Wälder sinke. Und schließlich ist der illegale Holzeinschlag durch geeignete strafrechtliche Maßnahmen entschieden zu bekämpfen. Gerade er trägt wesentlich zur Entwaldung bei, insbesondere auch in Gebieten, die offiziell bereits unter Schutz stehen.

Aus strategischer Sicht sollten zunächst die Schutzgebiete in den Tropischen Regenwäldern, insbesondere diejenigen für die Primärwälder, weiter ausgeweitet werden, da dies, wie bereits erläutert, besonders wichtig für die Erhaltung der Artenvielfalt ist. Immerhin gibt es in Südamerika mittlerweile bereits über vierhundert Schutzgebiete mit einer Gesamtfläche von mehr als hundertsechsundsechzig Millionen Hektar. Hundertzehn Millionen Hektar davon befinden sich alleine in Brasilien, weitere zwölf Millionen in Bolivien, sechzehn in Peru und knapp elf in Venezuela. Insgesamt entspricht die geschützte Fläche etwa einem Viertel der Gesamtfläche des südamerikanischen Regenwaldes; in Brasilien, Bolivien und Venezuela sind es rund siebenundzwanzig Prozent, in Französisch Guyana sogar fast die Hälfte.[166] Das ist erfreulich. Allerdings ist dabei auch sicherzustellen, dass diese Schutzgebiete nicht nur auf dem Papier bestehen, sondern auch tatsächlich eingehalten werden – denn darauf kommt es schließlich an.

Die Schutzgebiete umfassen aber nicht nur die Primärwälder. Denn auch der Wert der Sekundärwälder, also derjenigen Wälder, die bereits verändert sind, sollte erkannt werden, vor allem im Hinblick auf die Wiederbewaldung. Lässt man nämlich neuen Bewuchs auf Brachflächen zu, solange die Böden und Samenvorräte noch vorhanden sind, dann können sich die Lücken wieder schließen und so der Waldfragmentierung entgegengewirkt werden, was wiederum der Widerstandsfähigkeit des Waldes und seines Ökosystems zuträglich ist. Das Regenerationssystem des Tropischen Regenwaldes unterscheidet sich nämlich von demjenigen anderer Wälder erheblich. Tropischer Regenwald ist ausgesprochen leistungsfähig, wenn es darum geht, kleine Lücken, die durch Stürme oder umgestürzte Bäume entstanden sind, zu schließen. Das liegt daran, dass die Baumsämlinge und der Samenvorrat im Waldboden bei solchen Ereignissen zunächst erhalten bleiben, allerdings nur so lange die starken Regenereignisse der Tropen den Boden nicht fortschwemmen. Das erklärt auch, warum der Wanderfeldbau, wie er Jahrhunderte lang von der heimischen Bevölkerung praktiziert wurde, den Wald nicht dauerhaft schädigte – sofern er in einem kleinen Rahmen blieb und nur von einigen wenigen indigenen Stämmen betrieben wurde. Sobald die Zerstörung aber ein gewisses Maß übersteigt, haben die Samen und Sämlinge keine Chance mehr, zu überleben.[167] Für die Sekundärwälder gilt also, sie nicht in großem Umfang zu roden, sondern die wertvollen Bäume, auf die man es abgesehen hat, möglichst schonend herauszuholen und den Wald anschließend einige Zeit in Ruhe zu lassen, damit er sich wieder erholen kann. Ein solches nachhaltiges Forstmanagement würde, sofern es konsequent umgesetzt wird, den gepeinigten Sekundärwäldern die Möglichkeit geben, sich zu regenerieren und trotzdem ihre wirtschaftliche Nutzung nicht unterbinden.

Ein geeignetes Mittel, um ein solches nachhaltiges Forstmanagement zu fördern, ist zweifellos seine Zertifizierung. Das bekannteste und renommierteste Zertifizierungssystem in Bezug auf den Wald ist der im Jahre 1993 auf Initiative mehrerer Nichtregierungsorganisationen, darunter des WWF, ins Leben gerufene »*Forest Stewardship Council*« (FSC). Er versucht, durch die Schaffung von weltweit einheitlichen Standards eine nachhaltige Forstwirtschaft zu gewährleisten und hat das ehrgeizige Ziel, mindestens dreißig Prozent aller bewirtschafteten Wälder mit in seine Zertifizierung einzubeziehen. Die Zertifizierung des FSC umfasst sowohl diejenige von Forstbetrieben, die zehn Mindeststandards zu erfüllen haben, als auch diejenige von Produktketten, bei der der gesamte Prozess von der Baumfällung über die Verarbeitung und den Handel bis zum Endkunden betrachtet wird. Hier erhält das fertige Holzprodukt das FSC-Logo und wird so für den Verbraucher kenntlich gemacht. Die Zertifizierung wird aber nicht vom FSC – der seinen Sitz in Bonn hat – selbst durchgeführt, sondern von dazu akkreditierten Zertifizierungs-Firmen, die die Audits bei den zu zertifizierenden Unternehmen durchführen. Allerdings kann jedes Zertifizierungssystem, auch das des FSC, nur so gut sein, wie es auch kontrolliert wird. Missbrauch oder unsaubere Geschäfte, die von zertifizierten Unternehmen durchgeführt werden, können schnell das Vertrauen in das gesamte System zerstören. Darum muss es immer das Ziel sein, ein Zertifizierungssystem zu erweitern, zu verbessern und besser zu überwachen. Das gilt auch für den FSC. Aber nicht nur das Holz, das der FSC ausschließlich zertifiziert, sondern auch andere Produkte, die aus den Tropen stammen, wie etwa Palmöl, Soja, Kaffee, Tee und Kakao sollten stärker normiert werden. Auch hier sind vergleichbare Zertifizierungssysteme erforderlich, damit ihre Produktion nicht mit der Zerstörung von Regenwäldern einhergeht.

Doch um den illegalen Umtrieben skrupelloser Geschäftemacher, die sich solchen Zertifizierungen naturgemäß entziehen, besser Herr zu werden, sollten auch die Überwachungssysteme ausgebaut werden, insbesondere die satellitengestützte Fernerkundung. Während man in Brasilien damit bereits gute Erfahrungen gemacht hat (durch Projekte wie »*PRODES*« oder »*DETER*«), wurde von dieser Möglichkeit jedoch in anderen tropischen Staaten bisher kaum Gebrauch gemacht. Vielleicht bedarf es hier auch einfach besserer internationaler Unterstützung, gepaart mit Überzeugungsarbeit gegenüber den betroffenen Regierungen, dass der Schutz des Waldes oberste Priorität haben muss und somit solche Systeme notwendig sind.

Der afrikanische Regenwald, der insofern gegenüber denjenigen in Lateinamerika und Südostasien eine gewisse Sonderstellung einnimmt, da er bisher von globalisierten Wirtschaftsinteressen noch einigermaßen verschont geblieben ist, wird in Zukunft durch die stark wachsende Bevölkerung und die derzeit bereits prekäre Ernährungssituation des Kontinents unweigerlich in Bedrängnis geraten. Deshalb gilt es gerade in Afrika, die landwirtschaftliche Produktivität, insbesondere diejenige der kleinbäuerlichen Subsistenzwirtschaft, signifikant zu erhöhen, um den zu erwartenden Druck auf die Wälder zumindest abzuschwächen.

Für unerlässlich hält es der Tropenwaldspezialist Martin, um auf ihn zurück zu kommen, auch, die Institutionen, Allianzen und Partnerschaften, die es für den Schutz der Wälder bereits gibt, zu stärken und besser miteinander zu vernetzen. Das gelte gleichermaßen für die Regierungen, da »*mit dem wachsenden Einfluss von Privatunternehmen auf die Landnutzung und ihre Veränderung* [...] *der Staat aufgerufen* [ist], *eine aktivere Rolle bei der Überwachung, Kontrolle und Vollstreckung der Waldgesetze einzunehmen*«.[168]

Die Ansätze, die Claude Martin nennt und die hier wiedergegeben wurden, gehen sicher alle in die richtige Richtung. Sie nennen darüber hinaus nicht nur pauschale Zielvorstellungen, sondern konkrete Punkte, die es anzugehen gilt und die damit einen konkreten Handlungsleitfaden liefern. Damit liegt die Agenda vor.

Am allerwichtigsten ist jedoch, dass die Bemühungen um den Schutz der Wälder und besonders der Tropischen Regenwälder wieder in den internationalen Fokus gerückt werden. Der Dornröschenschlaf, in dem sie sich derzeit befinden, ist nicht länger hinnehmbar. Um das zu erreichen, sind auch die Vereinten Nationen gefragt. Ihre Ernährungs- und Landwirtschaftsorganisation (FAO), auf deren Schultern die entsprechende Verantwortung zu ruhen scheint, ist dieser nicht gewachsen. Sie ist nicht im Besitz der dazu notwendigen Mittel und Finanzen, ja, es ist noch nicht einmal ihre Aufgabe. Sie hat nur wenige tausend Mitarbeiter und ihr Budget liegt gerade einmal bei einer guten Milliarde Dollar pro Jahr. Sie fungiert als Wissensnetzwerk; sie trägt Informationen zusammen und informiert über Themen der Welternährungssituation, der Forstwirtschaft, der Fischerei, der Viehwirtschaft, der Agrar- und Entwicklungspolitik. Die FAO hat die Aufgabe, die Produktion und Verteilung von landwirtschaftlichen Produkten, insbesondere die von Nahrungsmitteln, weltweit zu verbessern, um auf diese Weise die Welternährung sicherzustellen und den Lebensstandard, vor allem in den Entwicklungsländern, anzuheben. Ihr lateinisches Motto lautet: *fiat panem* (»Es werde Brot«)! Das Thema Wald, über das sie alle zwei Jahre ihren Weltwaldbericht (»*State of the World's Forests*« – SOFO) herausbringt und der lediglich eine statistische Bestandsaufnahme darstellt, ist dabei allenfalls ein Thema unter vielen. Nichts liegt der FAO daher ferner, als konkrete Aktionen einzuleiten oder politisch einzugreifen, um die Situation der Wälder des Planeten zu verbessern; das kann sie gar nicht.

Angesichts der überragenden Bedeutung der Tropischen Regenwälder wäre es deshalb mehr als angebracht, eine Organisation zu schaffen, die genau dies leistet, die die Waldbedeckung systematisch überwacht und sich um die Etablierung von Standards kümmert, damit der Erhalt der Wälder gewährleistet werden kann, also eine Organisation ähnlich dem IPCC, eine Art »*Intergovermental Panel on Deforstation and Forest Degradation*«.[169]

Hoffen wir, dass in dieser Richtung in naher Zukunft etwas geschieht und der Schutz der Tropischen Regenwälder so bald wie möglich wieder diejenige überragende Bedeutung erlangt, die ihr zusteht. Denn wir dürfen nicht zulassen, dass dieser einmalige Schatz für immer verloren geht. Es liegt in *unserem* Interesse, das zu verhindern. Wir, jeder einzelne von uns, sollte die moralische Pflicht erkennen, Verantwortung zu übernehmen und auf den Schutz der Wälder hinzuwirken. Worauf warten wir also?

Boden

WIR WISSEN MEHR ÜBER DIE BEWEGUNG DER HIMMELSGESTIRNE
ALS ÜBER DEN BODEN UNTER UNSEREN FÜSSEN.
[Leonardo da Vinci, Universalgenie]

DAS ENDE UNSERER BÖDEN WIRD UNSER EIGENES ENDE SEIN –
ES SEI DENN, WIR FINDEN EINE MÖGLICHKEIT,
UNS VON NACKTEM GESTEIN ZU ERNÄHREN.
[Thomas C. Chamberlain, US-amerikanischer Geologe]

»Am Ende des Monats Mai wurde der Himmel bleich, und die Wolken, die in dichten Ballen den ganzen Frühling über herabgehangen hatten, lösten sich auf. Die Sonne brannte hernieder auf das wachsende Korn, Tag für Tag, bis die grünen Speere an den Rändern braune Streifen bekamen. Wolken tauchten auf und verschwanden wieder, und nach einer Weile kamen sie überhaupt nicht mehr. Das Unkraut wurde dunkelgrün, um sich zu schützen, aber es wucherte nicht mehr. Die Erde setzte eine Kruste an, eine dünne, harte Kruste, und wie der Himmel bleich wurde, so wurde auch die Erde bleich [...]. *Und da die stechende Sonne Tag für Tag hernieder brannte, blieb das Korn nicht mehr steif und aufrecht. Erst beugte es sich nur ein wenig, und dann, als auch die starken Mittelrispen ihre Kraft verloren, neigten sich die Blätter ganz nach unten.*

Dann kam der Juni, und die Sonne schien nun noch brennender. Die braunen Streifen an den Getreideblättern verbreiterten sich bis zu den Mittelrispen. Das Unkraut wurde welk und trocknete ein. Die Luft war dünn und der Himmel noch bleicher, und mit jedem Tag bleichte auch die Erde mehr. Auf den Straßen, wo die Gespanne entlang zogen, wo die Räder den Boden zermahlten und die Hufe der Pferde den Boden zertraten, brach die Schmutzkruste, und Staub bildete sich. Jedes sich bewegende

Ding hob den Staub in die Luft: bei einem Menschen hob er sich bis zu den Hüften, bei einem Wagen bis über die Plane, und ein Auto wirbelte eine mächtige Wolke hinter sich auf. Es dauerte lange, bis der Staub sich wieder gelegt hatte.

Als der Juni zur Hälfte vorüber war, kamen von Texas und dem Golf her Wolken, hohe, schwere Wolken, Regenköpfe. Die Männer auf den Feldern blickten zu den Wolken auf und schnüffelten und hielten angefeuchtete Finger hoch, um zu spüren, woher der Wind kam. Und die Pferde waren unruhig, solange Wolken am Himmel standen. Die Regenköpfe ließen ein paar Spritzer fallen und zogen eilends weiter in ein anderes Land. Hinter ihnen war der Himmel wieder bleich, und die Sonne stach. Im Staub, dort, wo die Tropfen niedergefallen waren, hatten sich kleine Krater gebildet, und die Getreidehalme hatten hier und da saubere Stellen – das war alles.

Ein sanfter Wind folgte den Regenwolken und trieb sie nach Westen; ein Wind, der leise durch das trockene Korn strich. Ein Tag verging, und der Wind wurde, gleichmäßig und ohne Stoßböen, immer stärker. Der Staub flog von den Straßen auf und breitete sich aus und fiel auf das Unkraut am Rande der Felder. Dann wurde der Wind noch stärker und heftiger und griff auch die Regenkruste in den Kornfeldern an. Nach und nach verdunkelte sich der Himmel vom Staub und der Wind strich über die Erde, lockerte den Staub und trug ihn davon. Der Wind wurde noch stärker. Die Regenkruste brach, und der Staub erhob sich über die Kornfelder und flog gleich trägem Rauch in grauen Schleiern in die Luft. [...] *Der feinste Staub senkte sich nicht wieder auf die Erde herab, sondern verschwand im dunkelnden Himmel.*

Der Wind wurde stärker, fegte unter die Steine, trug Stroh und alte Blätter, ja selbst kleine Klumpen davon und zeichnete seinen Weg ab, wenn er über die Felder strich. Die Luft und der Himmel verdunkelten sich, die Sonne schien rötlich hindurch, und es war ein empfindliches Stechen in der Luft. In der Nacht jagte der Wind noch heftiger über das Land, grub geschickt an den Wurzeln der Getreidehalme, und die Getreidehalme wehrten sich gegen den Wind mit ihren welken Blättern, bis die Wurzeln frei waren. Da legten die Halme sich seitwärts zur Erde, und ihre Spitzen deuteten in die Richtung des Windes.

Es kam die Dämmerung, aber es kam kein Tag. Am grauen Himmel erschien eine rote Sonne, eine verschwommene rote Scheibe, die wenig Licht gab, und als der Tag vorrückte, wurde aus der Dämmerung wieder Dunkelheit, und der Wind heulte über das gefallene Korn hinweg.

Die Männer und Frauen drängten sich in ihre Häuser, und wenn sie hinausgingen, banden sie sich Taschentücher um die Nasen und trugen Brillen, um die Augen zu schützen.

Als die Nacht wiederkam, war es schwarze Nacht [...]. *Jetzt war der Staub gleichmäßig mit der Luft vermischt. Die Häuser wurden dicht verschlossen und Tücher um die Fenster und Türen gelegt, aber der Staub drang doch herein, so dünn, dass er gar nicht zu sehen war, und er legte sich wie Pollen um die Teller, auf die Tische und Stühle. Die Leute wischten ihn sich von den Schultern. Kleine Wälle Staub lagen auf den Türschwellen.*«[170]

Diese Worte stammen aus dem 1939 erschienenen Roman »*Früchte des Zorns*« (»*The Grapes of Wrath*«) von *John Steinbeck* (1902 bis 1968). Er beschreibt darin die Katastrophe, die sich in den 1930er Jahren in den *Great Plains* der USA, den weiten Ebenen östlich der Rocky Mountains, abspielte und die als »*Dust Bowl*« in die amerikanische Geschichte einging. Im Herbst des Jahres 1933, am 11. November, fegte der erste Sturm über den Bundesstaat South Dakota hinweg. Er nahm so viel Boden mit, dass noch am nächsten Tag der Himmel von Staub verdunkelt war. Doch dieses Ereignis sollte erst der Beginn der später so genannten »*Dirty Thirties*« sein.

Im Mai 1934 wütete ein Sturm zwei Tage lang, bis sich Dünen um die Farmhäuser bildeten. Die Farmer versuchten, wie es

Steinbeck beschrieb, mit feuchten Tüchern ihre Häuser abzudichten, aber trotzdem litten viele von ihnen unter Atemnot. Eine riesige Staubwolke bildete sich und wehte in Richtung Osten zunächst bis nach Chicago und Buffalo, am folgenden Tag auch bis nach New York, Boston und Washington. Die Äcker der Staaten North und South Dakota, Nebraska, Kansas, Oklahoma und anderer wurden in diesen Tagen um dreihundert Millionen Tonnen pulverisierten Oberboden erleichtert. Auch in den nächsten Jahren kam es immer wieder zu ähnlichen Stürmen, so dass in der Folge bis zu drei Millionen Menschen die Great Plains verließen. Eine halbe bis dreiviertel Million dieser »*Okies*« zog weiter nach Westen, bis nach Kalifornien, wo sie hofften, sich eine neue Lebensgrundlage aufbauen zu können.[171] Auch Steinbecks Buch handelt von einer solchen Farmerfamilie. Für den Roman wurde er im Jahr 1940 mit dem Pullitzer-Preis geehrt, 1962 erhielt er für sein Gesamtwerk den Literaturnobelpreis.

Der Titel »*Früchte des Zorns*« ist die Anspielung auf eine Bibelstelle: In der *Offenbarung des Johannes*, der »*Apokalypse*«, geht es um die »*Schalen des Zorns*«, um die »*Sieben Plagen der Endzeit*«, die Gott vor dem Tage des Jüngsten Gerichts über die Menschheit ausschüttet, bevor er seine Schöpfung gleichsam zurück nimmt.[172]

Eine solch apokalyptische Plage war es tatsächlich, die sich in den 1930er Jahren in den USA abspielte. Allerdings war diese Plage keine von Gott als Strafe über uns Menschen ausgeschüttete, sondern eine von uns selbst herbeigeführte. Wie das kam?

Nun, bei den Great Plains handelt es sich eigentlich um ein trockenes Gebiet; es sind die klassischen Prärien des amerikanischen Westens. Sie haben eine Fläche von etwa zwei Millionen Quadratkilometern und ziehen sich auf einer Breite von etwa fünfhundert Kilometern östlich des großen Gebirgszugs der Rocky Mountains von Kanada im Norden bis nach Mexiko im Süden. Viele Jahrhunderte lang war das Gebiet nur spärlich von einigen Indianerstämmen besiedelt, die hier Jagd auf die zahlreichen Bisonherden machten. Als im 19. Jahrhundert die ersten europäischen Siedler kamen, durchwanderten sie das Gebiet meist schnell auf ihrem Weg gen Westen. Die Great Plains galten damals als unbewohnbare Wüste und für die Nutzung als Ackerland als völlig ungeeignet. Erst in den letzten drei Jahrzehnten des 19. Jahrhunderts änderte sich das, als es ungewöhnlich viel regnete. Die Neuankömmlinge ließen sich vom Grün der Landschaft verführen, blieben, und begannen, den Boden umzupflügen. Unterstützt wurden sie dabei von neuen Techniken, wie dem 1837 von *John Deere* (1804 bis 1886) erfundenen Pflug aus poliertem Stahl. Anfang des 20. Jahrhunderts verdrängten dann erstmals Traktoren die traditionellen Zugpferde; 1920 verrichteten bereits eine Viertel Million dieser Maschinen ihre Arbeit auf den Äckern. Auf diese Weise, ermutigt von ihrem Erfolg, nahmen die Farmer schließlich die gesamte Prärieerde der Great Plains unter den Pflug. Das ging so lange gut, bis 1930 der Regen ausblieb und das Schicksal seinen Lauf nahm. Während früher noch eine dichte, mächtige Decke aus Präriegras – durch die Ausscheidungen der umherziehenden Bisonherden gedüngt und daher gut gedeihend – den Lössboden vor Austrocknung schützte und ihm mit ihren Wurzeln Halt bot, konnte nun, nach ihrem Verschwinden, der locker daliegende und ausgetrocknete Boden dem Wind einfach keinen Widerstand mehr entgegen setzen und die Erosion ganze Arbeit leisten.[173]

Erst unter dem Eindruck dieser dramatischen Geschehnisse, die sich ab Anfang der 1930er Jahre in den Great Plains abspielten, begann man, die ersten weltweiten Schutzmaßnahmen gegen Bodenerosion ins Leben zu rufen. Basis dafür war der von US-Präsident *Franklin D. Roosevelt* gegründete »*US Soil Convention Service*«, einer neu geschaffenen Behörde, die die Bodenerosion bekämpfen sollte. Im November 1934 untersagte Roosevelt die Besiedelung des verbliebenen, bisher noch weitgehend unberührten öffentlichen Landes; man hatte sie und die damit verbundene Urbarmachung als die Hauptursache für die »*Schwarzen Bliz-*

zards« – wie man den Dust Bowl auch nannte – identifiziert.[174] Mit der Besiedelung war nämlich der Versuch einhergegangen, auf der zur Verfügung stehenden Fläche einen größtmöglichen (kurzfristigen) Gewinn zu erzielen. Der menschliche Arbeitsaufwand sollte minimiert werden, indem man große Maschinen wie Traktoren, Scheibenpflug und Mähdrescher auf möglichst großen, zusammenhängenden Flächen einsetzte, Monokulturen mit leistungsfähigen Pflanzen anbaute, hohe Mengen von Pestiziden und Dünger einbrachte sowie eine intensive Bewässerung betrieb. Die Grasnarbe, die den Boden zuvor stabilisiert hatte, ging dadurch komplett verloren. Lag der Boden dann längere Zeit umgepflügt brach, hatte die Wind- und Wassererosion leichtes Spiel – genauso wie es schließlich geschah.[175]

Bevor wir uns anschauen, wie man solchen Problemen mithilfe geeigneter Maßnahmen begegnen kann, wollen wir uns jedoch mit dem Kulturgut Boden an sich beschäftigen.

Erde der Erde – Boden der Welt

Heute, so scheint es, in unserer industrialisierten westlichen Gesellschaft, in der nur noch ein bis zwei Prozent der Erwerbsbevölkerung in der Landwirtschaft tätig sind, mutet der Boden unter unseren Füßen als die wohl meistunterschätzte Ressource an, die wir haben. Und doch bildet er die Grundlage für sämtliches pflanzliche und tierische Leben auf der Landfläche unseres Planeten!

Früheren Generationen war die überragende Bedeutung der Ressource Boden offenbar sehr viel stärker bewusst als uns; sie hatten ein geradezu hochemotionales Verhältnis zu ihm – und das aus gutem Grund. Wie stark diese Bindung war, verdeutlicht uns unter anderem die Etymologie. So leitet sich etwa das lateinische Wort für »Mensch«, *homo*, von dem Wort *humus*, lateinisch für »Erdboden«, ab. Auch die Bibel zeigt einen ähnlichen Zusammenhang auf: In der *Genesis* nennt sie den ersten Mann

»*Adam*«, abgeleitet vom hebräischen Wort *ădāmāh* für »Ackerboden«. Die ihm zur Seite stehende »*Eva*« leitet sich dagegen vom hebräischen Wort *ḥawwā,* das so viel bedeutet wie »Die Belebte«, ab. In übertragenem Sinne geht also das *Leben*, Eva, aus dem *Boden*, nämlich der Rippe Adams, hervor.[176] Auch das deutsche Wort »*Mutterboden*« zeigt, dass bereits unsere Ahnen wussten, wie sehr sie abhängig sind von diesem wertvollen Gut; er schenkte ihnen nicht nur fruchtbares Land, sondern sein Vorhandensein war elementar für ihre gesamte Ernährung – genauso, wie eine Mutter elementar ist für die Ernährung ihres Kindes. Beide, das Kind beziehungsweise der Mensch, würden ohne das andere, die Mutter beziehungsweise den Boden, nicht überleben können. Eingedenk dessen ist es umso verwunderlicher, wie arglos wir Menschen heute mit unserer (neben Sauerstoff und Wasser) wichtigsten Lebensgrundlage umgehen.

Wir sollten uns nämlich vielmehr darüber bewusst sein, dass sämtliches Leben auf der Erde, sofern es sich nicht im Wasser abspielt, vom Boden abhängig ist. Sämtliche Pflanzen beziehen wichtige Nährstoffe wie Stickstoff, Kalium und Phosphor aus dem Boden; ohne Boden könnten sie nicht existieren. Und ohne Pflanzen gäbe es auch kein tierisches Leben, weil jede Nahrungskette bei den Pflanzen beginnt. Der Boden ist neben Wasser, Luft und Sonnenlicht *das* Lebenselixier sämtlichen Lebens auf dem Festland dieses Planeten. Doch was ist Boden überhaupt?

Als *Boden*, den wir ja umgangssprachlich gleichlautend zu unserem Heimatplaneten auch als »Erde« bezeichnen, verstehen wir den obersten, normalerweise *belebten* Teil der Erdkruste. Er umgibt die Erde wie eine sehr dünne Haut mit einer Stärke von nur wenigen Millimetern bis zu wenigen Metern. Er bedeckt alles, was nicht entweder Wasser oder nacktes Gestein ist und bildet damit die Übergangszone von der tiefer liegenden Gesteinsschicht zur darüber liegenden Vegetationsdecke beziehungsweise Erdatmosphäre. Er entsteht, weil die beiden letztgenannten – die Vegetation und die Luft – an der erstgenannten – der Gesteinsschicht – nagen und sie auf diese Weise zersetzen. Begreift man das System Erde als ein System ineinander verschachtelter, zwiebelförmig aufgebauter »*Sphären*« (von griechisch *sfaira* = »Hülle, Ball«), so bildet der Boden, die so genannte »*Pedosphäre*« (von griechisch *pédon* = »Erdboden«), die Grenzzone, oder, wenn man so will, das Bindeglied zwischen den übrigen vier Sphären, bestehend aus der *Lithosphäre* (der Gesteinshülle der Erde), der *Hydrosphäre* (des Wassers), der *Biosphäre* (der Gesamtheit allen pflanzlichen und tierischen Lebens) und der *Atmosphäre* (der Luft). Der Boden vermittelt damit gewissermaßen zwischen Gestein, Wasser, Leben und Luft. Ja mehr noch: Tatsächlich vereint er sogar alle vier anderen Sphären in sich! Er besteht nämlich idealerweise zu knapp der Hälfte aus der mineralischen Bodensubstanz, also dem verwitterten Gestein, zu etwa drei Prozent aus Humus, also der organischen Bodensubstanz, und zu jeweils rund einem Viertel aus dem Bodenwasser und der Bodenluft.

Das Besondere daran ist, dass dieses einmalige Gemenge ein unglaublich artenreiches Ökosystem darstellt. Es besteht aus Milliarden winziger Mikroorganismen und Millionen kleiner Bodenlebewesen wie Bakterien, Pilzen, Algen, Fadenwürmern und Springschwänzen, Milben, Tausendfüßlern, Zweiflügler- und Käferlarven, Regenwürmern, Spinnen und Asseln. Die Zahl der Lebewesen im Boden ist so hoch, dass in einer einzigen Handvoll ähnlich viele von ihnen leben, wie Menschen auf der Erde, nämlich mehr als *fünf Milliarden*! Die Gesamtmasse dieser Lebewesen liegt – jedenfalls in temperierten Klimazonen – bei rund fünfzehn Tonnen je Hektar Fläche – das entspricht etwa dem Gegenwert von zwanzig Kühen. Und erinnern wir uns: Die gesamte Blattmasse eines Hektars Tropischen Regenwaldes liegt bei rund zwanzig Tonnen – also in derselben Größenordnung! Man stelle sich also vor, der Regenwald verlöre alle seine Blätter und ließe sie zu Boden regnen, dann wögen diese Blätter nur geringfügig mehr als die sich dort tummelnden Bodenlebewesen!

Die zahllosen Mikroorganismen und Bodenlebewesen wandeln die tote organische Materie aus abgestorbenen Pflanzenteilen und Lebewesen in Mineralien um, die die Pflanzen wiederum als Nährstoff benötigen. Auf diese Weise sorgen sie dafür, dass sich der natürliche Kreislauf aus Wachsen, Absterben, Verrotten und Wieder-neu-Entstehen schließt. Darüber hinaus bauen sie Schadstoffe ab, verkleben mithilfe ihrer Stoffwechselprodukte Gesteinsteilchen zu größeren Bodenkrümeln, lockern den Boden auf und sorgen so für eine Durchlüftung und die Zuführung von Sauerstoff.[177]

Neben dieser Funktion als Lebensraum für Tiere und Pflanzen sowie als Ernährungsgrundlage aller Landlebewesen erfüllt der Boden aber noch eine ganze Reihe weiterer Aufgaben. Das deutsche *Bundes-Bodenschutzgesetz* (BBodSchG)[178] etwa teilt diese »*Bodenfunktionen*« in drei Gruppen, nämlich in »*natürliche Funktionen*«, in »*Funktionen als Archiv der Natur- und Kulturgeschichte*« und in »*Nutzungsfunktionen*«. Zu den natürlichen Funktionen des Bodens zählen demnach erstens die bereits erläuterte »*Lebensgrundlage* [...] *für Menschen, Tiere, Pflanzen und Bodenorganismen*«. Darüber hinaus, zweitens, diejenige als »*Bestandteil des Naturhaushalts, insbesondere mit seinen Wasser- und Nährstoffkreisläufen*« und schließlich drittens diejenige als »*Abbau-, Ausgleichs- und Aufbaumedium für stoffliche Einwirkungen auf Grund der Filter-, Puffer- und Stoffumwandlungseigenschaften, insbesondere auch zum Schutz des Grundwassers*«. Zu den Nutzungsfunktionen zählen dagegen diejenigen als »*Rohstofflagerstätte*«, als »*Fläche für Siedlung und Erholung*«, als »*Standort für die land- und forstwirtschaftliche Nutzung*« sowie als »*Standort für sonstige wirtschaftliche und öffentliche Nutzungen, Verkehr, Ver- und Entsorgung*«.[179] Schauen wir uns das noch einmal näher an.

Der Boden, der aus unzähligen mineralischen Partikeln besteht, enthält bekanntermaßen Hohlräume, also Poren. Ihre Größe variiert je nach Körnung und Struktur des Bodens, abhängig ist sie insbesondere von der Aktivität der Bodenlebewesen. Die Poren enthalten entweder Luft oder Wasser. Sind die Poren groß, wie etwa bei einem sandigen Boden, dann lässt er das Wasser schnell hindurch, so dass es in tiefere Schichten gelangt; für die Wurzeln der Pflanzen, die nicht so tief reichen, bleibt daher wenig übrig. Besitzt der Boden hingegen viele mittelgroße Poren, wie das etwa bei Schluff der Fall ist, dann kann er Wasser lange speichern. Ein solcher Boden ist sehr fruchtbar, da er die Pflanzen optimal mit Wasser, Luft und Nährstoffen versorgen kann. Je mächtiger ein Boden aus solchem Material ist, desto mehr Wasser kann er speichern und desto wertvoller ist er für die Landwirtschaft.

Aufgrund seiner Wasserspeicherfähigkeit wirkt der Boden auch dämpfend auf Niederschlags- und Hochwasserereignisse. Niederschlagswasser wird zunächst von ihm aufgenommen und dann verzögert an Bäche und Flüsse abgegeben. Auf diese Weise mindern Böden mit hoher Wasserspeicherfähigkeit das Hochwasserrisiko, was allerdings nur funktioniert, wenn das Wasser an der Oberfläche auch versickern kann und nicht durch Bodenversiegelung daran gehindert wird. Das ist im Übrigen auch die Voraussetzung für die Entstehung von Grundwasser und damit für unsere Trinkwasserversorgung.

Wegen seiner Partikelstruktur und seiner physikalischen und chemischen Eigenschaften ist der Boden auch in der Lage, chemische Elemente und Verbindungen zu filtern, zu neutralisieren und zu binden. Das gilt nicht nur für Nährstoffe, sondern auch für Schadstoffe. Der Boden hält also das Grundwasser und damit unser aus ihm entnommenes Trinkwasser sauber, indem er giftige und toxische Stoffe herausfiltert. Allerdings ist diese Filterfähigkeit einerseits abhängig von Bodeneigenschaften wie Korngrößenzusammensetzung, pH-Wert und Anteil des enthaltenden Humus, andererseits aber natürlich auch von der Menge und der Art an Schadstoffen, die in ihn gelangen. Im Bodenwasser gelöste Schadstoffe werden an Humus- und Tonpartikel gebunden. Zudem werden sie mittels chemischer Reaktionen verändert, wie beispielweise bei der Neutralisation von Säuren. Der Boden hat dabei allerdings nur eine begrenzte Aufnahmefähigkeit; wird sie überschritten, beginnt der Boden zu versauern, das heißt der pH-Wert sinkt. Um das zu verhindern, werden Ackerböden regelmäßig mit Mineraldünger gedüngt und gekalkt.

Der Boden speichert jedoch nicht nur Wasser, sondern auch Kohlenstoff. Im Humus, also in dem Anteil an organischer Substanz, wird er gebunden und somit der Atmosphäre entzogen, was im Hinblick auf den Klimawandel wichtig ist. Wird Boden zerstört, wird demzufolge auch weniger Kohlenstoff gespeichert. Zudem hat ein bewachsener Boden einen Einfluss auf das Mikroklima: Das aus dem Boden von den Pflanzen aufgenommene Wasser verdunstet und kühlt die Umgebung. Außerdem erwärmt sich ein Boden bei Sonneneinstrahlung wesentlich weniger stark als etwa eine Asphaltdecke.

Schließlich stellt der Boden ein Archiv dar; wir können mit seiner Hilfe gewissermaßen in die Vergangenheit schauen. Der Aufbau des Bodens mit seinen verschiedenen Schichten erzählt uns etwas über vergangene Klimata, über Flora und Fauna, über menschliche Aktivitäten. Ohne Boden gäbe es keine Geologie, keine Mineralogie, keine Hydrologie – und auch keine Archäologie und Paläontologie.

Bodenentstehung

Böden entstehen zunächst durch die Verwitterung des Gesteins. So sorgen Temperaturunterschiede für Spannungen, in deren Folge Risse im Stein entstehen. Dringt dann Wasser ein und gefriert, werden Teile abgesprengt; nach und nach zerbröselt das Gestein auf diese Weise. Zusätzlich wird es aber auch durch im Bodenwasser gelöste Stoffe chemisch angegriffen, wodurch Gesteinsbestandteile und Mineralsalze aus ihm herausgelöst werden. Solche Prozesse der *Bodenbildung* – auch »*Pedogenese*« genannt

– sind genauso zahlreich wie die unterschiedlichen Arten von Böden, die entstehen. Es gibt sie schon, seit sich die Erde nach ihrer Entstehung vor Jahrmilliarden abkühlte. Im Wesentlichen sind fünf Faktoren für die Bodenbildung verantwortlich; man kann sie nach den Anfangsbuchstaben der englischen Bezeichnungen als »CLORPT«-Konzept zusammenfassen (für *climate, organics, relief, parent material* und *time*).

Demnach ist der erste und vielleicht wichtigste Faktor das Klima (*climate*). Es ist verantwortlich für den Wasserhaushalt und die Temperatur, die maßgeblich sind für die Intensität der chemischen, biologischen und physikalischen Prozesse, die die Bodenbildung beeinflussen. Heißes Klima und hohe Niederschläge fördern die chemische Verwitterung des Gesteins, während häufiger Frost und Wiederauftauen der physikalischen zugutekommt. Das sorgt unter anderem dafür, dass einige Bodenarten nur in bestimmten Klimazonen vorkommen, in anderen dagegen nicht.

Zweiter Faktor sind die Lebewesen (*organics*), die in und auf dem Boden zu Hause sind. Flora und Fauna beeinflussen die Bodenbildung nämlich entscheidend. Durch die Stoffwechsel-Aktivitäten der Mikroorganismen (*Edaphon*) entsteht *Humus*, also die Gesamtheit der abgestorbenen organischen Bodenbestandteile. Die Mikroorganismen zerkleinern ihn, fressen ihn und scheiden ihn modifiziert wieder aus. Auf diese Weise werden die kohlenstoff-, sauerstoff- und wasserstoffhaltigen Substanzen aufgespalten und es entstehen nach vielen Zwischenstufen Stoffe wie Kohlendioxid, Wasser, Ammonium, Phosphat, Nitrit, Nitrat und andere anorganische Verbindungen. Diese Elemente und Verbindungen sind nicht nur als Nährstoffe für die Pflanzen von Bedeutung, sondern sie beeinflussen und verstärken auch den chemischen Verwitterungsprozess des Gesteins, insbesondere durch das freigesetzte Kohlendioxid, das in Verbindung mit dem Bodenwasser Kohlensäure bildet. Ebenso produzieren aber auch die Pflanzenwurzeln Kohlendioxid. Und sie sorgen darüber hinaus für die physikalische Verwitterung, indem sie in Ritzen vordringen und das Gestein aufsprengen. Daher kann man grundsätzlich sagen: Je üppiger der Bewuchs und je größer die Pflanzen, desto stärker die Gesteinsverwitterung.

Dritter Faktor der Bodenbildung ist die Topographie, in der Geologie als »*Relief*« bezeichnet. Relief bedeutet insbesondere Höhenlage, Hangneigung und Ausrichtung zur Sonne. Alles dies hat Einfluss auf die entstehende Bodenart, etwa durch die Temperatur, die Intensität der Wind- und Wassererosion, die Feuchtigkeit und den Bewuchs. So sind in großen Ebenen in der Regel sehr alte, tiefgründige Böden anzutreffen, während an Hängen meist junge und flachgründige vorherrschen. Auch das Grundwasser, der Verlauf von Flüssen und das Vorhandensein von Seen sind bedeutsam. Durch sie entstehen etwa Auen- oder Grundwasserböden.

Vierter entscheidender Faktor für die Bodenbildung ist das untenliegende Ausgangs- oder Muttergestein (*parent material*). Das Ausgangsmaterial bestimmt durch seine chemische Zusammensetzung und seinen Dichtegrad die Körnung und viele Eigenschaften des sich bildenden Bodens, darunter den pH-Wert, den Nährstoffgehalt und die Wasserspeicherfähigkeit. So entstehen etwa aus dem Ausgangsmaterial Granit sandige Böden, aus dem Ausgangsmaterial Basalt tonreiche. Kalkgestein bringt die so genannte, mit vielen Steinen durchsetzte »*Rendzina*«-Erde hervor, während kalkarmes Silikatgestein bei ausreichender Feuchtigkeit Braunerde hervorbringt, die so heißt, weil die in ihr enthaltenen Eisensalze eine braune Färbung verursachen. Dagegen entsteht Schwarzerde, eine der fruchtbarsten Böden überhaupt, aus Löss, also auf vom Wind bewegtem und wieder abgelagertem Material aus Sand und Schluff.

Der letzte, fünfte, alle anderen Faktoren überlagernde Faktor ist der der Zeit (*time*). Im Laufe von Jahrhunderten und Jahrtausenden verändert und entwickelt sich der Boden, es entstehen nicht nur Bodenschichten, so genannte »*Bodenhorizonte*«, sondern auch deren Abfolgen, die »*Bodenprofile*«, wandeln sich. In der Regel nimmt im Laufe der Zeit die Komplexität der Bodenprofile zu. Je älter ein Boden, desto mehr Zeit hatte das Ausgangsgestein für den Verwitterungsprozess und desto mehr unterscheiden sich die Bodeneigenschaften von denjenigen des Ausgangsgesteins. Im Zeitverlauf verändert sich der Boden sowohl stofflich als auch räumlich; ersteres nennt man »*Transformation*«, letzteres »*Translokation*«. Bei der Transformation, also der stofflichen Veränderung, spielen die bodenauf- und bodenabbauenden Prozesse eine wesentliche Rolle. Sie arbeiten gewissermaßen gegeneinander: In der Regel überwiegt der Zerfall des Gesteins; sehr alter Boden ist demzufolge stärker verwittert als jüngerer – und er ist unfruchtbarer. Grund dafür sind Prozesse wie Versauerung, »Verlehmung« und »Verbraunung«[180], die sich mit zunehmender Zerkleinerung der Bodenpartikel zeigen. Durch Vorgänge wie das Schrumpfen und Quellen von quellfähigem Tonmaterial oder durch das Verkleben von Bodenpartikeln dank der Ausscheidungen von Regenwürmern (*Lumbricidae*) verändert sich dabei auch die Bodenstruktur. Auf der anderen Seite gewinnt in jungen Böden die Humusanreicherung (*Humifizierung*) die Oberhand gegenüber der Zersetzung (*Mineralisierung*), weshalb diese Böden wachsen und an Masse zunehmen. Werden diese Böden dicker, schützen sie irgendwann das untenliegende Gestein gegen weitere Verwitterung; gleichzeitig ist der Boden an seiner Oberfläche der Erosion ausgesetzt, das heißt, er wird durch den Einfluss von Wind, Wasser sowie chemische und physikalische Prozesse dünner. Je älter ein Boden, desto mehr gleichen sich die auf- und abbauenden Prozesse, also seine Zunahme durch die Gesteinsverwitterung einerseits und seinen Abtrag durch Erosion andererseits, an, bis sich schließlich annähernd ein Gleichgewicht herausbildet.

Bei der Translokation, also der räumlichen Veränderung, spielen dagegen Prozesse wie vertikale oder horizontale Verlagerung und Auswaschung eine Rolle. Zu einer *vertikalen* Verlagerung innerhalb des Bodenprofils kommt es, wenn Stoffe aus dem

Oberboden wie Ton oder Humus durch Sickerwasser in tiefere Schichten gelangen und sich dort absetzen oder umgekehrt, wenn durch starke Verdunstung das Grundwasser nach oben steigt und Salze oder Kalk in höhere Schichten oder gar an die Oberfläche befördert werden. *Horizontale* Verlagerungen geschehen, wenn sich Stoffe im Bodenwasser lösen und hangabwärts, also an anderer Stelle, wieder ausgefällt werden. Bei der *Auswaschung* lösen sich dagegen Stoffe im Grund- oder Sickerwasser und werden im Boden *nicht* wieder ausgefällt, sondern abtransportiert, ihm also entzogen, wodurch er verarmt; der Boden ist in der Folge weniger fruchtbar.[181]

Es ist offensichtlich, dass die Zunahme, also das Wachsen des Bodens (Verwitterung, Humifizierung), in der Tiefe stattfindet, während sein Abbau (Erosion) in der Regel an der Oberfläche geschieht. Dieser Umstand hat zur Folge, dass ein Boden nicht über seine gesamte Tiefe homogen sein kann. Wegen den unterschiedlichen Stadien der Verwitterung bilden sich vielmehr verschiedene Schichten im Boden, die *Bodenhorizonte*. Grundsätzlich unterscheidet man derer vier: Der oberste von ihnen, der *Auflagerhorizont* oder *O-Horizont*, enthält die nur zum Teil zersetzte organische Substanz, wie zum Beispiel herabgefallenes Laub, kleinteiliges Totholz und Streu. In Trockengebieten ist dieser Auflagerhorizont oft gar nicht vorhanden, während er in den tropischen Regenwäldern die meisten Nährstoffe enthält. Unterhalb des O-Horizonts folgen von oben nach unten nacheinander der *A-*, der *B-* und der *C-Horizont*. Im A-Horizont mischt sich das organische Material mit dem Mineralboden. Diese Schicht ist in der Regel die dunkelste, hier ist der Humus anzutreffen; Böden mit einem ausgeprägten A-Horizont sind sehr fruchtbar, da in ihnen die meisten Nährstoffe vorhanden sind. O- und A-Horizont bilden gemeinsam den so genannten »*Oberboden*«. Der darunter liegende B-Horizont, grundsätzlich mächtiger als der A-Horizont und als »*Unterboden*« bezeichnet, enthält nur noch wenige organische Stoffe und damit auch weniger Nährstoffe, dafür aber Tonpartikel, die aus dem A-Horizont ausgewaschen wurden. Im C-Horizont ganz unten schließlich ist nur noch das verwitterte Ausgangsgestein vertreten.[182]

Je nach dem individuellen Einfluss der fünf vorgenannten und durch das CLORPT-Konzept beschriebenen bodenbildenden Faktoren kann die konkrete Ausbildung dieser Bodenhorizonte stark voneinander abweichen. Dies gilt umso mehr, da sich die fünf Faktoren auch noch gegenseitig beeinflussen: Nicht nur überlagert die Zeit alle übrigen. Auch das Klima beeinflusst die Vegetation, während die Vegetation umgekehrt Einfluss nimmt auf die Heftigkeit der am Boden ankommenden Niederschläge, auf die einwirkende Temperatur und auf die Intensität von Erosionen. Die Fauna ist ebenfalls abhängig vom Klima, genauso von der vorherrschenden Vegetation und vom Relief. Die Wechselwirkungen zwischen den fünf Faktoren *climate*, *organics*, *relief*, *parent material* und *time* sind genauso vielfältig wie ihre unterschiedliche Gewichtung. So kommt es, dass es einer eigenen Wissenschaft, der *Bodenkunde* oder *Pedologie* bedarf, um die unzähligen, mithilfe dieser Faktoren entstandenen Böden der Erde und ihre Entstehung zu beschreiben.

Es gibt allerdings noch einen sechsten Faktor, der den Zustand eines Bodens ebenfalls maßgeblich beeinflusst, im CLORPT-Konzept jedoch noch gar nicht berücksichtigt ist: Es ist der Mensch! Der Mensch verändert den Boden auf vielfältige Weise: Er verändert die Bodenstruktur, indem er pflügt, eggt, verdichtet oder Nutzpflanzen anbaut; er verändert den Wasserhaushalt, indem er bewässert, Bäume rodet oder den Boden versiegelt; er verändert die Bodenzusammensetzung, indem er Mineraldünger, Kalk und andere Stoffe einbringt; er erhöht die Erosion, indem er die Pflanzendecke wegnimmt und den Oberboden auflockert; er beeinflusst das Ökosystem der Mikroorganismen im Boden, indem er Pestizide einbringt und die Vegetation verändert; er lässt den Boden versalzen oder verarmen, indem er durch übermäßige Bewässerung Stoffe aus dem Boden löst und abführt. In Summe ist der Einfluss des Menschen auf den Boden damit mindestens genauso groß wie derjenige einer der übrigen Faktoren – wir werden uns das gleich noch näher ansehen.

Bevor wir uns jedoch mit dem heutigen Zustand des Bodens der Welt beschäftigen, seien noch einmal zwei Dinge hervorgehoben: Zum einen ist das die Tatsache, dass der für die Landwirtschaft nutzbare Boden gerade einmal rund elf Prozent der Landfläche der Erde bedeckt. Die übrigen knapp neun Zehntel sind entweder zu trocken, zu salzig, zu flachgründig, zu nass oder dauerhaft gefroren. Damit bleiben von den knapp hundertfünfzig Millionen theoretisch zur Verfügung stehenden Quadratkilometern Land gerade einmal sechszehn Millionen Quadratkilometer als Anbaufläche übrig. Das ist nicht viel, zumal das Land auch noch sehr ungerecht verteilt ist. In Afrika und Indien etwa ist sehr wenig von ihm vorhanden, während Brasilien alleine sechzehn Prozent dieser nutzbaren Ackerfläche sein Eigen nennen darf. So kann es kaum verwundern, dass die Nutzung der vorhandenen Flächen immer weiter intensiviert wird und die übrigen vermeintlich nutzbaren Flächen – insbesondere Waldflächen – angesichts des kontinuierlichen Verlustes an Boden zunehmend in Anspruch genommen werden.

Die andere Tatsache, die es sich einzuprägen gilt, betrifft den Faktor Zeit: Boden, so wie er eben beschrieben wurde, braucht nämlich sehr sehr lange, um sich neu zu bilden. Wie lange genau, hängt von der Art des Bodens und den örtlichen Gegebenheiten ab. Der Zeitraum ist jedenfalls so lang, dass er bisher in keinem Labor der Welt überprüft werden konnte, sondern nur geschätzt werden kann. So dauert es etwa nach Erkenntnissen des US-Landwirtschaftsministeriums mindestens fünfhundert Jahre, damit fünfundzwanzig Millimeter Boden entstehen. Andere Schätzungen gehen davon aus, dass es gar bis zu 15.000 Jahre brauche, um eine durchschnittliche Humusschicht von hundertfünfzig Millimetern Dicke entstehen zu lassen, so wie etwa in Mitteleuropa. Dies entspräche einem Zeitraum von etwa fünfhundert Generationen! Und dabei gibt es genügend Gebiete auf der Erde, in denen dieser Boden *niemals* entsteht, weil der Untergrund zu felsig ist oder das Klima zu trocken oder zu kalt.[183] Aber ganz gleich, wie lange es nun tatsächlich dauert, fest steht jedenfalls eines: Setzt man menschliche Maßstäbe an, kann der Boden nur als eine *nicht erneuerbare Ressource* angesehen werden, auch wenn er es *de facto* nicht ist. Über den verhältnismäßig kurzen Zeitraum eines Menschenlebens ist er zweifellos nicht in der Lage, sich zu regenerieren. Das bringt weitreichende Folgen mit sich: Ein einmal zerstörter Boden ist nämlich für uns unwiederbringlich verloren! Künstlich erzeugen auf industrielle Weise lässt er sich nicht. Das sollten wir beim Umgang mit der wertvollen Ressource Boden unbedingt bedenken.

Erosion und Degradation

Dieser unglaublich langen Entstehungszeit des Bodens – nur wenige Millimeter in einem Jahrhundert – steht jedoch eine umso kürzere Zeit gegenüber, in der er wieder abgetragen werden kann. Oder anders ausgedrückt: Das, was über viele Jahrzehnte oder gar Jahrhunderte entsteht, kann, wenn der Boden ungeschützt daliegt, über Nacht wieder verschwunden sein – und meistens merken wir es noch nicht einmal. Die Geschichte des Dust Bowl hat uns dies verdeutlicht, auch wenn sie sicher ein Extrembeispiel gewesen sein mag.

Wie anfällig ein Boden für Erosion, also für seinen Abtrag durch Wind, Wasser, physikalische und chemische Prozesse tatsächlich ist, hängt von seinen Eigenschaften ab, vom Ausgangsgestein, den klimatischen Verhältnissen, vom Relief und schließlich von den Organismen, die in ihm leben, und den Pflanzen, die auf ihm wachsen. Einige Böden haben der Erosion mehr entgegen zu setzen, andere weniger. Das ist abhängig vom Mischungsverhältnis von Schluff, Sand und Ton und den Bindungskräften, die zwischen ihnen herrschen. Ein höherer Anteil an organischen

Stoffen hemmt in der Regel die Erosion, da sie den Boden besser zusammen halten.

Neben der Winderosion in offenen Gebieten kann auch die Erosion durch Wasser, insbesondere in Hanglagen, teilweise erheblich sein. Allerdings gilt nicht immer die Gleichung, dass höhere Niederschläge an Hängen automatisch zu höherer Erosion führen. Höhere Niederschläge fördern nämlich in der Regel auch den Bewuchs, der die Erosion hemmt. Auch gibt es Böden, in denen Wasser eher versickert, während es auf anderen eher oberflächlich abfließt; die Erosion ist im zweiten Fall höher. Je stärker sich das Wasser sammeln kann, desto mehr gewinnt es an Kraft. Im Boden entstehen dann Rillen und Rinnen, die sich bis zu tiefen Erosionsgräben, so genannten »*Gullys*«, erweitern können. An Hängen kann eine Übersättigung des Bodens mit Wasser zudem Hangrutschungen auslösen.[184]

Geologen haben in den 1950er Jahren die so genannte »*Allgemeine Bodenabtragsgleichung*« (ABAG) entwickelt, die diese Vorgänge mathematisch beschreibt. Demnach ist der langjährige, mittlere Bodenabtrag (in Tonnen je Hektar und Jahr) das Produkt aus verschiedenen Faktoren. Neben Faktoren für die Kräfte aus Wind und Wasser, die auf den Boden einwirken, einem Maß für die Empfindlichkeit des Bodens unter Normalbedingungen sowie Faktoren für die Hanglänge und -neigung gibt es darin auch einen »*Bodenbedeckungs- und -bearbeitungsfaktor*« (C-Faktor) sowie einen »*Erosionsschutzfaktor*« (P-Faktor). Bei diesen beiden letztgenannten Faktoren spielt die Bearbeitung des Bodens durch den Menschen eine unmittelbare Rolle. Entscheidend dabei sind die Fragen, inwieweit mit Pflügen und Eggen gearbeitet wird, wie tief diese in den Boden eindringen, welche Pflanzen angebaut werden, ob der Boden teilweise brach liegt oder ob es eine Fruchtfolge gibt und schließlich, ob vielleicht Maßnahmen ergriffen werden, die die Erosion eindämmen sollen.[185] Erosion ist zwar grundsätzlich ein natürlicher Vorgang, aber der Mensch trägt entscheidend dazu bei, wo und wie stark sie auftritt. Umgekehrt heißt das aber auch, dass wir die Erosion durch geeignete Maßnahmen verringern können, sofern wir es nur wollen. Möglichkeiten dazu gibt es viele, angefangen von dem Nichtpflügen steiler Hanglagen, von geeigneter Bepflanzung, von dem Anlegen von Schutzwällen oder -hecken, von bestimmten Pflugverfahren und Bewässerungsmethoden. Das Anlegen von Terrassen zählt ebenfalls dazu. Auch hilft der Verzicht auf den Pflug und das Ausbringen von Direktsaat, weil der Boden dadurch weniger gestört wird. Es können auch Ernterückstände wie Heu und Stroh liegen gelassen werden; sie wirken dann wie Mulch, der den Boden abdeckt und schützt und darüber hinaus organisches Material zuführt. Auch Zwischenfruchtanbau ist eine Maßnahme, die die Brachzeiten der Äcker minimiert. Alle diese Verfahren sind nicht neu, aber sie werden leider zu wenig angewandt – entweder aus Unwissen oder, schlimmer noch, aus bewusster Ignoranz oder aus falschem Sparwillen.

Dabei sind Böden die Grundlage der Landwirtschaft. Schon aus Eigeninteresse ist es unsere Pflicht, sie zu schützen. Mehr als neunzig Prozent unserer weltweiten Nahrungsmittel werden direkt oder indirekt, nämlich über den Umweg als Tierfutter, auf ihnen erzeugt. Verschiedene Böden sind natürlich unterschiedlich gut für die Landwirtschaft geeignet. Die besten Böden finden sich heute in trockeneren Regionen mit ehemaligem Grasland, weil dort durch die Produktivität der Bodenorganismen mächtige A-Horizonte entstehen konnten. Dagegen sind die Böden tropischer Breiten meist nährstoffarm. Der üppige Regenwaldbewuchs bezieht seine Nährstoffe kaum aus dem Boden, sondern speichert ihn vielmehr direkt in der Biomasse. Deswegen ist gerodeter Regenwaldboden nur kurze Zeit nutzbar, auch weil er durch die starken tropischen Regenfälle starker Erosion ausgesetzt ist.

Der Ackerbau führt aber, im Gegensatz zu natürlichem Pflanzenbewuchs, dazu, dass die Böden zumindest einen Teil des Jahres brach liegen und somit verstärkter Erosion durch Wind und Wasser ausgesetzt sind. Der Wind trägt den ungeschützten Boden fort und/oder auf den ungeschützten Boden prasselnde Regentropfen zerstören seine Struktur und vermindern damit seine Wasseraufnahmefähigkeit. Dadurch fließt mehr Wasser oberflächlich ab und Bodenbestandteile werden fortgeschwemmt.[186]

Demgegenüber würde natürlicher Bewuchs Wind und Regen trotzen und den Boden durch seine Pflanzendecke und die stabilisierende Wirkung seiner Wurzeln schützen. Gerade auf Hanglagen ist deswegen Ackerbau gefährlich. Hier wird kahler Oberboden hundert- bis tausendmal schneller abgetragen als mit Bewuchs.

Durch den Einsatz von schweren Landmaschinen wird der Boden zudem verdichtet, vor allem dann, wenn er zum Zeitpunkt der Bearbeitung nass ist. Das Gewicht der Maschinen drückt die Bodenpartikel so fest zusammen, dass Hohlräume verschwinden. In gesundem Boden sind diese aber wichtig, da sie Platz für Wasser, Luft, Wurzeln und die unzähligen Bodenlebewesen lassen. Sind die Hohlräume nicht mehr da, versickert Wasser nicht mehr im Boden, sondern fließt ungehindert ab, Wurzeln haben keinen Platz mehr und die Bodenlebewesen erhalten nicht mehr so viel Sauerstoff. Dadurch nimmt die Bodenfruchtbarkeit ab.

Bei intensiver Bearbeitung fehlen in der Regel auch Elemente wie Hecken und Geländekanten, die die Erosion eindämmen. Auch wichtige Kulturpflanzen wie Mais oder Zuckerrüben fördern die Erosion, da sie erst spät ein schützendes Blätterdach entwickeln. Deswegen ist davon auszugehen, dass die Erosion bei der Nutzung des Bodens durch den Menschen meistens höher ist, als auf natürlichem Grasland oder auf mit Wald bestandenen Flächen. Außerdem verringert dauerhafte Kultivierung den Anteil organischer Substanz, weshalb er auf lange Sicht unfruchtbarer wird – auszugleichen ist das nur durch den Zufuhr von Dünger.

Die gängige Praxis der industriellen Landwirtschaft und die damit einhergehende Erosion führen also dazu, dass wir der Erde langsam, aber sicher ihre fruchtbare Haut abziehen. Ist sie jedoch erst einmal fort, ist sie unwiederbringlich verloren.[187]

Heute gelten mindestens fünfzehn, anderen Schätzungen zufolge sogar zwanzig bis fünfundzwanzig Prozent aller Böden der Erde als »*degradiert*«, das heißt in einen solchen Zustand versetzt, dass die Strukturen und Funktionen des Bodens dauerhaft oder irreversibel verändert sind oder er gar völlig verlustig gegangen ist. Diese »Einschränkung der Leistungsfähigkeit«, wie es das Umweltbundesamt definiert, betrifft schätzungsweise alleine ein Drittel aller Ackerflächen der Welt; auf 1,5 Milliarden Menschen hat das direkte Auswirkungen. Genaue Zahlen liegen allerdings aufgrund unzureichenden Datenmaterials nicht vor. Bei der Degradation handelt es sich um einen fortlaufenden Prozess, der global vonstattengeht. Er findet genauso in den Industrie- wie in den Entwicklungs- und Schwellenländern statt. Jedes Jahr sind *zusätzliche* Flächen von sechs bis zwölf Millionen Hektar betroffen – das entspricht einer Fläche größer als diejenige Österreichs. Alleine in Afrika gehen jährlich dreißig Tonnen Boden pro Hektar durch Erosion verloren, zwanzig mal mehr, als neu gebildet wird. Hauptursachen sind mit etwa fünfunddreißig Prozent die Überweidung, gefolgt von der Übernutzung durch Ackerbau (siebenundzwanzig Prozent) und der Flächenversiegelung.

Trotzdem ist das Problem noch nicht im allgemeinen Bewusstsein der Weltöffentlichkeit angekommen. Schließlich scheint die Ressource Boden immer verfügbar zu sein, jedenfalls aus dem Blickwinkel der großen Zahl landwirtschaftlicher und geologischer Laien, die wir nun einmal mit einem Anteil von über achtundneunzig Prozent an der Bevölkerung einer Industrienation sind. Dass die Ressource Boden allerdings akut bedroht ist, ist nur dann ersichtlich, wenn wir den Blick über den Tellerrand der prall gefüllten Supermarktregale erheben. Diese Unterrepräsentanz des Problembewusstseins hat leider zur Folge, dass heute viel zu wenig für den Schutz der Böden getan wird. Zwar haben die Vereinten Nationen das Problem mittlerweile als solches erkannt und auf der Konferenz über nachhaltige Entwicklung in Rio de Janeiro im Jahr 2012 (Rio+20 Konferenz) haben die

Staats- und Regierungschefs auch zugesagt, eine »*land degradation neutral world*« anzustreben, das heißt eine Welt, in der kein »Nettobodenverlust« mehr stattfindet. In Summe sollen sich also zukünftig der nicht zu verhindernde Bodenverlust durch Bodendegradation einerseits und die Bodenwiederherstellung durch entsprechende Sanierungsmaßnahmen andererseits ausgleichen. Wie das allerdings konkret umgesetzt und überwacht werden soll, steht noch völlig in den Sternen.[188]

Das Sahelsyndrom

Die *Sahelzone* auf dem afrikanischen Kontinent liegt am südlichen Rand der Sahara. Sie bildet die semiaride Übergangszone von der großen Wüste im Norden zu den weiter südlich gelegenen Trocken- und Feuchtsavannen. Vom Atlantik im Westen bis zum Roten Meer im Osten misst sie mehr als sechstausend Kilometer. Ihre Nord-Süd-Ausdehnung beträgt zwischen hundertfünfzig und achthundert Kilometern.[189]

Die Sahelzone ist ein sehr trockenes Gebiet, in dem im Durchschnitt nur fünfzehn bis fünfzig Millimeter Niederschlag pro Jahr fallen. Allerdings schwanken diese Niederschläge von Jahr zu Jahr beträchtlich. Trotz dieser harten Bedingungen konnten Menschen hier in der Vergangenheit ganz gut leben. Die traditionelle Besiedelungsweise bestand aus sesshaften Bauern, die Wanderackerbau, sowie aus Nomaden, die Weidewirtschaft betrieben. Beide Bevölkerungsgruppen gingen dabei eine Art Symbiose ein: Die Bauern nutzten ihr Land sehr behutsam. Sie ließen große Teile lange brach liegen und nutzten nur einen kleinen Teil wechselnd für den Ackerbau. Die nomadisierenden Hirten, die nicht sehr zahlreich waren, zogen dagegen großflächig herum. Waren die Felder der Bauern geerntet, weidete das Vieh der Hirten die zurück gebliebenen Stoppelfelder ab; gleichzeitig sorgte der Kot der Tiere für eine willkommene Düngung. Kam der Regen, folgten die Nomaden dem sprießenden Gras immer weiter nach Norden, bis sie dort keines mehr antrafen. Dann wandten sie sich wieder nach Süden, wo das Vieh zunächst die zwischenzeitlich wieder nachgewachsenen Grasflächen abweidete, bevor es wiederum die Stoppeln auf den erneut geernteten Feldern der Bauern fraß. So entstand ein Zyklus, der aber nur funktionierte, solange die Zahl der Bewohner gering war. Als sich dann aber zwischen 1930 und 1970 die Bevölkerungszahl des Sahel verdreifachte und die Zahl der weidenden Tiere verdoppelte, konnte das altbewährte Modell nicht weiter aufrechterhalten werden. Die Brachzeiten der Felder wurden verkürzt und das Vieh weidete die Grasflächen nun in weit höherem Umfang ab, als es für deren Regeneration erforderlich war. Der Boden war fortan der Erosion ungeschützt ausgesetzt. Als dann im Jahr 1972 der Regen ausblieb, fand das Vieh nicht mehr genügend Futter und die Ernten waren schlecht. Es kam zu einer Hungersnot, bei der hundert- bis zweihundertfünfzigtausend Menschen den Tod fanden.[190] Auch in den darauf folgenden Jahren kam es immer wieder zu Hungersnöten. Insgesamt starben dabei geschätzte eine Million Menschen an Unterernährung.

Das Beispiel des Sahel ist tragisch. Es zeigt uns aber anschaulich, was passiert, wenn eine ganzjährige Pflanzendecke durch Überweidung zerstört wird. Ist der natürliche Bewuchs nämlich erst einmal verschwunden, hat der Boden der Erosion – in der Regel durch Wind – nichts mehr entgegen zu setzen. In semiariden Gebieten wie der Sahelzone können die Erosionsraten ein bis drei Zentimeter pro Jahr erreichen. Und es handelt sich dabei um einen irreversiblen Vorgang: Sobald der dünne Oberboden durch den Wind abgetragen ist, fehlt den Pflanzen die lebensnotwendige Feuchtigkeit und sie können nicht mehr neu wachsen. Die angrenzende Wüste breitet sich aus, es kommt zur so genannten »*Desertifikation*« (von lateinisch *desertum facere* = »wüst machen«), wobei der Begriff »*Desertifikation*« in der Regel weiter gefasst wird als der der Degradation, die sich in erster Linie auf den landwirtschaftlichen Nutzen bezieht. Der deutsche Begriff

»Wüstenbildung« als Synonym für die Desertifikation ist insofern irreführend, da er suggeriert, dass es sich um einen natürlichen Prozess handelt. In Wahrheit sind aber die Aktivitäten des Menschen mindestens in einem starken Grade mitverantwortlich an diesen Geschehnissen.

Desertifikation macht sich bemerkbar durch eine Veränderung von Steppen oder Savannen hin zu wüstenähnlichen Landschaften, weil die Biomasseproduktion zurückgeht und weil sich der Wasserhaushalt, also das System aus Grundwasser, Bodenwasser, Verdunstung und Oberflächenabfluss, verändert. In der Folge wird der Boden trockener, versalzt und wird insgesamt weniger fruchtbar.

Auf stark überweideten Grasflächen wie im Sahel kann die Erosionsrate bis zu hundert Tonnen je Hektar und Jahr betragen. Doch das Problem der Desertifikation ist nicht nur auf Afrika beschränkt. Auch in Asien und Südamerika sind die Erosionsraten mit dreißig bis vierzig Tonnen je Hektar und Jahr sehr hoch. Selbst in Mitteleuropa gibt es einen jährlichen Verlust von zehn Tonnen je Hektar. Dem stehen aber Bodenneubildungsraten von lediglich ein bis zwei Tonnen je Hektar gegenüber. Schätzungen gehen davon aus, dass weltweit jährlich fünfundsiebzig Milliarden Tonnen fruchtbaren Ackerbodens verloren gehen.

Von den sechs bis zwölf Millionen Hektar Land, die Jahr für Jahr so weit zerstört werden, dass auf ihm auf Dauer keine Landwirtschaft mehr möglich ist, entfallen alleine auf den Sahel seit den Dürren der 1970er Jahre 1,5 Millionen Hektar.[191] Aber auch andere Regionen der Welt sind betroffen: der *Maghreb* im Norden Afrikas etwa, also jenes Gebiet, das sich nördlich und westlich an die Sahara anschließt; Regionen im Osten und Süden Afrikas, insbesondere Gebiete in Kenia und Äthiopien sowie in Namibia und Botswana; große Gebiete im Nahen Osten und in Zentralasien, wie die Arabische Halbinsel sowie das gesamte Dreieck Türkei-Pakistan-Kasachstan. Außerdem das *Hochland von Dekkan* in Zentralindien, fast der gesamte Kontinent Australien, der Süden Spaniens, der Westen der USA sowie Gebiete in Ostbrasilien und Argentinien. In diesen Gegenden sind geschätzte neunzig Prozent des Weidelandes und achtzig Prozent der unbewässerten Ackerflächen zumindest von schwacher Desertifikation betroffen.

Seitens der Vereinten Nationen gab es bereits seit den Dürren im Sahel in den 1970er Jahren Überlegungen, wie das Problem in den Griff zu bekommen sei. 1977 wurde in Nairobi die *»Desertifikationskonferenz«* (*»United Nations Conference on Desertification«* – UNCOD) einberufen, die einen entsprechenden Aktionsplan beschloss. Dieser mündete schließlich im Nachgang zum Erdgipfel von 1992 in Rio de Janeiro im *»Übereinkommen der Vereinten Nationen zur Bekämpfung der Wüstenbildung in den von Dürre und/oder Wüstenbildung schwer betroffenen Ländern, insbesondere in Afrika«*, meist kurz nur als *»Wüstenkonvention«* (UNCCD[192]) bezeichnet. Diese Konvention, die in einer Reihe ähnlicher Umweltabkommen der UN wie der *Klimarahmenkonvention* (UNFCCC) und der *Biodiversitätskonvention* (CBD), die beide zur selben Zeit beschlossen wurden, zu sehen ist, wurde am 17. Juni 1994 in Paris von den Staats- und Regierungschefs der Mitgliedsstaaten angenommen und bis heute von 194 Staaten ratifiziert. Das zugehörige *»Ständige Sekretariat«* hat seinen Sitz genauso wie dasjenige der Klimarahmenkonvention seit 1999 im ehemaligen Regierungsviertel in Bonn.

Die Konvention hat vierzig Artikel, in denen sie ihre Ziele und Maßnahmen beschreibt. Vorrangige Absicht ist, in den *»schwer betroffenen Ländern, insbesondere in Afrika, durch wirksame Maßnahmen auf allen Ebenen, die Wüstenbildung zu bekämpfen und die Dürrefolgen zu mildern, um zur Erreichung einer nachhaltigen Entwicklung in den betroffenen Gebieten beizutragen«*.[193] Ähnlich wie bei der Klimarahmenkonvention mit ihren Weltklimakonferenzen wird auch hier auf regelmäßigen *Konferenzen der Vertragsparteien* (COP) über die Fortschritte beraten.[194] Große Erfolge wurden mit der Konvention jedoch bis heute nicht erzielt. Daran konnte auch die Ausrufung des Jahres 2006 durch die Vereinten Nationen zum »*Internationalen Jahr der Wüsten und Wüstenbildung*« wenig ändern. Doch was *kann* eigentlich getan werden? Welche Möglichkeiten haben wir, um Desertifikation zumindest einzudämmen?

Dazu müssen wir uns zunächst die Symptome von Desertifikation näher anschauen. Identifiziert anhand des Beispiels der Sahelzone, sind es typischerweise die Überweidung und die Übernutzung arider und semiarider Grasländer sowie die Erschließung steiler, strukturschwacher und erosionsanfälliger Böden. Die Hauptursache hiervon liegt in einer *Landnutzungsveränderung*, nämlich in einer Änderung von einer *Subsistenzwirtschaft*, also einer Landwirtschaft, die nur für den eigenen Bedarf produziert, hin zu einem kapitalintensiven Monokulturanbau. Die heimische Bevölkerung, die zuvor die Subsistenzwirtschaft betrieb, wird auf marginale Standorte verdrängt, was zu einer Ausweitung der landwirtschaftlich genutzten Flächen führt und damit zu einer intensiveren Nutzung der zuvor kaum kultivierten Gebiete. Neben der Einführung angepasster, nachhaltiger Anbaumethoden kann man das grundsätzliche Problem nur lösen, indem man die betroffenen Staaten sowie die einheimische Bevölkerung unterstützt, ihnen alternative Einkommensquellen eröffnet und regionale Märkte vor subventionierten Agrarimporten, wie beispielsweise aus der Europäischen Union, schützt.[195]

Eigentlich hört sich das bekannt an. Denn im Grunde genommen sind diese Maßnahmen deckungsgleich mit jenen Zielen, die eine wirksame, verantwortungsbewusste und im Interesse aller Menschen agierende Entwicklungspolitik eigentlich verfolgen müsste, die aber leider aus macht- und wirtschaftspolitischen Erwägungen insbesondere vonseiten der reichen Industrienationen sabotiert werden. Diese setzen lieber auf Freihandel und Globalisierung, um die Macht ihrer multinationalen Konzerne zu festigen und um Wirtschaftswachstum zu generieren, anstatt auf eine nachhaltige, globale, im Interesse aller stehende Umwelt-

und Entwicklungspolitik. Der Grund, warum sich trotz UN-Wüstenkonvention und regelmäßig stattfindender Konferenzen der Vertragsparteien in mehr als zwei Jahrzehnten in Sachen Desertifikation so wenig Positives getan hat, ist genau hier zu suchen: Die Bekämpfung der Desertifikation korreliert viel zu stark mit den Interessen der globalisierten Wirtschaftspolitik, als dass ein kollektives Handeln der Weltgemeinschaft ohne große Reibereien zu erwarten wäre (auf die vergleichbare Situation bei der jahrelangen Hängepartie zum Thema Weltklimavertrag sei in diesem Zusammenhang hingewiesen).

Versalzung

Ein Problem, das fast immer im Zusammenhang mit der Desertifikation steht, ist das der Versalzung. Versalzung bedeutet, dass sich Salze im Boden anreichern. Salze sind wasserlöslich; sie werden durch das Wasser, das sich im Boden befindet, transportiert. Verdunstet das Wasser, bleibt das Salz zurück. Salz im Boden verändert die Bodenstruktur und beeinflusst die Wasserdurchlässigkeit negativ. Ist zusätzlich Kalk vorhanden, steigt mit dem Salzgehalt auch der pH-Wert, da sich das Salz-Mineral *Soda* bildet, ein Mineral der Klasse der Carbonate, das meist graue, weiße oder gelbe Ausblühungen und krustige Überzüge auf Salzgesteinen bildet. Sowohl der veränderte Salzgehalt wie auch der höhere pH-Wert haben Auswirkungen auf die Zusammensetzung der Bodenorganismen und deren Stoffwechselprozesse mit entsprechenden Folgen für ihre Aktivität.

Gravierend ist auch die Wirkung auf die Pflanzen: Bekanntlich nehmen deren Wurzeln über den Vorgang der Osmose das Wasser aus dem Boden über ihre Zellmembranen auf. Ist nun der Salzgehalt des aufzunehmenden Wassers erhöht, muss die Pflanze wegen des dann höheren osmotischen Potentials eine höhere Kraft aufwenden, um es aufzunehmen. Die Folge ist, dass die Pflanzen weniger Wasser erhalten, ihr Wachstum mithin gehemmt wird und es zu einem Schadbild kommen kann, das demjenigen von Dürren ähnelt. Steigt der Salzgehalt im Boden über ein gewisses Maß, kann in der Regel gar keine Pflanze mehr überleben; der Boden ist dann dauerhaft für die Landwirtschaft verloren. Das geschieht beispielsweise bei der australischen »*Soil Cancer*«, die auftritt, wenn die Buschpflanzen, die durch ihre Wurzeln den Grundwasserspiegel niedrig gehalten haben, gerodet werden. Verschwinden sie, steigt der Grundwasserspiegel bis zur Erdoberfläche an. Dabei wird das Salz, das in den oberen Erdschichten eingelagert ist, ebenfalls an die Oberfläche befördert; die ausgetretene Sole sammelt sich dann in Senken. Die auf diese Weise entstandene Salzkruste hat in Australien bereits 25.000 Quadratkilometer Boden zerstört – immerhin fünf Prozent der landwirtschaftlichen Nutzfläche des Riesenlandes.

Eines der Hauptursachen für die Versalzung ist die künstliche Bewässerung, insbesondere dann, wenn sie in ariden und semiariden Gebieten ausgeübt wird. Dabei ist künstliche Bewässerung fast so alt wie der Ackerbau selbst. Bereits vor dreitausend Jahren wurde sie von den ersten Hochkulturen im Zweistromland zwischen Euphrat und Tigris sowie in Ägypten am Nil betrieben. Heute werden fünfzehn bis zwanzig Prozent der weltweiten Ackerfläche künstlich bewässert; sie liefern sogar ganze vierzig Prozent der weltweiten Erträge. Zu ihren Vorteilen zählt auch, dass sie die Gefahr von wetterbedingten Ernteausfällen minimiert.

Dass Bewässerung aber in der Regel Bodenversalzung zur Folge hat, mussten schon die alten Hochkulturen erfahren. In trockenen Gebieten ist die Frage dabei noch nicht einmal, *ob* der Boden versalzt, sondern lediglich, *wann* er das tut. Selbst unter natürlichen Bedingungen geschieht dies nämlich. Bei der künstlichen Bewässerung wird häufig Grund- und Flusswasser verwendet, das zwar in der Regel nur einen geringen Salzgehalt von etwa 0,1 Prozent hat, sich aber mit der Zeit anreichern kann. Auch weitere Salze, die durch die Behandlung mit Dünger, Pestiziden oder

Gülle zugeführt werden, erhöhen seinen Gehalt im Boden. Verdunstet dann die Feuchtigkeit, bleibt das Salz im Boden zurück. Das geschieht umso mehr, je mehr bewässert wird (also je mehr Salz zugeführt wird), je schneller es verdunstet und je weniger das Bewässerungswasser durch wirksame Drainagen oder ähnliches wieder abgeführt wird. In trockenen, armen Gebieten liegen meist alle drei Faktoren vor.[196]

Wenn Bewässerung betrieben wird und nicht frühzeitig Gegenmaßnahmen gegen die Versalzung ergriffen werden, macht sich diese bereits innerhalb von nur einer Generation bemerkbar. Schätzungen gehen davon aus, dass mindestens die Hälfte der bewässerten Ackerfläche der Welt durch Versalzung gefährdet ist. Nach der Erosion ist Bodenversalzung damit die zweitgrößte Ursache für Bodendegradation. Jede Minute gehen durch Versalzung weltweit drei Hektar fruchtbaren Ackerbodens verloren.[197]

Es gibt im Wesentlichen drei Strategien, wie die Versalzung im Zusammenhang mit der künstlichen Bewässerung einzudämmen ist. Die erste ist die Schaffung eines *abwärts gerichteten Salzflusses*, das heißt, es muss auch nach der Verdunstung des Wassers von der Bodenoberfläche (*Evaporation*) und nach seiner Aufnahme durch die Wurzeln und seiner Abgabe über die Blätter (*Transpiration*) noch immer so viel Wasser im Boden vorhanden sein, dass das Salz gelöst bleibt und sich damit nicht im Boden ansammeln kann. Ferner ist dafür Sorge zu tragen, dass dieses im Boden verbliebene Wasser auch abfließen kann, denn nur so wird das in ihm gelöste Salz auch abgeführt. Der Mehranteil an Wasser, der für diesen Mechanismus notwendig ist, ist abhängig vom Salzgehalt des Bewässerungswassers und von der Art der angebauten Pflanzen. Er lässt sich berechnen und wird als »*Leaching Requirement*« bezeichnet. Wird also eine Mindestmenge an Bewässerungswasser zugeführt und kann es ablaufen, verhindert das die Versalzung.

Die zweite Strategie, die Versalzung einzudämmen, ist, zu verhindern, dass der Grundwasserspiegel ansteigt. Die Kapillarwirkung des Bodens kann nämlich dazu führen, dass das Grundwasser Salze aus den unteren in die oberen Bodenschichten befördert, selbst in den Einflussbereich der Atmosphäre gerät, verdunstet und das nach oben beförderte Salz im Boden zurücklässt. Ansteigen kann das Grundwasser dann, wenn bei der Bewässerung *zu viel* Wasser zugeführt wird. Das Dilemma besteht also darin, dass aus zwei Seiten Gefahr droht: Wird *zu wenig* bewässert, bleibt das Salz im Boden zurück, weil es nicht abgeführt wird; wird dagegen *zu viel* bewässert, drückt das ansteigende Grundwasser das Salz von unten in die oberen Bodenschichten. Eine genaue Berechnung der zuzuführenden Wassermenge in Verbindung mit einem genau bemessenen Drainagesystem, wodurch der richtige Anteil an Restwasser im Boden sichergestellt werden kann, ist also für die Verhinderung der Versalzung unerlässlich.

Die dritte Strategie ist schließlich, den Grundwasserspiegel immer unter einem bestimmten Horizont zu halten. In der Regel ist das eine Tiefe von zweieinhalb bis drei Meter. Auch dadurch wird der kapillare Aufstieg und in der Folge die Evaporation vermindert. Eine Mindestmenge an zuzuführendem Wasser und eine ausreichende Drainage sind aber auch hier sicherzustellen.

Im Grunde genommen scheint es also nicht allzu schwer zu sein, die Versalzung des Bodens zu minimieren, vorausgesetzt, man hat die technischen Möglichkeiten und das Know-how, die dazu notwendig sind. Allerdings ist dabei noch ein letztes Problem zu lösen, das häufig nicht bedacht wird. Es betrifft die Frage, was eigentlich mit dem salzhaltigen Drainagewasser geschehen soll. Denn dieses Salz soll ja aus dem System entfernt werden. Es kann also nicht die Lösung sein, es einer Vorflut zuzuführen, aus der dann wieder das Bewässerungswasser entnommen wird, denn dann würde sich ja beständig die zugeführte Salzmenge erhöhen und man müsste permanent das Drainagesystem neu berechnen und umbauen. Das salzhaltige Drainagewasser muss also auf irgendeine Art entsorgt werden. Ist das Meer in der Nähe, kann man es leicht dorthin abführen, sofern es keine größeren Mengen an Nährstoffen und Pflanzenschutzmitteln enthält, die das Meerwasser belasten würden. Aber in trockenen Gebieten, in denen stark bewässert wird, ist das Meer häufig weit. Dann muss nach anderen Lösungen gesucht werden und das ist mitunter schwierig.[198]

Neben der künstlichen Bewässerung kann es aber auch noch andere Ursachen geben, warum sich der Salzgehalt des Bodens erhöht. Beispielsweise kann das dann geschehen, wenn in küstennahen Gebieten salzhaltiges Meerwasser in den Boden hineindrückt wird. Betroffen sind vor allem fruchtbare Flussdelta-Regionen wie die des Ganges und Brahmaputras in Bangladesch, aber auch die des Nils in Ägypten oder des Mekong in Vietnam. Wenn in diesen trockenen Regionen durch die übermäßige Entnahme von Grundwasser der Grundwasserspiegel sinkt, dann kann das Grund- dem Meerwasser keinen Widerstand mehr leisten, es wird zurück gedrängt, das salzige Meerwasser tritt an seine Stelle und der Salzgehalt des Bodens steigt. Umgekehrt kann das aber auch geschehen, wenn der Meeresspiegel durch ein Flutereignis anschwillt; auch dann gewinnt er gegenüber dem Grundwasser die Oberhand. Deswegen ruft der durch den Klimawandel hervorgerufene Meeresspiegelanstieg auch in dieser Hinsicht Gefahren hervor.

Schließlich gibt es auch tatsächlich Anbauverfahren, bei denen Salzwasser eingesetzt wird, was natürlich eine immense Gefahr für den Boden darstellt. Bei Shrimpsfarmen beispielsweise ist das der Fall. Die dazu notwendigen, mit Salzwasser gefüllten Becken werden häufig auf ehemaligen Reis- oder Gemüsefeldern angelegt, wie etwa in Indien, China oder Thailand. Werden die Becken irgendwann nicht mehr benötigt, sind die Flächen für anderweitige landwirtschaftliche Nutzungen wertlos. Das hört sich in unseren Ohren vielleicht etwas exotisch an, aber solche Zuchtbecken bedecken in Asien bereits heute eine Fläche von einer dreiviertel Million Hektar, also die dreifache Fläche des Saarlandes.

Da die Weltnachfrage nach Shrimps kontinuierlich steigt – mittlerweile werden vier Millionen Tonnen pro Jahr gezüchtet – wird sich dieses Problem in Zukunft noch verstärken.[199]

Der Aralsee und andere Katastrophen

Das vielleicht krasseste Beispiel für Bodenversalzung in der Welt und ein ebensolches für einen wirtschaftspolitischen Größenwahn, der sich nicht um die Folgen seines Agierens schert, ist dasjenige des *Aralsees*, gelegen in den zentralasiatischen Staaten Kasachstan und Usbekistan, dereinst Sowjetunion. Das Gewässer, abflusslos und gespeist durch zwei Flüsse, war einst der viertgrößte Binnensee der Erde, nur übertroffen vom *Kaspischen Meer*, vom *Lake Superior* in Nordamerika und vom *Victoriasee* in Afrika. Obwohl er in einer wüstenähnlichen Region liegt, bot er den Menschen früher durch die fruchtbaren Böden an seinen Ufern und durch seinen Fischreichtum eine ordentliche Lebensgrundlage.

Die ökologische Katastrophe begann, als man auf Betreiben der sowjetischen Regierung unter *Nikita Chruschtschow* in den 1950er und 1960er Jahren und bereits vorher in der Stalin-Ära die beiden Zulaufflüsse des Aralsees, den *Syrdarja* und den *Amudarja* – die beiden größten Ströme Zentralasiens – anzapfte, um mit ihren Wassern riesige Flächen zu kultivieren. Das Projekt war Teil eines Programms, welches vorsah, im ganzen Land vierzig Millionen Hektar Grenzertragsflächen in nutzbares Ackerland zu verwandeln. Mithilfe des abgezweigten Wassers sollten riesige Baumwoll-Monokulturen in Kasachstan, Usbekistan und Turkmenistan künstlich bewässert werden. Ein gewaltiges Bewässerungskanalnetz von vielen tausenden Kilometern Länge entstand, darunter der 1.445 Kilometer lange *Karakum-Kanal*, der vom *Amudarja* ganz im Osten Turkmenistans durch den gesamten Süden des Landes bis fast zur Küste des Kaspischen Meeres im Westen führt. Der Kanal entzieht dem Fluss jedes Jahr über zwölf

Kubikkilometer Wasser und bewässert unzählige Baumwollplantagen entlang seiner Ufer. Allerdings versickert die Hälfte des abgeführten Wassers entweder im unbefestigten Bett des Kanals oder verdunstet in der namensgebenden Karakum-Wüste, durch die er fließt. Der andere Aralsee-Zufluss, der über 2.200 Kilometer lange *Syrdarja*, wird dagegen mehrmals aufgestaut. Die beiden größten Stauseen, die dabei entstanden sind, der *Kairrakum-* und der *Schardara-Stausee*, bedecken jeweils eine Fläche von mehr als fünfhundert Quadratkilometern und sind damit jeder für sich genommen größer als der Bodensee. Die hohen Verdunstungsraten auf den Stauseen reduzieren die Menge des Wassers in den Flüssen erheblich, sodass es für die Bewässerung nicht mehr zur Verfügung steht. Gleichwohl stellt die Baumwolle bis heute für die Staaten Usbekistan und Turkmenistan das wichtigste landwirtschaftliche Exportgut dar. Das relativ kleine Usbekistan ist mit einer Anbaufläche von 1,3 Millionen Hektar und einer Produktionsmenge von einer Million Tonnen jährlich immerhin der sechstgrößte Exporteur weltweit. Der weitgehend unter staatlicher Kontrolle stehende Baumwollanbau ist für das Land so wichtig, dass die Pflanze allgegenwärtig ist und sogar im Staatswappen Verwendung findet. Von internationaler Seite gibt es an dieser Form der intensiven Landwirtschaft aber erhebliche Kritik, nicht nur wegen des Vorwurfs der Kinderarbeit und dem massiven Einsatz von Pestiziden, sondern auch wegen des enormen Wasserverbrauchs: Für die Herstellung eines einzigen T-Shirts werden bis zu zweitausend Liter benötigt.[200]

Die Auswirkungen dieser Bewässerung machten sich schon bald bemerkbar. Es zeigte sich nämlich, was es bedeutet, wenn zwei Drittel des Wassers der beiden Aralsee-Zuflüsse für den Baumwollanbau abgeleitet werden. Der von Süden aus Turkmenistan und Usbekistan kommende *Amudarja* (beziehungsweise das, was von ihm noch übrig blieb) verdunstet heute in der Wüste; seit den 1990er Jahren erreicht er den Aralsee nicht mehr, sein ehemaliges Mündungsdelta ist verschwunden. Für den von

Osten aus Tadschikistan kommenden und hauptsächlich durch Kasachstan fließenden *Syrdarja* galt in den 1980er Jahren dasselbe; heute erreichen im Jahresschnitt noch etwa zehn Prozent seines Wassers den See.

Es geschah das Unvermeidliche: Der verringerte Zulauf konnte bald die Verdunstung des Wassers nicht mehr ausgleichen und der Aralsee begann zu verlanden. Sein Wasserspiegel fiel in den Jahren 1960 bis 1997 um ganze achtzehn (!) Meter; er verlor etwa neunzig Prozent seines Volumens; sein Salzgehalt vervierfachte sich. Die Wasserfläche des Aralsees schrumpfte von 68.000 Quadratkilometern im Jahr 1960 (etwa so groß wie Bayern) auf weniger als 14.000 Quadratkilometer im Jahr 2010 (kleiner als der Regierungsbezirk Oberbayern). 1988 zerfiel er zunächst in zwei Teile: in den größeren *Südlichen Aralsee* und den kleineren *Nördlichen Aralsee*. Die umliegenden, ehemals fruchtbaren Gebiete sind durch Erosion, Versalzung und Pestizid-Vergiftung heute für die landwirtschaftliche Nutzung nicht mehr geeignet. Die Erhöhung des Salzgehalts des Sees führte zu einem Fischsterben; der ehemalige Seegrund ist aufgrund des Salzgehalts ohnehin tot. Landwirtschaft und Fischerei sind um den See herum praktisch komplett zusammen gebrochen. Ehemalige Hafen- und Badeorte liegen heute mitten im Niemandsland, mehr als hundert Kilometer vom aktuellen Seeufer entfernt und umgeben von einer schadstoff- und pestizidbelasteten Staub- und Salzwüste. Rostige Schiffswracks trotzen dem Wind und dem Gestank, dort, wo weit und breit kein Wasser mehr zu sehen ist. Die Menschen leiden nicht nur an den wirtschaftlichen Folgen, sondern auch unter den Folgen der Staub- und Luftverschmutzung; die Säuglings- und Kindersterblichkeit ist vergleichbar hoch wie in den ärmsten afrikanischen Staaten; schwere Krankheiten sind häufig, selbst Fälle von Pest und Cholera wurden schon registriert. Das Ausmaß der Folgen der Aralsee-Austrocknung auf Umwelt und Gesundheit wird bereits mit denjenigen der Tschernobyl-Katastrophe von 1986 verglichen, nur mit dem Unterschied, dass letztere in der Weltöffentlichkeit eine wesentlich größere Aufmerksamkeit erfuhr.

Immerhin versuchte die kasachische Regierung ab Ende der 1990er Jahre durch den Bau eines dreizehn Kilometer langen und zehn Meter hohen Dammes wenigstens den kleineren, vom *Syrdarja* gespeisten und auf ihrem Territorium liegenden Nördlichen Aralsee zu retten. Der Damm, den die Weltbank mitfinanzierte, wurde im Jahr 2005 fertig; bis zum Jahr 2010 konnte durch ihn der Wasserspiegel stabilisiert werden und selbst die Fischbestände erfuhren eine gewisse Erholung. Allerdings ging diese Rettungsaktion zu Lasten des anderen Seeteiles auf der usbekischen Seite. Er erhält nun noch weniger Wasser und ist wohl endgültig dem Untergang geweiht: Wie die internationale Presse berichtete, trocknete im Sommer 2014 das große östliche Becken des Südlichen Aralsees erstmals seit dem Mittelalter komplett aus, nur im Westen blieb ein schmaler Streifen übrig, den man nun *Westlichen Aralsee* nennt.

Die Tragödie des Aralsees gilt heute als die vielleicht größte einzelne jemals vom Menschen verursachte Umweltkatastrophe. Weite Teile eines ehemals fruchtbaren Gebietes wurden vernichtet, für die Landwirtschaft unbrauchbar gemacht, seine Ökosysteme zerstört. Ein kurzsichtiges, von politischen und wirtschaftlichen Interessen motiviertes Mammutprojekt, welches eine *Ausdehnung* der landwirtschaftlichen Nutzfläche zum Ziel hatte, hat schließlich genau das Gegenteil von dem bewirkt, was beabsichtigt war; es ist ein Schaden entstanden, der größer kaum sein könnte. Die Geschichte des Aralsees ist die Geschichte eines wahren Paradoxons, das aber tatsächlich ein wahres Drama ist.[201]

Doch die Tragödie des Aralsees ist gar kein Einzelfall. Auch anderswo, wo Großprojekte verwirklicht werden, droht ähnliches Ungemach, wenngleich nicht immer in solchem Umfang. Besonders hervorzuheben sind in diesem Zusammenhang die großen Staudammprojekte überall auf der Welt, wie etwa der *Drei-Schluchten-Staudamm* in China oder der *Assuan-Staudamm* in

Ägypten. Auf der Erde gibt es heute mehr als fünfzigtausend Dämme mit einer Höhe von mindestens fünfzehn Metern, fünftausend von ihnen besitzen gar eine Höhe von sechzig Metern und mehr. Hinzu kommen bis zu eine Million kleinere Dämme. Zwei Drittel aller großen Flüsse der Erde werden aufgestaut. Insgesamt bedecken Stauseen eine Fläche von der Größe Spaniens und enthalten dreimal so viel Wasser wie alle Flüsse der Welt zusammen. Gebaut werden sie zur Wasserregulierung, zur Trinkwasser- und vor allem zur Energiegewinnung.

Stauseen haben enorme Auswirkungen auf ihre Umgebung, auf die Ökosysteme, auf die Bevölkerung. Sie gehen zunächst einmal einher mit dem Verlust riesiger Flächen von Feuchtland, Wiesen und Wäldern. Weltweit mussten achtzig Millionen Menschen umgesiedelt werden. Alleine der Stausee des Drei-Schluchten-Dammes ist über 660 Kilometer lang und bedeckt mehr als tausend Quadratkilometer, der des Assuan-Staudamms, der *Nassersee*, bedeckt sogar mehr als fünftausend Quadratkilometer – die zehnfache Fläche des Bodensees. Stauseen verlieren pro Jahr fast dreihundert Kubikkilometer Wasser durch Verdunstung, das entspricht ganzen sieben Prozent des weltweiten Trinkwasserverbrauchs. Sie töten Fische, weil sie deren Lebensräume verändern und Wanderwege versperren. Eines der Hauptprobleme von großen Staudämmen besteht aber darin, dass die riesigen Mengen an Treibsand und Sediment, die die großen Flüsse mit sich führen, nicht mehr in den Unterlauf der Flüsse gelangen können. Weltweit werden so vierzig Kubikkilometer zurück gehalten. In einem natürlich fließenden Strom lagert sich das Sediment durch periodisch sich ereignende Hochwasser in den flussnahen Feldern ab, wodurch es den Nährstoffgehalt der Böden verbessert und ihn ertragreich macht. Durch den Bau eines Staudamms wird dies verhindert, die Böden werden weniger fruchtbar. Hinzu kommt, dass der natürliche Abtrag am Flussgrund nicht mehr durch das normalerweise aus dem Oberlauf des Flusses nachströmende und sich wieder ablagernde Sediment ausgeglichen wird – der Fluss wird in der Folge tiefer und der Grundwasserspiegel in seiner Umgebung sinkt. Dadurch wird den Feldern Feuchtigkeit entzogen, was besonders in trockenen Gebieten problematisch ist. Und schließlich werden Staumauern in der Regel zur Stromerzeugung genutzt, indem Wasserkraftwerke integriert werden. Bau und Betrieb der Anlagen bringen aber das Risiko einer Kontaminierung von Grund- und Oberflächenwasser und damit auch des Bodens mit sich, was negative Auswirkungen auf die umliegende Vegetation und auch die Bevölkerung haben kann.[202]

Wir müssen uns also die Frage stellen, ob wir als Konsequenz aus den vorgenannten unkalkulierbaren Risiken und Problemen nicht zukünftig auf solche Großprojekte verzichten sollten. Können die Vorteile, die sich möglicherweise aus dem Bau solcher Anlagen ergeben, denn tatsächlich so groß sein, dass sich ihre Nachteile übertrumpfen lassen? Lassen sich überhaupt sämtliche Risiken erfassen und bewerten, die sich aus ihrer Umsetzung ergeben, selbst wenn umfangreiche Umweltverträglichkeitsstudien durchgeführt werden? Können denn wirklich alle, auch alle langfristigen Folgen berücksichtigt und betrachtet werden?

In den westlichen Industrieländern ist die Frage weitgehend beantwortet – dort entstehen kaum noch große Talsperren. In den Entwicklungsländern sieht es dagegen anders aus – hier ist in den letzten Jahren ein regelrechter Boom entstanden. Und in diesem Punkt sollten wir versuchen, einzugreifen. Mittlerweile sollten wir aus dem Aralsee-Desaster und anderen Katastrophen gelernt haben; es gilt also, die Entwicklungsländer vor verheerenden Entscheidungen und schlimmen Folgen zu bewahren.[203]

Flächenverbrauch

Doch der wertvolle Boden geht nicht nur verloren durch Degradation und Versalzung oder durch die Überflutung durch Stauseen. Ein nicht unerheblicher Teil verschwindet einfach unter Beton und Asphalt. Der mit der etwas euphemistischen Vokabel »*Flächenverbrauch*« bezeichnete Vorgang, bei dem nutzbarer Ackerboden oder Weideland durch die Anlage von Straßen, Eisenbahnstrecken, Flugplätzen, Siedlungen oder Industrieanlagen zerstört wird, hat ein enormes Ausmaß erreicht. Selbst in einem Land wie Deutschland, in der die Bevölkerung nicht zunimmt, sondern im Gegenteil in naher Zukunft deutlich abnehmen wird, hat die Siedlungs- und Verkehrsfläche in den letzten zwanzig Jahren um knapp zwanzig Prozent zugenommen; Ende 2015 betrug sie 13,7 Prozent der Gesamtfläche. Nach Angaben des Statistischen Bundesamtes nimmt die Siedlungs- und Verkehrsfläche in Deutschland um sechsundsechzig Hektar zu – pro Tag![204] Jeden Tag wird damit eine Fläche neu bebaut, die derjenigen von hundert Fußballfeldern oder derjenigen einer sechsstreifigen Autobahn von vierundzwanzig Kilometern Länge entspricht – eigentlich kaum vorstellbar. Zwar sind in der von der Statistik erfassten Siedlungs- und Verkehrsfläche auch nicht versiegelte Grünanlagen und Sportflächen enthalten – sie machen etwa dreißig Hektar aus – aber dennoch ist auch diese Fläche für die Landwirtschaft verloren. Und das wohlgemerkt in einem Land, das eine sinkende Bevölkerung hat und zudem mit einer sehr gut entwickelten Infrastruktur gesegnet ist. Objektiv ist diese zusätzliche Flächeninanspruchnahme deshalb kaum nachvollziehbar, obwohl wir natürlich wissen, dass bald jede kleine Gemeinde Gewerbe- und Baugebiete ausweist sowie Ortsumgehungen neu- und Autobahnen ausgebaut werden. Auch die zunehmende Anzahl von Single-Haushalten führt dazu, dass der Bedarf an Wohnraum hierzulande kontinuierlich steigt. So hat sich die durchschnittliche Wohnfläche je Person in Deutschland von fünfzehn Quadratmetern im Jahr 1950 über vierunddreißig Quadratmeter im Jahr 1980 bis auf heute knapp siebenundvierzig Quadratmeter erhöht. Die deutsche Bundesregierung hat in ihrer Nachhaltigkeitsstrategie zwar das Ziel ausgegeben, die Ausweitung der Verkehrs- und Siedlungsfläche bis zum Jahr

2030 auf dreißig Hektar pro Tag zu begrenzen, allerdings erscheint das angesichts der gegenwärtig noch sechsundsechzig Hektar mehr als ehrgeizig.[205]

Die Kommunen erhoffen sich durch die Ausweisung von Baugebieten zusätzliche Einnahmen durch Grund- und Gewerbesteuer oder bessere Verkehrsanbindungen durch den Ausbau von Straßen und Vorortbahnen. Allerdings führt der Ausbau von Straßen meist dazu, dass mehr Verkehr entsteht. Auch nimmt die Attraktivität der Innenstädte ab, wenn neue Gewerbegebiete auf der grünen Wiese entstehen – sie ziehen die Kundschaft ab. Ziel sollte deshalb eher sein, attraktive, lebendige Stadtzentren mit einem hohen Mix aus Wohnen, Arbeiten und Einkaufen zu schaffen. Das gilt auch deshalb, weil neu ausgewiesene Baugebiete in der Regel deutlich niedrigere Siedlungsdichten aufweisen als die historisch gewachsenen Kernstädte, was wiederum zu einem überproportionalen Flächenverbrauch führt. Deshalb sollten in erster Linie vorhandene Siedlungsflächen nachverdichtet werden, bevor neue ausgewiesen werden. Und es sollte darauf geachtet werden, dass dort, wo neue Infrastruktur entsteht, die alte auch wieder zurück gebaut wird, um die Neuversiegelung nicht zu groß werden zu lassen.[206]

Aber was für Deutschland gilt, gilt natürlich erst recht für Länder mit einer wachsenden Bevölkerung oder starkem Nachholbedarf beim Infrastrukturausbau. Dort wird die Flächenneuinanspruchnahme naturgemäß noch viel größer sein als hierzulande. Man muss somit unterscheiden zwischen einer *planmäßigen* Ausweitung der Infrastruktur und Besiedelung, wie sie in hoch entwickelten Ländern wie in Deutschland geschieht, und einer *ungeregelten Urbanisierung*, wie sie das Kennzeichen vor allem von Megastädten der Dritten Welt ist.

Ersteres, also die planmäßige Siedlungsausweitung, ist vor allem in großen Ballungszentren wie London, Paris, Tokio, New York oder Los Angeles zu beobachten. Aufgrund steigender Einkommen und steigender Ansprüche kommt der Wunsch auf nach immer mehr Wohnfläche und nach dem Eigenheim im Grünen im Dunstkreis der Großstädte. Parallel steigt der Flächenbedarf für Versorgungs-, Bildungs- und Verkehrseinrichtungen. Neue Wohn- und Gewerbebetriebe erfordern auch neue Verkehrswege. Ebenso verursacht die Globalisierung immer mehr Verkehr, da mittlerweile Güter aus der ganzen Welt in unsere Supermärkte befördert werden. Die De-facto-Verlagerung von Lagerflächen auf die Straße durch moderne Produktionsverfahren wie »*just-in-time*«, »*lean-production*« und »*rollendes Lager*« tun ihr Übriges.

Grundsätzlich sollte dem Problem des zusätzlichen Flächenbedarfs in den Industrieländern aber durch geeignete raumplanerische Verfahren einerseits und durch die »Attraktivierung« von Siedlungskernen andererseits Einhalt geboten werden können. Ersteres bezieht sich auf die Möglichkeit, mithilfe öffentlicher Verwaltungsverfahren den geographischen Raum gezielt zu ordnen und ihn je nach naturräumlichen, wirtschaftlichen und sozialen Möglichkeiten einer geeigneten Nutzung zuzuführen. Letzteres bezieht sich darauf, die bestehenden Städte und Dörfer so zu fördern, dass möglichst wenig zusätzliche Fläche in Anspruch genommen werden muss. Dies kann auf vielfältige Weise geschehen, etwa durch Nachverdichtung in Innenstädten, durch die Schaffung von Arbeitsplätzen in der Fläche, durch gesetzliche Vorgaben im Baurecht, durch eine Reform der Gemeindefinanzierung oder durch steuerliche Anreize.

Das Problem der Urbanisierung in den über zehn Millionen Einwohner zählenden Magastädten der Dritten Welt scheint da ungleich schwieriger zu lösen zu sein. Dort nämlich, in São Paulo oder Mexiko City, in Mumbai oder Kalkutta, in Kairo oder Kinshasa, in Manila, Karatschi oder Jakarta, schreitet die Zersiedelung unkontrolliert voran. Riesige Elendsviertel entstehen am Stadtrand oder an vormals weitgehend unberührten Steilhängen, auf Müllhalden, zwischen Bahngleisen oder auf ehemaligen Ackerflächen.[207] Das Tragische daran ist, dass sich diese Megastädte häufig in den fruchtbarsten Regionen ihres Landes befinden – denn aus diesem Grund wurden sie ja einmal dort gegründet. Wenn immer mehr Menschen vom Land in die Stadt ziehen, weil sie sich dort bessere Lebensverhältnisse und einen Arbeitsplatz erhoffen, dann frisst sich das wuchernde Stadtgebiet immer weiter in die sie umgebende Landschaft hinein. Durch den damit verbundenen Verlust an wertvollem Ackerland wird es jedoch immer schwieriger, die wachsende Bevölkerung zu ernähren. Die ständig zunehmenden Abgase, Abwässer und Müllberge tun dazu ihr Übriges.

Ein großes Problem der Urbanisierung ist auch die Versiegelung des Bodens durch Gebäude und Asphaltflächen. Dies führt dazu, dass kein Wasser mehr im Boden versickern kann. Dadurch bildet sich aber auch kein neues Trinkwasser und die Filter- und Reinigungsfunktion des Bodens wird wirkungslos. Je größer die Stadt, desto größer sind damit in der Regel auch die Trinkwasserprobleme, insbesondere dann, wenn sie sich in trockenen Gebieten mit wenig Niederschlag befindet. Auf der anderen Seite werden durch die Versiegelung aber auch der Oberflächenabfluss und damit die Überschwemmungsgefahr erhöht. Ferner hat sie Einfluss auf das Mikroklima: Die bodennahe Luft kann sich nicht mehr so schnell abkühlen und Gebäude verhindern einen Luftaustausch, weswegen es in Städten in der Regel wärmer ist als im Umland.

Weltweit sind etwa ein Prozent der Landfläche bebaut und noch einmal eine ebensolche Fläche wird von Tagebauen und Minen in Anspruch genommen. Wer einmal die riesigen Mondlandschaften der Braunkohle-Tagebauregionen in der Kölner Bucht oder in der Niederlausitz gesehen hat, kann ermessen, welche Flächen weltweit auch auf diese Weise vernichtet werden.

Auch wenn ein solcher Bergbau meist nur temporär, das heißt, über ein paar Jahre oder Jahrzehnte aufrecht erhalten wird, hinterlässt er in der Regel dauerhafte Zerstörungen und irreversible Schäden – von den betroffenen Menschen, die umgesiedelt werden und ihre Heimat verlieren, ganz zu schweigen. In Deutschland versucht man zwar, durch Rekultivierungsmaßnahmen nach Ende des Tagebaus wieder Landschaften zu modellieren, Seen anzulegen und die Gegend zu begrünen, doch sind solche kostenintensiven Maßnahmen in Entwicklungsländern oft nicht umsetzbar. Selbst das gebotene Vorgehen, den wertvollen Oberboden zwischenzulagern und später wieder einzubringen, wie es in Deutschland und anderen Industrieländern gesetzlich vorgeschrieben ist, ist dort meist nicht üblich.[208]

Weltweit werden bei der Gewinnung von Bodenschätzen – seien es nun Metalle, Energierohstoffe oder Mineralien – immer größere Flächen benötigt und dabei Natur und Landschaft verändert. Die Rohstoffgewinnung boomt, trotz allem. Die Eisenerzproduktion etwa, deren Jahresumsatz mit deutlich über zweihundert Milliarden Euro ein Drittel des gesamten mineralischen Bergbaus ausmacht, hat sich in den vergangenen zehn Jahren fast verdoppelt. Pro Jahr werden 1,5 Milliarden Tonnen Eisenerz aus dem Boden geholt, beim Energierohstoff Kohle sind es sogar acht Milliarden Tonnen. Der mit Abstand größte Bergbauproduzent der Welt, China, hat seine Produktion innerhalb von nur fünf Jahren um ein Drittel gesteigert. Ganze siebzehn Tonnen Bodenrohstoffe pro Jahr verbraucht der Durchschnitts-Amerikaner. Neben dem Rohstoff selbst werden aber auch noch Unmengen an Abraum (in der Bergmannssprache als »*taubes Gestein*« bezeichnet) bewegt, also die Gesteinsschichten, die den eigentlich zu gewinnenden Rohstoff überdecken oder aus den Schächten mit herausgeholt werden müssen. Ihre Masse liegt in der Regel um ein Vielfaches über der des Rohstoffs. So werden für eine Tonne Eisenerz oder Braunkohle durchschnittlich zehn Tonnen Abraum bewegt, für Blei fünfzehn Tonnen, für Nickel gar 141 Tonnen und für Kupfer unvorstellbare 179 Tonnen. Allerdings ist das noch gar nichts gegen Zinn oder Silber – hier gehen die Tonnen an Bodenbewegungen, die für eine Tonne Rohstoff bewegt werden müssen, in die Tausende, bei Gold und Platin gar in die Hunderttausende. Für diese gigantischen Bodenbewegungen werden nicht nur Flächen in Anspruch genommen, sondern auch die Landschaft verändert, denn der Abraum muss ja schließlich irgendwo hin. Oft landen sie auf riesigen Abraumhalden oder Hochkippen, wie etwa dem weit sichtbaren *»Monte Kali«* in Osthessen oder der *»Sophienhöhe«* im Rheinischen Braunkohlerevier; letztere bedeckt allein eine Fläche von dreizehn Quadratkilometern und ist über dreihundert Meter hoch. Oft wird der Abraum aber auch genutzt, um die Tagebaurestlöcher, die nach der Ausbeutung übrig geblieben sind, wieder zu verfüllen.

Der deutsche Braunkohletagebau ist in der Welt ohne Beispiel, kein Land der Welt fördert mehr, nicht einmal China. Er ist nicht nur für den Boden und die Landschaft eine Katastrophe, auch die Klimaschutzziele der Bundesregierung sind, solange er existiert, Makulatur. Allerdings geht man anderswo rohstoffgewinnungstechnisch auch nicht minder rücksichtslos vor, teilweise sogar noch viel brutaler als hierzulande – auf die Beispiele aus dem Regenwald aus dem zurückliegenden Kapitel sei hier verwiesen. Aber selbst in den USA, von denen man angesichts ihrer großartigen Nationalparks vielleicht etwas mehr Rücksicht auf Mutter Natur erwartet hätte, werden zur Gewinnung von Steinkohle ganze Bergkuppen der Appalachen weggesprengt und der Gesteinsschutt hernach in die angrenzenden Täler gekippt.

Das Tragische ist, dass sich die Rohstoffgewinnung häufig noch in ökologisch sensiblen und bisher weitgehend unberührten Gebieten abspielt, in den Bergen von Peru (*Yanacocha*, Gold), in Chile (*Chuquicamata*, Kupfer), in Papua-Neuguinea (*Panguna-mine,* Kupfer), in Kolumbien (*El Cerrejón*, Steinkohle) oder in der kanadischen Provinz Alberta (Ölsande). Neben der Beeinträchtigung der Umwelt durch Grube und Abraum erfordert der Bergbau jedoch auch eine ausladende Infrastruktur – Straßen und Häfen müssen gebaut werden, Pipelines und Förderbänder, Wohnungen für die Arbeiter, Kraftwerke zur Stromerzeugung, Hochöfen, Raffinerien und Industrieanlagen, um die Rohstoffe weiterverarbeiten zu können. Zusätzlich wird bei Tagebauen in der Regel das Grundwasser abgesenkt, um die riesigen Gruben trocken zu bekommen. Das hat natürlich Auswirkungen auf die umliegenden Flächen: Sie werden trockener und die Vegetation verendet oder sie müssen mithilfe von Tiefbrunnen künstlich bewässert werden. Im Ruhrgebiet verursachte der Steinkohlebergbau seit dem 19. Jahrhundert dagegen noch ein ganz anderes Problem. Hier kam es – nicht ungewöhnlich – zu so genannten »*Bergsenkungen*«, das heißt, der Boden senkte sich an einigen Stellen – teilweise auch großräumig – ab, weil die Schächte in der Tiefe zusammen brachen. Das Ergebnis ist, dass der Grundwasserspiegel oder die Wasserspiegel der umliegenden Gewässer nun oftmals oberhalb der Geländeoberkante liegen. Damit sich die Landschaft nicht in eine Seenplatte verwandelt, bleibt nichts anderes übrig, als permanent – und für sehr lange Zeit – Wasser abzupumpen. Das und anderes fällt unter die Kategorie der »Ewigkeitskosten« des Bergbaus. Aber künstliche Maßnahmen, die »ewig« aufrechtzuerhalten sind, sind so ziemlich genau das Gegenteil von Nachhaltigkeit.

Schließlich gibt es noch ein letztes Problem, das der Bergbau mit sich bringt. Die Extraktion des Rohstoffs aus dem Gestein geschieht nämlich nicht nur auf physikalische Weise, sondern auch auf chemische. Zur Gewinnung von Kupfer benötigt man beispielsweise Schwefelsäure, zur Gewinnung von Aluminium Natronlauge und zur Gewinnung von Gold Zyanid. Es entsteht Staub, es entweichen Gase in die Luft, es wird Blei oder Arsen freigesetzt. Der globale Bergbau produziert Unmengen an Emissionen in Wasser und Luft, von Quecksilber über Phosphor- und Schwefelverbindungen sowie Schwermetallen bis hin zu radioaktiven Stoffen bei der Urangewinnung. Die Gift- und Schadstoffe müssen aufgefangen und entsorgen werden – oder sie gelangen in die Umwelt, was sehr häufig auch geschieht. Das führt uns jedoch zu einem anderen Problem, mit dem wir uns nun näher zu beschäftigen haben.[209]

Bodenbelastung

»Es war einmal eine Stadt im Herzen Amerikas, in der alle Geschöpfe in Harmonie mit ihrer Umwelt zu leben schienen. Die Stadt lag inmitten blühender Farmen mit Kornfeldern, deren Gevierte an ein Schachbrett erinnerten, und mit Obstgärten an den Hängen der Hügel, wo im Frühling Wolken weißer Blüten über die grünen Felder trieben. Im Herbst entfalteten Eiche, Ahorn und Birke eine glühende Farbenpracht, die vor dem Hintergrund aus Nadelbäumen wie flackerndes Feuer leuchtete. Damals kläfften Füchse im Hügelland, und lautlos, halb verhüllt von den Nebeln der Herbstmorgen, zog Rotwild über die Äcker.

Einen Großteil des Jahres entzückten entlang den Straßen Schneeballsträucher, Lorbeerrosen und Erlen, hohe Farne und wilde Blumen das Auge des Reisenden. Selbst im Winter waren die Plätze am Wegesrand von eigenartiger Schönheit. Zahllose Vögel kamen dorthin, um sich Beeren als Futter zu holen und aus den vertrockneten Blütenköpfchen der Kräuter, die aus dem Schnee ragten, die Samen zu picken. Die Gegend war geradezu berühmt wegen ihrer an Zahl und Arten so reichen Vogelwelt, und wenn im Frühling und Herbst Schwärme von Zugvögeln auf der Durchreise einfielen, kamen die Leute von weither, um sie zu beobachten. Andere kamen, um in den Bächen und Flüssen zu fischen, die klar und kühl aus dem Hügelland strömten und da und dort schattige Tümpel bildeten, in denen Forellen standen. [...]

Dann tauchte überall in der Gegend eine seltsame schleichende Seuche auf, und unter ihrem Pesthauch begann sich alles zu verwandeln. Irgendein böser Zauberbann war über die Siedlung verhängt worden: Rätselhafte Krankheiten rafften die Kükenscharen dahin; Rinder und Schafe wurden siech und verendeten. Über allem lag der Schatten des Todes. Die Farmer erzählten von vielen Krankheitsfällen in ihren Familien. [...]

Es herrschte eine ungewöhnliche Stille. Wohin waren die Vö-

gel verschwunden? Viele Menschen fragten es sich, sie sprachen darüber und waren beunruhigt. Die Futterstellen im Garten hinter dem Haus blieben leer. Die wenigen Vögel, die sich noch irgendwo blicken ließen, waren dem Tode nah; sie zitterten heftig und konnten nicht mehr fliegen. Es war ein Frühling ohne Stimmen. Einst hatte in der frühen Morgendämmerung die Luft widergehallt vom Chor der Wander- und Katzendrosseln, der Tauben, Häher, Zaunkönige und unzähliger anderer Vogelstimmen, jetzt hörte man keinen Laut mehr; Schweigen lag über Feldern, Sumpf und Wald. Auf den Farmen brüteten die Hennen, aber keine Küken schlüpften aus. [...] *Die Apfelbäume entfalteten ihre Blüten, aber keine Bienen summten zwischen ihnen umher, und da sie nicht bestäubt wurden, konnten sich keine Früchte entwickeln. Die einst so anziehenden Landschaften waren nun von braun und welk gewordenen Pflanzen eingesäumt, als wäre ein Feuer über sie hinweggegangen. Auch hier war alles totenstill, von Lebewesen verlassen. Selbst in den Flüssen regte sich kein Leben mehr. Keine Angler suchten sie auf, denn alle Fische waren zugrunde gegangen.*

In den Rinnsteinen, unter den Traufen und zwischen den Schindeln der Dächer zeigten sich noch ein paar Fleckchen eines weißen körnigen Pulvers; es war vor einigen Wochen wie Schnee auf die Dächer und Rasen, auf die Felder und Flüsse gerieselt.

Kein böser Zauber, keine feindlicher Überfall hatte in dieser verwüsteten Welt die Wiedergeburt neuen Lebens im Keim erstickt. Das hatten die Menschen getan.«[210]

Diese Geschichte wird überschrieben mit dem Titel »*Ein Zukunftsmärchen*«, aber weder spielt es in der Zukunft noch ist es ein Märchen, auch wenn das konkrete Ereignis erfunden sein mag. Die Geschichte klingt beängstigend aktuell und doch ist sie mehr als ein halbes Jahrhundert alt. Niedergeschrieben hat sie die amerikanische Biologin *Rachel Carson* (1907 bis 1964) und zwar auf den ersten Seiten ihres später berühmt gewordenen

Buchs »*Der stumme Frühling*« (»*The Silent Spring*«)[211]. Carson beschreibt darin die Geschichte und die Wirkungsweise von Pestiziden und Herbiziden wie *DDT, Chlordan, Dieldrin, Endrin, Aldrin* und *Heptachlor*; sie beschreibt, wie sich diese Giftstoffe im Boden und in Gewässern ablagern, wie sie sich über den Weg der Nahrungskette in Lebewesen anreichern, bis sie schließlich ganz oben in konzentrierter Form ankommen; sie beschreibt, welche Auswirkungen der großflächige und unüberlegte Einsatz von Pestiziden auf Säugetiere, Vögel und Süßwasserlebewesen hat; sie beschreibt, welche Gefahren von frei verkäuflichen Pestiziden und Herbiziden ausgehen, die auch in Privathaushalten zur Anwendung kommen und sie beschreibt schließlich auch die Auswirkungen auf den Menschen, auf seine Fruchtbarkeit, auf seine Embryonen, auf das Erbgut und auf seine Gesundheit; Carson kritisiert großflächige, auf Insekten abzielende Vernichtungsaktionen und verweist auf die Gefahr, dass diese zunehmend resistent gegenüber diesen Giftstoffen werden könnten.

Das Buch löste nach seinem Erscheinen im Jahr 1962 in den USA eine heftige politische Debatte aus. Denn das, was Carson beschreibt, dieser unreflektierte Umgang mit und dieser großflächige Einsatz von Pestiziden und Herbiziden, war noch in den 1950er und 1960er Jahren gang und gäbe, er war Realität – und er ist es teilweise bis heute. Das Insektizid DDT, mit vollem Namen *Dichlordiphenyltrichlorethan*, wurde bereits seit Anfang der 1940er Jahre in großem Umfang eingesetzt. Das Kontakt- und Fraßgift galt als gut wirksam gegen Insekten, als weitgehend ungiftig für Säugetiere – und es war leicht herstellbar. Jahrzehntelang war es das weltweit meistverwendete Insektizid.

Erst mit der Zeit fand man heraus, dass es sich wegen seiner chemischen Stabilität und seiner guten Fettlöslichkeit im Gewebe von Mensch und Tier, die am Ende der Nahrungskette stehen, anreichert. Und man fand auch heraus, dass seine Abbauprodukte hormonähnliche Wirkungen zeigen. Diese führten unter anderem bei Greifvögeln dazu, dass deren Eier dünnwandiger wurden, was die Bestände der Tiere merklich reduzierte. DDT geriet somit in den Verdacht, beim Menschen Krebs auslösen zu können.

Seitens der Herstellerfirmen wurden diese Erkenntnisse nach Möglichkeit unter Verschluss gehalten oder dementiert – man wollte sich ja schließlich das gute Geschäft nicht kaputt machen lassen. Erst Rachel Carsons Buch brachte das Wissen über die Gefahren des Insektizids an die breite Öffentlichkeit. Das führte schließlich dazu, dass DDT in den 1970er Jahren von den meisten Industriestaaten verboten wurde. Das im Jahr 2004 in Kraft getretene »*Stockholmer Übereinkommen über persistente organische Schadstoffe*« (kurz: POP-Konvention) verbot seine Herstellung und Anwendung schließlich komplett – zumindest in den 179 Staaten, die den Vertrag mittlerweile ratifiziert haben. Hier ist DDT seitdem nur noch zur Bekämpfung krankheitsübertragender Insekten, wie derjenigen von Malaria, zulässig.

Heutzutage haben wir uns daran gewöhnt, dass Umweltvergehen und Gesundheitsrisiken aufgedeckt und dass gefährliche Produkte und deren Hersteller von Umwelt- und Verbraucherschutzorganisationen oder von staatlichen Institutionen an den Pranger gestellt werden (auch wenn es immer noch viel zu viele Tatbestände gibt, in denen das leider *nicht* der Fall ist). Damals allerdings, in den frühen 1960er Jahren, war das etwas völlig Neues. Für die breite Öffentlichkeit war Rachel Carsons Buch ein solches Erweckungserlebnis, ein solcher Augenöffner, dass es heute als die Geburtsstunde der modernen Umweltbewegung gilt. Erst *nach* ihm war möglich, was *vor* ihm unmöglich schien. Daher muss Rachel Carson unser aufrichtiger Dank gelten. Bedauerlicherweise starb die Autorin aber schon zwei Jahre nach dem Erscheinen ihres Buches selbst an Krebs. Posthum erhielt sie noch zahlreiche Auszeichnungen.

Doch erinnert uns die Diskussion der 1960er und 1970er Jahre um das Thema DDT nicht sehr an eine aktuelle? Auch heute diskutieren wir wieder über ein »Pflanzenschutzmittel«, zwar kein Insektizid, sondern ein Herbizid, also ein Unkrautvernichtungsmittel, aber genau wie bei DDT wird es seit Jahrzehnten vertrieben, nämlich seit 1974; genau wie bei DDT findet es weite Verbreitung, nämlich in hundertdreißig Ländern der Welt; genau wie bei DDT wird es universal eingesetzt und genau wie DDT wird es auch für den Privatverbraucher angeboten. Im März 2015 stufte die *Internationale Agentur für Krebsforschung* (IARC) – eine Einrichtung der Weltgesundheitsorganisation (WHO) mit Sitz in Lyon – das Produkt als »wahrscheinlich« krebserregend ein, nachdem es bereits Jahre zuvor, seit mindestens 2005, immer wieder Hinweise gegeben hatte, dass dies so sein könnte und dass der Stoff für einzelne Tierarten toxisch sei. Die Diskussionen haben sich seit jenen Tagen zugespitzt, obwohl der Hersteller immer wieder beteuerte, für den Menschen sei keine Gefahr gegeben.

Das Produkt, um das es geht, wird unter dem Markennamen »*Roundup*« vertrieben; Hersteller ist der bei Umweltschützern ungeliebte, ja geradezu verhasste US-amerikanische Agrarkonzern *Monsanto*, den, wie 2016 bekannt wurde, der deutsche Bayer-Konzern für die Rekordsumme von sechzig Milliarden Euro übernehmen möchte. Der Wirkstoff, der in »*Roundup*« enthalten ist und um den sich die Diskussion dreht, ist *Glyphosat*. Jährlich werden eine dreiviertel Million Tonnen von ihm hergestellt, das ist etwa die vierfache Menge von dem, was die USA, der damalige Weltmarktführer, im Jahr 1960 an DDT produzierte. Monsanto ist aber nicht mehr der einzige Hersteller; vierzig Prozent des gehandelten Glyphosats stammen mittlerweile alleine aus China.

Glyphosat ist ein nicht-selektives, das heißt ein nicht nur auf bestimmte, sondern auf alle Unkräuter zielendes Blattherbizid. Es wird über die grünen Pflanzenbestandteile durch Diffusion aufgenommen und wirkt auch nur dort. Es wird daher entweder unmittelbar vor oder wenige Tage nach der Aussaat auf die Äcker gesprüht. Viele der schnell und oberflächlich keimenden Unkräuter besitzen dann schon grüne Bestandteile; sie werden abgetötet, während die tiefer eingesäten Kulturpflanzen ungeschoren davon kommen; wenn sie dann später keimen, ist das Feld im wahrsten Sinne des Wortes »geräumt«. Man bezeichnet diese Art der Herbizidbehandlung als »*Vorauflauf*«. Glyphosat kommt jedoch gleichermaßen im Wein- und Obstbau, beim Anbau von Zierpflanzen, auf Wiesen, Weiden und Rasenflächen zur Anwendung. All die schönen Nutz- und Zierpflanzen sollen ungestört gedeihen, lästiges Unkraut hat in ihrer Nähe nichts verloren, alles ermöglicht durch »*Roundup*«, alles durch »*maximale Wirkung bei nur minimaler Belastung der Umwelt*«, wie Monsanto sein Produkt in Deutschland bewarb.[212] Interessant nur, dass der Konzern genau das im US-Bundesstaat New York nicht mehr behaupten darf.[213]

Der Markenname »*Roundup*« kommt auch nicht von ungefähr. Denn neben dem Herbizid bietet Monsanto, genau wie die Konkurrenz, auch (genveränderte) Nutzpflanzen an, die gegen Glyphosat resistent sind. Sie werden in vielen Ländern eingesetzt, insbesondere bei Soja, Raps, Baumwolle und Mais. Das heißt also, der Konzern bietet ein Herbizid an, das gegen alles wirkt, und gleichzeitig eine Nutzpflanze, gegen die es eben nicht wirkt. Glyphosat kann damit nicht nur mit der Aussaat, sondern auch in verschiedenen Phasen des Anbaus ausgebracht werden – eigentlich immer, wenn es der Landwirt für richtig hält, denn der eigentlichen Nutzpflanze schadet es ja schließlich nicht! Genial, oder? Für den Landwirt soll diese Kombination aus Herbizid und resistenter Nutzpflanze somit jene »runde Sache« sein, die der Hersteller bewirbt – eben »*Roundup*«. Vor allem wirtschaftliche Vorteile soll es ihm bringen. Eine runde Sache ist es aber auch für den Hersteller: Er macht den Landwirt abhängiger von seinen Produkten und kann größere Mengen von ihnen verkaufen – mit entsprechenden Folgen für Boden und Umwelt.

Die Frage, ob Glyphosat nun tatsächlich gefährlich ist oder nicht, ist bis heute nicht abschließend geklärt und soll und kann in diesem Buch auch gar nicht beantwortet werden – vielleicht *lässt* sie sich auch gar nicht so einfach beantworten. In unserem

Kontext sollen nur zwei Dinge verdeutlicht werden: Zum einen die Tatsache, dass wir auch heute – viele Jahre nach dem weitgehenden Verbot von DDT und anderer Pestizide – immer noch bedenkenlos Giftstoffe auf unseren Äckern und Feldern einsetzen, von denen wir nicht wirklich wissen, ob und inwiefern sie schädlich sind oder nicht. Und zum andern, dass wir sie heute so selbstverständlich und in solch riesigen Mengen einsetzen wie nie zuvor, alles gefördert und beworben durch mächtige Industriekonzerne, die damit Milliarden umsetzen. Was das für den Boden bedeutet, werden wir wahrscheinlich erst in ein paar Jahrzehnten erfahren, dann, wenn es bereits zu spät ist.

Doch nicht nur Insektizide und Herbizide sind eine Gefahr für den Boden, auch für den Dünger trifft das zu. Der Verbrauch von Mineraldünger hat sich in den vergangenen fünfzig Jahren verfünffacht. Am höchsten ist er in China; dort werden jährlich ganze 344 Kilogramm pro Hektar eingebracht. In anderen Ländern wie Brasilien und Japan sind es nicht viel weniger, in Afrika dagegen nur wenige Kilogramm. In den USA und Europa ist der Verbrauch in den letzten Jahren etwas zurückgegangen, was auch daran liegt, dass die jahrzehntelang gedüngten Böden der Industrieländer heute in der Regel mit Nährstoffen wie Stickstoff, Phosphor und Kalium *über*versorgt sind.

Drei Viertel des weltweit eingesetzten Mineraldüngers, in einigen Ländern sogar über neunzig Prozent, bestehen heute aus synthetischem Stickstoff (N). Häufig besteht dieser aus *Harnstoff*, einer organischen Verbindung mit fünfundvierzig Prozent Stickstoffanteil, die mit etwa zweihundert Millionen Tonnen pro Jahr eine der weltweit meistproduzierten Chemikalien ist. Ihre Herstellung geschieht in einem zweistufigen, unter anderem von *Carl Bosch* (1874 bis 1940) entwickelten und 1922 erstmals von der BASF eingesetzten Verfahren, bei dem in einem Hochdruckreaktor aus Ammoniak (NH_3) und Kohlendioxid (CO_2) Harnstoff (CH_4N_2O) und Wasser (H_2O) entstehen. Ammoniak wiederum wird zuvor mithilfe des »*Haber-Bosch-Verfahrens*« aus Stickstoff und Wasserstoff synthetisiert. Während sich der verwendete Stickstoff unmittelbar aus der Luft gewinnen lässt, benötigt man für die Abscheidung des Wasserstoffs aus Wasser aber Erdgas (das wiederum hauptsächlich aus Methan besteht); als Abfallprodukt entstehen dabei Kohlenmonoxid und Kohlendioxid. Für die Fabrikation einer Tonne Ammoniak wird etwa eine gleich große Menge Erdgas benötigt. Das hat zur Folge, dass auf die Ammoniak- und damit auch auf die Düngerherstellung ganze 1,5 Prozent des weltweiten Energieverbrauchs entfallen.

Im Boden dagegen wirkt der als Dünger eingebrachte Stickstoff schädlich, wenn seine Menge den Bedarf der Nutzpflanzen übersteigt – was meist der Fall ist. Dann kann nämlich unter anderem durch Nitratauswaschung das Grundwasser belastet werden. Außerdem bewirkt Stickstoff, dass der Boden versauert und dass die Bodenlebewesen nicht mehr genügend Nahrung bekommen mit dem Ergebnis, dass sie verhungern und folglich nicht mehr für die Humus-Produktion sorgen können. Zudem wird ein Teil des Stickstoffs im Boden in Lachgas umgesetzt, das als starkes Treibhausgas in die Atmosphäre entweicht.

Heute ersetzt synthetischer Stickstoffdünger immer mehr die althergebrachte, wirtschaftseigene organische Düngung aus Hornspänen, Mist oder Gülle, obwohl er sie eigentlich nur ergänzen sollte. Dabei ließe sich der Bedarf an Stickstoffdünger erheblich verringern, schließlich wird wegen der industriellen Massentierhaltung ohnehin eine hinreichend große Menge an den drei genannten natürlichen Düngemitteln erzeugt. Eine Verringerung des Stickstoffdüngers würde erheblich zur Schonung des Bodens und der Umwelt beitragen, weswegen die deutsche Bundesregierung in ihrer nationalen Nachhaltigkeitsstrategie auch das Ziel ausgegeben hat, »*den Stickstoffüberschuss auf 80 Kilogramm* [...] *pro Hektar* [...] *im Dreijahresdurchschnitt zu begrenzen*«, was allerdings bis heute nicht erreicht werden konnte – wohlgemerkt: den *Überschuss* an Stickstoff.[214] In Deutschland, das zu den größten Fleischherstellern der Welt zählt, wird aber in der Regel *zu viel* gedüngt, da die Fleischindustrie ihre Abfallprodukte – Hornspäne, Mist und Gülle – auch irgendwo entsorgen möchte mit der Folge, dass die Nitratwerte im Boden steigen und das Grundwasser belastet wird. Genau dies hat der Bundesrepublik Deutschland Ende 2016 auch eine Klage der Europäischen Union wegen Versäumnissen beim Grundwasserschutz eingebracht.[215]

Vor diesem Hintergrund wäre die Reduzierung des Einsatzes von synthetischem Dünger problemlos möglich, wenn, ja wenn da nicht die geschätzten zweihundert Milliarden Dollar pro Jahr wären, die die Industrie weltweit mit der Herstellung synthetischen Stickstoffdüngers umsetzt. Ein Drittel davon liegt in der Hand von nur zehn Konzernen; ihr erbitterter Widerstand wäre vorprogrammiert.[216]

Mit dem Dünger gelangen aber auch noch andere Schadstoffe in den Boden. In Deutschland etwa werden auf den siebzehn Millionen Hektar landwirtschaftlich genutzter Fläche neben 4,7 Millionen Tonnen Mineraldünger auch 220 Millionen Tonnen (organischer) Wirtschaftsdünger wie Mist und Gülle, aber auch Stroh, Rindenmulch und Pflanzenrückstände eingesetzt, außerdem 2,3 Millionen Tonnen Komposte und 0,6 Millionen Tonnen Klärschlamm. Neben den gewünschten Hauptnährstoffen Stickstoff, Phosphor, Kalium, Schwefel, Calcium und Magnesium enthalten die eingesetzten Dünger auch Spurennährstoffe wie Eisen, Kupfer und Mangan sowie anorganische Schadstoffe wie etwa die Schwermetalle Blei, Cadmium, Quecksilber sowie Arsen und Uran. Schwermetalle sind ab einer bestimmten Konzentration toxisch für Bodenlebewesen und Pflanzen. Über die Nahrungs- und Futterpflanzen sowie über das Trinkwasser können sie auch unserer Gesundheit gefährlich werden. Bei der Verwendung von Kompost und Klärschlamm können auch langlebige organische Stoffe wie *Polychlorierte Biphenyle* (PCB) oder *Polychlorierte aromatische Kohlenwasserstoffe* (PAK) in den Boden gelangen, die nur schwer abbaubar sind und sich – genauso wie DDT – im Gewebe von Mensch und Tier anreichern. Sie gelten als stark toxisch und krebserregend. Daher sind in Deutschland entsprechende Grenzwerte einzuhalten, die in der *Bioabfallverordnung* (BioAbfV) und der *Klärschlammverordnung* (AbfKlärV) geregelt sind. Metalle wie Kupfer und Zink, die von den Pflanzen in geringen Mengen zwar benötigt werden, in höheren aber schädigend sind, gelangen dagegen über zuvor in der Tiermast eingesetzte Futter-Zusatzmittel und dann über den Wirtschaftsdünger in den Boden. Gleiches gilt auch für Tierarzneimittel wie Antibiotika, Blutfettsenker oder Hormonpräparate, die dann ebenfalls wieder in den Nutzpflanzen und mithin in unserer Nahrung landen.[217]

Doch Schadstoffe gelangen nicht nur über Dünger und Pflanzenschutzmittel in den Boden, es gibt noch zwei andere Quellen. Das eine ist die »*Deposition*« aus der Luft, das andere sind so genannte »*Altlasten*«. In die Luft gelangen Schadstoffe durch Staub- und gasförmige Emissionen, die bei zahlreichen Produktionsprozessen, insbesondere bei Verbrennungsprozessen, entstehen. Dazu zählen etwa die Eisen- und Stahlindustrie, die Aluminiumindustrie, die Zement- und die Glasindustrie, aber auch Müllverbrennungsanlagen, Kraftwerke und schließlich Verbrennungsmotoren in Fahrzeugen. Bei unvollständiger Verbrennung oder bei der Anwesenheit von Chlorverbindungen entwickeln sich *Dioxine*. Auch PCB und PAK gelangen nicht nur über den Wirtschaftsdünger, sondern auch über die Luft in den Boden. Das gilt ebenso für *Radionuklide*, also radioaktive Zerfallsprodukte wie Cäsium-137 oder Strontium-90, wie sie bei der Reaktorkatastrophe in Tschernobyl 1986 freigesetzt wurden; sie sind auch heute noch im Boden nachweisbar.[218]

Das, was man in Deutschland als »*Altlasten*« bezeichnet, sind dagegen Orte, die besonders stark kontaminiert sind. Heute gibt es viele Gebiete auf der Erde, die davon betroffen sind. Besonders gilt das für Regionen mit umfangreicher chemischer Industrie, mit Bergbau und mit Energieerzeugern, bei denen veraltete, wenig umweltschonende Anlagen eingesetzt wurden und werden. Oft wurden dort auch Siedlungs- und Industrieabfälle unzureichend entsorgt, so dass sich Schadstoffe im Boden und im Grundwasser anreichern konnten. Altlasten sind also Bodenkontaminationen, die ungeordnet und unkontrolliert entstanden sind und die Gefährdungen für Umwelt und Gesundheit zur Folge haben können. Ursache ist häufig, dass das wahre Gefahrenpotential von Schadstoffen unterschätzt oder ignoriert wird. Folglich wird fahrlässig mit den Stoffen umgegangen und durch Lecks, fehlerhafte Handhabung und Havarien gelangen sie in die Umwelt und in den Boden. Wenn überhaupt, werden sie alsdann auf möglichst kostengünstigste Weise beseitigt, ohne aufwendige Abfallentsorgung und ohne die erforderlichen Schutzmaßnahmen – mit allen Gefahren, die damit einhergehen. Oft fehlen auch einfach die entsprechenden Regularien zum Umgang mit gefährlichen Stoffen. Und wenn es sie doch gibt, werden sie aus Kostengründen ignoriert oder bewusst umgangen. In Deutschland ist die Beseitigung von Altlasten im *Bundes-Bodenschutzgesetz* (BBodSchG) und in der *Bundes-Bodenschutz- und Altlastenverordnung* (BBodSchV) klar geregelt. Es gibt Register, in denen Altlastenverdachtsflächen aufgelistet sind und es besteht eine Verpflichtung, kontaminierte Böden zu sanieren, was allerdings erhebliche Kosten verursachen kann. Ärmere Länder können sich das aber oft gar nicht leisten.[219]

Auch die Folgen von Krieg oder Atomwaffenversuchen vergisst der Boden nicht. Ehemalige Militärflächen und Versuchsgelände sind häufig stark mit Schadstoffen belastet oder gar unzugänglich. Auch gibt es viele Gebiete auf der Welt, die von Landminen verseucht sind. Von einer landwirtschaftlichen Nutzung sind solche Flächen ausgeschlossen. In Vietnam etwa waren Mitte der 1970er Jahre 6,6 Millionen Hektar davon betroffen, bis heute ist nur ein Bruchteil davon geräumt. In Angola waren es um das Jahr 2000 sogar 58 Millionen Hektar, ganze siebzig Prozent der nutzbaren Fläche des Landes; bis heute ist etwa ein Fünftel davon geräumt.

Für den internationalen Tourismus sind solche Gebiete sicher alles andere als bevorzugte Destinationen. Doch anderswo auf der Welt ist auch der ständig wachsende Fremdenverkehr nicht ganz unschuldig an der Zerstörung der Böden diese Welt, wie wir uns nun ansehen werden.[220]

Sehnsuchtsziele

In gewissem Sinne erinnert der internationale Tourismus an die »*Heisenbergsche Unschärferelation*«. Diese beschreibt bekanntlich den Umstand aus der Quantenmechanik, dass es prinzipiell unmöglich ist, zwei komplementäre Eigenschaften eines Teilchens, wie etwa den *Impuls* und den *Ort*, mit unbegrenzter Genauigkeit zu bestimmen. Jede Messung des Impulses eines Teilchens ist zwangläufig mit einer Störung seines Ortes verbunden und umgekehrt.

Beim Tourismus verhält es sich ähnlich. Hier gibt es einerseits den »Impuls«, eine möglichst unberührte Natur und eine schöne Landschaft erleben zu wollen, und andererseits den »Ort« selbst, also die unberührte Natur und die schöne Landschaft als solches. Will heißen: Das eine beeinträchtigt das andere. Sobald der Tourist auftaucht, sind Natur und Landschaft schon nicht mehr unberührt, das idyllische Fischer- oder Bergdorf schon nicht mehr »authentisch«; der Tourist hat sie mit seiner Anwesenheit bereits verändert, obwohl er das eigentlich gar nicht möchte. Und die Veränderung besteht nicht nur aus den Souvenirläden, die neu eröffnen, um an ihm etwas zu verdienen. Der ständig zunehmende internationale Tourismus führt auch zu umfangreichen Boden- und Landschaftsschädigungen. Vor allem betroffen sind jene Küsten- und Gebirgsregionen, die mit landschaftlicher Schönheit glänzen und deshalb das bevorzugte Ziel der Touristen sind. Um diese *noch* attraktiver für die zahlenden Urlauber (also uns) zu machen, werden in den Alpen Skipisten in die Berghänge gefräst, Lifte und Berghütten gebaut, Wanderwege angelegt, es entstehen Hotels, Straßen und weitere Infrastruktur, um dem Urlauber einen angenehmen Aufenthalt zu ermöglichen.

Doch gerade die sportlichen Aktivitäten in der Natur zerstören die Pflanzendecke und den Baumbewuchs, führen zu Erosion, Erdrutschen und Lawinen. In Küstennahen Gebieten ist die Situation nicht besser; Inseln sind besonders betroffen. Küstenabschnitte werden mit Hotelburgen zugebaut, Straßen, Jacht- und Flughäfen entstehen, Küstenlinien werden befestigt oder mit Sand aufgefüllt.

Tourismus produziert Verkehr und Abfall. Auch schafft er Probleme bei der Abwasserbehandlung und der Trinkwasserversorgung, insbesondere deshalb, weil der Tourismus oft saisonal stark schwankt. Gerade dann, wenn die Sonne am wärmsten scheint, es am trockensten ist und die meisten Urlauber kommen, führt der erhöhte Wasserverbrauch für Pools und Trinkwasser zu einem Mangel in der Landwirtschaft, führt zu Grundwasserabsenkungen und Bodenaustrocknung. Besonders betroffen davon sind beliebte Urlaubsregionen wie das Mittelmeer, die europäischen Inseln im Atlantik, die Karibik, die Malediven und die Seychellen im Indischen Ozean sowie Inseln in der pazifischen Südsee. Bei den Gebirgen trifft es in erster Linie die Alpen, die Berge Nordamerikas, den Himalaya und zunehmend auch die Anden. [221] Und wenn es uns Urlaubern dann irgendwann doch zu bunt wird, wir den Rummel satt haben und die Nase voll von hässlichen Hotelburgen und Schnellstraßen, von zugebauten Stränden und Massenabfertigung, dann ziehen wir eben weiter in andere Gegenden, zu anderen Zielen – denen es dann allerdings wenige Jahre später genauso ergeht. Auf diese Weise frisst sich der Massentourismus wie ein Geschwür immer weiter in die schönsten Gegenden dieser Erde – wenn wir ihm nicht durch »schonenden Tourismus« und alternative Konzepte, die auf die Natur Rücksicht nehmen, Einhalt gebieten. Denn vergessen wir nicht: Der Kunde ist bekanntlich König!

Kommen wir zum Schluss dieses Kapitels aber noch einmal zurück auf Steinbecks Roman und auf die Familie, deren unglückliche Geschichte dort erzählt wird. Auch sie hatten ein Ziel, allerdings kein touristisches. Nachdem sie der Dust Bowl sowie profitgierige Großgrundbesitzer, die auf ihrem Land moderne Traktoren einsetzen wollten und deswegen die bisherigen kleinen Pächter nicht mehr brauchen konnten, aus ihrer Heimat Oklahoma vertrieben hatten, wandten sie sich gen Westen. Sie hofften, dort, im sonnigen und fruchtbaren Kalifornien, eine neue, bessere Heimat zu finden. Doch es kam anders. Sie waren nämlich, wen wundert es, nicht die einzigen, die dieser Idee nachgingen. Außer ihnen gab es hunderttausende anderer Familien, die genauso dachten und hofften. Die Kalifornier, auf deren Land diese Masse an Menschen zuströmte, sahen sich, man kann es ihnen kaum verdenken, bedroht. Bedroht von Menschen mit schmalen Gesichtern und hungrigen Augen, die bereit waren, sich das zu nehmen, was sie nötig hatten; bedroht von Menschen, die überall an den Straßen fruchtbare Obstplantagen sahen, weiße Häuser und reiche Menschen und die nicht verstehen konnten, dass in dieser Welt kein Platz für sie war. Die Kalifornier sahen ihre heile Welt gefährdet und wehrten sich gegen die Eindringlinge, verhinderten, dass sie sich organisierten und vertrieben sie, wo immer sie sich niederlassen wollten. Gleichzeitig nutzten die Großgrundbesitzer – und das war verwerflich – die Not der als »*Okies*« Verunglimpften dazu aus, sich billige Arbeitskräfte zu besorgen und die Löhne immer weiter zu drücken, bis selbst diejenigen, die Arbeit fanden, sich davon nicht mehr ernähren konnten. Die Flüchtlinge litten Hunger und waren im doppelten Sinne des Wortes bodenlos. Zerstörter Boden hatte sie einst aus ihrer Heimat vertrieben, doch in der vermeintlich besseren Welt ging es ihnen noch schlechter als zuvor.

Die Geschichte stammt, wie wir gehört haben, aus den 30er Jahren des 20. Jahrhunderts, aber sie ist heute vielerorts aktueller denn je. Denn was passiert, wenn sich infolge von Dürren und Hunger, infolge von degradierten, versalzenen und verseuchten Böden, von Perspektiv- und Hoffnungslosigkeit Tausende von verzweifelten Menschen aufmachen, sich eine neue Heimat zu suchen? Wenn sich Tausende und Hunderttausende von Afrikanern und Südamerikanern nach Norden wenden, nach Europa und Amerika, um dort ihr Glück zu suchen? Wie lange können wir im reichen Norden angesichts von Klimawandel, Umweltzerstörung und Hunger in der Dritten Welt dem Flüchtlingsdruck standhalten? Gibt es militärischen Widerstand? Und wenn nicht gleich das – was passiert, wenn alle Dämme brechen? Können wir ihnen denn ihr Recht verweigern, so zu leben, wie wir es tun? Was geschieht mit unserer Gesellschaft, wenn sie durchsetzt wird mit Flüchtlingen, denen es bei uns kaum besser geht als in ihrer zurückgelassenen Heimat? Müssen wir ihnen nicht helfen? Müssen wir nicht dafür sorgen, dass es für sie erst gar keinen Grund gibt, zu flüchten? Dass sie auch in ihrer Heimat ein angenehmes Leben führen können?

Was in den kommenden Jahren und Jahrzehnten noch auf uns zukommt, wissen wir nicht. Aber wir sollten uns bewusst machen, welche Konsequenzen die Bodenzerstörung und seine Begleitumstände haben können. Wenn wir sie heute nicht bekämpfen, werden die Probleme, die uns ereilen, ungleich größer sein als diejenigen, mit denen wir uns heute schon herumschlagen. Wir sind einfach, schon aus Eigennutz, aber auch aus Nächstenliebe, zum Handeln verpflichtet, um weitere, gravierendere Katastrophen in Zukunft zu verhindern. Flüchtlingsströme gibt es heute schon, wir kämpfen in Europa gerade erheblich damit. Aber angesichts des drohenden Klimawandels, angesichts zerstörter Boden, angesichts von Hunger und Elend, von Bevölkerungswachstum in Afrika und anderswo, werden die Flüchtlingsströme zunehmen. Afrika hat heute bereits über eine Milliarde Einwohner, für 2050 erwarten die Vereinten Nationen 2,5 Milliarden. Dagegen sind die vielleicht fünf Millionen, die in den letzten Jahren aus Syrien und Nordafrika zu uns nach Europa strömten, eine verschwindend geringe Zahl.

Der Boden, der immer weniger wird und immer mehr Menschen ernähren soll, wird daher zu einem immer wertvolleren Gut, immer begehrter. So verwundert es nicht, dass heute schon, oft still und leise, dafür aber mit umso größerer Entschlossenheit, die Kräfte in Stellung gebracht, die Strategien beschlossen werden, wie sich das wertvolle Gut Boden auch in der Zukunft für die Mächtigen der Welt sichern lässt. Die Stichworte, die in diesem Zusammenhang von Bedeutung sind, lauten »*Landimport*« und »*Grabbing*«.

Landimport bezieht sich auf den Umstand, dass viele reiche Staaten für die Aufrechterhaltung ihres Lebensstandards viel mehr Fläche benötigen, als ihnen selbst zur Verfügung steht. Theoretisch lässt sich so analog zum ökologischen Fußabdruck eine Art »Land-Fußabdruck« für jedes Land berechnen, also eine theoretische (und tatsächliche) Fläche, die ein Staat gegenwärtig für seine Zwecke in Anspruch nimmt, ganz unabhängig von der Größe seines eigenen Staatsgebiets.

Die Europäische Union ist diejenige Region, die am meisten abhängig ist von Landflächen außerhalb ihres Territoriums. Es gibt Berechnungen, die davon ausgehen, dass der Land-Fußabdruck der EU bei mindestens 640 Millionen Hektar liegt, also der anderthalbfachen Fläche ihrer Mitgliedsstaaten. Diese Fläche liegt aber größtenteils nicht in Europa, sondern anderswo, in Russland und der Mongolei, woher sie ihr Getreide bezieht, in Brasilien, wo ihre Rinder grasen und ihr Soja wächst, und einigen anderen Staaten, die noch nicht einmal ihre eigene Bevölkerung ernähren können. Genaue Berechnungen sind aber schwierig; es kommt immer darauf an, welche Importprodukte man mit einbezieht und welche nicht. Dass riesige Tropenwaldflächen gerodet werden, um für den europäischen Markt Soja und Palmöl zu produzieren, haben wir bereits gesehen. Zu den zehn größten »landimportierenden« Staaten zählen Deutschland, Großbritannien, Italien, Frankreich, die Niederlande und Spanien – allesamt Europäer. Im Schnitt benötigt ein Europäer 1,3 Hektar, sechsmal so viel wie ein Bangladeschi. Die Europäische Union ist der größte Agrarimporteur der Welt. Fast drei Viertel der Importe stammen aus den Entwicklungsländern. Importierte Produkte sind neben Ölsaaten (Palmöl) und Futtermitteln (Soja) vor allem südländisches Obst und Gemüse, Kakao, Kaffee und Tee. Umgekehrt gehen aber auch etwa die Hälfte der EU-Agrarexporte in die Entwicklungsländer, vor allem Getreide, Milch und Fleisch.[222] An den Exportprodukten verdienen die Entwicklungsländer zwar, manchmal sind sie gar ihre einzige Einnahmequelle. Allerdings stehen die dafür benötigten Flächen dann auch nicht mehr für die Ernährung der einheimischen Bevölkerung zur Verfügung, was die Not im Land nur vergrößert und den Exportdruck noch weiter verschärft.

Noch problematischer für die Entwicklungsländer aber ist das so genannte »*Land Grabbing*« (von englisch *to grab* = »grabschen, an sich reißen«). Es bezeichnet das großflächige Aufkaufen oder Pachten von Agrarflächen durch andere Staaten oder ausländische Konzerne und zwar zu Lasten der einheimischen Bevölkerung. Schätzungen gehen davon aus, dass hiervon zehn bis dreißig Prozent aller landwirtschaftlich nutzbaren Flächen betroffen sind, vor allem in Afrika. Insbesondere China wird vorgeworfen, in Afrika riesige Flächen zu erwerben, um die Ernährung seines Milliardenvolkes sicherzustellen. Aber auch andere Länder tun dies, Saudi-Arabien etwa, Südafrika, Südkorea und die USA. In Zeiten, in denen auf dem Kapitalmarkt wegen Niedrigstzinsen nicht mehr viel zu holen ist, wird Ackerland für Investoren ein lohnendes Renditeobjekt.

Land Grabbing beschränkt sich allerdings nicht auf Afrika, auch Osteuropa, Südamerika und Süd- und Südostasien sind gefragte Ziele. Die steigende Nachfrage nach Land lässt den Preis in die Höhe schnellen. In Rumänien etwa ist der Wert von Grund und Boden in den vergangenen Jahren *jährlich* um vierzig Prozent gestiegen.

Das Hauptproblem, das der Landkauf durch Investoren und ausländische Staaten mit sich bringt, ist, dass er zu einem *De-*

facto-Landverlust für die einheimische Bevölkerung führt, insbesondere für indigene Völker, für Kleinbauern und Nomaden. Oder für Frauen, die dort Wasser holen oder Feuerholz und Heilpflanzen einsammeln. Sie haben das Land lange für sich in Anspruch genommen, es war ihre Lebensgrundlage. Nachweisen können sie diesen Anspruch rechtlich jedoch nicht.

Haben es die ausländischen Konzerne erst einmal in Besitz genommen, dann wird es industriell genutzt, bewacht, manchmal sogar umzäunt. Die Gewinne wandern direkt ins Ausland, die gezahlten Kaufpreise und Pachten verschwinden häufig in dunklen Kanälen korrupter Behörden und Regierungen, die Landbevölkerung sieht meist nichts davon. Ergebnis ist, dass sie von ihren angestammten Plätzen vertrieben wird. Ihr bleibt dann nur der Weg in die Stadt. Urbanisierung ist somit eine direkte Folge des Vertreibungsdrucks, unter dem die arme Landbevölkerung steht. Land Grabbing ist dafür in großem Maße mitverantwortlich.

Wie viel Land weltweit gehandelt wird, ist nicht bekannt, auch weil Landerwerb häufig sehr undurchsichtig bleibt. Es gibt Schätzungen, die für den Zeitraum 2000 bis 2015 von mindestens fünfzig Millionen Hektar Land ausgehen, die in dieser Zeit in den Entwicklungsländern den Besitzer gewechselt haben. Die Hilfs- und Entwicklungsorganisation *Oxfam* spricht sogar von bis zu 230 Millionen Hektar – das entspräche in etwa der Größe ganz Westeuropas. Dabei ist von einer Gesamtkaufsumme in Höhe von fünfzig bis hundert Milliarden Dollar die Rede.[223]

Angesichts dieser Summen, die heute bereits im Raum stehen, stellt sich die Frage: Warum tun wir nicht viel mehr für die Erhaltung der Böden? Warum gehen wir so fahrlässig mit ihnen um? Warum lassen wir es zu, dass jährlich Millionen von Hektar fruchtbaren Landes durch Erosion, durch Desertifikation, durch Versalzung, durch Flächenversiegelung oder durch Schadstoffbelastung verloren gehen? Und warum geißeln wir diese Form des globalen Flächenhandels nicht als Menschenrechtsverletzung?

Wir müssen uns bewusst sein, dass wir hier an dem Ast sägen, auf dem wir sitzen. Wenn der Boden weiterhin so erbarmungslos zerstört wird, ist das nicht nur eine Umweltkatastrophe unvorstellbaren Ausmaßes, sondern sie wird sich auch als humanitäre Katastrophe erweisen, die unser Überleben auf diesem Planeten gefährdet. Um das zu verhindern, müssen wir dringend handeln. Wir müssen nicht nur den Wert der Böden wieder sehr viel stärker im öffentlichen Bewusstsein verankern, sondern wir müssen auch globale Strategien entwickeln, die die Frage beantworten, wie wir mit dieser wertvollen Ressource umgehen und wie wir sie schützen wollen. Denn wir dürfen uns den Boden nicht selbst unter den Füßen wegziehen. Nicht zuletzt angesichts der wachsenden Weltbevölkerung brauchen wir ihn nämlich dringender denn je.

Wasser

WASSER IST DER URSPRUNG VON ALLEM.

[Thales von Milet (um 625 bis 545 v. Chr.), griechischer Philosoph und Mathematiker, einer der Sieben Weisen]

WIR HORCHEN STAUNEND AUF, WENN EINE NASA-SONDE WASSER AUF DEM MARS ENTDECKT HABEN SOLL, ABER WIR HABEN VERLERNT ZU STAUNEN ÜBER DAS WASSER, DAS BEI UNS SO SELBSTVERSTÄNDLICH AUS DEM HAHN FLIESST.

[Horst Köhler, ehemaliger deutscher Bundespräsident]

Es gibt heute einige Wissenschaftler, die die Ansicht vertreten, dass das althergebrachte Bild des Frühmenschen, der sich als Jäger und Sammler in den weiten Graslandschaften Afrikas durchgeschlagen haben soll, überdacht werden müsse. Denn um solcherart überleben zu können, braucht es eine Menge Mut, Intelligenz und Erfindungsreichtum. Im Laufe ihrer Evolution entwickelte die Spezies *homo* daher den aufrechten Gang als Voraussetzung, um Werkzeuge und Waffen festhalten zu können; sie entwickelte ihr großes Gehirn als Voraussetzung für ihre ausgeprägten sozialen und intellektuellen Fähigkeiten und sie entwickelte ihr Sprechvermögen als Voraussetzung für eine intensive Interaktion mit ihren Artgenossen – bis sich schließlich vor rund zweihunderttausend Jahren *homo sapiens*, der moderne, der »weise«, der »verstehende« Mensch, herausbildete. So jedenfalls die gängige Theorie.

Doch warum sollten wir uns auf diese Weise weiter entwickelt haben als zum Beispiel Paviane, die ebenfalls in der Savanne leben? Könnte es nicht auch sein, dass wir in der Nähe von Wasser gelebt haben? Dass wir nur deshalb auf zwei Beinen gehen, weil wir dadurch besser im Wasser waten konnten? Der einzige andere Primat nämlich, der regelmäßig zweibeinig unterwegs ist und zudem der beste Schwimmer unter allen ist, ist der Nasenaffe (*Nasalis larvatus*) und der ist in den Mangrovenwäldern und Sümpfen Borneos zu Hause. Auch ähnelt unsere Haut eher der eines Finnwals als derjenigen eines Affen; sie hat zehnmal mehr Fett als diejenige anderer Primaten. Für einen Jäger wäre so etwas eher hinderlich, aber als Schutz vor kaltem Wasser wäre die wärmende Fettschicht ideal. Auch unsere Knochen, die sehr dicht sind, ähneln eher denen von schwimmenden Säugetieren als denjenigen von Affen. Das sind ebenfalls nicht gerade die besten Voraussetzungen für einen flinken Jäger, der auch wesentlich größere Tiere zur Strecke bringen will. Zudem neigen wir zur Dehydrierung, was für einen Savannenbewohner äußerst ungewöhnlich wäre. Und schließlich wurde unser Nervensystem teilweise aus Omega-3-Fettsäuren aufgebaut, wie sie nur Wasserpflanzen wie Algen und Plankton produzieren. Meeressäuger wie Delfine, bei denen das ebenfalls der Fall ist, haben ein ähnlich großes Gehirn wie wir. Im Gegensatz dazu ist es bei anderen großen Landsäugern wie dem tonnenschweren Nashorn deutlich kleiner; seine Größe beträgt nur ein Drittel des unseren.[224]

Der Vorstellung, dass wir uns einstmals eher von ständig verfügbaren Muscheln, Schnecken, Eiern oder Schildkröten, die man leicht bei Ebbe am Strand oder in flachen Gewässern auflesen konnte, ernährt haben anstatt von seltenem Großwild wie Mammuts oder Riesenfaultieren, können wir eine gewisse Logik nicht absprechen. Und das würde vielleicht auch erklären, warum die meisten von uns gerne »Wassergucker« sind; der Aufenthalt am Meer, an Flüssen oder Seen erscheint vielen von uns als äußerst anziehend und von nichts – außer vielleicht von Feuer, das ähnlich faszinierend ist – können wir uns so lange berauschen lassen wie von Wellen und Brandung. Der Mensch also kein heldenhafter Großwildjäger, sondern nur ein schnöder Wasseraffe?

Nun, diese »*Wasseraffen-Theorie*«[225] ist äußerst umstritten und allzu viele Anhänger hat sie nicht – aber sympathisch ist sie vielleicht doch. Und wenn sie uns dazu inspiriert, uns einmal näher mit unserer (vermeintlichen) »Heimat«, den Ozeanen, zu beschäftigen, dann hat sie immerhin ihre Existenzberechtigung. Denn die Ozeane sind für den Planeten und damit auch für uns Menschen einfach viel zu wichtig, als das wir sie vernachlässigen könnten. Stürzen wir uns also ins kühle Nass und beginnen mit den fast sprichwörtlichen Weiten der Ozeane.

Die Ozeane

Die Ozeane der Erde sind für unser Verständnis so unfassbar groß, dass wir mit den nackten Zahlen wenig anzufangen wissen. Sie seien der Vollständigkeit halber trotzdem genannt: Die Meere bedecken eine Fläche von 361 Millionen Quadratkilometern; ihr Volumen umfasst gar unglaubliche 1.370 Millionen Kubikkilometer. Ihre durchschnittliche Tiefe beträgt circa 3.680 Meter, angefangen von flachen Schelfmeeren wie der Nordsee mit im Mittel nur 97 Metern bis hin zu den großen Tiefseerinnen, von denen der *Marianengraben* im Westpazifik mit 11.034 Metern am tiefsten in die Erdkruste einschneidet. Angesichts dessen kann es kaum verwundern, dass die Weltmeere über 97,5 Prozent des gesamten Wassers auf diesem Planeten fassen.

Topografisch besteht der Meeresgrund etwa zur Hälfte aus riesigen flachen Ebenen, die sich drei- bis fünftausend Meter unter dem Meeresspiegel ausbreiten. Auf ihnen liegt eine Sedimentschicht, die aus allem besteht, was aus den weiter oben liegenden Wasserschichten infolge der Schwerkraft nach unten sinkt, vor allem aus abgestorbenen Organismen. An den Rändern dieser großen Tiefseeebenen steigt das Gelände steil an; das sind die so genannten »*Kontinentalabhänge*«. Oberhalb dieser Hänge, um die Kontinente herum, befinden sich die flachen, üblicherweise zwischen ein- und zweihundert Meter tiefen Schelfmeere.

Dass die ozeanischen Ebenen so viel tiefer liegen als die Kontinente, erklärt sich aus den verschiedenen tektonischen Platten, aus denen die Erdkruste besteht. Diese schwimmen gewissermaßen auf den darunter liegenden flüssigen Gesteinsschichten. Dort, wo die Platten aufeinander stoßen, befinden sich die vulkanisch aktivsten Regionen der Erde. Hier entstehen nicht nur Gräben wie die *San-Andreas-Verwerfung* in Kalifornien, sondern es werden auch Faltengebirge aufgetürmt (eine typische Form der *Gebirgsbildung* oder *Orogenese*). Da die ozeanischen Platten eine höhere Dichte aufweisen als die Kontinentalplatten (etwa 3,0 Gramm pro Kubikzentimeter gegenüber etwa 2,7 Gramm pro Kubikzentimeter), sinken sie tiefer in die weiche, sich darunter befindliche Magmaschicht ein. Und genau daraus erklären sich die Höhenunterschiede zwischen den Tiefseeebenen und den kontinentalen Landflächen. Die steilen Kontinentalabhänge bilden die Grenze zwischen den tieferen ozeanischen und den höheren Kontinentalplatten. In den Bereichen um die Kontinente herum, dort, wo sich die flachen Schelfmeere befinden, hat sich das Meerwasser über die Kontinentalplatten geschoben.

Doch auch die Tiefseeebenen erstrecken sich nicht von Kontinentalabhang zu Kontinentalabhang. Aus ihnen erheben sich riesige, vulkanisch aktive unterseeische Gebirge, die so genannten »*Mittelozeanischen Rücken*«, aber auch einzelne Vulkane, deren Gipfel teilweise bis über die Meeresoberfläche hinaus ragen, wie das etwa bei den Azoren, den Kanaren, den Hawaii- oder Galapagosinseln der Fall ist. An den Mittelozeanischen Rücken entsteht neuer Meeresboden. Hier steigt permanent frisches Gestein aus dem Inneren der Erde empor, breitet sich nach beiden Seiten aus und lässt die tektonischen Platten auseinander driften; man nennt diesen Vorgang daher anschaulich auch »*Ozeanbodenspreizung*«. Der ähnliche Küstenverlauf auf beiden Seiten des Südatlantiks, derjenige von Südamerika auf der einen und der von Afrika auf der anderen Seite, welche sich genau wegen dieses Prozesses seit etwa hundertdreißig Millionen Jahren jedes Jahr um etwa zwei Zentimeter auseinander bewegen, macht ihn auf Karten erkennbar.[226]

Das bestimmende Element der Weltmeere ist das Wasser. Seine Temperatur differenziert – abhängig von der Sonneneinstrahlung – zwischen den unterschiedlichen Breiten sehr stark: In tropischen Gebieten liegt sie häufig bei dreißig Grad Celsius, während sie sich in polaren Gebieten nahe dem Gefrierpunkt bewegt (der im Salzwasser der Meere übrigens bei -1,8 Grad Celsius liegt). Allerdings machen sich diese Temperaturunterschiede lediglich in den oberflächennahen Wasserschichten, die meist nur wenige hundert Meter mächtig sind, bemerkbar. Die tiefer liegenden Schichten jedoch, die mehr als achtzig Prozent des Gesamtvolumens umfassen, sind allesamt kälter als fünf Grad, und zwar ganz gleich, wo man sich auf der Erde aufhält. Selbst weite Teile der Südsee werden von diesem kalten, dichten Wasser gefüllt, während das wärmere, leichte, bis zu dreißig Grad messende Oberflächenwasser auf diesen tieferen, kalten Schichten schwimmt.

Meerwasser ist außerdem salzig. Das liegt daran, dass der Regen, der auf die Erde niederfällt, Salze aus dem Gestein, den Mineralien, heraus wäscht, die von Bächen und Flüssen ins Meer transportiert werden. Wenn das Wasser an der Oberfläche wieder verdunstet, lässt es das Salz zurück. Auf diese Weise sammelt es sich im Meer, von wo es nicht weiter abfließen kann. Das gilt genauso für andere Gewässer ohne Abfluss; auch hier sammelt sich das Salz, wie zum Beispiel im Kaspischen oder im Toten Meer. Auch der Aralsee ist ein solches Beispiel, wie wir bereits erfahren haben. Die Substanzen, die am häufigsten im Meerwasser vorkommen, sind Chlorid und Natrium, beide auch Bestandteile des gewöhnlichen Kochsalzes. Sie bilden bis zu fünfundachtzig Prozent aller gelösten Partikel im Meerwasser. Das liegt daran, dass sie einerseits sehr gut löslich sind und es andererseits keine biologischen Prozesse gibt, die sie abbauen. Andere Substanzen dagegen, wie Silizium oder Kalzium, werden von Meeresorganismen wie Schnecken, Muscheln, Krebsen und vielen Zooplanktonarten genutzt, um Schalen zu bauen. Sterben die Tiere, sinken die Schalen zum Meeresgrund und bilden dort die Sedimente. Dadurch entfernen die Tiere einen Teil des Salzes wieder aus dem Wasser, was wiederum bewirkt, dass der Salzgehalt der Ozeane konstant bleibt – eine der Regulatoren Gaias, von denen wir im ersten Kapitel dieses Buches bereits gehört haben.

Man schätzt, dass die Verweildauer des Salzes im Meerwasser bei rund zehn Millionen Jahren liegen muss. Im Laufe der Zeit konnte es sich mithilfe der Meeresströmungen sehr gut über den Globus verteilen, weshalb die Ozeane heute an fast jedem Ort der Welt die gleiche Zusammensetzung aufweisen. Die Verweildauer des Wassers im Meer ist hingegen sehr viel kürzer; innerhalb eines Zeitraums von schätzungsweise nur etwa dreitausend Jahren wird es durch Verdunstung einmal komplett ausgetauscht.

Der durchschnittliche Salzgehalt des Meerwassers auf der Erde liegt bei 3,5 Prozent beziehungsweise fünfunddreißig Promille; es gibt aber auch Orte, an denen er erheblich davon abweicht. Unterschiedliche Salzgehalte, auch »*Salinität*« genannt, entstehen entweder dadurch, dass große Süßwassermengen von außen in das Meerwasser gelangen, wie etwa durch Flusszuläufe oder durch Schmelzen von Meereis und Gletschern; dann ist die Salinität geringer. Oder aber sie entstehen dadurch, dass bei hohen Temperaturen eine große Menge an Meerwasser verdunstet; dann ist die Salinität höher. Ein extremes Beispiel ist die Ostsee, bei der viele Flusszuläufe und Regenfälle jede Menge Süßwasser ins Meer spülen, gleichzeitig durch die niedrigen Temperaturen aber wenig verdunstet. Da außerdem die Verbindung zur Nordsee und damit zu den Weltmeeren relativ flach und schmal ist, wird der Austausch mit anderen, salzhaltigeren Meeren erschwert. Die Ostsee besitzt deswegen, je nach Region, nur einen Salzgehalt von fünf bis fünfzehn Promille (im Mittel liegt der Wert bei acht Promille). Das andere Extrem sind solche Meere, die in heißen Regionen mit einer hohen Verdunstungsrate liegen und bei denen ebenfalls durch schmale oder flache Verbindungen zu den Ozeanen ein schneller Austausch von Wasser und Salz erschwert wird. So hat das Mittelmeer einen Salzgehalt von achtunddreißig Promille, das Rote Meer und der Persische Golf gar von vierzig Promille. Besonders extrem sind die Verhältnisse beim Toten Meer. Da dieses Binnengewässer gar keine Verbindung zu weniger salzhaltigen Gewässern hat, hat es mit zweihundertsiebzig Promille den wohl höchsten Salzgehalt weltweit. Für Tiere, die zwischen Meeren mit unterschiedlichen Salzgehalten wechseln, stellt das eine große Herausforderung dar. Entscheidend mitverantwortlich ist die Salinität aber auch für die globalen Meeresströmungen und zwar in Form der *thermohalinen Zirkulation* – wir haben sie bereits im Klima-Kapitel kennengelernt.[227]

Wir haben dort erfahren, dass die thermohaline Zirkulation aus Dichteunterschieden zwischen salzhaltigem und weniger salzhaltigem beziehungsweise zwischen kaltem und warmem Wasser entsteht. An den Stellen in den Ozeanen, wo die Dichte an der Oberfläche am höchsten ist, sinken Wassermassen in die Tiefe. Das ist vor allem im Nordatlantik, das heißt in der Labradorsee und dem Europäischen Nordmeer, der Fall. Hier kühlen sich die warmen Wassermassen, die vom Golf- und Nordatlantikstrom von Süden her aus der Gegend vor Florida hierher transportiert werden, ab, werden durch die Eisbildung salzhaltiger (beim Gefrieren wird das Salz nicht in die Eiskristalle eingebunden, sondern gelangt als Salzlauge wieder ins Wasser) und sinken in eine Tiefe von ein bis vier Kilometern, bevor sie als kalte Tiefenströmung wieder zurück nach Süden bis zum Ausgang des Südatlantiks fließen. Dort werden sie vom *Antarktischen Ringstrom* oder *Zirkumpolarstrom*, der den Kontinent Antarktika im Uhrzeigersinn umfließt, erfasst und bewegen sich in Richtung Osten in den Indischen Ozean und weiter in den Pazifik. Auf diese Weise wird der Nordatlantik zur Antriebsfeder des *globalen Förderbandes,* also jenes Systems aus Meeresströmungen, das die Ozeane der Welt miteinander verbindet.

Die thermohaline Zirkulation ist aber nur eine von insgesamt drei Kräften, die die Weltmeere ständig in Bewegung halten. Die zweite kennt jeder, der schon einmal im Schlick des Wattenmeeres an der Nordsee stand. Es sind die *Gezeiten*, also der Wechsel von Ebbe und Flut, die von den Anziehungskräften des Mondes und der Sonne verursacht werden. Den niedrigsten Wasserstand bezeichnet man dabei als *Niedrigwasser*, den höchsten als *Hochwasser*; die *Ebbe* hingegen benennt das Fallen des Wassers und die *Flut* sein Steigen. Der Mond zieht durch seine Gravitation eine große Menge Wasser an, so dass dort, wo der Mond am Himmel steht, der Meeresspiegel ansteigt. Gleichzeitig zeigt sich auf der direkt gegenüberliegenden Seite der Erdkugel dasselbe Bild: Auch dort steigt der Meeresspiegel an, diesmal bewirkt durch die Zentrifugalkräfte. So ruft die Anziehungskraft des Mondes auf der Erde also zwei »Wasserbeulen« hervor, die mit ihm um die Erde wandern und die Flut zweimal am Tag steigen lässt. Befinden sich Erde, Mond und Sonne in einer Linie, dann verstärkt die Anziehungskraft der Sonne diejenige des Mondes noch einmal und es kommt zu einer stärkeren Flut, genannt »*Springtide*« (die übrigens nicht mit einer Sturmflut zu verwechseln ist). Da der Mond für eine Erdumrundung achtundzwanzig Tage benötigt, kommen diese Springtiden genau alle vierzehn Tage vor, nämlich an Vollmond, wenn sich die Erde zwischen Sonne und Mond aufhält sowie an Neumond, wenn sich der Mond zwischen Erde und Sonne schiebt.

Allerdings ist der *Tidenhub*, also der Höhenunterschied zwischen Hoch- und Niedrigwasser, nicht überall auf der Erde gleich. Das wäre dann der Fall, wenn die Erde vollständig von den Ozeanen bedeckt wäre und sich das Wasser ungehindert mit dem Lauf des Mondes verteilen könnte. Diese Bewegung wird jedoch durch die Lage der Kontinente und ihrer Küstenlinien behindert. Daher gibt es Orte, an denen es kaum Tidenhub gibt und wiederum andere, an denen er extrem ausfällt. In abgetrennten Randmeeren wie der Ostsee ist der Tidenhub kaum ausgeprägt und beträgt wenige Dezimeter, während er dort, wo die Gezeitenwellen der Ozeane in Buchten laufen, extrem hoch sein kann. So beträgt er an der französischen Kanalküste bei *Saint-Malo* elf bis zwölf Meter, in der *Bay of Fundy* an der kanadischen Atlantikküste gar fünfzehn Meter. Diese Tiden sind für die Organismen der Küstenzonen von entscheidender Bedeutung, denn sie haben sich an den Wechsel aus Überflutung und Trockenfallen durch spezielle Überlebensstrategien angepasst, woraus sich wiederum spezielle Lebensgemeinschaften entwickeln konnten. [228] So besitzt das Wattenmeer der Nordsee weltweit die höchste *Primärproduktion*, also die Produktion von Biomasse aus anorganischen Stoffen mithilfe der Photosynthese. Es dient deshalb zahlreichen Fischen und Vögeln als Rastplatz und Nahrungsquelle. Alleine 250 Tierarten sind hier endemisch, das heißt, sie kommen nur hier vor.[229]

Die dritte und letzte große Kraft, die Meeresbewegungen auslöst, ist der *Wind*. Streicht er über die Wasseroberfläche, verursacht er durch die Reibung Wellen und Strömungen, die so genannten oberflächennahen »*Driftströmungen*«. Die Geschwindigkeit des Wassers an der Oberfläche erreicht dabei etwa ein Fünftel der Geschwindigkeit der bodennahen Winde. Bedeutsam sind in diesem Zusammenhang vor allem diejenigen Winde, die kräftig und über längere Zeit in eine Richtung wehen. Das sind insbesondere die *Passatwinde*, die wir schon im Kapitel über die Wälder kennengelernt haben und die in der Nähe des Äquators aus Richtung Osten wehen, aber auch die *Westwinde*, die etwa zwischen vierzig und sechzig Grad nördlicher und südlicher Breite aus Westen wehen und beispielsweise in Mitteleuropa das Wetter bestimmen. Hier kommt jedoch noch eine andere Kraft ins Spiel, nämlich die so genannte »*Corioliskraft*«.

Die Corioliskraft gehört zu den Trägheitskräften und bewirkt, dass sich eine sich bewegende Masse auf einem rotierenden System nach außen bewegt. Das kann jeder nachvollziehen, der schon einmal auf einem Karussell stand: Steht man nur und bewegt sich nicht, erfährt man die Flieh- oder Zentrifugalkraft, die einen nach außen zieht. Bewegt man sich jedoch auf der Scheibe, dann erfährt man zusätzlich eine Kraft, die senkrecht zur Bewegungsrichtung nach außen wirkt. Wir beschreiben also eine beschleunigte Kurvenbewegung nach außen. Genau dies ist die Corioliskraft, benannt nach dem französischen Physiker und Mathematiker *Gaspard Gustave de Coriolis* (1792 bis 1843), der sie 1835 erstmals mathematisch beschrieb.

Auf der rotierenden Erdkugel bewirkt die Corioliskraft nun, dass die am Äquator von den Passatwinden nach Westen bewegten Wassermassen nach beiden Seiten, also nach Norden und Süden, abgelenkt werden. In Äquatornähe muss dieses abgedrängte Wasser aber irgendwie wieder ersetzt werden und das kann nur geschehen, indem frisches Wasser aus der Tiefe aufsteigt; es kommt zu dem Phänomen des »*äquatorialen Auftriebs*« (»*upwelling*«). Auch an den Westküsten der Kontinente, etwa an denjenigen von Südamerika und Afrika, kommt es zu diesem Upwelling, da das von den Passatwinden »fortgetriebene« Wasser durch Tiefenwasser ersetzt werden muss. Da die kalten Tiefenwasser in der Regel nährstoffreicher sind als die wärmeren Oberflächenwasser, werden dadurch Nährstoffe nach oben transportiert, die dafür sorgen, dass diese Gebiete einen besonderen Plankton- und Fischreichtum aufzuweisen haben.[230]

Meeresströmungen und ihr Zusammenspiel mit den Winden haben jedoch nicht nur Einfluss auf die Ozeane selbst, sondern auf das gesamte Klima der Erde, auch das der Kontinente.

So isoliert der eben bereits angesprochene *Zirkumpolarstrom*, der den Kontinent Antarktika umfließt, die Polregion, da er den Zufluss von wärmerem Wasser aus den tropischen und subtropischen Regionen verhindert. Erst durch ihn, den stärksten Meeresstrom der Erde, der bis zum Meeresgrund reicht, wird die Antarktis zum mit Abstand kältesten Ort der Welt. Die geringen Temperaturen des Ringstroms erlauben zudem nur sehr geringe Verdunstungsraten, was wiederum dazu führt, dass es in der Antarktis kaum Niederschläge gibt; sie liegen bei gerade einmal vierzig Litern je Quadratmeter und Jahr. Man kann deshalb ohne Übertreibung sagen, dass die Antarktis die größte, wenn auch kälteste Wüste der Erde ist. Ein Teil des Antarktischen Ringstromes wird jedoch nach Norden abgelenkt, nämlich dort, wo die Antarktische Halbinsel nahe an die Südspitze Südamerikas heran tritt. Diese eiskalte Meeresströmung, der *Humboldt-Strom*, fließt auf der Westseite Südamerikas vor den Küsten von Chile und Peru nach Norden bis fast zum Äquator, wo er von den Passatwinden nach Westen in den Pazifik getrieben wird. Er beschert selbst den äquatornahen Galapagos-Inseln ein relativ frisches Klima und kühlt die tropischen Küsten Südamerikas um bis zu sieben Grad ab.

Ähnliches geschieht auch vor der Westküste Afrikas. Auch hier strömt kaltes Wasser von der Antarktis nach Norden bis fast zum Äquator und wird dort – wiederum durch die Passatwinde – nach Westen in den Atlantik abgelenkt; dieser Strom heißt *Benguelastrom*. Sowohl an der südamerikanischen als auch an der afrikanischen Küste lässt das kalte Wasser die warme tropische Luft kondensieren, wodurch Nebel entsteht. Dieser schlägt sich bereits über dem Wasser oder auf einem wenige Kilometer breiten Küstenstreifen nieder, während die weiter im Landesinneren liegenden Landstriche kaum noch Feuchtigkeit abbekommen. Das ist die Ursache, warum dort Wüsten entstanden sind, in Südamerika die *Atacama-Wüste* und in Afrika die *Namib-Wüste*; beide zählen zu den trockensten Gebieten der Erde überhaupt.[231]

Doch Meeresströmungen tragen nicht nur kaltes Wasser in wärmere Regionen, sondern auch warmes Wasser in kältere. Als bekanntester Meeresstrom dieser Art ist uns der Golf- beziehungsweise Nordatlantikstrom bereits vertraut. Seine Existenz verdanken wir der Landbrücke zwischen Süd- und Nordamerika. Als sie noch nicht vorhanden war, strömte das warme Wasser der Karibik, angetrieben durch die Passatwinde, nach Westen Richtung Pazifik. Als sich die Landbrücke jedoch vor 4,2 bis 2,4 Millionen Jahren schloss, war dies nicht mehr möglich. Heute wird das nach Westen strömende Wasser von der Landbrücke zunächst nach Nordwesten und dann von der Halbinsel Yucatan nach Norden gelenkt, bevor es zwischen Florida und Kuba hindurch in den Atlantik gelangt und dann an der nordamerikanischen Ostküste entlang Richtung Nordatlantik und Europa strömt. Dieser gewaltigen Wärmemaschine, die etwa fünfzig Millionen Kubikmeter Wasser pro Sekunde und eine Energiemenge von 1,5 Petawatt befördert, verdankt Europa ein Klima, wie es sonst erst 1.500 Kilometer weiter südlich anzutreffen wäre.[232]

Leben im Meer

Das Leben auf unserer Erde begann bekanntlich vor etwa 3,4 Milliarden Jahren im Meer. Rund eine Milliarde Jahre später – wir erinnern uns – entwickelten sich hier die winzigen *Cyanobakterien* (Blaualgen), die durch eine Form der Photosynthese im Nebenprodukt Sauerstoff produzierten. Dieser gelangte mit der Zeit in die Atmosphäre und reicherte sich dort an. In den höheren Luftschichten jedoch – in der unteren Stratosphäre in etwa zwanzig bis dreißig Kilometern Höhe – wandelte sich unter dem Einfluss der energiereichen UV-Strahlung der Sonne ein Teil dieser Sauerstoffmoleküle (O_2) in Ozon (O_3) um – und ließ somit die für Landbewohner existenzielle *Ozonschicht* der Erde entstehen. Sie absorbiert nämlich die schädliche UV-B und UV-C-Strahlung und schützt sie somit vor Strahlenschäden; ohne die schützende Ozonschicht wäre ein Leben auf dem Land schlicht und ergreifend nicht möglich.

Das heißt, erst die winzigen Cyanobakterien im Meer haben die Voraussetzung geschaffen, dass das Leben auf dem Land möglich wurde! Bis es aber tatsächlich soweit war, bis sich das Leben an Land ansiedelte, vergingen noch viele hundert Millionen Jahre der Evolutionsgeschichte – und wiederum waren die Ozeane der Ursprung: Dann wanderten nämlich die ersten Lebewesen vom Meer aufs Land (und einige von ihnen, wie etwa die heutigen Wale, später sogar wieder zurück vom Land ins Meer). Das Meer ist damit gewissermaßen nicht nur die Sauerstoffflasche, sondern auch die Gebärmutter, die alles Leben auf diesem Planeten hervorgebracht hat. Gäbe es auf der Erde kein Wasser in diesem Umfang, dann gäbe es auch kein Leben – jedenfalls keines, das wir uns vorstellen können. Und weil das Leben im Meer so viel früher begann als an Land, hatte die Evolution dort auch viel länger Zeit, um die vielfältigsten und bizarrsten Formen hervorzubringen. Einige von ihnen sind so andersartig zum Leben an Land, dass wir sie beinahe für Wesen aus einer anderen Welt halten könnten. Und im Grunde genommen handelt es sich ja tatsächlich um eine andere, unbekannte Welt. Wie viele verschiedene Spezies heute im Meer leben – sofern wir sie nicht bereits vernichtet haben – kann niemand sagen. Schätzungen reichen bis hin zu zehn Millionen. Wissenschaftlich beschrieben sind demgegenüber aber erst rund dreihunderttausend. In gewissem Sinne ist die Tiefsee damit der einzige verbliebene weiße Fleck auf der irdischen Landkarte, mehr noch als die Baumkronen der Tropischen Regenwälder.

Das Leben im Meer unterscheidet sich grundlegend von dem an Land. An Land gibt es verschiedene Landschaften mit verschiedenen Ökosystemen: Wald, Wiesen, Steppen, Wüsten, Gebirge. In all diesen verschiedenen Landschaften wachsen unterschiedliche Pflanzen und diese Pflanzen sind in der Regel bestimmend dafür, wie das Ökosystem strukturiert ist, welche Pflanzenfresser es gibt und welche Fleischfresser, die diese Pflanzenfresser verspeisen. Als Landbewohner wissen wir instinktiv, worauf es ankommt: Auf den Zugang zu Wasser, zu Licht und zu Nährstoffen. Bäume wachsen hoch in die Höhe, um Licht zu bekommen oder schlagen tiefe Wurzeln, um auch tiefe Wasserquellen zu erreichen.

Im Meer ist das vollkommen anders. Wenn wir an einer beliebigen Stelle im Meer tauchen würden, weit ab von jeder Küste und der Meeresgrund erst tausende Meter unter uns, dann sähen wir erst einmal nichts. Vielleicht käme hin und wieder einmal ein Fisch vorbei oder vielleicht auch ein ganzer Schwarm, aber Pflanzen wären nicht zu sehen. Wir würden also nur einige Tiere wahrnehmen, aber nicht das zugehörige Ökosystem. Das liegt daran, dass die Nahrungsversorgung für Wasserpflanzen, im Gegensatz zu Landpflanzen, kein Problem darstellt. Es besteht also für sie keine Notwendigkeit, besonders groß zu werden oder tiefe Wurzeln zu schlagen. Es wäre für die Pflanzen sogar hinderlich, wenn sie groß und schwer würden, denn dann würden sie in tiefere Wasserschichten absinken, in denen es kaum Licht gibt, das sie für die Photosynthese aber benötigen. So kommt es, dass die meisten Meerespflanzen klein sind, sehr klein. Nämlich so klein, dass wir sie mit dem bloßem Auge nicht erkennen können. Wir wissen aber, dass sie da sind: *Phytoplankton.*[233]

Phytoplankton (von griechisch *phyton* = »Pflanze« und *plankton* = »das Umherirrende«) besteht aus winzigen Algen und Bakterien, meist Einzellern. Sie sind zwar klein, variieren in ihrer Größe dennoch stark. Große Phytoplanktonzellen, »*Mikroplankton*« genannt, haben eine Größe von etwa zwanzig Mikrometern, also von 0,02 Millimetern, während die kleinen, »*Picoplankton*« genannt, hundertmal kleiner sind. Ob es größere oder kleinere Phytoplanktonzellen in einer Meeresregion gibt, ist abhängig vom Nährstoffangebot, das heißt also von den vorhandenen Mengen an Stickstoff, Phosphor, Eisen und anderen Stoffen. Da die Zellen die Nährstoffe über die Zellwand aufnehmen, ist es bei geringem Nährstoffangebot von Vorteil, klein zu sein, da dann die Oberfläche im Verhältnis zum Volumen größer ist. Dort, wo das Nährstoffangebot reichlich ist, gibt es somit größere Phytoplanktonzellen, dort, wo es gering ist, kleinere. Und das hat Auswirkungen auf die gesamte Nahrungskette. Phytoplankton ist nämlich sozusagen der Primärproduzent von Energie, da es diese direkt durch Photosynthese gewinnt. Kleines Phytoplankton wird von kleinem *Zooplankton* – kleinen, in der Strömung treibenden Tieren – gefressen, die wiederum von größerem Zooplankton gefressen werden. Größeres Phytoplankton dagegen wird von großem Zooplankton gefressen und dieses direkt von kleinen

Fischen und ihren Larven. Das heißt also, je größer das Phytoplankton – also die unterste Stufe der Nahrungskette – ist, desto geringer ist die Anzahl der Stufen bis ganz nach oben, desto kleiner ist die Zahl der so genannten »*Trophieebenen*« (von altgriechisch *trophe* = »Ernährung«). Oder anders ausgedrückt: Je größer das Phytoplankton, desto kürzer ist der Weg vom Primärenergieproduzenten bis zum Endverbraucher, dem Fisch. Bei jedem »Erklimmen« einer nächst höheren Trophieebene gehen allerdings etwa neunzig Prozent der Energie, die das Phytoplankton ursprünglich aus der Sonnenenergie mithilfe der Photosynthese gewonnen hat, verloren. Das liegt daran, dass die Nahrungsaufnahme nicht zu hundert Prozent verarbeitet und für den Aufbau organischer Substanz im Körper des Fressenden genutzt werden kann, sondern ein Großteil durch Wärme, Atmung und organische Ausscheidungen verloren geht. Dieser »*Energiefluss*« führt dazu, dass bei größeren Phytoplanktonarten beziehungsweise bei weniger Trophieebenen auch mehr nach »oben« gelangt als bei kleinerem Plankton beziehungsweise mehr Trophieebenen. Demzufolge sind in Meeresregionen, in denen das Nährstoffangebot groß ist und damit auch das Phytoplankton, auch größere und zahlreichere Fische anzutreffen. Intuitiv ist uns das auch ganz klar: Nährstoffreichtum hat normalerweise Fischreichtum zur Folge – und umgekehrt.

Neben Nährstoffen benötigt Phytoplankton für die Photosynthese jedoch auch Sonnenlicht. Das Sonnenlicht im Wasser wird allerdings mit steigender Tiefe immer geringer. Wie tief es dringt, hängt ab von der Klarheit des Wassers. Dort, wo im Oberflächenwasser viel Phytoplankton vorhanden ist, ist es natürlich viel trüber als dort, wo weniger von ihm vorhanden ist. In nährstoffreichen Gebieten kann das Phytoplankton daher nur in den oberen zehn bis zwanzig Metern wachsen, darunter ist es zu dunkel. In nährstoffarmen Gebieten dagegen kann Photosynthese auch noch in hundert Metern Tiefe möglich sein. Das ist auch der Grund, warum nährstoff*reiches* Wasser (wie etwa in den Polarregionen) tiefgrün erscheint, weil die winzigen Pflanzen es so färben, während nährstoff*armes* Wasser (wie etwa in tropischen Gewässern) in der Regel sehr klar ist.

Viele verschiedene Phytoplanktonarten gibt es dort, wo das Wasser ruhig ist, da sie sich dort an die vielen unterschiedlichen Lichtverhältnisse angepasst und somit spezialisiert haben. In weniger ruhigen Gewässern, wo sich das Wasser häufiger durchmischt, muss das Phytoplankton dagegen flexibler sein und sich anpassen können; es gibt dann weniger Arten. Und dort, wo das Wasser aus mehreren Schichten besteht, haben viele Phytoplanktonarten so genannte »*Geißeln*« (*Flagellen*) entwickelt, fadenförmige Gebilde an der Oberfläche ihrer Zellen, mit deren Hilfe sie sich an andere Orte und in andere Wasserschichten bewegen können.[234]

Es erscheint für uns wirklich erstaunlich, dass das gesamte Leben im Meer von solch winzigen Pflanzen abhängig ist, die wir meist nur unter dem Mikroskop erkennen können. Wir wissen noch viel zu wenig über sie. Klar ist nur, dass sie eine unglaubliche Artenvielfalt ausgebildet haben, die uns unerklärlich erscheint. Für uns Landbewohner ist Meerwasser – abgesehen vielleicht von der Temperatur und der Klarheit – überall auf der Welt ähnlich. Für diese Lebewesen jedoch, die sich seit Jahrmillionen an die Verhältnisse in den Weltmeeren angepasst haben, gilt das selbstverständlich nicht. Für sie ist das Wasser der Meere mindestens so vielseitig wie für uns das Land. Erst das Mikroskop offenbart uns die Schönheit dieser Welt. Der deutsche Arzt, Zoologe und begnadete Zeichner *Ernst Haeckel* (1834 bis 1919), der Darwins Evolutionstheorie in Deutschland populär machte und der sich intensiv mit der Meeresbiologie beschäftigte, fertigte berühmt gewordene Zeichnungen und Bildtafeln dieser Organismen an, die später die Künstler des Jugendstils zu ihren organischen Formen inspirierte.[235] Es lohnt sich, sie sich einmal näher anzusehen. Da gibt es vielfach verzweigte Sterne, glitzernde Kugelgerippe, wunderschöne Schneckengehäuse, blatt- und igelförmige Gebilde. Alleine bei den so genannten »*Kieselalgen*« (*Diatomeen*) kennen wir sechstausend Spezies; Schätzungen gehen aber davon aus, dass es hunderttausend von ihnen geben könnte. Gemein ist ihnen allen, dass sie einen filigranen, glasartigen und sehr stabilen Panzer besitzen, der es ihren Fressfeinden, dem Zooplankton, schwer macht, sie zu fressen.[236]

Apropos fressen. Bei diesem Stichwort stoßen wir auf einen weiteren gravierenden Unterschied zwischen dem Leben an Land und dem im Wasser. Denn während für das Überleben an Land ein entscheidendes Kriterium darin besteht, immer genügend Wasser in Reichweite zu haben, stellt sich diese Frage im Meer erst gar nicht. Im Meer ist das Hauptkriterium für das Überleben vielmehr, *nicht gefressen* zu werden. Auch für das winzige Phytoplankton ist das die größte Herausforderung. Jede Art hat dazu ihre eigene Strategie entwickelt. Neben Panzern, Stacheln und schwer zu verspeisenden Körperformen produzieren sie beispielsweise auch Giftstoffe, die Fressfeinde fern halten sollen. Diese Giftstoffe werden ins Wasser abgesondert und bewirken offenbar, dass die Fressfeinde die Kontrolle über ihre Bewegungen verlieren – dadurch hat das Opfer Zeit, zu entkommen. Sehr viele Zooplanktonarten besitzen auch – genauso wie einige Phytoplanktonarten – Geißeln, die sie befähigen, durch das Wasser zu »springen«, um auf diese Weise ihren Feinden zu entkommen.

Weil die Gefahr des Gefressenwerdens so groß ist, ist die Fortpflanzungsstrategie aller Meeresbewohner – mit Ausnahme der Säugetiere – darauf ausgelegt, möglichst *viele* Nachkommen zu erzeugen. Dadurch wird die Chance erhöht, dass wenigstens ein kleiner Teil das Erwachsenenalter erreicht. So kann ein Kabeljauweibchen theoretisch, sofern es nicht vorher gefangen oder gefressen wird, in seinem Leben etwa zehn Millionen Eier legen, während mathematisch gesehen nur zwei erforderlich wären, um den Fortbestand der Art zu gewährleisten.[237]

Die zweite Herausforderung der Meeresbewohner neben dem Schutz vor dem Gefressenwerden ist das Fressen selbst, also die

Nahrungssuche. Das ist für Meeresbewohner aber in der Regel wesentlich einfacher als für Landbewohner, auch sind sie nicht so wählerisch. Für ihre Beute bedeutet das aber wiederum, na klar, gefressen zu werden. Darum sind Fressen und Schutz vor dem Gefressenwerden die beiden Seiten derselben Medaille, um die es im Meer hauptsächlich geht, viel mehr noch als an Land.

Dass das maritime Leben aber ein solches Gewicht auf das Fressen und Gefressenwerden und die damit verbundene Arterhaltung legt, lässt erahnen, welch gravierender Eingriff der Fischfang in diesem Zusammenhang auf die überaus komplexen Ökosysteme der Weltmeere darstellt. Wir werden darauf gleich noch näher eingehen. Zunächst wollen wir jedoch noch einen kurzen Blick darauf werfen, wie die Meere der Welt das Klima beeinflussen und umgekehrt.

Meer und Klima

Wie wir bereits wissen, beeinflusst das Klima die Meere und die Meere beeinflussen das Klima. Die Meere tun dies auf fünf verschiedene Arten: Erstens, indem sie Wärme speichern; zweitens, indem sie diese um den gesamten Erdball transportieren; drittens, indem sie Wasser an die Atmosphäre abgeben; viertens, indem sie gefrieren und fünftens, indem sie Gase wie Kohlendioxid speichern und sie mit der Luft austauschen.

Was den ersten Punkt, die Wärmespeicherung oder den Energiehaushalt der Erde insgesamt anbelangt, sind die Ozeane daran entscheidend beteiligt. Aufgrund ihrer großen Fläche absorbieren und verteilen sie den größten Teil der einstrahlenden Sonnenenergie. Wasser hat eine enorme Wärmespeicherkapazität. Es benötigt relativ lange, um sich aufzuwärmen, kann die Wärme dann aber umso länger halten. Auf diese Weise federn die Ozeane Klimaänderungen ab; sie wirken wie ein Temperaturpuffer. Das kann im Übrigen jeder von uns nachvollziehen, der schon einmal den Unterschied zwischen einem kontinentalen und einem maritimen Klima erlebt hat: Während nämlich im Inneren der großen Kontinente, weitab von jeder Küste, meist sehr große Temperaturunterschiede zwischen Tag und Nacht und zwischen den Jahreszeiten herrschen, sind diese Unterschiede in Meeresnähe sehr viel geringer; dafür ist die Pufferwirkung der Meere verantwortlich. Sie sorgt auch dafür, dass Veränderungen der Temperatur erst mit Verzögerung wirksam werden. Denn obwohl etwa die höchste Sonneneinstrahlung des Jahres in der nördlichen Hemisphäre bereits am 20. Juni, also dem Tag der Sommersonnenwende, auftritt, werden die höchsten Temperaturen im Kontinentalklima erst Ende Juli und im maritimen Klima erst im August erreicht; die höchsten Wassertemperaturen werden gar erst im September gemessen. Dieser Puffereffekt, der die tages- und jahreszeitlichen Schwankungen abfedert, macht sich jedoch in noch stärkerem Maße bei langfristigen Klimaänderungen bemerkbar. Das liegt daran, dass sich die Wärmespeicherung des Meeres zunächst nur in den oberen Wasserschichten abspielt. Da sie wärmer sind und somit eine geringere Dichte haben als die tiefer liegenden Schichten, schwimmen sie zunächst obenauf. Erst die Winde und Meeresströmungen sorgen im Laufe der Zeit für eine Vermischung; Bis die Wärmeenergie aus der Atmosphäre jedoch auch die tieferen Wasserschichten erreicht, dauert es Jahre und Jahrzehnte. Das ist auch der Grund, warum die Temperatur der Atmosphäre sich bisher nicht so stark erhöhte, wie es aufgrund der zusätzlich in ihr enthaltenen Treibhausgase eigentlich zu erwarten gewesen wäre. Der Temperaturanstieg in der Luft benötigt einfach eine gewisse Zeit, um auch die Temperatur in den Ozeanen »mitzuziehen«. Oder umgekehrt ausgedrückt: Die Ozeane kühlen den eigentlichen Temperaturanstieg gewissermaßen herunter. Diese Trägheit bedeutet aber auch, dass potentielle Maßnahmen zur Bekämpfung des Klimawandels ebenfalls erst mit Verzögerung ihre Wirkung entfalten könnten. Denn selbst wenn wir von heute auf morgen die Treibhausgasemissionen komplett einstellen würden, indem wir keine weitere Verbrennung von Kohlenstoff auf der Erde mehr zuließen (was natürlich völlig unrealistisch ist), dann würde aufgrund des Puffereffektes der Meere die Temperatur in den nächsten Jahrzehnten dennoch weiter um mindestens ein halbes Grad Celsius ansteigen![238]

Der zweite Klimabeeinflussungsfaktor der Meere ist der Wärmtransport. Die Meeresströmungen und die thermohaline Zirkulaton sind verantwortlich dafür. Während nämlich die Meeresströmungen – angetrieben von den nach Westen wehenden Passatwinden und abgelenkt von der Corioliskraft – vom Äquator weg nach Norden und Süden fließen, nehmen sie die Wärme mit, die in Äquatornähe am größten ist. Üblicherweise wird die Wärme so vom Äquator weg in Richtung der Pole transportiert und verteilt sich auf diesem Wege um die Erde. Diese Grundgleichung ist jedoch abhängig von der Verteilung der Kontinente. So ist der zwischen den Kontinenten eingezwängte Atlantik die einzige Stelle auf dem Globus, wo das Wasser ungehindert in das Nordpolarmeer strömen kann. Hier ist der Golfstrom dafür verantwortlich, dass es auf der Nordhalbkugel insgesamt wärmer ist als auf der Südhalbkugel.

Der dritte Klimabeeinflussungsfaktor der Meere ist die Verdunstung; aus ihr entstehen die Niederschläge. Jährlich verdunsten unglaubliche 400.000 Kubikkilometer Wasser aus den Ozeanen; das ist etwa zwanzig Mal so viel, wie es Wasser in der Ostsee gibt. Durchschnittlich beträgt die Luftfeuchtigkeit rund achtzig Prozent, während das Wasser im Schnitt etwa zehn Tage in der Luft bleibt. In dieser Zeit wird es rund tausend Kilometer weit transportiert, bevor es als Schnee oder Regen wieder zur Erde fällt. 400.000 Kubikkilometer pro Jahr hören sich zwar viel an, tatsächlich aber ist die Menge Wasser, die sich in der Luft befindet, eher gering. Würde es komplett abregnen, würde der Meeresspiegel gerade einmal um drei Zentimeter ansteigen. Entscheidend für das Klima sind einerseits der Wasserdampf, der als wichtigstes Treibhausgas fungiert, und andererseits die Wolken, die durch die Kondensation des Wassers in der Luft entstehen. Die hellen Wolken beeinflussen den Energiehaushalt der Erde, da sie die Albedo erhöhen und damit den Anteil der wieder ins Weltall reflektierten Sonneneinstrahlung. Je mehr Wolken die Ozeane »produzieren«, desto kühler ist es also auf der Erde.

Die Energie, die benötigt wird, um Wasser an der Meeresoberfläche verdunsten zu lassen, wird bei der Kondensation in der Luft wieder freigesetzt. Die Wolken halten somit nicht nur Wärmeenergie von der Erdoberfläche und den unteren Schichten der Atmosphäre ab, sondern führen ihr durch die Wolkenbildung selbst auch Wärmeenergie zu. Dieses Phänomen lässt Tropenstürme entstehen; sie treten nur über warmem Ozeanwasser auf. Dabei steigt wassergesättigte Luft auf, kühlt mit steigender Höhe ab und kondensiert. Die Energie, die durch die Kondensation freigesetzt wird, sorgt dafür, dass die Luft noch schneller aufsteigt. Dadurch entsteht ein Aufwärtsstrom, an der Wasseroberfläche dagegen ein Tief. Winde, die wiederum die Verdunstung und die Energiezufuhr verstärken, versuchen nun, in Richtung dieses Tiefs und damit in das Zentrum des Aufwärtsstroms zu wehen, werden dabei aber von der Corioliskraft abgelenkt. Dadurch wird der Tropensturm in eine Drehbewegung versetzt – südlich des Äquators im Uhrzeigersinn und nördlich des Äquators gegen den Uhrzeigersinn. Um den Äquator herum, bis auf etwa fünf Grad nördlicher und südlicher Breite, treten hingegen wegen der dort schwachen Corioliskraft keine Hurrikane oder Taifune auf.

Vierter Klimabeeinflussungsfaktor der Meere ist die Eisbildung. Stichwort ist hier die uns bereits bekannte Eis-Albedo-Rückkopplung, die die Erwärmung in den Polregionen verstärkt.

Fünfter und letzter Klimabeeinflussungsfaktor der Meere schließlich ist der Gasaustausch zwischen Wasser und Luft. In der Atmosphäre befinden sich derzeit etwa achthundert Gigatonnen (Gt) Kohlendioxid, in den Meeren sind es dagegen etwa 38.000 Gigatonnen, also knapp fünfzigmal so viel. Neunzig Gigatonnen davon werden pro Jahr zwischen Ozean und Atmosphäre ausgetauscht, das heißt, das Wasser nimmt Kohlendioxid und andere Atmosphärengase auf und gibt sie später wieder frei.

Bevor wir Menschen begannen, fossile Energieträger zu verbrennen, war die Menge zwischen abgegebenen und aufgenommenen Gasen in etwa ausgeglichen. Das ist heute nicht mehr der Fall, da wir etwa sechs Milliarden Tonnen Kohlendioxid im Jahr zusätzlich in die Atmosphäre blasen. Etwa ein Drittel davon wird von den Ozeanen aufgenommen. Die Ozeane wirken somit, ähnlich wie bereits bei den Temperaturen, als heilsamer Puffer. Würden die Ozeane diese zwei Milliarden Tonnen zusätzlichen Kohlendioxids nämlich *nicht* aufnehmen, dann würden sie in der Atmosphäre verbleiben und die Klimaerwärmung würde noch deutlicher zu Tage treten als ohnehin schon. Für das Klima ist diese CO_2-Aufnahmefähigkeit der Meere also positiv.

Sie sorgt aber auch dafür, dass wir uns heute bezüglich der wahren Auswirkungen des Klimawandels täuschen lassen. Es ist nämlich zu erwarten, dass die Aufnahmefähigkeit der Ozeane irgendwann einmal an ihre Grenzen stößt und das Kohlendioxid, das sich in den Meeren angesammelt hat, wieder in die Atmosphäre entweicht. Das hätte dann allerdings katastrophale Folgen für das Klima und für uns. Zudem wirft der erhöhte Kohlendioxidgehalt des Wassers noch andere Probleme auf, insbesondere für die in ihm lebenden Organismen. Dazu aber später mehr.[239]

Leere Meere

Überfischung. Dieses sehr bildhafte und doch so harmlos klingende Wort begegnet uns häufig, wenn es um das Verhältnis zwischen Mensch und Meer geht. Die moderne industrielle Fischerei macht nämlich möglich, was noch vor hundert Jahren unmöglich schien.

Überfischung bedeutet zunächst einmal, dass die Bestände einer Art unter einen Schwellenwert gesunken sind, der ihre Dezimierung durch Fischfang größer werden lässt als durch natürliche Vermehrung nachwachsen oder zuwandern kann. Oder einfacher ausgedrückt: Überfischung bedeutet, dass die Anzahl der Individuen einer Art abnimmt, weil zu viel herausgefischt wird. Doch haben wir überhaupt eine Vorstellung davon, was das bedeutet, Bestände »unter einen Schwellenwert« sinken zu lassen? Wo liegt der Schwellenwert und was wäre normal?

Wenn wir heute im Urlaub an einem Strand liegen, ganz gleich, ob inmitten unzähliger, bunter Liegestühle und mit einer baumbestandenen Strandpromenade vor hässlichen Hotelburgen im Rücken oder aber einsam auf einem Handtuch unter schräg wachsenden Palmen, so wie wir es aus Südsee-Prospekten kennen, dann sehen wir kaum Fische im Meer. Weiter draußen, auf einem Schiff, begegnen uns vielleicht hin und wieder einmal ein paar Schwärme, vielleicht auch einmal große Ansammlungen von Seevögeln, die sich auf ihre Beute stürzen. Vielleicht auch Delfine, die über die Wasseroberfläche springen. Und wenn wir ganz viel Glück haben, können wir in der Ferne vielleicht einmal die Fluke eines Wals beobachten; das allerdings wohl am wahrscheinlichsten von Ausflugsbooten aus, die speziell organisierte »*Whale-Watching-Touren*« anbieten. Diesen Zustand sehen wir heute als normal an, wir kennen es nicht anders. Wir wissen, dass in den Meeren und Ozeanen der Welt unzählige Fische und sonstige Meeresbewohner leben, aber wir wissen auch, dass wir sie nicht oft zu Gesicht bekommen, wenn wir den Wellen zuschauen und der Brandung lauschen. Ausnahmen von dieser Regel sind vielleicht flach unter der Wasseroberfläche liegende Korallenriffe, die eine immense Artenvielfalt hervorgebracht haben.

Doch war das tatsächlich schon immer so? Ist der Zustand, den wir heute beobachten, noch derselbe, den wir vor ein paar Jahrhunderten hätten beobachten könnten? Wenn man sich alte Fotos ansieht, auf denen Fischer stolz ihren Fang präsentieren, kann man heute nur staunen über die Artenvielfalt, die Mengen und die Größe der gefangenen Fische. Auch auf älteren Gemälden und in alten Berichten gibt es Beschreibungen, die sich heute einfach nur unglaublich anhören. *Callum Roberts* zitiert in seinem Buch »*Der Mensch und das Meer*«[240] den Bericht des Geistlichen *Lewis Anspach*, der im Jahre 1819 beschreibt, wie die *Conception Bay* im kanadischen Neufundland während der alljährlichen Kapelansaison aussah. Der *Kapelan* oder *Capelin*, ein kleiner, in Schwärmen auftretender Fisch, laicht in der Nähe der Küste und dient vielen Meeresbewohnern als Nahrung. Anspach:

»Man kann sich unmöglich vorstellen und noch weniger beschreiben, wie großartig die Conception Bay und ihre Häfen in einer Nacht jener Zeit aussehen, die als Capelin Skull bezeichnet wird. Ihre weite Oberfläche ist dann vollständig von unzähligen Fischen verschiedenster Art und Größe angefüllt, die eifrig damit beschäftigt sind, sich gegenseitig entweder zu verfolgen oder aus dem Weg zu gehen; Wale steigen abwechselnd auf und tauchen wieder ab, wobei sie Wasserfontänen in die Luft schleudern; Kabeljaue hüpfen über die Wellen und werfen mit ihren silbrigen Körpern das Mondlicht zurück; die Kapelane eilen in riesigen Schwärmen davon und suchen Zuflucht an der Küste, wo jede zurückweichende Welle eine unzählige Vielzahl von ihnen zappelnd auf dem Sand zurücklässt, eine leichte Beute für die Frauen und Kinder, welche dort mit Karren und Körben bereitstehen, um die kostbare, reichliche Beute in Besitz zu nehmen.«[241]

Dieser Bericht klingt in unseren Ohren wie ein Märchen. Und doch hat sich diese Geschichte wohl tatsächlich so zugetragen. Solche Überlieferungen sind kein Einzelfall, man findet Unzählige ihrer Art. Offensichtlich hat sich nur unsere Wahrnehmung von Generation zu Generation verschoben, anders ist nicht zu erklären, warum wir heute als normal ansehen, was in vergangenen Zeiten alles andere als normal gewesen zu sein scheint. Warum die Situation der Fische im Meer in unseren Tagen eine andere ist als in früheren Zeiten, kann man erahnen, wenn man sich mit den heutigen industriellen Fangmethoden näher beschäftigt.

Die heutige industrielle Hightech-Fischerei ist unglaublich brutal und effektiv. Dort gibt es etwa *Grundschleppnetze*, die von einem oder mehreren Schiffen, so genannten »*Trawlern*«, gezogen werden und die mit ihren tonnenschweren Ketten und Beschwerungskugeln über den Meeresboden rutschen und hüpfen. Diese Netze reichen in eine Tiefe von bis zu 1.500 Metern und werden für den Fang von Grundtieren wie Scholle und Seezunge oder Krebstieren wie Garnelen eingesetzt. Die meisten Meeresbewohner, die nicht im Netz landen und die nicht rechtzeitig fliehen können, werden zerschlagen oder zerquetscht. [242] *Muschelbagger* funktionieren ähnlich, vielleicht aber noch erbarmungsloser. Sie nutzen so genannte »*Dredgen*«. Das sind schwere Stahlrahmen, an deren Unterseite senkrechte Zähne angebracht sind, die wie eine Egge den Meeresgrund aufreißen und dabei nicht nur die gewünschten Austern, Mies- und Jakobsmuscheln, sondern auch Krebse, Korallen, Steine und alles, was ihnen sonst noch in die Quere kommt, in einem Beutel aus Kettengeflecht einsammeln. Die Kollateralschäden, die bei dieser Fangmethode entstehen, sind immens.[243] Es wird geschätzt, dass jedes Jahr Fischernetze eine Fläche des Meeresbodens abgrasen, die fünfzehn Millionen Quadratkilometer groß ist, also anderthalbmal so groß wie die USA! Einige Gegenden trifft es dabei nur alle fünf bis zehn Jahre, andere hingegen auch fünfmal im Jahr.[244] Grundschleppnetze, Muschelbagger und andere Gerätschaften pflügen den Meeresgrund regelrecht um und verwandeln ihn von einer Landschaft mit Korallen, Schwämmen, Gorgonien und komplexen Fels- und Geröllformationen, die Fischen und anderen Bewohnern als Versteck und Lebensraum dienen, in eine ebene, tote Wüste aus Kies, Sand und Schlamm. Dabei werden riesige Schlammwolken aufgewirbelt; die Fischereischiffe ziehen sie in den Ozeanen der Welt hinter sich her, so wie die Flugzeuge am Himmel ihre Kondensstreifen.

Während unten der Meeresgrund zerstört wird, werden weiter oben im Wasser, dort, wo sich das meiste Leben abspielt, so genannte »*Langleinen*« ausgelegt. Wie der Name schon sagt, sind diese aus Kunststoff bestehenden Leinen dutzende, teilweise sogar über hundert Kilometer lang und besitzen tausende von Nebenleinen und Köderhaken. Mit ihnen werden begehrte Speisefische wie Thunfisch, Kabeljau, Schwertfisch, Heilbutt, Aal und andere gefangen. Teilweise werden auch Langleinen von mehreren Kilometern Länge auf dem Meeresboden bis in Tiefen von 2.500 Metern ausgelegt, um Tiefwasserfische wie den Schwarzen Seehecht zu fangen. Die Beifangmengen, also die Tiere, die man eigentlich nicht fangen will, aber trotzdem erwischt und die man deswegen, meist tot, wieder ins Wasser wirft, sind enorm. Und nicht nur Fische trifft das. Die jährlichen Opferzahlen in der Langleinenfischerei gehen bei Seevögeln und Meeresschildkröten in die Hunderttausende, bei Haien und Rochen wohl in die Millionen.[245] Eine Studie über die Langleinenfischerei in Costa Rica ergab beispielsweise, dass zum Fang von gut zweihundert Goldmakrelen (*Coryphaenidae*) – einem silbriggold glänzenden Fisch, der eine Länge von ein bis anderthalb Metern erreicht – ganze vierundfünfzig Langleinen mit insgesamt 45.000 Haken erforderlich waren. Dass dabei neben den zweihundert Goldmakrelen auch fünfhundert Schildkröten, vierhundert Rochen und fast fünfhundert größere und kleinere Haie mit anbissen, kann da kaum noch überraschen.[246] Zusammengenommen sind alle Langleinen, die jede Nacht in den Weltmeeren ausgelegt werden, so lang, dass sie *fünfhundert* Mal um den Äquator reichen würden! Kaum zu glauben, oder?[247]

Auch *Treibnetze* werden heute noch eingesetzt, meist für den Thunfischfang, und das, obwohl sie eigentlich seit einer UN-Resolution aus dem Jahr 1992 verboten sind. Treibnetze können bis zu hundert Kilometer lang sein und bestehen aus einem feinmaschigen, durchsichtigen und sehr reißfesten Netz aus Kunststofffasern, die an Bojen senkrecht aufgehängt werden und wie eine »Wand des Todes« wirken. Sie treiben mit den Meeresströmungen umher, werden oft erst nach mehreren Tagen wieder eingeholt und fangen in der Zwischenzeit alles ab, was ihnen in den Weg kommt: Neben Haien, Meeresschildkröten und Seevögeln manchmal sogar auch Pottwale.[248]

In den letzten Jahren kamen moderne Techniken hinzu, wie etwa die Ortung von Fischschwärmen mittels Sonar, womit es den Fischtrawlern immer leichter gemacht wird, ihre Beute aufzuspüren. Auch die industrielle Weiterverarbeitung direkt auf hoher See gehört mittlerweile zum Standard. Dazu werden riesige *Fabrikschiffe* eingesetzt, die das Fanggut direkt nach dem Fang endverbrauchergerecht zerlegen, filetieren, ausnehmen, verpacken und einfrieren. Diese Schiffe sind bis zu hundertfünfzig Meter lang, können bis zu 350 Tonnen Fisch an einem einzigen Tag fangen und haben eine Kapazität von bis zu siebentausend Tonnen, so dass sie unter Umständen mehrere Wochen unterwegs sein können.[249]

Angesichts dieser industriellen Auswüchse der modernen internationalen Fischereiwirtschaft verwundert es nicht, dass die Meere heute tatsächlich leer gefischt sind. Die Wahrscheinlichkeit für einen Fisch, irgendwann einmal in einem Fischernetz zu verenden, liegt bei neunzig Prozent. Die Ozeane sind für uns zwar unvorstellbar groß, doch das meiste Leben spielt sich an den Kontinentalrändern, in den oberen Meeresschichten und dort, wo nährstoffreiche Wassermassen an die Oberfläche strömen, ab. Und genau auf diese Gebiete haben es die Fischer abgesehen; hier ist schließlich am meisten zu holen. Auf diese Weise können selbst Fischarten abgefangen werden, die zehntausend Kilometer weit wandern. Dazu braucht man beim Fang von Thun- und Schwertfisch nur diejenigen Gebiete zu befischen, in denen sie sich bevorzugt zum Fressen oder Paaren aufhalten.

Auch wurden die Fangregionen in den letzten Jahrzehnten immer weiter ausgedehnt. Heute verfolgen die Fischereischiffe ihre Beute bis hinein in polare Regionen und bis in mehrere Tausend Meter Tiefe. Diese intensive Jagt hat aber auch Auswirkungen auf diejenigen Gebiete, in die die Gerätschaften nicht reichen.

Meeresbewohner, die von tieferen Schichten nach oben schwimmen, gelangen ebenfalls in die Netze. Auch der durch die Grundschleppnetze aufgewirbelte Schlamm setzt sich in tieferen Meeresregionen wieder ab und beeinträchtigt dort das Leben. So ist es kein Wunder, dass die Bestände der wichtigsten Fischarten in den letzten Jahren um fünfundsiebzig bis fünfundneunzig Prozent (!) reduziert wurden.[250] Was das bedeutet, kann man beispielsweise an Fangmengenstatistiken der britischen Grundnetzfischerei ablesen.

Zwischen 1889 und heute gleicht die Kurve einem steilen Gebirge, das nur von zwei tiefen Tälern, den beiden Weltkriegen, in denen der Fischfang wegen der U-Boot-Gefahr weitgehend zum Erliegen kam, eingeschnitten wird. Der Höhepunkt der Fangmengen *pro Schiff* war bereits 1938 erreicht! Die Menge Fisch, die eines von ihnen in den Hafen brachte, war damals fünfmal so hoch wie heute! Selbst im Jahre 1889 war sie doppelt so hoch wie in unseren Tagen, was im Hinblick auf die technischen Unterschiede zwischen damals und heute wirklich erstaunlich ist. Um auch diese zu berücksichtigen und sich ein annäherndes Bild von den tatsächlich im Meer *vorhandenen* und nicht nur von den *gefangenen* Fischen zu machen, kann man die Fangmengen pro Schiff ins Verhältnis setzen zur eingesetzten Energieeinheit. Dabei zeigt sich ein noch viel deutlicheres Bild: Die schwer zu manövrierenden Segelschiffe, die noch in den 1880er Jahren zum Fang von Scholle, Dorsch und Kabeljau eingesetzt wurden, landeten *siebzehnmal mehr* (!) Fisch an, als die heutigen hochmodernen Fischereischiffe mit ihrer Fischaufspürelektronik! Schlüsselt man die Statistik nach einzelnen Fischarten auf, sind die Unterschiede teilweise noch deutlich größer.[251]

Der von der Ernährungs- und Landwirtschaftsorganisation der Vereinten Nationen (FAO) herausgegebene *Weltfischereibericht*[252] spricht davon, dass heute 29,9 Prozent der Fischgründe der Erde überfischt seien, 57,4 Prozent ihre Kapazitätsgrenze erreicht hätten und nur 12,7 Prozent noch nicht ausgeschöpft seien. Zwar schwankt der Anteil derjenigen, die ihre Kapazitätsgrenze erreicht haben, bereits seit 1974 (als die erste Statistik erhoben wurde) um die fünfzig Prozent, aber der Anteil der *überfischten* Arten ist seitdem kontinuierlich angestiegen.[253]

Die weltweite Gesamt-Fangmenge für Meeresfische ist trotz der massiven Ausweitung der Kapazitäten in der Fischereiwirtschaft seit Ende der 1980er Jahre nicht mehr angestiegen. Sie liegt konstant bei etwa achtzig Millionen Tonnen jährlich. Der Höchststand wurde 1996 mit 86,4 Millionen Tonnen erreicht, 2010 waren es 77,4 Millionen Tonnen. Gut ein Viertel davon stammt aus dem Nordwestpazifik, wo die größten Fischereinationen China und Japan zu Hause sind. Zu den Meerestieren kommen noch einmal etwa zehn Millionen Tonnen Inlandsfisch pro Jahr sowie etwa sechzig Millionen Tonnen aus Aquakulturen. Insgesamt werden heute gut 154 Millionen Tonnen Fisch konsumiert. Der Anstieg seit Ende der 1980er Jahre beruht einzig und allein auf dem Ausbau der Aquakulturen, wofür in erster Linie China verantwortlich ist. Es besitzt alleine einen Weltmarktanteil von fast zwei Dritteln.

Aquakulturen bringen uns zwar in den Genuss, weiterhin und beständig größere Mengen an Fisch essen zu können, aber den Fangdruck auf die Ozeane mindern sie trotzdem nicht. Das liegt daran, dass in erster Linie größere Raubfische wie Lachs, Wolfsbarsch oder Thunfisch gezüchtet werden, die sich wiederum von anderen, kleineren Fischen ernähren. Und die stammen natürlich ebenfalls aus dem Meer. Es handelt sich somit in erster Linie um eine Art »Nahrungsveredelung« für uns Menschen: Fisch, den wir im Meer fangen und eigentlich selbst essen könnten, verfüttern wir lieber an Zuchtfische und verspeisen dann diese – nur, weil wir sie schmackhafter finden. Da Aquakulturen zudem häufig offen zum Meer hin angelegt sind, entstehen noch andere Probleme, etwa durch sich verbreitende Krankheiten und Parasiten sowie durch Antibiotika und Giftstoffe, die ins Meer gelangen.[254]

Aber was bedeutet der überragende Faktor des Fischfangs nun für die Meeresbewohner? Welchen Einfluss hat er auf sie – abgesehen davon, dass sie gefangen werden?

Wir haben gesehen, dass der Schutz vor dem Gefressenwerden über Jahrmillionen hinweg das entscheidende Kriterium zum Überleben im Meer war. Die Tiere kannten ihre Fressfeinde und die Evolution hat Methoden entwickelt, um den lauernden Gefahren zu begegnen. Mit dem Fischfang gibt es aber nun eine neue Gefahr in Form eines Feindes, der völlig unbekannt für sie ist. Die Evolution muss darauf zwangläufig reagieren. Und sie tut es. Ja, tatsächlich: Der Mensch verändert durch sein Handeln gegenüber den Ozeanen tatsächlich die Evolution. Doch wie kann das sein?

Wir Menschen erreichen unsere größte Leistungsfähigkeit in unserer ersten Lebenshälfte, ungefähr zwischen dem zwanzigsten und dem dreißigsten Lebensjahr. Das ist auch der Grund, warum sich die allermeisten Leistungssportler bereits mit Mitte Dreißig in den Ruhestand verabschieden. Auch Frauen, die in älteren Jahren noch Nachwuchs bekommen, findet man eher selten (auch wenn in einigen Ländern dahin ein Trend zu gehen scheint). Bei Fischen und anderen Meerestieren ist das jedoch anders. Für sie wird das Leben im Alter immer besser. Je älter sie werden, desto größer und erfahrener werden sie und desto mehr Nachkommen bringen sie hervor. Die Eier der Älteren sind einfach widerstandsfähiger. Doch die Fischerei bringt dieses Gesetz zu Fall. Es hat sich nämlich gezeigt, dass dann, wenn ein Bestand ausgebeutet wird, die Durchschnittsgröße der Fische sinkt. Das liegt daran, dass der Fang mit Netzen und anderen Gerätschaften wie ein Sieb funktioniert: Erst werden die fetten Exemplare ausgesiebt; sind diese nicht mehr vorhanden, nimmt man engmaschigere Netze, um auch die kleineren zu fangen. Und genau hier greift die Evolution ein. Da heute das größte Risiko für viele Fische darin besteht, durch Fischerei zu sterben, »reagiert« sie, indem sie jene Individuen begünstigt, die langsam wachsen, früher geschlechtsreif werden und sich früher fortpflanzen. Das heißt also, die Verkleinerung der Arten hat nicht nur damit zu tun, dass die größeren ausgesiebt werden, sondern auch damit, dass sich die Spezies verändert haben. Diese Tatsache ist heute bei vielen Fischarten nachweisbar. Man nennt das Phänomen »*Fishing down the food web*«, zu Deutsch etwa: »Das Nahrungsnetz von groß nach klein abfischen«.[255]

Plastikwelten

Die denkwürdige Plastikenten-Geschichte ist schnell erzählt: Als im Jahr 1992 ein chinesisches Containerschiff im westlichen Pazifik in Seenot geriet, ging die Ladung über Bord. Inhalt: 29.000 Plastikenten. Die Enten gelangten ins Meer und gingen auf eine lange Reise, welche vermutlich für einige von ihnen auch heute noch nicht zu Ende ist. Zunächst landeten sie an der nordamerikanischen Westküste, im US-Bundesstaat Washington, in Alaska, ja selbst auf den fernen Hawaii-Inseln. Einige gelangten aber auch über die Beringstraße ins Nordpolarmeer, wo sie im Eis einfroren und irgendwann von ihm im Nordatlantik wieder ausgespuckt wurden. Schließlich fand man sie auch in Schottland und im US-Bundesstaat Maine. So kam es, dass sich die süßen kleinen, gelben Plastikenten mithilfe der Meeresströmungen auf dem halben Erdball ausgebreitet hatten.[256]

Der Siegeszug der Kunststoffproduktion begann nach dem Zweiten Weltkrieg, nachdem es zahlreiche Erfolge auf dem Gebiet der Polymerchemie gegeben hatte. Durch die Entwicklung der Thermoplaste und besonderer Verarbeitungsverfahren konnten Formteile nun auf unschlagbar günstige Weise hergestellt werden. Kunststoff wurde durch industrielle Massenfertigung zu einem Allerweltsprodukt. Nach Angaben des *Umweltprogramms der Vereinten Nationen* (UNEP) werden heute per annum etwa zweihundertvierzig Millionen Tonnen Kunststoffe hergestellt. Davon gelangen jedes Jahr etwa 6,4 Millionen Tonnen ins Meer, andere Schätzungen gehen sogar von acht Millionen Tonnen aus.

Die Quellen, aus denen der Kunststoff im Meer stammt, sind unterschiedlichster Art. Bis zu zehn Prozent sind verloren gegangene Fischereiausrüstung, vor allem Netze und ähnliches. Viele Schiffe entsorgen ihren Plastikmüll auch immer noch – trotz internationalem Verbot – illegal in die See. Ein Teil stammt auch von der Offshore-Industrie, also von Öl- und Gasplattformen oder aus Aquakulturen. Doch der allergrößte Teil, vermutlich mehr als achtzig Prozent, kommt vom Land, von verdreckten Stränden, von wassernahen Müllkippen, von Hafenanlagen, von den Strandpromenaden feiernder Millionenstädte oder über den Zufluss von Flüssen, Bächen und Abwasserkanälen.[257] Gut die Hälfte dürfte dabei allein in China, Indien, Indonesien, Thailand, Vietnam und den Philippinen seinen Ursprung haben.[258] Und wer gesehen hat, welche ungeheuren Müllmengen der Tsunami vom März 2011 in Japan vor sich her getrieben hat, der weiß, dass auch solche Naturkatastrophen dazu beitragen können, den Abfall, den der Mensch produziert, in das Meer zu spülen.

Wie viel Müll und Plastik heute *insgesamt* im Meer enthalten ist, ist umstritten, aber es ist viel, sehr viel. Denn Kunststoff wird ja bekanntlich deswegen so gerne weggeworfen, weil die aus ihm hergestellten Produkte meist nicht lange halten. Sie werden irgendwann brüchig und gehen kaputt, so dass man sie nicht mehr gebrauchen kann. Oder aber sie sind, wie die zahlreichen Plastikverpackungen, sogar nur für den einmaligen Gebrauch bestimmt. Folien, Plastiktüten, Joghurtbecher, Käse- und Wurstverpackungen, Einwegflaschen und vieles andere mehr – alles Wegwerfprodukte! Und dass sie, wie in Deutschland, mittels gelbem Sack und grünem Punkt getrennt gesammelt und (überwiegend) einer Wiederverwertung zugeführt werden, ist international gesehen eher die exotische Ausnahme.

Das Paradoxe dabei ist: Dieser sehr *kurzen* Lebensdauer des Kunststoffprodukts steht eine unglaublich *lange* Lebensdauer des Materials selbst gegenüber! Das ins Meer geratene Plastik ist nämlich nahezu unvergänglich; es zersetzt sich nur sehr langsam über Jahrzehnte, manchmal erst über Jahrhunderte. Und im Laufe dieser langen Zeit zerfällt es – unter dem Einfluss der Wellenbewegung und des UV-Lichts der Sonne – in immer kleinere Stücke. Teilweise wurden bei Müllsammelaktionen an Stränden bis zu hundertfünfzigtausend klitzekleine Plastikstücke pro Meter (!) Strand gefunden. Hinzu kommt noch das bei zahlreichen Schiffstransporten verloren gegangene Kunststoff-Rohmaterial, das so genannte »*Granulat*«, das erst noch zu Fertigprodukten geformt werden sollte, aber nie in der Produktionsstätte ankam. In Neuseeland wurden auf einem einzigen Küstenmeter dreihunderttausend dieser winzigen Plastikteile gefunden. Für die Meeresbewohner sind sie genauso gefährlich wie jene winzigen Mikroplastik-Kügelchen, die die Kosmetik-Industrie gerne ihren Peeling-Duschgels und anderen »innovativen« Körperpflege-Produkten beimischt. Alleine in Deutschland werden laut Umweltbundesamt jedes Jahr über fünfhundert Tonnen dieser »*Microbeads*« eingesetzt. Auch Fleece-Stoffe hinterlassen bei jedem Waschgang tausende von Plastikfasern.[259] Diese kleinen Kunststoffteile sind von keinem Klärwerk der Welt wieder aus dem Dusch- oder Waschwasser herausfiltern – und landen folglich in den Ozeanen. Dass gegen diese Praxis nicht schon seit Langem entschieden vorgegangen und den Herstellern Einhalt geboten wird, ist eigentlich ein Skandal.

Doch nicht nur die kleinen, auch die größeren Teile an Kunststoff und Verpackungsmüll landen im Meer. Von den Meeresströmungen umher getrieben, geraten sie früher oder später in die großen subtropischen Ozeanwirbel. Von ihnen gibt es fünf an der Zahl: Einen im nördlichen und einen im südlichen Atlantik, einen im Indischen Ozean sowie einen im nördlichen und einen im südlichen Pazifik. Diese gigantischen Wirbel verlieren mit jedem Umlauf etwa die Hälfte ihres Treibguts – es wird nach außen fort getrieben. Die andere Hälfte aber sammelt sich in ihrem Zentrum und hat es schwer, dort wieder heraus zu kommen. Dadurch entstehen im Innern der Meereswirbel Müllansammlungen, die riesige Ausmaße annehmen können. So trägt etwa der Nordpazifikwirbel mittlerweile schon den wenig schmeichelhaften Beinamen »*Great Pacific Garbage Patch*« – zu Deutsch: »Großer Pazifikmüllfleck«. Er bedeckt mit geschätzten siebenhunderttausend Quadratkilometern eine Fläche doppelt so groß wie die von Deutschland; anderen Quellen zufolge soll er sogar so groß sein wie ganz Westeuropa. Geht man nach dem Gewicht, ist dort mittlerweile wahrscheinlich sechsmal mehr Plastik im Oberflächenwasser vorhanden als Zooplankton!

Der übrige Müll, der nicht in den »Augen« der großen Ozeanwirbel gefangen ist, wird meist irgendwo auf der Welt an den Strand gespült. Im Mittelmeer kann man teilweise auf hundert Metern Strand bis zu tausendachthundert größere und kleinere Gegenstände finden und in anderen Teilen der Welt sieht es nicht viel anders aus. Kunststoffe haben daran den weitaus größten Anteil; er liegt in der Regel zwischen fünfzig und neunzig Prozent.

Dabei könnte man ja eigentlich annehmen, dass Plastik schwimmt und man ihn daher relativ leicht wieder aus dem Wasser herausfischen kann. Aber das stimmt nicht. Fünfzig bis siebzig Prozent des Kunststoffs haben eine größere Dichte als Wasser und sinken deswegen mit unterschiedlichen Geschwindigkeiten in Richtung Meeresgrund hinab. Das bedeutet aber auch, dass der Müll, den wir in den Meeren sehen, nur ein geringer Teil von dem ist, was wirklich vorhanden ist. Wie viel sich tatsächlich in den tieferen Wasserschichten und am Meeresboden angesammelt hat und weiter ansammelt, können wir nur vermuten.[260]

Plastiktüten und sonstiger Müll verstopfen häufig Fischernetze, Schiffsschrauben, Forschungsinstrumente oder anderes Gerät. Dabei entstehen teils erhebliche Sach- und wirtschaftliche Schäden. Für die Meeresbewohner jedoch sind die Gefahren ungleich größer. Die in ihren Lebensraum geratenen Gegenstände sind für sie lebensbedrohlich. Da Kunststoffe nämlich für die Tiere etwas völlig Fremdes sind, werden sie oft für Nahrung gehalten: Kleine

Plastikstücke sehen aus wie Fisch, Plastiktüten wie Quallen. Die Bilder von Schildkröten- und Seevogelkadavern, in deren Mägen dutzende von Plastikstücken enthalten sind, angefangen von Flaschendeckeln bis hin zu Zahnbürsten und Feuerzeugen, sprechen Bände. Wenn die Tiere daran nicht direkt sterben, verhungern sie schlicht und ergreifend, weil sie nicht mehr genug Nahrung aufnehmen können. Selbst wenn die Tiere es überleben, hat es nicht nur Auswirkungen auf ihre Verdauung, sondern auch auf ihre Fortpflanzung, insbesondere auf diejenige von Muscheln und Krebsen. Auch Vögel sind gefährdet. Eine niederländische Studie fand in neunzig (!) Prozent aller untersuchten Seevögel Plastikteile. In einer anderen Studie wurden immerhin in jedem dritten sich von Plankton ernährenden Pazifikfisch Kunststoffteile gefunden. Auch jeder zweite Magen einer Meeresschildkröte enthält inzwischen Plastik. Die Partikel wirken dabei wie ein Schwamm, der durch seine große Oberfläche langlebige organische Schadstoffe wie DDT, Quecksilber oder PCB aufsaugt. Auch können die Kunststoffe bei ihrer Zersetzung selbst wieder giftige Schadstoffe wie Weichmacher an ihre Umwelt abgeben.[261]

Über die Nahrungsketten gelangen dann nicht nur die unzähligen winzigen Kunststoffteilchen, sondern auch die in ihnen enthaltenen Umweltgifte von den kleineren zu den größeren Tieren, sammeln sich in ihnen und landen schließlich ganz oben in der höchsten Trophieebene. Und wer steht dort? Erinnern wir uns: Bis zu *neunzig* Prozent aller Meeresbewohner landen irgendwann einmal in einem Fischernetz und damit – in unseren Mägen. Wie viele winzige Plastikteile also wohl unser geliebter Lachs oder Thunfisch enthalten mag, der uns so schmackhaft von unserem Teller anlächelt? Wir wissen es nicht. Genauso wenig, wie groß die Gesundheitsgefahren sind, denen wir uns dadurch aussetzen.

Doch gehen wir noch einen Schritt zurück. Noch bevor die maritimen Lebewesen auf unserem Esstisch landen, können sie sich durch die vielen Müllmaterialien im Meer auch schwerwiegende Verletzungen zufügen. Kunststoffe sind oft spitz und scharfkantig, vor allem wenn sie zerbrochen sind; dasselbe gilt für Blechdosen. Darum sind Schnitt- und Stichwunden keine Seltenheit; auch innere Verletzungen sind möglich, wenn die Tiere das Zeug fressen. Außerdem kommt es häufig vor, dass sich Fische, Seevögel oder Schildkröten in Fischernetzen, Leinen oder größeren Holz- und Kunststoffteilen so sehr verfangen, dass sie nicht mehr alleine frei kommen. Wenn ihnen dann keiner hilft, verhungern sie elendiglich oder sterben vor Erschöpfung. Oder sie ertrinken, sofern sie Meeressäuger sind. Auch gibt es herzzerreißende Bilder, auf denen junge Robben zu sehen sind, die ihren Kopf einmal in ein Kunststoffnetz oder ein Verpackungsband gesteckt haben und es dann lange mit sich herumtragen. Werden sie größer, wächst sich der Ring aus Kunststoff zunächst in die Haut der Tiere ein, bevor er ihnen langsam aber sicher die Kehle durchschneidet. Passiert dasselbe bei Schildkröten, dann kann sich ihr Panzer nicht normal entwickeln und es entstehen Missbildungen, die ihnen ein Leben lang Schmerzen zufügen.[262]

Jeder mitfühlende Mensch und Tierfreund muss sich dabei die Frage stellen: Können wir solche Grausamkeiten denn wirklich zulassen? Müssen wir nicht etwas dagegen unternehmen? Und was *lässt* sich überhaupt tun gegen die unsäglichen Massen an Müll im Meer? Können wir ihn vielleicht herausfiltern, wie es eine niederländische Initiative mit dem Namen »*The Ocean Cleanup*«[263] vorsieht? Herausfiltern mithilfe eines riesigen, weit geöffneten »V«, einer schwimmenden Barriere, die hundert Kilometer lang ist und den Müll zu einer Sammelstelle leitet, wo er von Schiffen eingesammelt wird? Möglicherweise. Möglicherweise aber auch nicht. Bislang ist dies nämlich lediglich die Vision eines Enthusiasten, einen Versuch aber sicher wert. Das Projekt steckt noch in den Kinderschuhen, die technischen Schwierigkeiten mit einer Verankerung am Meeresgrund in mehreren Kilometern Tiefe erscheinen noch groß. Ob das System tatsächlich in absehbarer Zeit einsatzfähig ist, bleibt abzuwarten. Aber selbst *wenn* es funktioniert, dann könnte es lediglich die Oberfläche des Meeres abschöpfen; der große Anteil Kunststoff in den tieferen Wasserschichten wäre weiterhin unerreichbar, ebenso wie die Myriaden winziger Plastikteilchen, die im Meer herumschwirren. Denn wollte man auch sie mit herausfiltern, dann stellt sich die Frage, was dabei eigentlich mit dem Plankton geschehe. Man würde es unweigerlich mit herausholen oder zumindest stark beeinträchtigen – und damit das gesamte Ökosystem Meer gefährden. Also was bleibt? Den Müll an den Stränden einsammeln, wie es vielerorts schon geschieht? Das ist teuer, aber unvermeidlich. Es macht die Meere zwar nicht wieder sauber, aber es macht sie zumindest ein wenig *sauberer*. Und vor allem hilft es dabei, zu verhindern, dass neuer Müll ins Meer gelangt. Denn das ist das Entscheidende, wie bei jedem Umweltthema: Nicht die (nachträgliche) Wiedergutmachung, die Schadensbegrenzung, wie sie die Niederländer verwirklichen würden, ist das Effektivste, sondern die (vorherige) Vorsorge, die Vermeidung. Die Bekämpfung des Müllproblems der Meere muss bereits an Land beginnen, *hier* müssen wir ansetzen! Denn sind die Kunststoffe erst einmal im Meer, dann sind sie nur sehr schwer wieder heraus zu bekommen. Vor allem all die kleinen Teile wird man wahrscheinlich nie mehr entfernen können – höchstens aus dem Leib toter Tiere.

Laut einer Anfang 2016 vorgestellten Studie enthalten die Ozeane schon heute *hundertfünfzig Millionen* Tonnen Kunststoffe. Auf nur drei Kilogramm Fisch kommt damit bereits ein ganzes Kilogramm Kunststoff! Jede Minute gelangt so viel Plastik ins Meer wie ein Lkw aufnehmen kann. Bildlich vorgestellt: Ein Lkw fährt an eine Rampe, kippt seine Ladung ins Meer, fährt davon. Eine Minute später kommt der nächste und tut dasselbe, wieder eine Minute später noch einer und so fort... Eine Vorstellung, bei der man schreien könnte! Und doch ist es so. Aber es geht sogar *noch* skurriler: Bis zum Jahr 2050 – also gar nicht mehr allzu lange hin – soll das *Gesamtgewicht des Kunststoffs dasjenige aller Fische in der See überstiegen haben*! Unglaublich, oder?[264]

Genau deswegen ist es so wichtig, die riesige Menge von acht Millionen Tonnen, die jedes Jahr ins Meer gelangen, zu verringern. Jede weniger weggeworfene Plastiktüte, die in den nächsten Bach gelangen könnte, jede weniger zurück gelassene Getränkedose oder Kunststoffflasche am Fluss oder Strand ist wichtig. Wir sollten uns sehr gut überlegen, wo wir unseren Müll entsorgen. Denn irgendwann landet er mit großer Wahrscheinlichkeit einmal, atomisiert in Millionen winziger Stücke, in unseren Mägen.

Von Havarien, toten Zonen und Lärmterror

Doch wenn wir an die Verschmutzung der Ozeane denken, dann kommen uns auch Bilder in den Sinn von brennenden oder zerborstenen Öltankern, von vor Öl triefenden Seevögeln, von schwarz-schmierigen Stränden und von Kolonnen von Menschen in weißen Schutzanzügen, die dort mit schwarzen Eimern und anderem Gerät hantieren, um zu retten, wo nicht mehr viel zu retten ist. Eine Ölpest, wie sie durch die Havarie großer Öltanker wie der »*Exxon Valdez*« am Karfreitag 1989 vor der Küste Alaskas oder der »*Prestige*« im November 2002 vor der nordspanischen Küste ausgelöst wurden, gilt heute als das Schlimmste, was wir den Meeren antun können. Bei beiden Unglücken gelangten mehrere Zehntausend Tonnen Rohöl ins Wasser, wo sie bald viele tausend Quadratkilometer bedeckten und für den Tod von Hunderttausenden von Fischen, Seevögeln, Robben und anderen Tieren verantwortlich waren. Die Exxon Valdez verseuchte mehr als zweitausend Kilometer Küste, also etwa so viel, wie die gesamte deutsche Ostseeküste misst; der Ölteppich war mehr als 7.500 Quadratkilometer groß. Um die Küste mit Hilfe von Chemikalien und Hochdruckreinigern wieder zu säubern und Tausende von toten Tieren einzusammeln und zu vernichten, stellte der Ölkonzern Exxon in den darauf folgenden Wochen elftausend Gelegenheitsarbeiter an. Drei Jahre dauerten diese Arbeiten und kosteten den Konzern zwei Milliarden US-Dollar. 1994 wurde

Exxon zudem zu einer Strafzahlung in Höhe von fünf Milliarden Dollar verurteilt, wogegen das Unternehmen allerdings Revision einlegte mit dem Ergebnis, dass nach jahrelangem Rechtsstreit im Jahr 2008 die Strafe schließlich auf zehn Prozent dieser Summe reduziert wurde; zwei Drittel davon wurden an die geschädigten Fischer ausgezahlt.[265] Nach Angaben von Greenpeace war die aufwändige Säuberungsaktion allerdings weitgehend wirkungslos. Denn noch heute sind die Langzeitschäden spürbar. Das Öl, das sich bei den kühlen Temperaturen Alaskas nur langsam abbaut, ist auch mehr als ein viertel Jahrhundert nach der Havarie noch in einigen Küstenabschnitten vorhanden. Seeotter, Seevögel und andere Tiere leiden noch immer unter den frei gesetzten Giftstoffen. In dem ökologisch sensiblen Gebiet des *Prinz-William-Sunds* regenerieren sie sich nur sehr langsam.[266]

Dass die Offshore-Ölförderung aber auch noch ganz andere Gefahren birgt, zeigte sich eindrucksvoll, als am 20. April 2010 die Ölplattform »*Deepwater Horizon*« im Golf von Mexiko explodierte. Elf Menschen wurden dabei in den Tod gerissen. Der Ölkonzern BP war in der Folge über Monate hinweg nicht in der Lage, das Bohrloch am Meeresgrund in tausendfünfhundert Metern Tiefe, aus dem unaufhörlich Öl strömte, zu schließen. Erst am 16. Juli, fast ein viertel Jahr nach dem Unglück, gelang dies endlich. Bis dahin waren aber bereits geschätzte achthundert Millionen Liter Rohöl ins Meer geflossen, was etwa der Ladung von zwei modernen Supertankern entspricht.[267]

Die Katastrophe zeigte der Weltöffentlichkeit deutlich, dass das Schließen eines Lecks in tiefem Wasser offenbar viel schwieriger ist als in flacherem. Und die hilflosen und teilweise haarsträubenden Versuche von BP, dies zu bewerkstelligen, offenbarten zudem, dass die vermeintlichen Fachleute bei der Förderung von Bodenschätzen aus großer Tiefe ungeheuer schlecht auf Probleme vorbereitet sind. Das sollte uns zumindest zu denken geben.

Und noch eine weitere Erkenntnis ließ sich aus der Katastrophe im Golf von Mexiko gewinnen: Dass nämlich Öl trotz seiner gegenüber Wasser deutlich geringeren Dichte eben doch nicht immer an die Oberfläche sprudelt. Zwar bildete sich auch dort ein dünner Film. Der größte Teil des Öls breitete sich jedoch wie eine Fahne in tieferem Wasser aus.[268]

Solch große, medienwirksame Desaster wie bei der Exxon Valdez oder der Deepwater Horizon rufen naturgemäß weltweit bestürzte Reaktionen und große Hilfsbereitschaft hervor. Und ihre Medienpräsenz prägt entscheidend das Bild, das wir von Umweltkatastrophen haben. Die Medienpräsenz ist einerseits gut, weil sie die Umweltprobleme wieder in das öffentliche Bewusstsein rückt, andererseits aber auch schlecht, weil sie die Wahrnehmung verzerrt. Aus solchen Ereignissen resultieren nämlich schätzungsweise nur etwa fünf Prozent des Öls, das insgesamt in die Ozeane gelangt. Etwa weitere zehn Prozent treten aus natürlichen Lecks am Meeresgrund aus. Der große Rest aber, etwa fünfundachtzig Prozent, stammt überwiegend vom Land: aus Kanälen, aus Abflüssen, aus Flussläufen. Öl, das irgendwo in das Grundwasser oder in die Kanalisation gelangt, das aus Lecks in Pipelines oder Tanklagern ausgelaufen ist. Eine schleichende Katastrophe also, die nirgendwo in der Presse erscheint, aber viel größere Ausmaße erreicht.

Die verzerrte Wahrnehmung übertüncht auch die Tatsache, dass Öl gar nicht einmal das Schlimmste ist, was wir den Meeren antun können. Denn *weil* Öl eben auch auf natürlichem Wege ins Wasser gelangen kann, gibt es Lebewesen, die in der Lage sind, es über einen längeren Zeitraum hinweg wieder abzubauen. Auch wenn die unmittelbaren Auswirkungen einer Ölpest für die maritime Biosphäre noch über Jahre hinweg gravierende Folgen haben kann, so ist es den Ozeanen somit dennoch möglich, sich in einigen Jahrzehnten davon zu erholen (was uns aber natürlich nicht dazu verleiten darf, die Ölverschmutzung der Meere zu verharmlosen!).[269] Schlimmer noch als Öl sind beispielsweise Chemikalien wie die hochgiftigen Schadstoffe DDT, PCB und Dioxine, die sich nur sehr langsam abbauen. Aber auch Düngemittel, die über Flüsse, in deren Nähe intensive Landwirtschaft betrieben wird, in die Ozeane gelangen, stellen eine Gefahr für die Meere dar. Denn vor den Flussmündungen und Deltas setzt in diesen Fällen häufig eine Algenblüte ein; es entstehen hier grüne Algenteppiche mit riesigen Ausmaßen von bis zu Zehntausenden von Quadratkilometern, so dass sie selbst vom Weltall aus zu sehen sind. Wenn die Algen und Planktonorganismen dann irgendwann absterben, entzieht ihre Zersetzung dem Wasser Sauerstoff. Das führt dazu, dass dort so genannte »*tote Zonen*« entstehen, in denen andere Meeresbewohner nicht überleben können. Diese dauerhaften oder jahreszeitlichen toten Zonen wurden mittlerweile an mehr als vierhundert Stellen in den Weltmeeren gezählt; ihre Gesamtfläche beträgt zeitweise eine viertel Million Quadratkilometer. Eine der größten von ihnen befindet sich vor der Mündung des Mississippi im Golf von Mexiko. Der Mississippi nimmt fast die Hälfte aller Wassermassen der zusammenhängenden Fläche der USA auf und befördert so jährlich fünfhundertachtzig Kubikkilometer Wasser ins Meer. Weil sich in seinem Einzugsgebiet aber die meisten landwirtschaftlichen Nutzflächen des Landes befinden, gelangen dabei auch erhebliche Mengen an Dünger mit in den Golf. Vor dem Mündungsdelta bildet sich auf diese Weise ein Algenteppich, der zeitweise das Leben auf einer Fläche so groß wie Hessen zerstört.

Tote Zonen bilden sich vor allem dort, wo es keine großen Strömungen gibt, das heißt in ruhigen Randmeeren wie der Ostsee, der Adria oder dem Schwarzen Meer. Oder sie bilden sich dort, wo den Flussläufen so viel Wasser entnommen wird, dass sie zu Rinnsalen verkommen und dann selbst nicht mehr genügend Kraft haben, um das nährstoffreiche Wasser vor ihren Mündungen wegzuschieben und zu verteilen. Das ist etwa bei Flüssen wie der Loire in Frankreich oder dem Po in Italien der Fall.

Die Kombination aus Nährstoffanreicherung, niedrigem Sauerstoffgehalt und Überfischung ist für die meisten Meereslebewesen mehr als ungünstig. Doch es gibt eine Tiergruppe, die davon profitiert: Quallen. Quallen, auch »*Medusen*« genannt und mit bis zu fünfundneunzig Prozent ihres Körpergewichts aus Wasser bestehend, vermehren sich schnell und wachsen auch schnell. Sie sind gefräßige Räuber. Sie ernähren sich von Zooplankton und teilweise auch von anderen Quallen. Wenn sie in großer Zahl auftreten, treten sie in Konkurrenz zu den Jungtieren von Fischarten wie Heringen und Sardinen und können auf diese Weise deren Bestand stark gefährden. Dort, wo durch Düngemittel viele Nährstoffe ins Meer gelangen, kommt es daher häufig auch zu Quallenplagen. Einige der verbreitetsten Arten, wie die *Leucht-* oder *Feuerqualle* (*Pelagia noctiluca*), besitzen Tentakeln, an denen Nesselkapseln sitzen, welche auch die menschliche Haut durchdringen können. Bei Berührung hinterlassen sie bei uns schmerzhafte Spuren. Für viele Fische sind diese Berührungen aber tödlich.

Wie widerstandsfähig Quallen sind, verdeutlicht alleine der Umstand, dass sie bereits seit über fünfhundert Millionen Jahren fast unverändert auf der Erde leben. Damit sind sie die vielleicht älteste und erfolgreichste Art überhaupt, noch älter als Haie (*Selachii*) oder Schaben (*Blattodea*). Es ist deshalb nicht gerade zu erwarten, dass ihre Zahl in den kommenden Jahren und Jahrhunderten abnimmt; das Gegenteil ist weit wahrscheinlicher.[270]

Neben Müll, Öl, Chemikalien und Nährstoffen, also den physisch vorhandenen oder chemisch nachweisbaren Schadstoffen im Meer gibt es aber noch einen weiteren, den man häufig vergisst, der für die maritimen Lebewesen aber nicht minder gefährlich ist: Lärm. Schallwellen werden heutzutage von Zehntausenden von Schiffen, von Offshore-Windparks, von Hafenanlagen, von Öl- und Gasplattformen in die Weiten der Unterwasserwelt gesendet. Auch starke niederfrequente militärische Sonare oder Unterwasser-Sprengungen, die unter anderem zur Rohstoffsuche durchgeführt werden, erzeugen hohe Lärmpegel. Im dichten Medium Wasser verbreiten sich Schallwellen wesentlich schneller als in der Luft. Deswegen sind Töne im Wasser über große Distanzen zu hören. Weil dagegen aber die Sicht im Wasser wesentlich schlechter ist – im besten Fall in klarem Wasser vielleicht fünfzig bis sechzig Meter, meist aber deutlich weniger – haben viele Meeresbewohner ein ausgezeichnetes Gehör. Sie nutzen es zur Orientierung und zur Partnersuche, was besonders auf Wale und Delfine zutrifft. Delfine jagen mit Hilfe der Echoortung, Wale verständigen sich durch tiefe Töne über hunderte von Kilometern hinweg. Durch den von uns Menschen erzeugten Lärm werden die Tiere gestört, geraten in Stress, verirren sich, landen am Strand oder finden keine Nahrung oder keinen Partner mehr.[271] Immer wieder kommt es so vor, dass teilweise hunderte von Walen an der Küste stranden und verenden, wie beispielsweise im Februar 2017 in Neuseeland, als auch mehrere hundert Helfer es nicht schafften, die Tiere wieder ins tiefere Wasser zu schieben. Über vierhundert Grindwale starben, nur etwa fünfzig konnten gerettet werden.[272] Nach einer Studie des Umweltbundesamtes können die Schallsignale, die von zur Bodenerkundung am Meeresgrund eingesetzten Gerätschaften ausgehen, bis zu zweitausend Kilometer weit reichen. Das erklärt, warum die Verständigung von Blau- und Finnwalen teilweise bis in die Antarktis hinein erheblich gestört wird.[273]

Korallenriffe – bedrohte Schönheiten

Wer einmal in einem intakten tropischen Korallenriff getaucht oder geschnorchelt hat, wird fasziniert gewesen sein von dieser unglaublich bunten und formenreichen Wunderwelt, die sich vor dem Auge ausbreitet. Entsprechend fantastisch klingen selbst die Namen der hier lebenden Tiere: Die Riffe sind die Heimat von Schwärmen bunter Falterfische und Fahnenbarsche, von Doktor- und Rotfeuerfischen, von Riffbarschen, zu denen auch der als *Nemo* bekannt gewordene Anemonenfisch zählt, von Feilenfischen, Papageien- und Kaiserfischen sowie von bis zu drei Meter langen Riffhaien. Tropische Korallenriffe sind neben den Tropischen Regenwäldern die artenreichsten Ökosysteme der Welt. Die Zahl der hier lebenden Spezies wird auf mehrere Millionen geschätzt. Gleichzeitig sind die Riffe aber auch wichtig für die sich hinter ihnen befindlichen Küstenzonen, denen sie als natürliche Wellenbrecher dienen.

Den Hauptanteil an der Entstehung von Korallenriffen haben *Steinkorallen*. Sie bestehen aus Kolonien tausender kleiner Polypen, also kleiner, *sessiler* (»festsitzender«) Nesseltiere. Da sie, wie der Name sagt, »festsitzen« und sich nicht von der Stelle bewegen, hielt man sie lange Zeit für Pflanzen, doch es sind tatsächlich Tiere, nämlich so genannte »*Hohltiere*«, die im Wesentlichen aus einem Sack bestehen, der sich zusammenziehen und wieder öffnen kann. Am oberen Rand dieses Sacks befindet sich die Mundöffnung, die von einem Tentakelring umgeben ist. Die Tiere fischen Plankton und kleine Krebse aus dem Wasser, verdauen die Nahrung und scheiden an ihrem Fuß Kalk aus. Durch diese Kalkausscheidung entsteht im Laufe Tausender von Jahren das Gerüst der riesigen Korallenriffe. Teilweise können diese Riffe sogar mehrere *hundert*tausend Jahre alt sein. Das *Great Barrier Reef* etwa, das größte Korallenriff der Erde vor der Nordostküste Australiens, hat auf diese Weise eine Länge von über zweitausend Kilometern bei einer Breite von bis zu hundertvierzig Kilometern und einer Höhe von bis zu einhundertzwanzig Metern erreicht. Es gehört – wie der Name bereits sagt – zu den so genannten »*Barriereriffen*«, die sich parallel zu einer Küste, aber in einigem Abstand von ihr, aus dem Meeresboden erheben. Liegt das Riff näher an der Küste in seichtem Wasser, nennt man es »*Saumriff*«. Bilden sie einen Ring aus Inseln um eine seichte Lagune, ist es ein »*Atoll*«. Von ihnen gibt es hunderte im südlichen Pazifik. Atolle entstehen – wie *Charles Darwin* (1809 bis 1882) bei seinem Besuch auf den *Cocos-Inseln* erstmals erkannte – aus Vulkaninseln, um die sich einstmals Saumriffe gebildet hatten. Versinkt der Vulkankegel durch Erosion oder durch das

Absinken des Meeresbodens langsam im Meer, wächst das Riff immer weiter nach oben, Richtung Wasseroberfläche, da die Polypen nur dort genügend Sonnenlicht, welches sie zum Überleben benötigen, erhalten. Ist der Vulkan schließlich vollständig im Meer versunken, bleibt nur noch ein Inselring aus Korallen zurück. Aus ihm brechen die außen aufschlagenden Wellen Stücke heraus, die sich im Innern des Rings sammeln, wodurch sich bald eine flache Lagune herausbildet. Außen aber, an der offenen Seite zum Meer hin, fallen die Riffe meist steil ab, manchmal tausende von Metern tief. Das Atoll »*bildet also*«, so Darwin, »*einen hohen Unterwasserberg, dessen Seiten noch steiler sind als der abrupteste Vulkankegel*«. Auch die Entstehung des Great Barrier Reef lässt sich damit erklären: Es steht auf versunkenen Gebirgsketten.[274]

Das Besondere an den Steinkorallen ist, dass sie sich einen kongenialen Partner suchen und erst mit seiner Hilfe zur Höchstform auflaufen. Der Polyp, der je nach Art eine Größe von einem Millimeter bis hin zu zwanzig Zentimetern erreichen kann, geht nämlich eine Symbiose, also eine für beide Seiten nutzbringende Partnerschaft ein mit winzigen, einzelligen Algen, den so genannten »*Zooxanthellen*«. Diese nisten sich im Sack des Polypen ein, indem sie sich innen an der Außenwand festsetzen. Die Partnerschaft hat für beide Seiten Vorteile: Der Polyp bietet der Alge als Wirt einen Unterschlupf und schützt sie dadurch vor Fressfeinden. Im Gegenzug kassiert er »Miete«: Die Zooxanthelle betreibt nämlich Photosynthese, indem sie aus Sonnenlicht, Wasser und Kohlendioxid Nährstoffe wie Zucker und Stärke produziert, die sie an den Polypen weitergibt. Erst durch diese zusätzlichen Nährstoffe kann der Polyp seine Kalkbildung anregen. Die Alge selbst vermehrt sich durch Zellteilung.[275]

Da die Zooxanthellen für die Photosynthese Licht benötigen, gibt es sie nur in den Flachwasserzonen der Ozeane, die höchstens ein paar hundert Meter tief sind. Zudem muss das Wasser klar sein, einen ausreichenden Salzgehalt haben und die Temperatur bei mindestens zwanzig Grad Celsius liegen.

Wie verletzlich Korallenriffe sind, zeigte sich erstmals, als in den 1960er Jahren am Great Barrier Reef der Dornenkronen-Seestern *(Acanthaster planci)* massenhaft auftrat. Das im Durchmesser bis zu vierzig Zentimeter große Tier weidete über Quadratkilometer hinweg lebende Korallen ab und ließ nur die toten Kalkskelette zurück. Der Mensch versucht ihn seither zu bekämpfen, um die Korallen zu schützen.

Aber es gibt eine weitere Gefahr für die Riffe, nämlich die so genannte »*Korallenbleiche*«, die nicht nur am Great Barrier Reef, sondern auch an zahlreichen anderen Korallenriffen der Welt, etwa auf Hawaii, den Fidschi-Inseln, den Malediven, den Bahamas und auf Jamaica, aufgetreten ist. Bei der Korallenbleiche stoßen die Korallenpolypen infolge von Stress ihre Zooxanthellen ab, woraufhin das zurückbleibende Korallenskelett weiß erscheint. Sie tun das wahrscheinlich, weil die Algen Giftstoffe absondern, wenn die Temperatur zu hoch wird. Normalerweise vertragen sie nur Temperaturen zwischen zwanzig und dreißig Grad Celsius; die einzelnen Arten haben aber teilweise einen noch viel kleineren Toleranzbereich, in denen sie optimal wachsen. Liegt die Temperatur nur ein paar Grad darüber, beginnt die Ausscheidung der Algen. Sind die Algen aber erst einmal verschwunden, dauert es Wochen, bis sie den Polypen wieder neu besiedelt haben. Für einige der Polypen ist es dann allerdings zu spät; sie sterben ab, weil sie den Nährstoffmangel auf Dauer nicht verkraften.[276]

Die Korallenbleiche ist mittlerweile zu einem weit verbreiteten Phänomen geworden. Sie bedroht weite Teile der globalen Rifflandschaft. Die erste große Bleiche, die weltweit auftrat, wurde im Jahr 1998 festgestellt. Sie betraf circa sechzehn Prozent sämtlicher Riffe der Ozeane. Ausgelöst wurde sie durch das alle paar Jahre im Südpazifik auftretende Wetterphänomen *El Niño* (spanisch für »der Junge, das Kind«, konkret für »Christuskind«), das in diesem Jahr besonders stark ausgeprägt war. El Niño hat mit den klimatischen Verhältnissen im Südpazifik zu tun. Dort schiebt der Südost-Passat das äquatornahe warme Oberflächenwasser nämlich normalerweise nach Westen vor die australische und neuguineische Küste, wo es sich staut. Im Osten hingegen, vor der peruanischen Küste, gelangt durch Upwelling das kalte Tiefenwasser des Humboldtstroms an die Oberfläche. Dadurch kommt es zu einer Luftzirkulation: Während das warme, aufgestaute Wasser im Westen die Luftmassen dort aufsteigen lässt (Tiefdruckgebiet), sinken sie im Osten, über dem kühlen Wasser des Humboldtstromes, ab (Hochdruckgebiet). Die Luft strömt also an der Wasseroberfläche nach Westen, steigt dort auf, weht wieder zurück nach Osten und sinkt dort wieder ab. Die so entstandene Zirkulation heißt »*Walker-Zirkulation*« oder »*Walker-Zelle*«, benannt nach dem englischen Meteorologen *Sir Gilbert Walker* (1868 bis 1958), der sie in den 1920er Jahren entdeckte. Da die Walker-Zirkulation in der Nähe des Äquators und parallel zu ihm stattfindet, zeigt die Corioliskraft auf sie keine Wirkung; die Luftströmungen werden daher nicht nach Norden und Süden abgelenkt. Östlich und westlich von ihr bilden sich ebenfalls Zirkulationszellen, die der Walker-Zelle aber entgegengerichtet sind.

El Niño tritt dann in Erscheinung, wenn der Passatwind um die Weihnachtszeit (daher auch der Name) – also im südlichen Hochsommer – einmal besonders schwach weht. Dann kann es nämlich passieren, dass der Auftrieb des kalten Tiefenwassers vor der peruanischen Küste abreißt und sich das Wasser dort ungewöhnlich stark aufheizt, während auf der anderen Seite des Ozeans, vor der australischen Küste, die Wassertemperatur wegen des nicht mehr nachströmenden warmen Wassers sinkt. Dadurch entsteht das Tiefdruckgebiet nun nicht mehr im Westen, wie üblich, sondern im Osten und umgekehrt das Hochdruckgebiet nicht mehr wie üblich im Osten, sondern im Westen – die Walker-Zirkulation dreht sich also um! Über ganze drei Monate lang, bis zum Herbst, schiebt der Wind nun warmes Wasser in Richtung Osten anstatt in Richtung Westen und verändert damit das Klima des halben Globus. Die Galapagos-Inseln und der Westen Südamerikas bekommen besonders starke Regenfälle ab, während das Amazonas-Becken sehr trocken bleibt; auch in Ostafrika regnet es mehr, während Südafrika trockener wird. Und diese Wetteranomalien können natürlich nicht ohne Wirkung auf Flora und Fauna bleiben. Zwar ist El Niño ein natürliches Phänomen, aber im Zusammenspiel mit dem durch den Klimawandel verursachten globalen Temperaturanstieg verändert es sich, wird stärker und vielleicht auch häufiger ausgelöst.

Insbesondere für unsere Korallen hat das gefährliche Folgen. Nachdem 2002 bereits Korallenbleichen das Great Barrier Reef und drei Jahre später die Riffe der Karibik geschädigt hatten, kam es im Jahr 2010, als wieder ein El Niño-Ereignis stattfand, erneut zu einer globalen Bleiche. Die dritte, vorläufig letzte, dafür aber auch größte und langwierigste ihrer Art, begann im Oktober 2014 und erreichte im Sommer 2016 – wiederum ein El Niño-Jahr – ihren Höhepunkt. Dabei starben sechzig Prozent der Korallenkolonien vor den Malediven und auch das Great Barrier Reef war stark betroffen, vor allem der Norden, wo die Wassertemperaturen auf bis zu dreiunddreißig Grad angestiegen waren. Folge ist, dass dort mittlerweile einige Teilriffe bis zu fünfundneunzig Prozent erbleicht sind. Laut einer australischen Studie hat das Great Barrier Reef in nur siebenundzwanzig Jahren fast die Hälfte seiner Korallen verloren. Schuld sind neben der Korallenbleiche und dem Dornenkronen-Seestern auch Tropische Wirbelstürme, die ihr Unwesen treiben. Gehe es so weiter, so die Studie, würden bis zum Jahr 2022 weitere zehn Prozent der Korallen verschwinden.[277]

Neben den Steinkorallen in den tropischen Regionen gibt es aber auch solche, die mit kühleren Temperaturen zurechtkommen, nämlich die so genannten »*Tiefsee-*« oder »*Kaltwasserkorallen*«. Im Gegensatz zu ihren tropischen Verwandten bilden sie keine Riffe. Ausnahme von dieser Regel ist lediglich die Gattung *Lophelia*. Sie findet sich an den Rändern der Kontinentalplatten in den Schelfmeeren, wie zum Beispiel im Nordatlantik und im Mittelmeer. Zu ihnen zählt das im Jahr 2003 unter Schutz gestellte *Røst-Riff* vor der norwegischen Küste, das mit einer Fläche von hundertdreißig Quadratkilometern größer ist als Manhattan; sein Alter wird auf mehr als 8.500 Jahre geschätzt.

Auch die Tiefseekorallen bieten unzähligen Meeresbewohnern ein Zuhause; über ihnen sammeln sich oft riesige Fischschwärme. Doch wo Fische sind, sind die Fischer meist nicht weit. Die kennen das Phänomen natürlich und nutzen es für ihre Zwecke. Setzen sie, was häufig der Fall ist, bei ihren Fangaktivitäten Grundschleppnetze ein, wie wir sie weiter oben bereits kennengelernt haben, dann zerstören die tonnenschweren Ketten, mit denen die Netze versehen sind, durch ihre mechanische Einwirkung auf die zarten Kalkgerippe das, was zuvor in Tausenden von Jahren entstanden ist. Nicht nur die Korallen selbst, auch der gesamte Lebensraum Riff, von dem das empfindliche Ökosystem abhängig ist, wird auf diese Weise unwiederbringlich zerstört.[278]

Doch auch durch andere Aktivitäten des Menschen sind Korallenriffe gefährdet. Gelangt beispielsweise zu viel Dünger ins Meer, wachsen jede Menge Algen und andere Unterwasserpflanzen, die die Korallen allmählich überwuchern. Dadurch fehlt den Zooxanthellen das lebensnotwendige Licht und sie beginnen abzusterben – und die Korallen mit ihnen. Ähnliches geschieht, wenn durch Baumaßnahmen, Ölbohrungen oder Unterwasser-Bergbau Schlamm ins Meer gerät; dann wird das Wasser trüb und lässt ebenfalls weniger Licht hindurch. Und selbst die zahlreichen Touristen und Taucher, die sich an der Schönheit der Korallenriffe erfreuen wollen, werden zur Gefahr für sie, wenn an einem einzigen Tag gleich siebenundsechzig Ausflugsschiffe ihre Anker werfen, wenn die Ausflügler Müll ins Wasser werfen, wenn die Schiffsmotoren Öl verlieren oder wenn die von ihrem Wagemut überwältigten und erschöpften Taucher sich zwischen ihren Tauchgängen zum Ausruhen auf die Korallen stellen und dabei Teile des Riffs abbrechen.[279]

Im Übrigen sind auch Korallenriffe nicht vor Erosion gefeit. Sie wachsen nur dann, wenn ihre Kalkablagerung schneller vonstatten geht, als sie die Erosion wieder auffrisst. Viele Südseeinseln existieren nur deswegen, weil die Korallen den Kampf gegen die Erosion gewonnen haben. Gesunde Korallenriffe fungieren damit wie Wellenbrecher, die sich selbst reparieren. Auf diese Weise sind sie wirksamer als alles, was der Mensch erschaffen könnte. Wenn der Meeresspiegel nun aber ansteigt und gleichzeitig die Korallenriffe sterben, dann bedeutet das für viele Inselstaaten eine dunkle Zukunft. Einige von ihnen haben bereits Vorsorge getroffen. So hat Tuvalu mit Neuseeland ein Abkommen geschlossen, dass seine Einwohner dorthin umsiedeln dürfen, falls der Inselstaat den ungleichen Kampf gegen den Meeresspiegelanstieg verlieren sollte.[280]

Die Versauerung der Meere

Doch den Korallenriffen droht auch noch von anderer Seite Ungemach. Das hat mit der bereits erwähnten Fähigkeit der Meere zu tun, Gase aufnehmen zu können. Wir haben gesehen, dass dann, wenn der Kohlendioxidgehalt in der Atmosphäre steigt, die Ozeane ebenfalls Kohlendioxid aufnehmen, weswegen die Kohlendioxid-Konzentration im Meerwasser steigt. Der überwiegende Teil der aufgenommenen CO_2-Moleküle löst sich einfach im Wasser, doch ein geringer Teil (etwa 0,2 Prozent) reagiert auch mit dem Wasser (H_2O) zu Kohlensäure (H_2CO_3) – erfahrenen Sprudelwassertrinkern mag dieses Phänomen nicht ganz unbekannt sein. Bei dieser (mehrstufigen) Reaktion zwischen Kohlendioxid und Wasser werden Protonen freigesetzt, die dafür sorgen, dass der pH-Wert des Wassers sinkt; das Meer wird saurer. Demzufolge wird dieser Vorgang auch »*Versauerung*« des Meeres genannt. Er ist deutlich messbar: Heute liegt der pH-Wert des Meerwassers bei einem Wert von etwa 8,05; Meerwasser ist also leicht basisch. Dagegen konnte nachwiesen werden, dass der

Wert in vorindustrieller Zeit noch bei etwa 8,16 gelegen haben muss, das heißt, er ist seitdem – parallel zum Anstieg des Kohlendioxids in der Atmosphäre – um einen Wert von etwas über 0,1 gefallen. Das klingt zwar zunächst nicht sonderlich beeindruckend, entspricht aber wegen des logarithmischen Charakters des pH-Wertes tatsächlich einer Versauerung um etwa dreißig Prozent! Und das kann nicht ohne Einfluss auf die Ökosysteme bleiben.

Besonders schädlich ist die Versauerung für diejenigen Lebewesen, die Kalk bilden, also ein Kalkskelett, eine Kalkschale oder einen Kalkpanzer besitzen. Dazu gehören Muscheln und Schnecken genauso wie Seesterne und Seeigel, Langusten, Garnelen und Hummer, aber natürlich auch die Korallen sowie zahlreiche Planktonarten, insbesondere die – der Name macht es bereits deutlich – *Kalkalgen* (*Haptophyta*). All diese Lebewesen, denen gemeinsam ist, dass sie gelöste Carbonatmineralien aus dem Wasser aufnehmen und es als Calciumcarbonat wieder ausscheiden beziehungsweise es für ihren Skelett- oder Schalenaufbau benötigen, müssen, wenn der pH-Wert im Wasser sinkt, mehr Energie aufwenden, damit ihnen das gelingt. Im Ergebnis werden ihre Kalkstrukturen weniger robust: Korallen werden geschwächt, Skelette bruchanfälliger, Panzer dünner und weicher. Entweder ist das Wachstum der Tiere dann gehemmt und/oder sie können sich vor ihren Fressfeinden nicht mehr so gut schützen. Das gilt insbesondere auch für viele Planktonarten, die ja die Grundpfeiler der maritimen Nahrungsketten sind.[281] Auch für die Korallenriffe, die durch die Korallenbleiche ohnehin bereits geschädigt sind, wird die Meeresversauerung zur zusätzlichen Gefahr. So hat man am Great Barrier Reef nachgewiesen, dass die Korallenskelette in den letzten fünfundzwanzig Jahren deutlich schwächer geworden sind; ihr Carbonat-Anteil ging um vierzehn Prozent zurück. Erkennen kann man das, weil Korallen ganz ähnlich wie Bäume Wachstumsringe anlegen. Und man konnte auch erkennen, dass die Ringzuwächse seit mindestens vierhundert Jahren nicht mehr so schwach waren wie heute. Versuche deuten darauf hin, dass die Korallen in unseren Tagen nur noch halb so viel Carbonat ablagern wie in vorindustrieller Zeit. Man nennt diese Skelett-Schwächung der Riffkorallen auch »*Riff-Osteoporose*«.[282]

Aber auch anderswo in den Meeren hat die Versauerung weitreichende Folgen. So gibt es in den Polarmeeren, die für ihre Produktivität bekannt sind und wo sich das Carbonat nur in Tiefen von wenigen hundert Metern löst, Unmengen von winzigen Plankton-Schnecken, so genannte »*Pteropoden*«, zu Deutsch »*Flügelfüßer*«. Diese Tiere, die nur wenige Millimeter lang sind, können in solch großen Mengen auftreten, dass in einem einzigen Kubikmeter Wasser bis zu zehntausend von ihnen Platz finden. Sie dienen Walen und vielen Fischarten als Hauptnahrungsquelle; die Tiere legen teilweise Tausende von Kilometer zurück, um zu ihnen zu gelangen. Erreicht der Säuregehalt des Wassers nun aber einen bestimmten Wert, dann löst sich das Gehäuse der Pteropoden auf und sie können nicht überleben – mit den entsprechenden Auswirkungen auf ihre dann noch hungrigeren Fressfeinde.[283]

Allerdings hat man auch genau gegenläufige Entwicklungen beobachtet, so zum Beispiel bei der winzigen Kalkalge *Emiliana huxleyi*. Sie ist zwar winzig, aber dafür so häufig, dass sie möglicherweise alleine die Hälfte der Masse sämtlicher maritimen Kalkorganismen bildet. *Emiliana huxleyi* ist damit vielleicht *die* Schlüsselspezies im Meer. Alleine diese eine Art produziert ein Drittel des gesamten Calciumcarbonats in den Ozeanen. Und ihr scheint – im Gegensatz zu vielen anderen Lebewesen – das saurer gewordene Wasser nichts auszumachen. Im Gegenteil: Im Labor konnte man nachweisen, dass sie in mit CO_2 angereichertem Wasser wesentlich kräftigere Schalen bilden konnte als vorher. Und auch andere Algenarten wachsen unter diesen Bedingungen besser. Die Schalen einiger Kalkalgenarten sind während der zunehmenden Meeresversauerung in den letzten zweihundert Jahren sogar um bis zu vierzig Prozent größer geworden.[284]

Also alles doch nicht ganz so schlimm? Schwer zu sagen. Das Problem ist, dass wir über die Mechanismen in den Ozeanen noch viel zu wenig wissen. Einigen Arten, wie den Korallen, wird es schlechter gehen, anderen dagegen, wie *emiliana huxleyi*, besser. Arten, die erheblich mehr Energie aufwenden müssen, um Überleben zu können, werden ins Hintertreffen geraten gegenüber denjenigen, die das leichter wegstecken. Die Gleichgewichte werden sich in der Folge verschieben, das Ökosystem Meer sich verändern, es wird sich anpassen. Es wird überleben, so viel ist sicher, aber es wird anders sein als zuvor. Wie genau, wissen wir nicht, wir können es bestenfalls vermuten.

Fakt ist nur: Lassen wir den Kohlendioxidgehalt in der Atmosphäre weiter ansteigen, dann wird sich auch der pH-Wert der Meere weiter verändern. Prognosen sprechen von einer Zunahme bis zum Jahr 2050 um hundertfünfzig Prozent. Das wäre der höchste Anstieg seit dem Aussterben der Dinosaurier vor fünfundsechzig Millionen Jahren. Viele Arten werden einen solchen Anstieg in dem erdgeschichtlichen Wimpernschlag von wenigen Jahrzehnten nicht überleben. Als beim Paläozän/Eozän-Temperaturmaximum vor fünfundfünfzig Millionen Jahren die Versauerung der Meere einen Spitzenwert erreichte, waren die Auswirkungen auf die Meeresbewohner wohl relativ harmlos. Es gab zwar einige Arten, die ausstarben, aber insgesamt erholten sich die Ozeane offenbar recht schnell wieder davon.[285]

Aber ob das heute bei einem gegenüber damals ungleich plötzlicheren Anstieg des Säuregehalts im Meer ebenfalls der Fall sein würde, das ist die große Unbekannte, zumal die übrige Belastung aus Überfischung, Verschmutzung und Vergiftung eine Hypothek darstellt, die das System bereits erheblich geschwächt hat. Wir sollten deshalb alles dafür tun, den Großversuch in Gestalt des ungebremsten Kohlendioxidausstoßes, der diese Unbekannte vielleicht ans Tageslicht bringen würde, abzubrechen oder zumindest ganz erheblich herunterzufahren. Denn eine Return-Taste wie in der virtuellen Welt gibt es in der realen leider nicht.

Meeresschutzgebiete – Hoffnung für die Meere?

Gibt es also für die Weltmeere angesichts der bisher beschriebenen und geradezu apokalyptischen Zustände überhaupt noch Hoffnung? Können wir sie noch retten? Oder ist es bereits zu spät? Und selbst wenn es uns gelingen sollte, sie zu schützen, geht das dann zu Lasten unserer Ernährungsgrundlage? Müssen wir dann auf Fisch und andere Produkte aus dem Meer verzichten?

Die einigermaßen überraschende Antwort lautet: Ja, es gibt noch Hoffnung. Und: Nein, auf den Fisch müssen wir *nicht* unbedingt verzichten. Allerdings – und das dürfte auf den letzten Seiten hinreichend deutlich geworden sein – müssen wir für den Schutz der Meere auch etwas tun, wir müssen *jetzt* die richtigen Weichen stellen. Denn wenn wir sie weiterhin unnachgiebig schädigen und ausbeuten, dann wird das zwangläufig Folgen für den gesamten Planeten haben – und auch für uns selbst.

Wie wir bereits gesehen haben, haben sich die Fischfanggebiete in den letzten hundertfünfzig Jahren von einem schmalen Streifen entlang der Küsten auf weite Teile der Ozeane bis hinein in die Tiefsee ausgebreitet. Damals waren die unberührten Regionen der Ozeane ungefähr hundertmal so groß wie die befischten Gebiete; heute ist es genau umgekehrt. Rückzugsgebiete gibt es für die Meeresbewohner daher kaum noch. Folge davon ist, dass die meisten Arten so überfischt sind, dass ihre Bestände zurückgehen. Auch haben wir bereits gehört, dass damit eine evolutionäre Veränderung einherging: Das Herausfischen vorwiegend der alten und hochproduktiven Weibchen führte dazu, dass die Fische heute kleiner werden und früher die Geschlechtsreife erreichen als früher.

Daraus ergibt sich jedoch nicht nur für die Fische, sondern auch für die Fischereiindustrie ein Dilemma: Weitet sie nämlich ihren Fang aus, dann wird das dazu führen, dass die Erträge noch weiter zurückgehen. Sie hat keine Chance, unter den gegenwärtigen Bedingungen ihre »Produktion« zu steigern. Der Kuchen ist also nicht nur bereits verteilt, sodass jedes größere Stück für den einen sofort zu Lasten der anderen ginge. Nein, man könnte sogar sagen, dass immer dann, wenn sich einer ein größeres Stück nimmt, ein Teil des Kuchens zu Boden fällt und somit *insgesamt* weniger für alle übrig bleibt, der Kuchen also gewissermaßen kleiner wird.

Das hat zwangsläufig eine Kannibalisierung in der Branche zur Folge. Die großen Fischereikonzerne werden immer größer und setzen immer effektivere Methoden ein, während für die kleinen Fischer nicht mehr viel übrig bleibt und sie nach und nach verschwinden. Gleichzeitig sorgen die industrialisierten Fangmethoden der Großen dafür, dass die Bestände und damit auch die Gesamterträge immer weiter zurückgehen. Im Ergebnis also für beide Seiten – Fische wie Fischer – gleichermaßen fatal. Doch was tun?

Das Mittel der Wahl, um diesen gordischen Knoten zu lösen, sind Meeresschutzgebiete (»*Marine Protected Areas*« – MPA). Meeresschutzgebiete, sofern sie in ausreichender Zahl und Größe eingerichtet werden, sorgen dafür, dass für die Meeresbewohner Rückzugsgebiete entstehen, in denen auch die Weibchen wieder das hohe Alter, in dem sie viele Nachkommen in die Welt setzen, erreichen können. Auf diese Weise werden die Schutzgebiete nicht nur zu Rückzugs-, sondern auch zu Paarungsregionen und zu Kinderstuben. Junge Fische können hier das Licht der Welt erblicken, ungestört heranwachsen und, wenn sie größer und widerstandsfähiger sind, auch die Schutzgebiete verlassen. Meeresschutzgebiete leisten daher nicht nur einen wertvoller Beitrag, um die Arten und damit die Biodiversität insgesamt zu schützen und zu erhalten, sondern sie fungieren gleichzeitig auch als die »Produktionsstätten« der Fischereiindustrie! Eine »klassische Win-win-Situation« also, wie sie ein Betriebswirtschaftler nennen würde: Sie bietet für alle Seiten Vorteile!

Auf einen Aspekt sei in diesem Zusammenhang aber noch hingewiesen: Es gibt nämlich einen entscheidenden Unterschied zwischen Land und Meer, den wir bisher noch nicht erwähnt haben. Während an Land die Erträge immer *höher* werden, je mehr die wilde Natur *zurückgedrängt* wird, ist das im Meer anders. Von dort werden wir in Zukunft nur dann weiter ausreichend Nahrung beschaffen können, wenn wir der wilden Natur einen hinreichenden *Freiraum* lassen. Denn sicher ist: Sind die Schutzgebiete erst einmal eingerichtet, dann werden sie sich – sofern sie überwacht werden und ihre Existenz nicht sabotiert wird – innerhalb weniger Jahre wieder mit Leben füllen. Die Ökosysteme werden sich wieder erholen. Und das ist auch gut für die Fischereiindustrie. Ihre Erträge werden definitiv steigen, auch wenn das derzeit viele von ihnen nicht glauben mögen und vehement bestreiten. Die Sorgen der Fischer, Meeresschutzgebiete entzögen ihnen ihre Geschäftsgrundlage, sind unbegründet. Man muss sie nur von der Wahrheit dieser Aussage überzeugen.

Als Argumentationshilfe kann dabei die Tatsache dienen, dass die Fischer heute häufig unter großen Schwankungen der Fischbestände zu leiden haben. Es gibt gute Jahre, in denen die Beute zahlreich ist, und es gibt schlechte Jahre, in denen die Fischer um ihr Überleben kämpfen. In den schlechten Jahren werden die Fischer in der Regel versuchen, den Fang auszuweiten, um ihre Einkommensverluste auszugleichen. Das jedoch bewirkt meist das genaue Gegenteil des Beabsichtigten: Die Bestände gehen *noch* weiter zurück und führen zu *noch* größeren Einkommensverlusten. Für die Fischer ist das ein Teufelskreis.

Werden nun aber Meeresschutzgebiete eingerichtet, dann helfen sie, diese gefährlichen Schwankungen auszugleichen, indem sie für einen beständigen Nachschub an Fisch sorgen. Selbst eine Ausweitung des Fangs wird dann nicht sofort zu einer weiteren Reduzierung der Erträge führen, da die Schutzgebiete die »Produktion« aufrechterhalten. Auf diese Weise wird der Fischfang – und zwar trotz reduzierter Fangfläche – nicht nur wieder ergiebiger, sondern auch krisensicherer werden. Ein Schaden für die Fischereiindustrie durch Schutzgebiete ist daher nicht zu erwarten. Vielmehr ist genau das Gegenteil der Fall, wie ein Beispiel aus Dänemark zeigt.

Dort lassen sich nämlich zwei Meeresgebiete miteinander vergleichen, die völlig verschiedene Entwicklungen genommen haben. Das eine ist der *Öresund*, das andere das *Kattegat* (niederländisch – nicht dänisch – für »Katzenloch«). Der Öresund liegt zwischen der dänischen Insel Seeland mit der Hauptstadt Kopenhagen im Westen und der schwedischen Provinz Schonen mit der Stadt Malmö im Osten. Über ihn führt die im Jahr 2000 eröffnete sechzehn Kilometer lange Öresundverbindung, die aus einem vier Kilometer langen Tunnel, einer künstlichen Insel und der 7.845 Meter langen Öresundbrücke besteht. Als Landenge ist der Öresund eine wichtige Verbindung zwischen der Nord- und der Ostsee und damit ein bedeutender Schifffahrtsweg. Aus diesem Grund ist der Fischfang hier bereits seit den 1930er Jahren nur eingeschränkt möglich – ähnlich wie in einem Schutzgebiet.

Als Kattegat bezeichnet man dagegen das mit 22.000 Quadratkilometern zehn Mal größere Gebiet weiter nördlich, das sich zwischen der Küste Jütlands – dem dänischen Festland – im Westen und der schwedischen Küste im Osten erstreckt. Obwohl es im Durchschnitt nur achtzig Meter tief ist, gilt es unter Seeleuten als äußerst schwierig zu befahren. Trotzdem wird hier seit Jahrzehnten intensiver Fischfang mit Grundschleppnetzen betrieben.

Vergleicht man nun die Fangquoten beider Regionen miteinander, so zeigt sich Erstaunliches. Während nämlich im großen Kattegat vor fünfunddreißig Jahren noch fünfzehn- bis zwanzigtausend Tonnen Kabeljau pro Jahr gefangen wurden, sind es heute nicht einmal mehr fünfhundert Tonnen. Die Fangmenge ist also infolge der Ausbeutung auf nur noch gut *drei* (!) Prozent der ursprünglichen Menge zurückgegangen! Im viel kleineren Öresund dagegen, wo der Fischfang deutlich eingeschränkt war, *stieg* der Ertrag im selben Zeitraum von 2.000 auf 2.140 Tonnen! Das bedeutet also, dass der Öresund, an dessen Küsten immerhin vier

Millionen Menschen leben, heute *vier* Mal mehr Kabeljau als der zehnmal so große Kattegat liefert. Setzt man das ins Verhältnis zur Fläche, heißt das, dass der Öresund sogar eine *vierzigmal* (!) höhere Kabeljaudichte aufweist als das Kattegat! Noch in den 1970er Jahren hatte es dagegen keinen Unterschied zwischen den beiden Regionen gegeben; damals war das Verhältnis von Ertrag zu Fläche hier wie dort annähernd dasselbe.

Da diese Zahlen so unglaubwürdig klingen, wollte man ihnen zunächst nicht trauen. Es wurden daher Forschungsfänge durchgeführt, um sie zu überprüfen. Doch sie brachten tatsächlich dieselben Ergebnisse! Doch wie konnte das sein? Da es offenbar keine Ursache gab, die zu einem Fischsterben oder ähnlichem geführt hätte, kam als einzige Erklärung die unterschiedlich intensive Bewirtschaftung infrage. Durch die Einschränkung des Fischfangs können sich offenbar innerhalb nur weniger Jahre stark ausgebeutete Arten auf ihre fünf-, zehn- oder gar zwanzigfache Zahl vermehren. Und das Dänemark-Beispiel ist kein Einzelfall. Auch in anderen Weltgegenden wurden solche Steigerungsraten festgestellt. Das zeigt, dass Meeresschutzgebiete, in denen die Ausbeutung und übermäßige Nutzung verboten werden, ein sehr wirksames Mittel sind, damit sich das Leben im Meer erholen kann. Der Öresund zeigt, dass das selbst für wanderfreudige Fischarten wie den Kabeljau gilt. Wie Studien über deren Wanderbewegungen ergeben haben, halten sie sich nämlich oft monatelang in bestimmten Gegenden auf und sind insgesamt deutlich sesshafter als angenommen.[286]

Allerdings dürfen wir nicht vergessen, dass die Meere auch durch Kunststoffmüll und andere Schadstoffe belastet sind, die vor den Grenzen der Schutzgebiete keinen Halt machen. Auch der Meeresspiegel- und Temperaturanstieg infolge des Klimawandels und die Versauerung der Meere kennen kein »geschützt« und »ungeschützt«. Die hierfür ursächlichen Probleme können auch Meeresschutzgebiete nicht lösen, das muss uns bewusst sein. Aber Schutzgebiete können helfen, die Meeresbewohner im Kampf gegen die anderen Belastungen, denen sie ausgesetzt sind, zu stärken. Denn sind mehr Tiere einer Art vorhanden und werden sie größer und widerstandsfähiger, dann fällt es ihnen auch leichter, auf Umweltbelastungen zu reagieren. Die Wahrscheinlichkeit, dass sie überleben, ist damit deutlich größer.

Schutzgebiete sind also prinzipiell sinnvoll. Allerdings beantwortet das noch nicht die Frage, *wie viel* Schutz nötig ist. Wobei das »*wie viel*« in zwei Teilaspekte aufgespalten werden muss, nämlich einerseits: *Wie intensiv* muss der Schutz in einem Gebiet sein? Und andererseits: *Wie groß* müssen die Gebiete sein?

Die erste Frage nach der *Intensität* ist schnell beantwortet. Grundsätzlich gilt: Je stärker der Schutz, desto besser. *Starker* Schutz heißt *vollständiges* Verbot der Nutzung. *Schwacher* Schutz – also zum Beispiel lediglich eine Verringerung des Fangdrucks – wird die Situation auch nur schwach verbessern. *Mittelstarker* Schutz – also beispielsweise Verbot von Muschelbaggern, während die Schleppnetzfischerei weiterhin erlaubt ist – bringt zwar Verbesserungen für einige Fischarten mit sich, aber die vollständige Erholung des Ökosystems kann nur dann erreicht werden, wenn es einen *starken* Schutz gibt.

Die zweite Frage nach der notwendigen *Größe* der Schutzgebiete ist dagegen schon schwieriger zu beantworten. Je größer, desto besser, soviel ist klar. Aber *wie* groß mindestens? Und wie müssen sie sinnvollerweise angeordnet sein, damit ihre Wirkung möglichst groß ist?

Die Vereinten Nationen haben auf diese Frage eine vorläufige Antwort gefunden und sie in ihrer *Biodiversitäts-Konvention* (»*Convention on Biological Diversity*« – CBD) formuliert. Diese wurde genau wie die Klimarahmenkonvention während der Weltkonferenz von Rio de Janeiro im Jahr 1992 unterzeichnet und trat ein Jahr später in Kraft. Und genau wie bei dieser sind auch hier regelmäßig stattfindende Fortschrittskonferenzen (*Conference of the Parties* – COP), an denen die 193 Vertragsstaaten teilnehmen, vorgesehen. Bei der zehnten dieser Konferenzen (COP 10), die im Oktober 2010 im japanischen Nagoya stattfand, einigte man sich unter anderem darauf, »*bis 2020 insgesamt* [...] *10 Prozent der Meere und Küsten von großer ökologischer Bedeutung durch ein System von effektiv gemanagten, ökologisch repräsentativen und miteinander verbundenen Schutzgebieten*«[287] dauerhaft zu erhalten.

Zehn Prozent sollen also bis 2020 unter Schutz gestellt sein. Tatsächlich waren es aber bis Ende 2015 erst 3,4 Prozent![288] Wie realistisch ist es also, dass dieses Ziel erreicht wird? Ist die internationale Staatengemeinschaft überhaupt an der Zielerreichung interessiert? Oder stellt sie sich eventuell quer?

Wenn man sich die Initiativen der letzten Jahre anschaut, dann gibt es beides – Rückschläge genauso wie Fortschritte. Einen Rückschlag gab es beispielsweise, als im Juli 2013 der Versuch, ein insgesamt 3,8 Millionen Quadratkilometer großes neues Meeresschutzgebiet in der Antarktis auszuweisen (es wäre das mit Abstand größte der Welt gewesen), am Widerstand der Ukraine, Russlands und Chinas scheiterte; die drei Länder waren schlicht gegen die Beschränkung des Fischfangs in diesen Gebieten.[289]

Drei Jahre später, 2016, gab es dagegen erhebliche Fortschritte für den Meeresschutz. Kurz nacheinander kamen mehrere große Gebiete hinzu. Im August stellten zunächst die USA ein 1,5 Millionen Quadratkilometer großes Areal vor den Hawaii-Inseln – der Heimat des damals scheidenden US-Präsidenten Obama – unter Schutz, indem das vorhandene und bei der UNESCO als Weltnaturerbe eingetragene *Papahanaumokuakea Marine National Monument* erheblich erweitert wurde. Kurz darauf, im September, folgte ein weiteres, kleineres Gebiet im Nordatlantik, das sich vor allem durch seine Tiefseecanyons und Unterwasserberge auszeichnet.[290] Im Oktober schließlich einigten sich nach jahrelangen zähen Verhandlungen die Europäische Union sowie die vierundzwanzig Mitgliedsstaaten des »*Übereinkommens über die Erhaltung der lebenden Meeresschätze der Antarktis*« (*CAMLR-Konvention*) darauf, ein 1,55 Millionen Quadratkilometer großes

Gebiet in der Antarktis, das *Rossmeer*, als Schutzgebiet auszuweisen – zunächst jedoch nur auf fünfunddreißig Jahre begrenzt.[291]

Diese jüngsten Erfolge sind zweifellos erfreulich. Allerdings stellt sich weiterhin die Frage: Reicht das? Reichen die von den Vereinten Nationen als Ziel vorgegebenen zehn Prozent tatsächlich aus, um die Ozeane wirksam zu schützen?

Viele Umweltverbände sagen: Nein, es reicht nicht. Sie halten es vielmehr für deutlich zu wenig. So erachtet der *Bund für Umwelt und Naturschutz Deutschland* (BUND) eine Schutzquote von mindestens zwanzig Prozent für erforderlich, Greenpeace fordert sogar vierzig Prozent.[292] Beide stützen sich dabei auf Studien, die der Frage nachgingen, wie viel Schutz notwendig ist, damit die Fischbestände nicht nur erhalten bleiben, sondern sich auch an mehreren Orten gleichzeitig vermehren können, um selbst bei möglichen Katastrophen ein Aussterben zu verhindern. Dies sei notwendig, um die biologische Vielfalt insgesamt zu bewahren. Nach den Studien könne das nur erreicht werden, wenn die Schutzgebiete nicht nur ausreichend groß, sondern auch gut miteinander vernetzt seien. Außerdem sollten sie mindestens einen zweistelligen Prozentsatz der Meere schützen, idealerweise etwa dreißig Prozent.

Der WWF sorgt sich insbesondere um die so genannte »*Hohe See*«, also jene Gebiete, die sich außerhalb der Zweihundert-Meilen-Zone vor den Küsten befinden und somit jenseits jeglicher nationaler Zuständigkeit. Bis heute sei »*kein global geltendes Instrument verabschiedet* [worden], *welches explizit den Schutz der Lebensräume und* [der] *Artenvielfalt in der Hohen See zum Ziel hat*«. Es fehlten »*weiterhin die rechtlichen Möglichkeiten, in der Hohen See Meeresschutzgebiete einzurichten, die für alle Staaten verbindlich und in denen all die unterschiedlichen menschlichen Aktivitäten gleichermaßen zum Wohl der Meeresumwelt geregelt sind.*«[293] Nach Artikel 87 des *Seerechtsübereinkommens der Vereinten Nationen* (SRÜ)[294] gilt hier die

»Freiheit der Hohen See«. Sie umfasst die Freiheit der Schifffahrt, des Überflugs, diejenige zum Verlegen unterseeischer Kabel und Rohrleitungen, die Freiheit, *»künstliche Inseln und andere nach dem Völkerrecht zulässige Anlagen zu errichten«* sowie diejenige der Fischerei und der wissenschaftlichen Forschung. Zwar enthält das Seerechtsübereinkommen auch Passagen zur *»Erhaltung der lebenden Ressourcen«*, allerdings sind diese sehr stark aus dem Blickfeld der wirtschaftlichen Nutzung formuliert, wie etwa Artikel 119, welcher die Staaten dazu anhält, Maßnahmen zu ergreifen, die *»darauf gerichtet sind, die Populationen befischter Arten auf einem Stand zu erhalten oder auf diesen zurückzuführen, der den größtmöglichen Dauerertrag sichert* [...]«[295].

Im Unterschied zur Freiheit der Hohen See gelten innerhalb der Zweihundert-Meilen-Zone[296] vor den Küsten – der so genannten *»Ausschließlichen Wirtschaftszone«* (AWZ) – andere Rechtsverhältnisse. Dort hat gemäß Seerechtsübereinkommen der jeweilige Küstenstaat das souveräne Recht, die Ressourcen zu nutzen, und zwar *»zum Zweck der Erforschung und Ausbeutung, Erhaltung und Bewirtschaftung der lebenden und nicht lebenden natürlichen Ressourcen der Gewässer über dem Meeresboden, des Meeresbodens und seines Untergrunds sowie hinsichtlich anderer Tätigkeiten zur wirtschaftlichen Erforschung und Ausbeutung der Zone wie der Energieerzeugung aus Wasser, Strömung und Wind«*.[297] Bemerkenswert ist, dass in diesem zitierten Artikel 56 die Vokabel »Ausbeutung« gleich zweimal vorkommt. Innerhalb der Zweihundert-Meilen-Zone genießt der Küstenstaat also das alleinige Recht, Unterwasser-Bergbau zu betreiben, Kraftwerke zu errichten oder Öl- und Gasfelder zu erschließen. Wenn der Küstenstaat zudem nachweisen kann, dass der *»Festlandsockel«* über die Zweihundert-Meilen-Zone hinausreicht, so kann er dort ebenfalls souveräne Rechte in Anspruch nehmen. Kein Wunder also, dass sich einige Staaten beeilt haben, entsprechende wissenschaftliche Gutachten bei der in New York ansässigen *»Kommission zur Begrenzung des Festlandso-*

ckels«[298] vorzulegen. So erheben etwa Kanada und Russland Anspruch auf weite Teile der rohstoffreichen Arktis, was natürlich die übrigen Anrainer Norwegen, Dänemark und die USA nicht ohne Widerstand hinnehmen werden.

Immer wieder kommt es auch zum Streit zwischen benachbarten Küstenstaaten über die genauen Grenzziehungen, um Rohstofflagerstätten oder um Bohrinseln. Zu nennen sind hier etwa die Konflikte um kleine Inseln im Südchinesischen Meer zwischen der Volksrepublik China, Taiwan, Vietnam, Japan, Südkorea, Indonesien und den Philippinen oder auch derjenige zwischen Russland und Japan um die Inselgruppe der Kurilen. Zuständig für solche Rechtsstreitigkeiten ist eigentlich der 1996 gegründete *Internationale Seegerichtshof* (ISGH)[299] mit Sitz in Hamburg, doch der hat in zwanzig Jahren gerade einmal fünfundzwanzig Fälle behandelt.[300]

Es muss die Frage erlaubt sein, ob solche Regelungen, wie sie das Seerechtsübereinkommen enthält, tatsächlich geeignet sind, um einen wirksamen Schutz der Ozeane zu erreichen. Denn wenn es tatsächlich Ziel der internationalen Staatengemeinschaft ist, die Ökosysteme der Weltmeere zu erhalten, wenn es unser Anliegen ist, die Ozeane durch die Einrichtung von Schutzgebieten zu retten, dann ist auch eine Reform des Seerechts unumgänglich. Dann ist mindestens ein Drittel der Meere der Welt unter strengen Schutz zu stellen. Und dann muss der Rest weitaus schonender bewirtschaftet werden als bislang. Auch sind die gravierendsten Umweltprobleme anzupacken und nach Möglichkeit abzustellen – die Belastung mit Kunststoffabfällen, mit Chemikalien, mit Dünger und mit Lärm, die Versauerung und die Erwärmung, die Küstenzerstörung und der Raubbau an den Ressourcen. Denn erst wenn uns das gelingt, werden wir die maritimen Lebensräume in die Lage versetzen, ihre ungeheure Vielfalt zu bewahren und damit – auch zum Wohle der Menschheit – zu einem gesunden Planeten beizutragen.

Den größten Fehler, den wir nämlich machen können, ist, die

Bedeutung der Ozeane zu unterschätzen. Denn – wir erinnern uns – sie bedecken ganze einundsiebzig Prozent der Erdoberfläche und enthalten ganze 97,5 Prozent allen Wassers. Das Leben auf diesem wunderbaren Planeten nahm hier seinen Anfang; es wäre ohne die Ozeane schlicht nicht denkbar. Und die Ozeane sind es auch, die unserem Heimatplaneten seine unverwechselbare Charakteristik verleihen. Sie sind das Einzige, was auch aus Milliarden von Kilometern Entfernung aus dem All noch erkennbar ist; aus einer Entfernung, aus der nur noch ein winziger blassblauer Punkt in den unendlichen Weiten des Universums auszumachen ist. Ohne sie, die Ozeane, wäre die Erde ein trauriger, staubtrockener Steinklumpen ohne Leben. Brauchen wir denn mehr Motivation, um uns diesem einzigartigen Lebensraum anzunehmen?

Der blaue Punkt

MEIN BRUDER BAT DIE VÖGEL UM VERZEIHUNG.
DAS SCHEINT SINNLOS, UND DOCH HATTE ER RECHT;
DENN ALLES IST WIE EIN OZEAN, ALLES FLIESST UND GRENZT
ANEINANDER, RÜHRST DU AN EIN ENDE DER WELT,
SO ZUCKT ES AM ANDEREN.
[Fjodor M. Dostojewski, russischer Schriftsteller]

VON HIER OBEN IST ES ÜBERRASCHEND EINDEUTIG, DASS
UNSERE WELT EIN EINZIGES ZUSAMMENHÄNGENDES SYSTEM IST.
[Alexander Gerst, deutscher Astronaut]

An dieser Stelle ist es an der Zeit, einen Moment lang inne zu halten und durchzuatmen. Wir wollen das, was wir in den vorangegangenen Kapiteln dieses Buchs gehört haben, noch einmal kurz Revue passieren lassen, wir wollen noch einmal nachdenken über Gaia und unser Verhältnis zu ihr.

Wir Menschen greifen heute in alle Bereiche unseres Planeten mit einer Wucht ein, die ohne Beispiel ist. Wir haben gesehen, wie wir die Luft verdrecken und das Klima verändern; wie wir die Wälder vernichten und mit ihnen die zahlreichen Pflanzen und Tiere, die in ihnen leben; wie wir dafür verantwortlich sind, dass sich Wüsten und Brachland ausbreiten; wie wir wertvollen Boden, der in Jahrhunderten und Jahrtausenden entstanden ist, binnen kurzer Zeit zerstören, versalzen oder verseuchen; wie wir mit unseren Straßen, Industrieanlagen und Siedlungen immer mehr Fläche für unsere Zwecke von der Natur abzweigen; wie wir die Meere buchstäblich leer fischen und sie mit Kunststoffen, Öl und anderen Schadstoffen belasten. Es gibt heute auf der Erde wohl keinen Ort mehr, nicht einmal den unwegsamsten in der Antarktis oder den dunkelsten in den Tiefen der Tiefsee, der nicht auf irgendeine Art die Anwesenheit des Menschen auf diesem Planeten spürt – und sei es »nur« durch Kunst- oder Schadstoffe, die durch die Luft oder das Wasser dorthin gelangt sind.

Aus irgendeinem Grund scheinen wir heute nicht mehr in der Lage zu sein, Rücksicht auf unseren Heimatplaneten zu nehmen, wir scheinen nicht mehr in der Lage zu sein, mit den zahlreichen, uns zur Verfügung stehenden Ressourcen einigermaßen schonend umzugehen und wir scheinen nicht mehr in der Lage zu sein, unseren eigenen Nachkommen die gleichen Chancen zuzubilligen wie uns selbst. Die Fähigkeit, Nachhaltigkeit zu leben, so wie es einst der kursächsische Forstwirtschaftler *Hans Carl von Carlowitz* beschrieben hat[301], scheint uns in weiten Teilen abhandengekommen zu sein.

Im Grunde genommen wissen wir das alles. Die Tatsachen, die in den bisherigen Kapiteln dieses Buches geschildert wurden, sind uns zumindest in den Grundzügen sehr wohl bekannt, auch wenn einiges an Erhellendem hinzugekommen sein mag. Wir wissen, dass wir über unsere Verhältnisse leben und wir wissen auch, dass wir etwas ändern *müssten* im Umgang mit den natürlichen Ressourcen und der Umwelt. Aber warum verwandeln wir den Konjunktiv nicht in einen Indikativ oder noch besser in einen Imperativ? Warum verwandeln wir das »müssten« nicht in ein »Wir müssen!«? Warum ist unsere Haltung in dieser Frage nur so ambivalent?

Vielleicht ist sie es deshalb, weil es *unser* Planet ist, weil wir viel zu sehr mit ihm verbunden, viel zu sehr mit ihm eins sind, als dass wir ihn objektiv betrachten könnten. Einerseits ist uns sehr wohl bekannt, dass wir ohne ihn nicht überleben können und andererseits ist es uns genauso bekannt, dass wir gerade dabei sind, ihn zu zerstören. Einerseits ist uns sonnenklar, dass dringend etwas getan werden muss, um das Schlimmste zu verhindern. Andererseits dringen die dramatischen Vorgänge, die Folge unseres Handelns sind, kaum in unseren Alltag vor, wir lassen sie einfach nicht an uns heran.

Wenn Greenpeace oder der WWF einen Stand in der Fußgängerzone aufbauen, um auf die Regenwaldzerstörung aufmerksam zu machen, dann gehen die meisten von uns schulterzuckend vorüber – man kann ja ohnehin nichts tun. Wenn in den Medien über eine gerade stattfindende Klimakonferenz berichtet wird, dann verfolgen wir das eher beiläufig. Der Klimaschutz wird zwar als wichtig erachtet, aber das hält uns nicht davon ab, weiterhin hochmotorige SUVs zu kaufen, nur um diese über zwei Tonnen schweren Gerätschaften dazu zu verwenden, unsere Kinder zur Schule oder zum Fußballtraining zu chauffieren oder die fünfhundert Meter zum nächsten Supermarkt zurückzulegen. Wenn es darum geht, die Benutzung von Plastiktüten und Einwegflaschen einzuschränken, dann bedarf es dazu erst gesetzlicher Regelungen – Eigenverantwortung: Fehlanzeige. Wenn wir unseren Jahresurlaub planen, dann ist es uns meistens egal, ob die Skipisten, auf denen wir ins Tal hinab wedeln, die Berghänge zerstören, oder die Hotelburgen, um deren Pools wir unsere Handtuch-Kriege ausfechten, die Mittelmeerküste. Wenn das Umweltbundesamt den vernünftigen Vorschlag macht, auf Fleisch- und Milchprodukte wenigstens den normalen und nicht den ermäßigten Mehrwertsteuersatz zu erheben, um im Gegenzug pflanzliche Produkte zu vergünstigen, dann gibt es einen Aufschrei des Entsetzens. Der Bundeslandwirtschaftsminister ließ sogleich verlauten, er wolle ja »*den Bürgern nicht durch Strafsteuern vorschreiben*«, was auf den Tisch zu kommen habe.[302] Ja warum denn eigentlich nicht? Weil wir uns vielleicht den »*King des Tages*« nicht entgehen und uns weiterhin in der »*Weber Grill Academy*« zum Grillmeister ausbilden lassen wollen?

Wenn die Bevölkerung nach den beiden drängendsten politischen Themen in Deutschland gefragt wird, so wird von lediglich einem Fünftel der Befragten der Umweltschutz genannt. Fragt man nach den fünf Voraussetzungen für ein »*gutes Leben*«, so antworten lediglich dreißig Prozent mit »*eine intakte Natur und Umwelt*«.[303] Allzu viel ist das nicht. Eine vom Umweltbundesamt beauftragte und 2014 durchgeführte Studie mit dem Thema

»Umweltbewusstsein und Umweltverhalten in Deutschland«[304] kommt zu dem Schluss, dass zwar *»gerade der Klimawandel aktuell immer stärker in den Aufmerksamkeitsfokus«* rücke, wenn es um Umweltprobleme gehe. Aber in jedem Fall gelte: *»ökologische Fragen haben für immer weniger Menschen die oberste Priorität«*. Andere Probleme, wie der demografische Wandel, der Umbau der Sozialsysteme oder die Sicherung des Wohlstands, seien für die Menschen wichtiger. Was allerdings nicht notwendigerweise in Konkurrenz zur ökologischen Problematik stünde: Wunsch und Erwartung seien vielmehr, *»dass all diese Aspekte gleichzeitig und im Zusammenhang mit der Gestaltung von (Nachhaltigkeits-) Politik berücksichtigt«*[305] würden.

Ganz im Einklang mit unserem täglichen Erleben stellt die Studie fest: *»Das Praktizieren von ökologisch-korrekten Verhaltensweisen geht einher mit dem Festhalten an umweltbelastenden Gewohnheiten. Die Vielzahl und Komplexität der abstrakten Problemlagen macht Kompromisse im konkreten Alltag nötig. Die Bereitschaft, aus dem Wissen um Umweltbelastungen und dem Bewusstsein für die Notwendigkeit von Ressourcenschonung praktische Konsequenzen folgen zu lassen, ist daher bei unterschiedlichen Personengruppen je nach Alltagsbereichen sehr verschieden. Nicht eine ökologische ›Stimmigkeit‹ der Lebensweise im Großen und Ganzen wird angestrebt, sondern eine individuelle Balance, die der eigenen Befindlichkeit entspricht und mit der man gut leben kann.«*[306]

Das heißt also, wir nehmen zwar Umweltprobleme zur Kenntnis und wir mahnen auch an, sie zu beheben. Allerdings führt das in den allermeisten Fällen *nicht* dazu, dass wir unsere Komfortzone verlassen. Im Grunde genommen leben wir also weiter wie bisher – nötigenfalls mit einem schlechten Gewissen. Aber leider hilft uns und vor allem der Umwelt das nicht weiter. Was also tun? Wie können wir die Menschheit, wie können wir uns selbst davon überzeugen, dass etwas getan werden muss, dass es nicht ausreicht, nur zuzuschauen, zu diskutieren und zu jammern, sondern uns zu erheben, etwas anzupacken, tatsächlich zu versuchen, etwas zu verändern? Wie kann es sein, dass eine solche Diskrepanz herrscht zwischen der *Erkenntnis* der Problematik, deren Verursacher wir sind, und dem eigenverantwortlichen *Handeln*, um dieser von uns selbst verursachten Problematik aktiv zu begegnen? Ist es wirklich nur Bequemlichkeit?

Nun, um etwas mehr Objektivität ins Spiel zu bringen, um das Ausmaß der Problematik besser abschätzen zu können und mit ihr das Ausmaß der Notwendigkeit unseres Handelns, hilft vielleicht etwas Distanz. Denn häufig genügt ja schon die bloße Änderung des Blickwinkels, um das Weltgeschehen mit anderen Augen zu sehen. Steigen wir also ein.

Raumflug, zum Ersten

Stellen wir uns einmal vor, wir finden uns eingezwängt in einem gasdichten, mit einem Überdruck versehenen Raumanzug wieder. Wir sitzen gerade um neunzig Grad nach hinten gedreht gemeinsam mit zwei Kollegen in einer engen russischen *Sojus*-Raumkapsel, dem so genannten »*Orbital-Modul*«. Das Modul ist drei Meter lang bei einem Durchmesser von 2,26 Metern; das »bewohnbare« Volumen beträgt rund fünf Kubikmeter. Unter unserem Sitz rumort eine fast fünfzig Meter lange Rakete mit einem Startgewicht von über dreihundert Tonnen. Sie besitzt drei Stufen. Die Triebwerke jeder Stufe werden mit Kerosin und Sauerstoff befeuert; die erste von ihnen besitzt gleich vier Triebwerke, die beiden anderen je eines. Bei vollem Schub benötigt jedes dieser Triebwerke pro Sekunde einundneunzig Kilogramm Kerosin und zweihundertsechsundzwanzig Kilogramm Sauerstoff. Sie müssen in der Lage sein, die Rakete mindestens auf die 28.476 Kilometer pro Stunde[307] zu beschleunigen, die notwendig sind, um die Erdanziehung zu überwinden.

Wir sitzen bereits seit rund zweieinhalb Stunden in unserem

Raumschiff und warten auf den Start, der unmittelbar bevorsteht. Das Raumschiff steht auf dem Weltraumbahnhof *Baikonur*, gelegen mitten in der kasachischen Steppe rund zweihundert Kilometer östlich des nördlichen Aralsees. Mit einer Fläche von sechstausend Quadratkilometern (!) und über zwanzig Starts pro Jahr ist Baikonur das größte Kosmodrom der Welt, noch deutlich größer als *Cape Canaveral* im amerikanischen Florida. Die Russen betreiben es seit mehr als sechzig Jahren. Vielen gilt es als größte Errungenschaft der einstigen Sowjetunion. Heute zahlen sie jährlich über hundert Millionen Dollar Pacht an Kasachstan, damit sie hier weiter starten dürfen.[308]

Vor einer Stunde wurden bereits die Wartungstürme zurückgeklappt, vor fünfzehn Minuten die eigene Energieversorgung und das Rettungssystem eingeschaltet. Vor knapp sechs Minuten wurde der automatische Start eingeleitet, Kabel- und Betankungsmast von der Rakete weggeschwenkt. Noch zwanzig Sekunden. Das Startkommando wird gegeben. Es gibt nun kein Zurück mehr (»*Point of no return*«). Noch siebzehn Sekunden: Die Triebwerke zünden. Zehn, neun, acht, sieben, sechs, fünf, vier – die Ausleger öffnen sich blütenförmig und geben die Rakete frei – drei – die Triebwerke erreichen mit einem gewaltigen Brummen ihre volle Leistung, alles vibriert – zwei, eins, Zero – die Rakete hebt unter ohrenbetäubendem Lärm und mit einer riesigen Feuerwolke ab. Wir spüren eine 4,3-fache Gravitationsbeschleunigung (g), die uns mit gewaltiger Kraft in die Sitze presst; ein Heben der Arme ist kaum möglich.

Nach 118 Sekunden werden die »*Booster*« – die außenliegenden kleinen Zusatzraketen – abgeworfen, nach 226 Sekunden die »*Nutzlastverkleidung*« an der Spitze der Rakete, die uns vor dem enormen Lärmpegel des Startvorgangs und vor dem Luftwiderstand der dichten unteren Luftschichten schützte. Nach 288 Sekunden ist die zweite Stufe der Rakete abgebrannt und wird abgeworfen, nach 295 Sekunden auch die untere Verkleidung der dritten Stufe. Nach 528 Sekunden ist auch die dritte Stufe abgebrannt. Das All ist erreicht. Wir haben die Erdatmosphäre bereits hinter uns gelassen. Aufatmen.[309]

Es folgt noch ein rund sechsstündiger Flug, bis wir die *Internationale Raumstation* (»*International Space Station*« – ISS) erreicht haben und an ihr andocken. Wir befinden uns jetzt in einer Umlaufbahn um die Erde in einer Höhe von etwa vierhundert Kilometern. Vierhundert Kilometer – gerade einmal die Strecke von Frankfurt nach München. Nach allzu viel hört sich das eigentlich gar nicht an. Und doch haben wir von hier oben eine vollkommen andere Sicht auf die Welt – in doppeltem Sinne. Der geringe Abstand reicht dazu vollkommen aus.

Die ISS – betrieben und gebaut von einer internationalen Kooperation bestehend aus der NASA, der ESA, Russland, Kanada und Japan – ist seit November 2000 dauerhaft besetzt. Bis Ende 2016 haben insgesamt 226 Raumfahrer – mehr als die Hälfte davon Amerikaner – die Raumstation besucht, unter ihnen auch der deutsche Astronaut *Alexander Gerst* (*1976), der sich von Mai bis November 2014 an Bord befand und an den ISS-Expeditionen 40 und 41 teilnahm. Das wissenschaftliche Programm, das er dort absolvierte, nannte sich »*Blue Dot-Mission*«. Während des Aufenthalts fand er immer wieder Zeit, seine Erlebnisberichte zur Erde zu funken und Fotos im Internet zu posten. Sie sind beeindruckend und haben gerade in Deutschland viel Aufmerksamkeit erregt.

Die Bilder, die Gerst aufnahm, zeigen die ganze Schönheit, aber auch die ganze Verletzlichkeit unseres Planeten. Sie zeigen, wie dünn die Atmosphäre ist mit ihren sich permanent wandelnden Wolkenformationen und Wirbelstürmen: Am Horizont setzt sie sich nur als schmaler, hellblauer Streifen vom Schwarz des Alls ab. Die Bilder zeigen wunderschöne Sonnenaufgänge, die wie ein helles Doppelband aus gelb-orange und blau über dem Halbrund des Horizonts erscheinen. Sie zeigen endlose, blau-glitzernde Wasserflächen und Landschaften, die in einer unglaublichen Vielfalt vorüberziehen: Wir sehen die mannigfaltigsten Küstenlinien; wir sehen große und kleine Inseln, hellblaue Lagunen und Korallenriffe; wir sehen blendend weiße Eisflächen, wolkenbehangene Gebirgszüge, tiefgrüne Wälder und hellgrüne Wiesen; wir sehen Wüsten mit gelblich-braun schattierten Dünen oder überdeckt von alles verwischenden Sandstürmen; wir sehen Steppen, Tundren, Sümpfe, tiefblau schimmernde Seen und die mäandernden dunklen Linien von Flussläufen. Nachts leuchten uns die Städte der Welt hellgelb vom Schwarz der Erdoberfläche entgegen und weisen uns den Weg zu den dicht besiedelten Gebieten, daneben blitzen von überall her Gewitter auf. Wir erkennen Vulkanausbrüche nachts an ihren rotleuchtenden Lavakratern und tagsüber an ihren dunklen Rauchfahnen. Aber das Allerschönste sind wohl die Polarlichter (*Aurora borealis* und *Aurora australis*) – mit ihren grün, in höheren Schichten der Atmosphäre rot leuchtenden Farben ziehen sie über die dunkle Oberfläche des Planeten und zeigen uns ein unbeschreiblich bewegendes Naturschauspiel.

Was man von hier oben aber auch sieht, das sind die zahlreichen Auswirkungen der menschlichen Zivilisation. So erkennen wir die Zerstörungen des Regenwaldes in Form von hellen, parallelen Linien, rechtwinklig abzweigend von Straßen, die sich immer weiter in die sattgrüne Fläche hineinfressen; wir erkennen die großen Wüsten, die teilweise ohne jeglichen grünen Streifen bis zum Meer heranreichen; wir erkennen die ausgetrocknete, helle Fläche des einstigen Aralsees; wir erkennen Stauseen, begradigte Flussläufe und Städte. Wir sehen die großen Tagebaue der Welt, die wie Narben aus der Haut des Planeten herausstechen, seien es die Braunkohletagebaue in Deutschland oder die Ölschiefer-Minen in Alberta/Kanada. Wir sehen die Erdöl- und Gasförderanlangen in Texas, Kasachstan oder am Persischen Golf. Wir erkennen Bewässerungsfelder inmitten von Wüsten und die schachbrettartig angelegten Felder in Nordamerika. Wir sehen auch die künstlichen Inseln in Form einer Palme im Persischen Golf vor Dubai. Doch teilweise lässt sich auch gar nichts erkennen, weil Smog die Sicht auf die Erdoberfläche verdeckt – wie etwa in Nordindien oder in China. Und noch etwas anderes sehen wir nicht, etwas, das für uns Menschen auf der Erde doch so wichtig zu sein scheint: Wir sehen keine Grenzen.

»*Als Astronauten*«, schreibt Gerst, »*haben wir aus 400 Kilometern Höhe eine einzigartige Sicht auf unseren Planeten. Dinge, die wir auf der Erde jeden Tag in den Nachrichten sehen und so fast als gegeben ansehen, wirken aus unserer Perspektive ganz anders. Aus dem Weltraum kann man keine Grenzen erkennen. Wir sehen bloß einen einzigartigen Planeten mit einer dünnen, zerbrechlichen Atmosphäre, der in der weiten Dunkelheit des Alls schwebt. Von hier oben wird einem klar, dass die Menschheit auf der Erde eins ist und wir dasselbe Schicksal teilen.*«[310]

Über das Foto, das er sein »Traurigstes« nennt schreibt er: »*An dem Tag, an dem ich dieses Foto gemacht habe, schwebte ich in der Cupola, unserer Beobachtungsplattform auf der ISS. Ich bemerkte plötzlich etwas, das ich vorher noch nie gesehen hatte: Lichtstreifen, die sich hin und zurück über die dunkle Erde bewegten, die außerdem manchmal von orangenen Feuerbällen erleuchtet wurden. Ich nahm meine Kamera und machte einige Fotos, bevor ich schließlich verstand, was ich eigentlich gesehen hatte und worüber wir gerade geflogen waren.*« Was er gesehen hatte, war der gegenseitige Raketenbeschuss von Israelis und Palästinensern im Gaza-Krieg von Juli/August 2014. »*Als ich die Fotos machte, stellte ich mir die Frage: Sollte uns jemals eine fremde Spezies von irgendwoher aus dem Universum besuchen – wie würden wir ihnen* [das] *erklären, wenn es das wäre, was sie als erstes von unserem Planeten sehen würden? Wie würden wir ihnen erklären, wie wir Menschen miteinander und mit unserem Planeten umgehen, der einzigen Heimat, die wir haben? Ich habe keine Antwort darauf.*«[311]

Nach seiner Rückkehr sagte er in einem Interview, dass die Erde für ihn kleiner geworden sei. Es sei ihm »*bewusst geworden, dass wir Menschen lediglich einen kleinen blauen Steinklumpen bevölkern«*. Nach ein paar Monaten des Darüber-hinweg-Fliegens kenne man bald alle Orte der Welt von oben. »*Nach einer Weile wusste ich bereits nach einem kurzen Blick aus dem Fenster, wo wir uns gerade befinden. Da wird einem nochmal bewusst: Wir haben nicht unendlich viele Flüsse, unendlich viele Seen und unendlich viele Ressourcen zur Verfügung. Wir haben von jedem Ort nur einen. Und unsere Erde ist in Wahrheit nicht so groß, wie sie uns von hier unten vorkommt.*«[312]

Und noch etwas wurde Gerst und den anderen Astronauten aus dem Blick aus vierhundert Kilometern Höhe deutlich, nämlich dass die Erde ein Gesamtsystem, ein zusammenhängendes, komplexes System ist. Alles hängt mit allem zusammen, sämtliche Elemente dieses *Systems Erde*, dieses unglaublich komplexen Ökosystems, sind auf unzählige Weise miteinander verflochten und verbunden, sie wirken aufeinander ein und reagieren aufeinander, bilden Kreisläufe und setzen Rückkopplungen in Gang. Wie wir bereits gesehen haben, gibt es Wechselwirkungen zwischen den Ozeanen und der Atmosphäre und Wechselwirkungen zwischen dem Wald und der Atmosphäre. Wir haben gesehen, wie das Meer Einfluss nimmt auf das Klima der Kontinente, wie die Wärmeenergie der Sonne über den Globus verteilt wird, wie der Wald die Bodenerosion verhindert und wie Lebewesen auf vielfältigste Weise in diese Prozesse eingreifen. Es existieren ein irdischer Wasserkreislauf, ein irdischer Kohlendioxidkreislauf, ein irdischer Stickstoffkreislauf und sogar ein Kreislauf der Gesteine. Alles Leben auf der Erde ist von tausenden Faktoren abhängig. Es gibt keine einfachen Ursache-Wirkungs-Beziehungen; jede Ursache kann viele verschiedene, auch für uns unabsehbare, Auswirkungen haben. Gerade *das* zeichnet nämlich ein komplexes System wie die Erde aus. Doch was ist eigentlich ein *System*?

Komplexe Systeme

Der Begriff *System* hat seinen Ursprung im altgriechischen

Wort *sýstēma*. Es bedeutet so viel wie »*ein aus mehreren Einzelteilen zusammengesetztes Ganzes*«. Demzufolge besteht ein System aus einer beliebigen Zahl von Elementen, von denen sich jedes einzelne durch bestimmte Eigenschaften auszeichnet. Ein Element unterhält Beziehungen zu anderen Elementen und/oder zur Systemumgebung und zwar in Form von Material-, Energie- oder Informationsaustausch. Ein System bildet eine Einheit und kann sich von der Umgebung abgrenzen. Die Systemumgebung der Erde etwa ist das Weltall, diejenige eines Teiches der Bereich außerhalb seiner Ufer – seien es Wiesen und Felder, ein Wald oder eine menschliche Siedlung.[313]

Einfache Systeme können mathematisch klar beschrieben werden; sie sind berechenbar, vorhersagbar. Meistens handelt es sich bei ihnen um *geschlossene* Systeme, die keine Wechselwirkung mit ihrer Umgebung haben. Allerdings kommen einfache Systeme in der Natur kaum vor; meistens handelt es sich um solche, die vom Menschen erdacht wurden.

Bei komplexen Systemen kann das dagegen völlig anders aussehen, wobei sich die Grenze zwischen einem einfachen und einem komplexen System nicht immer klar ziehen lässt. Komplexe Systeme können – müssen aber nicht – eine Reihe von Eigenschaften aufweisen, die ihre Vorhersagbarkeit sehr schwierig oder gar unmöglich macht.

Eine dieser Eigenschaften ist die *Offenheit* des Systems gegenüber der Umgebung oder zu anderen Systemen, das heißt, es gibt eine *Verbindung* zur Umgebung. Das System wird von der Umgebung beeinflusst und umgekehrt wirkt das System auf die Umgebung ein. Meist *reagiert* das System auf Einflüsse von außen, wie wir bei fast allen natürlichen Systemen beobachten können. Wir brauchen uns dazu nur an das System *Wald*, an das System *Ozean* oder an das System *Atmosphäre* zu erinnern. Selbst das System *Erde* ist offen, da es mit der Sonne, aber auch mit anderen Himmelskörpern in Verbindung steht.

Eine weitere Eigenschaft komplexer Systeme ist die *Dynamik*.

Dynamik bedeutet, dass ein komplexes System niemals für längere Zeit in einem stabilen Gleichgewicht steht, sondern sich ständig verändert. Wälder oder Ozeane verändern sich fortlaufend. Schon der griechische Philosoph *Heraklit* (circa 520 bis circa 460 vor Christus), der sich bereits damals eingehend mit der Natur beschäftigte, hatte erkannt: »*Wer in dieselben Flüsse hinabsteigt, dem strömt stets anderes Wasser zu*«[314].

Die Vorhersagbarkeit komplexer Systeme wird insbesondere erschwert durch ihre *Nichtlinearität* und ihre *Unstetigkeit*. *Nichtlinearität* bedeutet, dass eine Ursache nicht immer die gleiche proportionale Wirkung haben muss. Es kann vorkommen, dass eine kleine Ursache eine überproportional große Wirkung hat und umgekehrt. Das heißt, ob eine Ursache positiv verstärkend oder negativ abschwächend wirkt, ob sie stark oder schwach ist oder gar zwischendurch die Richtung wechselt, kann man nicht immer wissen. Ebenso wenig kann man wissen, ob es vielleicht *Unstetigkeiten* gibt, das heißt, ob das System sich *stetig* – also gleichförmig – verändert oder vielleicht in Sprüngen, Beschleunigungen und Verzögerungen. Erdbeben sind ein solches Beispiel. Hier drücken mehr oder weniger gleichmäßig zwei Erdplatten gegeneinander, sie türmen sich aber nicht gleichmäßig zu einem Gebirge auf, sondern vielmehr verharkt und verkeilt sich irgendwo das Gestein, trifft auf Hindernisse, es entstehen Spannungen und irgendwann entladen sich diese urplötzlich und es kommt zur Katastrophe. Das ist auch der Grund, warum sich Erdbeben so schwer vorhersagen lassen.

Auch *Rückkopplungsschleifen* – wir haben bereits von ihnen gehört – sind ein Merkmal komplexer Systeme. Rückkopplungen treten auf, wenn eine Wirkung durch die Reaktion, die sie auslöst, verstärkt oder abgeschwächt wird. *Positive* Rückkopplungen verstärken sich und können sich gefährlich aufschaukeln. *Negative* Rückkopplungen schwächen sich dagegen ab.[315]

Ein Beispiel für eine *positive Rückkopplung* war die *Eis-Albedo-Rückkopplung*, bei der das Schmelzen des Meereises infolge der Erwärmung dazu führt, dass die Strahlungsenergie der Sonne nicht mehr reflektiert, sondern durch das dunkle Wasser nun absorbiert wird, was den Temperaturanstieg weiter »anheizt«. Ein weiteres Beispiel war der *Wasserdampf-Effekt*: Durch die Erwärmung der Luft verdunstet mehr Wasser, was zu einer höheren Konzentration des Treibhausgases Wasserdampf in der Atmosphäre führt. Damit wird der Treibhauseffekt verstärkt und führt eine noch stärkere Erwärmung herbei. Ein Beispiel für eine negative Rückkopplung war dagegen die Wechselbeziehung zwischen Ozeanen und Atmosphäre in Bezug auf das Kohlendioxid: Nimmt der CO_2-Gehalt in der Atmosphäre zu, erwärmt sie sich wegen des Treibhauseffektes. Daraufhin erwärmt sich aber auch der Ozean, der bei höheren Temperaturen mehr CO_2 aus der Luft aufnehmen kann, wodurch sich wiederum die Erwärmung der Atmosphäre abschwächt.

Komplexe Systeme haben überdies die Eigenschaft, dass mit einem steigenden Grad an Komplexität auch der Grad der *Unsicherheit* steigt. Soll heißen, es gibt immer irgendwelche Faktoren, die bei der Vorausberechnung eines Systemverhaltens *nicht* berücksichtigt werden, entweder, weil man sie für (zu) unbedeutend hält und somit ihren Einfluss unterschätzt oder aber, weil man sie schlicht gar nicht kennt. Wettervorhersagen sind dafür das beste Beispiel. Die Einflussfaktoren sind hierbei so vielfältig und komplex, dass schon die Prognose des Wetters für die übernächste Woche dem Blick in die berühmte Glaskugel gleicht.

Auch kann es vorkommen, dass ein komplexes System bei Überschreitung einer gewissen Grenze nicht mehr in den Ausgangspunkt zurück kann. Das nennt man *Irreversibilität*; ein solcher Prozess ist unumkehrbar. Nehmen wir noch einmal die eben erwähnte berühmte Glaskugel: Wenn sie vom Tisch rollt und auf dem Fußboden zerschellt, dann ist es nicht vorstellbar, dass dieser Vorgang auch in umgekehrter Richtung vonstattengehen kann, dass nämlich die zersplitterte Glaskugel sich wieder wie von Geisterhand zusammen setzt und auf den Tisch zurückrollt. Das funktioniert nur im Film, wenn man das Band rückwärts abspult.

Allerdings ist vorstellbar, dass die Glassplitter eingesammelt, zu einem neuen Glas geschmolzen und die Kugel dann wieder auf den Tisch gelegt wird. Der Vorzustand ist dann wieder hergestellt. Oder etwa nicht? Uns allen ist wohl klar, dass der Prozess noch lange nicht rückwärts abgelaufen ist, nur weil wieder eine Glaskugel auf dem Tisch liegt. *Max Planck* (1858 bis 1947) definierte daher klarstellend: »*Es gibt keine Möglichkeit, einen irreversiblen Prozess auf irgendeine Art und Weise rückgängig zu machen, und gleichzeitig alle dafür etwa benutzten Hilfsmittel wieder in ihren Ausgangszustand zurückzuversetzen.*«[316]

Irreversible Prozesse gibt es in der Natur zuhauf. Einer davon ist beispielsweise das Aussterben einer Spezies. Ist sie erst einmal verschwunden, dann kommt sie niemals wieder. Doch auch die Klimatologen warnen in diesem Zusammenhang vor so genannten »*Schwellenwerten*«: Ein Prozess, der scheinbar kontinuierlich vonstatten geht, überschreitet plötzlich eine Grenze – den Schwellenwert oder »*Kipppunkt*« – und legt mit einem Mal ein völlig anderes Verhalten an den Tag. Es kann sogar passieren, dass ein System schlagartig zusammenbricht und seine Funktionen dann nicht mehr erfüllen kann. Ein Beispiel: Ein Betrunkener geht einen schmalen Pfad entlang. Rechts und links des Pfades befindet sich jeweils ein tiefer Wassergraben. Der Betrunkene schwankt von einer auf die andere Seite, aber er schafft es dennoch, auf dem Weg zu bleiben. Irgendwann stößt er mit einem Entgegenkommenden zusammen, wodurch sich sein Gang geringfügig verändert, so dass einer der beiden Graben nun in seinen Schwankungsbereich gerät. Zunächst setzt er seinen Weg unbeirrt fort, es geschieht nichts Außergewöhnliches. Doch nach weiteren fünfzig Metern stürzt er plötzlich in den Graben – das System »Betrunkener geht einen Weg entlang« ist von jetzt auf gleich, sozusagen ohne Vorwarnung, zusammen gebrochen.

Ähnliches geschieht, wenn sich innerhalb eines Vulkans der

Druck des heißen Magmas kontinuierlich erhöht. Irgendwann kommt es zu einem eruptiven Ausbruch. Zwar wissen wir aus Erfahrung, dass so etwas geschehen kann und wir wissen sogar sicher, dass es irgendwann passiert. Aber selbst bei intensivster Beobachtung eines Vulkans kann man den Zeitpunkt des Ausbruchs nicht vorhersagen. Er kann sich lediglich unmittelbar vorher ankündigen, nämlich dann, wenn der Ausbruch im Innern des Berges bereits begonnen hat, aber das heiße Magma noch nicht an die Oberfläche getreten ist. Tatsächlich voraussehen, wann der kritische Schwellenwert überschritten ist, der den Vulkan explodieren lässt, können wir aber nicht. Und grade das macht Vulkanausbrüche so gefährlich – genauso wie Erdbeben.

Ein Kipppunkt ist auch erreicht, wenn ein See – der Begriff macht es bereits deutlich – »umkippt«, wenn das Gewässer also plötzlich seinen Zustand stark verändert. Das geschieht, wenn zu viel Biomasse, etwa in Form von Algen, im See vorhanden ist und es infolgedessen zu einem plötzlichen Sauerstoffabfall im Wasser kommt und dadurch die Lebewesen im Wasser sterben. Auch hier wissen wir, dass dies geschehen kann, aber den Zeitpunkt können wir nicht abschätzen.

Auch *Selbstorganisation* ist ein Merkmal komplexer Systeme. Der Begriff sagt aus, dass sich komplexe Systeme spontan verändern und neue Strukturen oder Muster bilden können. Aus einem ungeordneten wird spontan ein geordneter Zustand – und zwar nur aufgrund der Interaktion der einzelnen Elemente des Systems. Ein gutes Beispiel dafür ist das Schwarmverhalten von Vögeln und Fischen: Aus einem ungeordneten Fliegen oder Schwimmen von vielen Hunderten oder gar Tausenden von Individuen entsteht spontan eine kollektive, elegant synchronisierte Bewegung und zwar alleine durch das Verhalten der einzelnen Tiere – es bedarf dazu keines Anführers! Dieses System funktioniert, indem jedes einzelne Tier drei Grundregeln beachtet: Die erste ist der *Zusammenhalt*, das heißt: Bewege dich in die Richtung des Mittelpunkts der Gruppe, die du siehst. Die zweite ist die *Distanz*, das heißt: Bewege dich weg, sobald dir jemand zu nahe kommt. Die dritte ist die *Ausrichtung*, das heißt: Bewege dich in etwa dieselbe Richtung wie deine Nachbarn. Werden nur diese drei einfachen Regeln beachtet, dann lassen sich plötzlich komplexe Schwarmbewegungen vollziehen.[317]

Schließlich – und damit kommen wir zum letzten Merkmal von komplexen Systemen – haben sie die Eigenschaft, sich ständig weiterzuentwickeln, zu »*evolvieren*« und zwar in Reaktion auf oder in Verbindung mit anderen Systemen. Sich berührende Systeme »*koevolvieren*«, das heißt, es gibt zwischen ihnen gegenseitige Anpassungen. So verändert die Atmosphäre die Ozeane und die Ozeane die Atmosphäre; gleiches gilt für die Beziehung zwischen Wald und Atmosphäre, zwischen Wald und angrenzendem Gewässer oder auch für die Beziehung zwischen einem Ameisenhaufen und dem Baum, an den er sich schmiegt.[318]

Insgesamt lässt sich also konstatieren, dass komplexe Systeme Eigenschaften und Verhaltensweisen besitzen, die nicht vorhersehbar, nicht berechenbar sind. Wir können zwar eine Vorhersage *versuchen*, müssen diesen Vorhersageversuch dann aber mit einer Eintrittswahrscheinlichkeit versehen. Denn die Anzahl der einzelnen Elemente eines Systems, die sich untereinander und auch das System insgesamt beeinflussen, wird mit zunehmender Komplexität des Systems signifikant höher. Wenn wir also das Verhalten des Gesamtsystems präzise vorhersagen wollten, müssten wir *alle* oder zumindest *alle wesentlichen* Elemente mit berücksichtigen. Wobei hier schon die Frage auftritt: Welche sind wesentlich und welche nicht? Welche haben tatsächlich messbare Auswirkungen auf das Gesamtsystem und welche nicht? *A priori* kann das nicht beantwortet werden. Daraus folgt: Je komplexer ein System, desto schwieriger die Vorhersage. Und der Planet Erde ist nun einmal das komplexeste System, das wir kennen! Demzufolge können wir zwar Vorhersagen über das Verhalten von komplexen Systemen treffen, aber ob sie tatsächlich so eintreten oder ob wir nicht doch irgendetwas übersehen haben, was wichtig gewesen wäre, können wir nicht sicher wissen – die Bandbreiten und Eintrittswahrscheinlichkeiten, die das IPCC bei seinen Voraussagen zu den Auswirkungen des Klimawandels angibt, sind dafür das beste Beispiel.

Man könnte also angesichts der vorbeschriebenen Eigenschaften eines komplexen Systems sagen, dass das System Erde nicht nur *komplex* ist (von lateinisch *complecti* = »umschlingen, umfassen«) und damit etwas, *»dessen Gesamtverhalten man selbst dann nicht eindeutig beschreiben kann, wenn man vollständige Informationen über seine Einzelkomponenten und ihre Wechselwirkungen besitzt«*[319]. Nein, man könnte auch sagen, dass es für die Wissenschaft beziehungsweise uns Menschen *kompliziert* – also (negativ implizierend) »undurchschaubar, verzwickt, (unnötig) schwierig« – ist, der Komplexität der Erde auf den Grund zu gehen. Gefährlich wird es dann, wenn wir glauben, die Kompliziertheit überwunden und die Komplexität durchschaut zu haben und daher versuchen, mit bestimmten Methoden in dieses System einzugreifen mit dem Ziel, es zu verändern. Solche Methoden nennen sich »*Geo-*« oder »*Climate-Engineering*« (CE) und sollen nun vorgestellt werden.

Lösung Geo-Engineering?

Der niederländische Atmosphärenchemiker *Paul Crutzen* (*1933), der für seinen maßgeblichen Beitrag zur Erforschung des Ozonlochs 1995 den Nobelpreis für Chemie erhalten und der im Jahr 2000 auch den Begriff *Anthropozän* »erfunden« hatte, schlug 2006 vor, den Klimawandel mithilfe gezielter, großtechnischer Eingriffe in das Klimasystem – also durch Eingriffe in die geochemischen oder biogeochemischen Kreisläufe der Erde – zu bekämpfen. Seither wird dies in der Wissenschaft ernsthaft diskutiert; es wurden die verschiedensten Vorschläge unterbreitet, auch wenn sie mitunter größenwahnsinnig klingen.

Die allermeisten dieser als Geo- oder Climate-Engineering bezeichneten Maßnahmen zielen darauf ab, die Strahlungsbilanz der Erde, welche aufgrund der erhöhten Treibhausgaskonzentration in der Atmosphäre bekanntlich gestört ist, zu verändern. Grundsätzlich sind dabei zwei Ansätze denkbar:

Der erste ist die *direkte* Veränderung der Strahlungsbilanz *ohne* dabei den Ursachen – also den erhöhten Treibhausgaskonzentrationen in der Atmosphäre – entgegenzuwirken. Dieser Ansatz beschränkt sich somit gewissermaßen auf die Behandlung der *Symptome* der »Krankheit«; Methoden, die auf ihm basieren, nennt man »*Solar Radiation Management*« (»Sonnenstrahlungs-Management« – SRM).

Im Gegensatz dazu konzentriert sich der zweite Ansatz auf die *Ursachen* der veränderten Strahlungsbilanz, indem die sich bereits in der Atmosphäre befindlichen Treibhausgase reduziert werden sollen. Die auf diesem Ansatz gründenden Methoden nennt man »*Carbon-Dioxide-Removal*« (»Kohlendioxid-Entfernung« – CDR).[320]

Einer der Vorschläge, der zur ersten Gruppe, den SRM-Technologien, also denjenigen, die die Strahlungsbilanz direkt verändern wollen, zählt, ist das Ausbringen von riesigen Reflektoren im Weltall, die die Sonneneinstrahlung reflektieren und sie so von der Erdoberfläche fernhalten sollen. Der Materialeinsatz für diese Reflektoren wäre erheblich, da sie einen gewissen Anteil der Erd-Querschnittsfläche abdecken müssten, um wirksam zu sein. Da die Startlast der Raketen, die die Reflektoren in das Weltall bringen müssten, außerdem deutlich über ihrer Nutzlast läge, wäre der Materialeinsatz, der für die Produktion und den Transport der Anlagen erforderlich wäre, noch um ein Vielfaches höher als derjenige der Reflektoren selbst, was die ganze Angelegenheit sehr teuer und materialintensiv machen würde.

Ein zweiter Vorschlag (unter anderem von Crutzen selbst) war der, Aerosole wie etwa Schwefeldioxid (SO_2) in die Stratosphäre zu bringen, was die kurzwellige solare Einstrahlung reduzieren würde. Vorteil dieser Methode wäre, dass bereits ein relativ geringer Materialeinsatz einen großen Effekt hätte. Außerdem wäre das Ganze kein gänzlich unnatürlicher Vorgang – auch bei Vulkanausbrüchen sind in der Vergangenheit bereits große Mengen von Schwefel in die Atmosphäre gelangt, was zu einer Abkühlung der Erdoberfläche führte. Berechnungen ergaben, dass bei solchen Ereignissen bereits eine Megatonne Schwefel in der Stratosphäre ausreiche, um etwa ein Grad Celsius Abkühlung zu bewirken.

Ein dritter Vorschlag besteht darin, Wolken gezielt zu verändern beziehungsweise zu produzieren. Dies wäre beispielsweise erreichbar, indem man effiziente Eiskeime in die hoch liegenden Eiswolken (Zirruswolken) einsäht oder indem man künstlich Seesalzpartikel in die marinen Schichtwolken emittiert. In beiden Fällen würde die Wolkenbildung angeregt.

Die letzte vorgeschlagene SRM-Technologie betrifft die gezielte Veränderung der Erdoberflächenalbedo, etwa durch das Ausbringen von hellen Materialien in Wüstengebieten, die helle Einfärbung von Dächern oder die Veränderung der Vegetation. Grundsätzlich wäre das nichts Neues; der Mensch verändert ständig die Albedo, wie etwa durch das Abholzen von Wäldern oder den Anbau von Pflanzen. Allerdings erscheint die gezielte Veränderung der Erdoberfläche lediglich zu dem Zweck, die Albedo zu verändern, utopisch, auch weil dabei ebenso der Kohlendioxid- und Wasserhaushalt berücksichtigt werden müsste. So erhöht zwar das Abholzen des Regenwaldes die Albedo, indem die Fläche heller und damit die Reflexion größer wird. Gleichzeitig vernichtet die Abholzung aber auch die CO_2-Senke Wald – eine Milchmädchenrechnung also.[321]

Auf Seiten der CDR-Technologien, also derjenigen, die die Treibhausgaskonzentration in der Atmosphäre verringern wollen, beziehen sich einige Methoden darauf, die Kohlenstoffaufnahme der Meere künstlich zu erhöhen. Grundsätzlich könnte man dies auf physikalische, chemische oder biologische Weise erreichen.

Die physikalische wäre, »überschüssiges« Kohlendioxid in die tieferen Ozeanschichten, welche bislang nur sehr wenig von ihm aufgenommen haben, zu pumpen. Allerdings wäre das keine permanente Lösung, da auch dieses CO_2 irgendwann einmal wieder in die Atmosphäre gelangen würde. Außerdem verbietet das so genannte »*London-Protokoll*«[322] von 1996 die direkte Einleitung von Abfällen und anderen Stoffen, die zur Meeresverschmutzung beitragen, in die Ozeane. Dazu würde in diesem Fall auch das Kohlendioxid zählen. Bliebe also, die CO_2-Aufnahme der Ozeane dadurch zu erhöhen, indem man die kalten Tiefen- und die warmen Oberflächenwasser künstlich durchmischt, etwa durch wellengetriebene Pumpen. Dadurch würde das bereits vom Meer aufgenommene Kohlendioxid weiter nach unten befördert, um weiter oben Platz für neues zu schaffen. Welche Auswirkungen das allerdings auf die globale Energiebilanz, auf die Meeresströmungen und damit auf das globale Förderband hätte, wissen wir nicht.

Die chemische Methode, Kohlendioxid aus der Atmosphäre zu entfernen, stützt sich auf die Verwitterungsreaktionen von Gesteinen, bei denen das nämlich ebenfalls geschieht. Man müsste diese Prozesse lediglich künstlich beschleunigen, um die gewünschte Wirkung zu erzielen. Eine Möglichkeit bestünde darin, Kalk- und Silikatgestein (*Olivin*) zu zerkleinern und zu zermahlen, sodass sich die verwitterungsfähige Gesteinsoberfläche vergrößert; anschließend würde das Gesteinsmehl in das Oberflächenwasser der Ozeane gestreut. Alternativ könnte der Gesteinsstaub aber auch an Land, vorzugsweise in tropenfeuchten Gebieten, verteilt werden. Zwar wäre das Potential dieser Methode zur CO_2-Reduzierung sehr hoch, allerdings würden dazu auch riesige Gesteinsmengen benötigt: Zur Bindung von nur einer Tonne Kohlendioxid wäre etwa eine ebensolche Menge an Olivin erforderlich. Um es zu gewinnen, müsste das Gestein in Bergbau-Verfahren abgebaut, zerkleinert und an seinen Bestimmungsort transportiert werden und zwar in Größenordnungen, die der heutigen Förderung fossiler Brennstoffe entspräche. Zudem könnte das Einbringen dieser riesigen Mengen an Gestein in die Ozeane dort erhebliche optische, chemische und möglicherweise auch toxische Veränderungen bewirken – insbesondere eine Alkalisierung des Wassers.

Bleiben noch die biologischen Verfahren. Sie zielen darauf ab, die globale Photosynthese zu steigern, indem Algenwachstum durch Düngung künstlich angeregt wird. Da die Algen für die Photosynthese Kohlendioxid benötigen, könnten sie somit der Atmosphäre das Gas entziehen. Allerdings erfordert das Wachstum der Algen natürlich auch Nährstoffe, einerseits nämlich so genannte »*Makronährstoffe*« wie Nitrat und Phosphat, derer es großer Mengen bedarf, andererseits aber auch »*Mikronährstoffe*« wie Eisen, von denen geringe Dosen ausreichend sind. Sollte die Algendüngung im Kampf gegen den Klimawandel tatsächlich wirksam werden, dann bräuchte man dazu allerdings solch gewaltige Mengen an Makronährstoffen, dass es einen enormen logistischen und energetischen Aufwand bedeuten würde, sie in die Ozeane zu bringen. Außerdem würden diese wichtigen Nährstoffe dann an Land für die Landwirtschaft fehlen.

Mikronährstoffe hingegen sind in den Ozeanen bereits hinreichend vorhanden, indes aber ungleich verteilt. Während sie in einigen Regionen in ausreichender Menge zur Verfügung stehen, sind sie in anderen wiederum limitiert und hemmen dort das Algenwachstum. An diesen Orten gelte es also, anzusetzen. Um die fehlenden Mikronährstoffe zuzuführen, könnte man mithilfe wellenbetriebener Pumpen einen Auftrieb erzeugen, der sie aus den tieferen Wasserschichten, wo sie vorhanden sind, nach oben befördert (dieser Vorschlag stammt sogar von »Gaia-Erfinder« James Lovelock). Eine andere Möglichkeit wäre, sie künstlich von außen zuzuführen, etwa durch Düngung mit Eisen. Dass es auf diese Weise möglich ist, die biologische Produktion zu steigern, konnte bereits experimentell bewiesen werden. Das Problem ist aber, dass bei sämtlichen Verfahren zur künstlichen Düngung der

Meere die maritimen Ökosysteme de facto manipuliert würden – von den unkalkulierbaren Nebenwirkungen, wie beispielsweise den unweigerlich entstehenden toten Zonen, ganz zu schweigen.

Während all diese beschriebenen CDR-Technologien das Kohlendioxid jedoch nur indirekt aus der Atmosphäre entfernen wollen, indem zum Beispiel die Aufnahmefähigkeit der Ozeane gesteigert wird, gibt es natürlich noch die naheliegende Möglichkeit, das Treibhausgas *direkt* aus der Luft herauszufiltern. Prinzipiell geht das tatsächlich. Man nennt dieses Verfahren »*Air Capture*« (von englisch *to capture* = »einfangen«). Es funktioniert im Grunde genommen genauso wie die CO_2-Abscheidung oder CO_2-Sequestierung bei Kraftwerken, bei der das eingesammelte Kohlendioxid hernach sicher eingelagert wird (»*Carbon Dioxide Capture and Storage*«, kurz: CCS). Dabei wird die Luft durch eine Anlage geführt, in der das Kohlendioxid auf chemische Weise mithilfe von Sorptionsmitteln absorbiert wird.

Was bei fossilen Kraftwerken zumindest in Pilotanlagen heute bereits funktioniert, ist bei der Atmosphärenluft jedoch ungleich schwieriger, da der Anteil des CO_2 in der Luft so gering ist (wir erinnern uns an die vierhundert ppm). Um die erforderlichen Mengen an Kohlendioxid aus der Luft zu gewinnen, müssten demnach gigantische Luftmassen durch riesige Anlagen geleitet werden. Nicht nur der Energieverbrauch dieser Apparaturen wäre immens, sondern es wäre auch die Infrastruktur zu schaffen, um sie instand zu halten und die benötigten Sorptionsmittel zu produzieren. Zur Minimierung der Transportkosten für das gewonnene und einzulagernde Treibhausgas müssten die Anlagen in der Nähe der Einlagerungsstätten entstehen, gleichzeitig aber auch dort, wo die für den Betrieb notwendigen regenerativen Energien leicht zu gewinnen sind.

Die größte Schwierigkeit läge aber darin, das Kohlendioxid sicher und permanent, das heißt »für alle Zeiten« einzulagern, denn nur dann wäre der Zweck, die Kohlendioxidkonzentration in der Atmosphäre dauerhaft zu senken, um den Klimawandel einzudämmen, auch tatsächlich erreicht. Angesichts der Schwierigkeiten, die wir haben, um geeignete *atomare* Endlager zu finden (weltweit existiert bis heute kein einziges für hochradioaktive Abfälle), ist es jedoch mehr als zweifelhaft, ob solche »sicheren CO_2-Endlager« überhaupt in der benötigten Anzahl und Größe verfügbar sind.[323]

In Anbetracht der weiter oben beschriebenen Eigenschaften, die komplexe Systeme wie die Erde nun einmal besitzen – Dynamik, Nichtlinearität, Unstetigkeit, Unsicherheit, Irreversibilität bei Überschreitung von Kipppunkten sowie zahlreiche positive wie negative Rückkopplungen – sollte uns anhand dieser Ausführungen aber eines klar geworden sein: Der Einsatz einer oder mehrerer dieser technischen Großlösungen, die allesamt erheblich in die natürlichen Kreisläufe und Systeme dieses Planeten eingreifen, ganz gleich, welche von ihnen, birgt unkalkulierbare Gefahren und Risiken in sich. Jede Form von Geo-Engineering, so kann es uns unser gesunder Menschenverstand nur sagen, ist, sofern sie überhaupt umsetzbar ist, Teufelszeug.

Selbstverständlich ist es legitim, über sämtliche, auch technische Lösungen unserer großen Umwelt- und Nachhaltigkeitsprobleme nachzudenken. Vielleicht führen solche Überlegungen ja tatsächlich zu neuen, vorher ungeahnten Erkenntnissen, die uns weiter helfen. Doch wir sollten dabei immer mit Augenmaß vorgehen und kein unnötiges Risiko eingehen. Denn viele, wenn nicht sogar die allermeisten technischen Neuerungen, die der Mensch im Laufe der letzten Jahrhunderte entwickelt hat, führten – das zeigt uns die Geschichte – zu mehr oder minder großen Problemen. Und zwar meist dort, wo wir sie gar nicht erwartet haben. Das gilt für den Energiesektor (Stichwort: Erderwärmung) genauso wie für die Chemieindustrie (Stichworte: Umweltschadstoffe, Plastikmüll) und die industrielle Landwirtschaft (Stichwort: Bodendegradation). Es gilt genauso für die Fischereiwirtschaft (Stichwort: leere Meere) wie für den Verkehrssektor (Stichworte: Luftverschmutzung, Energieverbrauch) und den

Bergbau (Stichwort: Landschafts- und Bodenzerstörung). Zwar ist der technische Fortschritt *per se* nichts Schlechtes, aber die Wahrscheinlichkeit, dass sich gerade Geo-Engineering in die soeben erwähnte illustre Runde einreiht, ist doch sehr groß. Das gilt umso mehr, da Geo-Engineering immer Auswirkungen auf den *gesamten* Planeten hat, ja haben muss, denn das ist ja genau sein Zweck. Sollte sich die Menschheit also irgendwann tatsächlich zu einem dieser Großversuche hinreißen lassen, müssen wir uns bewusst sein, dass es dann keinen »Zurück-Knopf« mehr gibt! Eine Generalprobe für ein Geo-Engineering-Großprojekt kann es nicht geben, höchstens einen Feldversuch in kleinerem Umfang. Das bedeutet: Jeder Versuch könnte der letzte und einzige sein! Wenn er schief geht, wenn wir irgendeine Kleinigkeit nicht bedacht haben, aus der sich später Probleme ergeben, können wir es nicht mehr ändern – eine Löschtaste, ein Zurück-Pfeil ist nicht eingebaut. Selbst ein ungewollter, unvorhergesehener Abbruch einer CE-Maßnahme könnte bereits weitreichende Folgen haben, wie zum Beispiel eine Beschleunigung oder Verstärkung des Klimawandels. Damit also der anthropogene Größenwahn, Gott spielen zu wollen, nicht alles nur noch schlimmer macht, muss ein solcher *Worst Case* bei der Risikoabschätzung immer maßgebend sein, zumal die Möglichkeit menschlichen oder technischen Versagens niemals ausgeschlossen werden kann.

Doch selbst wenn Geo-Engineering in der Praxis niemals zum Einsatz kommt, bergen bereits seine bloße Erforschung und seine Einsatzmöglichkeit enorme Gefahren. Einerseits könnte die Investition in die Forschung von Geo-Engineering-Technologien finanzielle Mittel und Ressourcen binden, die dann bei der Erforschung beispielsweise alternativer Energiequellen fehlen. Andererseits könnte alleine schon die Erforschung an sich die Hoffnung schüren, dass dereinst vielleicht *doch* Alternativen zur Treibhausgas-Vermeidung möglich sind, was die Bereitschaft der Politik und der Öffentlichkeit, die notwendigen schmerzlichen Einschnitte, die mit den Vermeidungsstrategien verbunden sind, in Kauf zu nehmen, unterminieren könnte. Auch könnte die bloße staatliche Förderung der Forschung in Geo-Engineering-Technologien Lobbygruppen auf den Plan rufen, die für das eine und wider das andere kämpfen. Aber gerade eine solche Konkurrenz zwischen CE-Technologien und CO_2-Vermeidungstechnologien darf nicht entstehen! Denn es wäre fatal, wenn wir beispielsweise Mittel zur Weiterentwicklung von Solarkraftwerken abziehen und sie stattdessen in die Forschung zu Air-Capture stecken würden, nur um dann die alten, schmutzigen Kohlekraftwerke weiter zu betreiben.

Und selbst wenn wir einmal so weit sein sollten, dass CE-Technologien einsatzbereit wären, wir aber vor ihrem Einsatz aus oben genannten Gründen zurückschrecken und die Patente deshalb im Archiv belassen, wären sie dennoch gefährlich, da sie künftige Generationen in die Lage versetzen würden, das *Klima zu kontrollieren*! Was sich zunächst nach Jedermanns Traum anhört, könnte aus geopolitischer und militärstrategischer Sicht schnell zum Alptraum werden. Hohes Konfliktpotential entstünde, denn zumindest einige der neuen Technologien könnten schnell als potentielle Massenvernichtungswaffen taugen und sogar Kriege heraufbeschwören. Spätestens das sollte uns davon überzeugen, Geo-Engineering auch dann nicht einzusetzen, wenn sie auf dem Papier »das geringere Übel« darstellen.[324]

Glücklicherweise wurde bisher keine der vorgeschlagenen Methoden in großem Umfang angewandt. Angesichts der Komplexität unseres Planeten und der daraus erwachsenden Gefahren und möglichen Nebenwirkungen wäre es auch unverantwortlich. Wir sollten uns vielmehr mit vollem Einsatz darauf konzentrieren, unser Handeln dahingehend zu verändern, dass wir möglichst wenig eingreifen in die Ökosysteme, dass wir die Natur einfach Natur sein lassen. Die Bekämpfung der Ursachen von Umweltzerstörung war schließlich schon immer leichter und auch kostengünstiger, als der Versuch, die zerstörte Natur hinterher »reparieren« zu wollen, nachdem man der Zerstörung zunächst tatenlos zugesehen hat. Die Devise muss daher lauten – und so sieht es auch das europäische Umwelthaftungsrecht beziehungsweise das deutsche *Umweltschadensgesetz* (USchadG)[325] vor: *Vermeidung* (Prävention) vor *Sanierung* (Wiedergutmachung)!

Das einzige – wenn man es so nennen mag – Geo-Engineering-Projekt, das tatsächlich sinnvoll ist, weil es große Mengen Kohlendioxid aus der Atmosphäre absorbiert und gleichzeitig eine äußerst umweltschonende Maßnahme darstellt, ist – die großflächige *Aufforstung*.

Raumflug, zum Zweiten

Also fassen wir noch einmal zusammen: Wir haben die Erde aus vierhundert Kilometer Höhe betrachtet. Aus dieser Perspektive wirkt sie viel zerbrechlicher als von ihrer Oberfläche aus. Von hier oben lässt sich ihre ganze Schönheit erkennen, aber auch viele Narben, die wir Menschen ihr bereits zugefügt haben. Und wir erkennen von hier oben auch ihre Komplexität, ihre Erscheinung als einzigartiges, lebendes System, als Gaia, die einsam durch das Dunkel, durch die Leere des Universums schwebt. Sämtliche Versuche, dieses einzigartige System noch stärker zu beeinflussen, noch stärker ins Wanken zu bringen, als wir es ohnehin bereits getan haben, sollten wir tunlichst vermeiden. Bevor wir jedoch zurück fliegen zur Erde, wollen wir uns noch einmal weiter hinaus wagen, uns noch weiter von ihr entfernen. Denn wenn uns (in kosmischen Maßstäben) bereits winzige vierhundert Kilometer solche weitreichenden Erkenntnisse gebracht haben, was bringt uns dann erst eine noch viel größere Distanz?

Steigen wir also noch einmal in unser Raumschiff und lassen die Internationale Raumstation hinter uns. Unser nächstes Ziel ist der Mond, unser Erdtrabant, der seine Bahnen gemächlich um unseren Planeten zieht. Er ist durchschnittlich 384.400 Kilometer[326] von der Erde entfernt – eine kosmisch gesehen immer noch kleine Distanz. Unser Flug zu ihm dauert etwa acht Tage. Als am

21. Juli 1969 der NASA-Astronaut *Neil Armstrong* (1930 bis 2012) im Rahmen der *Apollo*-Missionen als erster Mensch den Mond betrat, sprach er den berühmt gewordenen Satz: »*That's one small step for* [a] *man, one giant leap for mankind.*« (»*Das ist ein kleiner Schritt für* [einen] *Menschen,* [aber] *ein riesiger Sprung für die Menschheit*«)[327]. Nach Armstrong betraten bislang lediglich elf weitere Menschen – allesamt US-Amerikaner – den Mond; der letzte von ihnen, *Eugene Cernan*, am 14. Dezember 1972. Danach stellte die US-Regierung das Apollo-Programm aus Kostengründen ein – den Wettlauf um den ersten Menschen auf dem Mond hatte man schließlich gegen die Sowjets gewonnen.

Die Flüge zum Mond haben das Selbstverständnis des Menschen stark geprägt. Bis heute, fast ein halbes Jahrhundert später, gilt die Mondlandung als eine der größten technischen Leistungen, die wir Menschen jemals erbracht haben. Gleichzeitig hat sie aber auch unser Bild von unserem Heimatplaneten grundlegend verändert. Eines der ersten Fotos, das bei den Apollo-Missionen (bei Apollo 8, der ersten Mondumrundung) entstand, nennt sich »*Earthrise*« (»Erdaufgang«)[328] und wurde an Heiligabend 1968 von *William Anders* eher durch Zufall aufgenommen. Es zeigt die Erde als leuchtend blaue, zu einem Drittel im Schatten liegende Kugel, die dicht über dem grauen Mondhorizont schwebt. In ihrem Zentrum, unter vielen Wolken, liegt Afrika, durch das sich gerade die Tag-Nacht-Grenze zieht. Als Anders' Kollege *Frank Borman* die Szenerie als erster erblickte, rief er spontan aus: »*Oh, mein Gott! Seht euch dieses Bild da an! Hier geht die Erde auf. Wow, ist das schön!*« Dieses Foto zeigte zum ersten Mal die ganze Fragilität und Isolation unseres Planeten – und wurde zu deren Symbol. Viele halten das Bild sogar für einen der Auslöser der Umweltbewegung, die ab den frühen 1970er Jahren um sich griff. Auch den Fotografen selbst hat es verändert. Anders sagte viele Jahre später in einem Interview: »*Hier sind wir, auf einem unbedeutenden Planeten, der um einen nicht besonders bedeutenden Stern herumfliegt, in einer Galaxie von Millionen Sternen, die nicht bedeutend ist, wo es doch Millionen und Abermillionen von Galaxien gibt im Universum – sind wir also wirklich so bedeutend? Ich glaube kaum.*«[329] Und weiter: »*Wir flogen hin, um den Mond zu entdecken. Aber was wir wirklich entdeckt haben, ist die Erde.*« Später, am selben Tag, als das Foto geschossen wurde, sendeten die drei Astronauten von Apollo 8 ihre Weihnachtsbotschaft zur Erde, die live im Fernsehen übertragen wurde. Auf die Frage von Frank Borman, worüber er hier oben am meisten nachgedacht habe, antwortet *Jim Lovell*, der Dritte im Bunde: »*Die riesenhafte Einsamkeit des Mondes hier oben ist furchteinflößend, und sie lässt einen erst begreifen, was ihr zu Hause auf der Erde wirklich habt. Von hier aus gesehen ist die Erde eine grandiose Oase in der weiten Wüste des Weltalls.*«[330]

Noch schöner beschrieb es der Astronaut *Edgar Mitchell*, der 1971 mit Apollo 14 als sechster Mensch den Mond betrat: »*Plötzlich tauchte hinter dem Rande des Mondes in langen zeitlupenartigen Momenten von grenzenloser Majestät ein funkelndes blauweißes Juwel auf, eine helle, zarte, himmelblaue Kugel, umkränzt von langsam wirbelnden weißen Schleiern. Allmählich steigt sie wie eine kleine Perle aus einem tiefen Meer empor, unergründlich und geheimnisvoll. Du brauchst eine kleine Weile, um ganz zu begreifen, dass das die Erde ist – unsere Heimat. Mein Blick auf unseren Planeten offenbarte mir einen Schimmer des Göttlichen.*«[331]

Auch Alexander Gerst äußerte sich in seinem Blog über die Landung auf dem Mond. Er schrieb: »*mit jedem Geheimnis, das uns der Mond verrät, erfahren wir auch mehr über unsere Erde, die von der Vorderseite des Mondes eine kleine blaue Murmel am Firmament ist und von der Rückseite des Mondes aus gar nicht mehr zu sehen ist. Ich bin mir sicher, dass die Perspektive, unsere Heimat aus den Augen zu verlieren, für uns Menschen sehr heilsam sein wird.*«[332]

Gerst spielt dabei auf ein weiteres berühmtes Foto der Erde an, das die letzte Apollo-Mission, Apollo 17, am 7. Dezember 1972 aufnahm, und zwar beim Anflug zum Mond aus etwa 45.000 Kilometern Höhe. Es trägt den Namen »*Blue Marble*« (»Blaue Murmel«)[333] und war die erste farbige Komplettaufnahme der Erde. Das Bild zeigt ihre volle Schönheit, unbeeinträchtigt von jeglicher Verschattung, im Zentrum wiederum Afrika. Die blassblaue Szenerie reicht vom Mittelmeer und der Arabischen Halbinsel ganz unten bis zur Eiskappe der Antarktis ganz oben, die Südhalbkugel dabei zu einem großen Teil unter Wolken versteckt. Auch dieses Foto – zur besseren Erkennbarkeit hernach um 180 Grad gedreht – wurde später durch die Umweltbewegung der 1970er Jahre sehr populär. Es wurde hunderttausendfach auf Postern, Fahnen und T-Shirts reproduziert.

Beide Fotos – »*Earthrise*« und »*Blue Marble*« – trugen maßgeblich dazu bei, die Ideen der Umweltbewegung einer breiten Bevölkerungsschicht zugänglich zu machen. Beide Fotos verdeutlichten sehr plakativ, dass die Menschheit trotz allen technischen Fortschritts auf Gedeih und Verderb den Prozessen der natürlichen Ökosysteme ausgeliefert ist. Denn diese Systeme erzeugen die Luft, die wir atmen, sie reinigen das Wasser, das wir trinken und sie bilden den Boden, auf dem unsere Nahrung wächst. Und alles zusammengenommen ist abhängig von der Energiezufuhr durch die Sonne, ist abhängig von den vielfältigen Stoffkreisläufen, die sich auf unserem Planeten abspielen und ist abhängig von den komplexen Prozessen, die unser Klima regulieren. Genau *das* ist es nämlich, was die Erde von allen anderen Himmelskörpern unterscheidet, die wir (bisher) kennen: Die Erde ist ein hochkomplexes Lebenserhaltungssystem, ist die die *blaue Murmel*, die *lebendige Gaia*, die *grandiose Oase* in den unendlichen Weiten des Universums!

Noch deutlicher würde das, wenn die beiden Fotografen ihre Kamera nicht auf die Erde, sondern in die entgegengesetzte Richtung, in Richtung der Tiefen des Weltalls gerichtet hätten. Das so entstandene Bild würde einen klaren, teils farbigen Sternenhimmel zeigen, übersäht mit Myriaden leuchtender Sonnen. Quer über das Bild zöge sich ein milchiger Pinselstrich: die *Milchstraße*, eine mittelgroße spiralförmige Galaxie mit einem Durchmesser von etwa hunderttausend Lichtjahren. Auch unser bescheidenes Sonnensystem gehört ihr an.

Die Milchstraße enthält wahrscheinlich – Achtung! – *hundert* bis *zweihundert Milliarden Sterne*! Diese Zahl ist so groß, dass sie jenseits unseres Vorstellungsvermögens liegt. Vielleicht hilft es, uns vorzustellen, sie zu zählen; alleine dafür bräuchten wir allerdings circa 30.000 Jahre! Unglaublich, oder?

Aber es geht sogar *noch* größer: Zusammen mit der benachbarten *Andromeda-Galaxie* (auch *Andromeda-Nebel* genannt) und mehreren hundert weiteren Galaxien bildet die Milchstraße die so genannte »*Lokale Gruppe*« – eine Sternenansammlung mit einem Durchmesser von fünf bis acht Millionen Lichtjahren. Und auch dieses gigantische Gebilde nimmt vermutlich lediglich eine *Hundertstel Million* des beobachtbaren Universums ein! Man vermutet, dass dieses beobachtbare Universum bis zu *hundert Milliarden Galaxien* enthält – und jede davon wiederum hundert und mehr Milliarden Sterne! Insgesamt beinhaltet das *beobachtbare* Universum also eine Sternenmenge von mehreren zehn Trilliarden Sternen – das entspricht einer Eins mit zweiundzwanzig Nullen! Und dabei ist die noch viel größere Menge an Planeten und anderen Himmelskörpern noch nicht einmal berücksichtigt.

In Summe dürfte die Zahl der Sterne im Universum also weit größer sein als die Zahl der Sandkörner in allen Wüsten und an allen Stränden der Erde. Wir brauchen uns also einfach nur vorzustellen, dass unsere Sonne ein einziges winziges Sandkorn unter allen Sandkörnern der Welt wäre – dann wissen wir um unsere tatsächliche Bedeutung. Ist das nicht beängstigend?

Immerhin: Diese aberwitzig große Zahl macht es ziemlich wahrscheinlich, dass auch um irgendeine andere Sonne – oder vielleicht auch um sehr viele andere Sonnen – ebenfalls bewohnbare Planeten ähnlich dem unseren kreisen. Ob einer von ihnen allerdings nur annähernd so schön ist wie unserer und ob das Leben, das sie beherbergen, dem Leben, das wir kennen, auch nur annähernd gleicht, das werden wir wohl niemals erfahren können. Denn dass wir nach der Einstein'schen Physik jemals mittels Lichtgeschwindigkeit durch die Zeit reisen und bis zu ihnen vordringen, das ist doch eher unwahrscheinlich. Die Wahrscheinlichkeit, dass wir eines Tages eine Art zweite Erde entdecken, die uns Lebensbedingungen böte, die denen auf unserer Erde gleichen, damit wir in einer fernen Zukunft auf sie übersiedeln könnten, wenn wir unseren Planeten zerstört haben, tendiert gegen Null.

Betrachten wir zum Schluss noch ein letztes Weltraumfoto, das uns dies eindrucksvoll vor Augen führt. Es trägt den Namen »*Pale Blue Dot*« (»*Blassblauer Punkt*«) [334] und wurde am Valentinstag des Jahres 1990 von der Raumsonde Voyager 1 aufgenommen, kurz nachdem diese den Rand unseres Sonnensystems überschritten hatte und in den interstellaren Raum eingetreten war. Niemals zuvor und danach wurde ein Bild der Erde aus einer solch großen Entfernung aufgenommen. Die Raumsonde war bis hierhin bereits mehr als zwölf Jahre unterwegs.

Alexander Gerst schreibt darüber: »*Können Sie sich vorstellen, dass alle Länder und Kontinente, die Sie jemals gesehen haben, alle Menschen, die jemals gelebt haben, alles, was jemals auf unserem Planeten existiert hat und passiert ist, ja, in der Tat unser Planet selbst auf einen einzelnen Punkt reduziert werden kann? Ich kann es nicht. Und doch ist es so. Im Jahr 1990 konnte ein Astronom namens Carl Sagan die NASA* [davon] *überzeugen, eine der Voyager-Sonden auf dem Weg aus unserem Sonnensystem hinaus umzudrehen, um einen letzten Blick von außen auf unser Sonnensystem zu werfen. Das resultierende Bild war so verblüffend einfach wie eindrucksvoll. Aus 6.5 Milliarden Kilometern Entfernung betrachtet war unser Sonnensystem ein schwarzes Nichts, die Planeten auf die Größe von winzigen Bildpunkten geschrumpft. Ein einzelner Pixel war blau.*«[335]

Und er fährt fort: »*Astronauten, die von Weltraumreisen zurückkommen, berichten davon, wie zerbrechlich unser Planet von außen wirkt. Die Apollo Missionen haben uns gezeigt, dass unsere Erde nichts weiter ist als eine Steinkugel, die von einer hauchdünnen blauen Atmosphäre umgeben ihre Bahnen durch ein schwarzes, leeres und lebensfeindliches Universum zieht. Oder, wie es* [der amerikanische Architekt, Visionär und Philosoph] *Buckminster Fuller* [1895 bis 1983] *einmal ausgedrückt hat* [...:] *unser Raumschiff* [, dass] *einmal im Jahr mit uns allen zusammen um die Sonne reist. Es ist unser einziges. Wenn wir das empfindliche Lebenserhaltungssystem in diesem Raumschiff stören, dann ist es mit uns vorbei.*

Auf der Erdoberfläche stehend, scheinen die Ressourcen um uns herum unendlich. Wenn wir in einem Flugzeug reisen, haben wir bereits zwei Drittel der Atmosphärenmasse unter uns. Auf die Dichte von Wasser komprimiert wäre sie nur 10 Meter dick. Auf einer Rakete reitend können wir sie innerhalb von 8 Minuten verlassen. Und doch ist sie alles, was uns vor tödlicher kosmischer Strahlung schützt.«[336] Dem ist nichts hinzuzufügen.

Die Freud'schen Kränkungen

Sigmund Freud (1856 bis 1939) hat einst behauptet, die Menschheit habe in ihrer Geschichte »*drei (narzisstische) Kränkungen*« erfahren, welche mit den Namen dreier berühmter Männer verbunden seien, nämlich: Kopernikus, Darwin – und Freud selbst.[337] Ausformuliert lauten sie sinngemäß wie folgt:

Als *Nikolaus Kopernikus* (1473 bis 1543) erklärte, die Sonne sei das Zentralgestirn, um das sich die Erde drehe und nicht etwa umgekehrt, nahm er die Erde aus dem Zentrum des Universums und mit ihr die Menschheit; er kickte sie gewissermaßen aus dem Mittelpunkt ins Abseits, degradierte sie von ihrer alles beherrschenden Stellung zu einem von acht winzigen Punkten, die eine mittelgroße, unbedeutende Sonne umkreisen, von denen es Milliarden im Universum gibt. Kopernikus nahm den Menschen vom Mittelpunkt allen Seins fort und setzte ihn auf ein kleines Staubkorn irgendwo im Nichts. Den Menschen als Herrscher über das Universum gab es fortan nicht mehr.

Als *Charles Darwin* (1809 bis 1882) erklärte, alle Tiere und Pflanzen dieses Planeten – den Menschen eingeschlossen – seien nicht etwa von Gott erschaffen und für alle Zeiten unveränderbar, sondern eine fortwährende Weiterentwicklung im Zuge der Evolution, bei der es lediglich darum gehe, sich am besten anzupassen und auf diese Weise als der Erfolgreichste aus einem immer fortdauernden Existenz- und Konkurrenzkampf hervorzugehen, stieß er den Menschen vom Thron allen irdischen Lebens. Der Mensch war nicht mehr die über allen anderen stehende Spezies, er war vielmehr ein Teil der Natur, genauso wie Vogel, Hase und Käfer. Er war nun lediglich ein Lebewesen unter vielen, ein aus einem affenähnlichen Wesen entsprungenes Tier. Darwin stürzte den Menschen von den Höhen des Himmels, wo er neben Gott gesessen hatte, und warf ihn hinunter in die Niederungen des gemeinen Volkes, in die Allgemeinheit der irdischen Lebewesen, auf deren Stufe er nun auszuharren hatte. Auch den Menschen als Herrscher über die Erde und über alle Lebewesen gab es fortan nicht mehr.

Als *Sigmund Freud* schließlich erklärte, dass die menschliche Psyche nicht nur aus einem Bewusstsein, sondern auch aus einem größeren Unterbewusstsein bestehe, ja dieses Unterbewusstsein sich in der Regel über das Bewusstsein aufschwinge, es steuere und die Führung behalte, degradierte er den Menschen zu einem Spielball dieses Unterbewusstseins, nahm ihm die Kontrolle über sich selbst und stellte seine unabhängige Vernunftentscheidung infrage. Freud unterwarf den Menschen seinen Trieben. Am Ende war der Mensch damit nicht einmal mehr Herrscher über sich selbst.

Soweit die Behauptung Freuds. Doch hatte er mit seiner – zugegebenermaßen recht originellen und schlüssigen – These auch recht? War der Mensch vor Kopernikus tatsächlich der »Herrscher« über das Universum? War er vor Darwin tatsächlich der »Herrscher« über die Welt?

Natürlich war er das nicht. Er *glaubte* lediglich, es zu sein. Deswegen konnte er ja überhaupt erst enttäuscht werden! In Wahrheit hat der Mensch die Machtfülle, die er vielleicht glaubte zu haben, erst *heute*, in unseren Tagen erreicht.

Als Nikolaus Kopernikus im Jahre 1543 sein Werk »*De revolutionibus orbium coelestium*« (»*Über die Umschwünge der himmlischen Kreise*«) veröffentlichte, war die Welt gerade im Umbruch. *Christoph Kolumbus* hatte ein halbes Jahrhundert zuvor Amerika entdeckt, *Martin Luther* hatte die Reformation auf den Weg gebracht, *Johannes Gensfleisch*, genannt *Gutenberg*, hatte in Mainz den Buchdruck mit beweglichen Lettern entwickelt; Humanismus und Renaissance verwandelten Kunst, Architektur und Gesellschaft. Die Veränderungen dieser Zeit waren so bedeutsam, dass das Jahr 1500 heute von der Geschichtswissenschaft als eine *Zeitenwende*, als der Übergang vom (Spät-) Mittelalter zur Neuzeit definiert wird.

Doch die Macht des Menschen über die Natur war *nach* Kopernikus noch fast genauso limitiert wie *vor* ihm. Das Pferd bestimmte an Land weiterhin die maximale Reise- und auch Nachrichtenübertragungsgeschwindigkeit wie seit Jahrtausenden; die Dampfmaschine war noch lange nicht erfunden; die Energieversorgung speiste sich ausschließlich aus erneuerbaren Quellen, aus Muskel-, Wasser- und Windkraft; die Wissenschaft verließ sich im Wesentlichen immer noch auf die Erkenntnisse der Antike, *Isaak Newton* erblickte erst hundert Jahre später das Licht der Welt. Der Mensch war gottesfürchtig; die Infragestellung der Schöpfungsgeschichte war undenkbar und lag außerhalb der Vorstellungskraft. Den Naturgewalten war der Mensch schutzlos ausgeliefert, Naturphänomene konnte er sich nicht erklären, in seinen Augen waren sie gleichbedeutend mit dem Wort Gottes. Weite Teile der Weltkarte waren weiß: die größten Teile der beiden Amerikas, Südostasien, das Innere Afrikas; Australien war noch nicht einmal entdeckt. Die Weltmeere wurden mit segelbespannten Nussschalen bereist, das Land mit rumpelnden Pferdefuhrwerken. Wie kann man da ernsthaft behaupten, dass der Mensch vor Kopernikus die Macht über die Erde oder gar das Universum besessen habe?

Als Charles Darwin im Jahre 1859 endlich, nach mehr als zwanzig Jahren des Zögerns und erst nachdem ihm *Alfred Russel Wallace* beinahe zuvor gekommen war, sein Werk »*On the Origin of Species*« (»*Über die Entstehung der Arten*«) veröffentlichte, stand die Welt ebenfalls im Umbruch. Die industrielle Revolution stand in voller Blüte, die ersten Eisenbahnen und Dampfschiffe fuhren, die Telegrafie und die Fotografie waren gerade erfunden, gravierende wirtschaftliche und soziale Umbrüche waren im Gange oder hatten gerade stattgefunden.

Doch der menschliche Einfluss auf die Natur war immer noch sehr begrenzt. Die erste Ölbohrung der Welt fand just im Erscheinungsjahr von Darwins Buch in Pennsylvania statt, der Verbrennungsmotor war noch nicht erfunden. Es gab noch keine Kunststoffindustrie, keinen synthetischer Dünger, kein Telefon. Die Zeitung war das einzige Massenmedium; die Elektrifizierung der Welt lag noch in weiter Ferne, künstliches Licht ließ sich nur mithilfe von Gas- und Petroleumlampen oder durch Kerzen erzeugen; das weltweite Netz der Eisenbahn, des einzigen Massenverkehrsmittels, das es damals gab, befand sich zwar im rasanten Wachstum, lag aber noch bei bescheidenen 50.000 Kilometern; nur ein Zehntel der Länge, den es bereits drei Jahrzehnte später besitzen sollte. Die Weltbevölkerung hatte eine Größe von gerade einmal 1,2 Milliarden, weniger als ein Sechstel der heutigen. Zwar gab es damals schon Kohlebergbau, Dampfmaschinen, Fabrikanlagen und rauchende Schlote, aber zu behaupten, der Mensch hätte die Erde bis Mitte des neunzehnten Jahrhunderts auch nur annähernd so beherrscht und ausgebeutet wie heute, wäre übertrieben.

Als Sigmund Freud im Jahre 1923 sein Hauptwerk »*Das Ich und das Es*« veröffentlichte, stand die Welt abermals im Umbruch. Der erste Weltkrieg, diese »*Urkatastrophe des zwanzigsten Jahrhunderts*«, die der Jugend Europas ein kollektives Trauma beschert hatte, war gerade erst vorüber, die politische Landkarte hatte sich in der Folge erheblich verändert. Das bürgerliche neunzehnte Jahrhundert war abgelöst worden vom zwanzigsten, das im Zeichen von Stalinismus, Faschismus und Nationalismus stand. *Albert Einstein* hatte wenige Jahre zuvor mit seiner Allgemeinen Relativitätstheorie die Grenzen von Raum und Zeit verschoben, *Nils Bohr* hatte sein Atommodell entwickelt, *Max Planck* sein Wirkungsquantum, das die Quantenphysik begründen sollte, entdeckt. Elektrische Straßenbeleuchtung und elektrische Straßenbahnen waren mittlerweile selbstverständlich, Automobile lösten die altbewährten Pferdefuhrwerke und Handkarren zusehends ab.

Doch die Zahl der Menschen auf dieser Erde lag noch immer bei nur 1,8 Milliarden, weniger als ein Viertel der heutigen. Das Auto war noch längst kein Massenverkehrsmittel, die zivile Luftfahrt eine Randerscheinung, der Aufstieg des Erdöls zum Brennstoff der Welt in dieser Deutlichkeit noch nicht absehbar. Der Standard-Container war noch ebenso unbekannt wie die moderne Polymerchemie oder der Fernseher; den ersten Computer baute *Konrad Zuse* erst zwei Jahrzehnte später zusammen; das Atomzeitalter lag noch in weiter Ferne. Ein Phänomen gar, wie der vom Menschen gemachte Klimawandel, war damals – obwohl er tatsächlich bereits begonnen hatte – völlig undenkbar. Gaia konnte – obwohl über sie gerade der »*Grande Guerre*« hinweggefegt war – in den 1920er Jahren noch viel unbeschwerter durch das Universum eilen als gegenwärtig; der »Parasit«, der sich ihr ermächtigt hatte, hielt sich noch zurück.

Erst heute, ein volles Jahrhundert nach Freuds These[338], scheinen wir, scheint der »Parasit« die Welt vollends zu beherrschen. *Erst heute* haben wir sie uns vollends untertan gemacht, so wie es uns die Bibel diktiert hat. Dem Gottesbefehl aus der Genesis *»Seid fruchtbar und mehret euch und füllet die Erde und machet sie euch untertan und herrschet über die Fische im Meer und über die Vögel des Himmels und über alles Lebendige, was auf Erden kriecht!«*[339] sind wir zwei Jahrtausende lang hörig gefolgt – solange, bis es uns zum Verhängnis geworden ist! *Erst heute* muss die Natur Angst vor uns haben, müssen wir selbst fürchten, uns zugrunde zu richten. Zu Zeiten von Kopernikus, Darwin und auch Freud war das noch nicht der Fall.

Streng genommen waren die Freud'schen Kränkungen also unbegründet; das beleidigte Kind in Wahrheit Nachgeburt eines Missverständnisses. *Erst heute* haben wir eine Autorität, einen Einfluss, haben wir ein Selbstverständnis, ein Selbstbewusstsein erlangt, das eine Kränkung rechtfertigen würde. *Erst heute* sind wir Menschen – vermeintlich – viel »größer«, besitzen eine viel größere Machtfülle als wir sie noch vor Kopernikus, vor Darwin besaßen. *Erst heute* können wir Gott spielen – zu Kopernikus' und Darwins Zeiten war uns das noch nicht »vergönnt«. Freud lag also daneben. Seine Kränkungen hat es in Wahrheit nie gegeben. Zumindest nicht zu Lebzeiten seiner drei Helden.

Allerdings – und das können wir ihm zumindest zubilligen – hat er womöglich aus der Rückschau, aus der Rückbetrachtung her Recht behalten. Wenn wir annehmen, dass das so wäre, dann lässt sich sein System sogar noch weiter denken. Dann lässt sich nämlich nach weiteren grundlegenden Verwerfungen in der Menschheitsgeschichte suchen, nach einer *vierten Kränkung*, die ähnlich prägnant war wie die drei von Freud genannten.

Vorschläge für eine solche vierte Kränkung gab es bereits viele. Einer davon bezieht sich beispielsweise auf die Entdeckung des Gens durch *Richard Dawkins* (*1941), also wenn man so will, auf die *genetische Kränkung*. In seinem Buch »*The Selfish Gene*« (»*Das egoistische Gen*«) aus dem Jahr 1976 hatte Dawkins postuliert, dass Gene solcherart in Konkurrenz zueinander stünden, dass jedes für sich möglichst viele Kopien seiner selbst produzieren wolle. Um das zu erreichen, benützten die Gene immer raffiniertere »Überlebensmaschinen« in Form pflanzlicher oder tierischer Körper. Auf diese Weise hatte Dawkins den Menschen auf eine bloße Hülle reduziert, auf ein bloßes Werkzeug für den Existenzkampf unserer Gene. Des Menschen Vernunft und Wille wären demnach reine Illusion.

Ein weiterer Vorschlag bezieht sich darauf, dass im Zuge der Entwicklung von künstlicher Intelligenz »*selbst der Verstand keine Bastion des Menschen mehr*«[340] sei. Rechner könnten den menschlichen Verstand nachahmen und ihn eines Tages sogar übertreffen. Sie könnten dann nicht nur komplexe Rechenaufgaben lösen und Erinnerungsvermögen besitzen, sondern auch Kreativität, Lernbereitschaft und Einfallsreichtum zeigen. Intelligenz wäre dann kein Alleinstellungsmerkmal des Menschen mehr, sondern ließe sich durch Maschinen nachbilden und ersetzen.

Auch der Internet-Journalist und Blogger *Sascha Lobo* hat eine vierte Kränkung ausgemacht, nämlich eine *digitale Kränkung*. »*Die positiven Versprechungen des Internets, Demokratisierung, soziale Vernetzung, ein digitaler Freigarten der Bildung und Kultur*« seien durch die Enthüllungen des *Edward Snowden* enttäuscht worden, was »*der größte Irrtum des Netzzeitalters*« sei. »*Mit dem Netz hatte sich der bisher vielfältigste, zugänglichste Möglichkeitsraum aufgetan, stets schwang die Utopie einer besseren Welt mit.*« Die »*fast vollständige Durchdringung der digitalen Sphäre durch Spähapparate*« aber habe »*den famosen Jahrtausendmarkt der Möglichkeiten in ein Spielfeld von Gnaden der NSA verwandelt*«. Die Überwachung sei »*nur Mittel zum Zweck der Kontrolle, der Machtausübung*«. Was so viele für ein »*Instrument der Freiheit*« hielten, werde »*aufs Effektivste für das exakte Gegenteil benutzt*«[341], wie er schreibt.

So sehr er mit seiner Einschätzung auch richtig liegen mag, so sehr erscheint es allerdings vermessen, diesen Umstand gleich in eine Reihe mit Kopernikus und Darwin zu stellen. Selbst die *psychologische Kränkung* des Sigmund Freud auf dieselbe Ebene zu heben wie seine beiden Vorgänger, war letztlich nicht viel mehr als ein famoser Akt der Selbstvermarktung und Eigenwerbung.

Wenn es jedoch tatsächlich eine Erkenntnis gibt, die so richtungsweisend für das Selbstverständnis des Menschen ist wie diejenigen von Kopernikus und Darwin und vielleicht auch von Freud, dann ist es diejenige, die wir beim Lesen dieses Buches wieder einmal erfahren mussten, *schmerzlich* erfahren mussten: Es ist die Einsicht, dass wir zwar *meinen*, die Natur beherrschen zu können, es aber in Wahrheit gar nicht tun. Es ist die Einsicht, dass wir uns zwar hemmungslos an den Schätzen unseren Planeten bedienen, die Schatzkammer aber bereits zu weiten Teilen leer geräumt ist. Es ist die Einsicht, dass wir an dem Ast, auf dem wir sitzen, immer schwungvoller sägen, während wir es doch kaum bemerken. Man könnte dies als die *ökologische Kränkung* des Menschen bezeichnen.

Sie besteht aus zwei Komponenten, nämlich einerseits aus derjenigen Erkenntnis, die bereits der *Club of Rome* im Jahr 1972 formulierte[342]: Dass die Ressourcen der Erde endlich sind, dass »*der Selbstbedienungsladen Natur* [...] *sich künftig einem größeren Teil der Menschheit verweigern*« werde, dass es eine »*weltweite Konsumgesellschaft auf der Basis desjenigen Naturverbrauchs, wie er der euro-amerikanischen Zivilisation zugrunde liegt,* [...] *nicht geben*«[343] könne, wie es der Autor *Bernd Herrmann* ausdrückte.

Hinzu tritt – als zweite Komponente – die Erfahrung, dass wir Menschen die Technologien, die wir erschaffen haben, nicht vollends beherrschen. Die Welt ist heute – nach den Worten der Autoren *Barbara Guwak* und *Matthias Strolz* – »*volatil* [also wechselhaft, instabil, schwankend], *unsicher, komplex und ambivalent*«.[344] Die Welt sei keineswegs planbar und steuerbar, »*wie wir uns das bisher vorgestellt haben*«. »*Trotz Wissensexplosion, rasanter Beschleunigung des technischen Fortschritts und einem Wettbewerb in Wissenschaft und Forschung, wie ihn die Menschheit bisher nicht gekannt hat, rückt der Zeitpunkt, zu dem wir alles wissen, was wir brauchen, um die Dinge vorhersagen, planen und kontrollieren zu können, in immer weitere Ferne.*«[345] Oder, zusammengefasst: »*Die vierte Kränkung* [...] *bedeutet*«, so *Reiner Klingholz*, »*dass wir, ungeachtet aller technischer Möglichkeiten, die Natur nicht in einem Zustand erhalten können, der uns gewogen wäre.*«[346]

Beides – Ressourcenendlichkeit und hamstermühlenartiges technisches Unvermögen – beleidigt die Handlungsfreiheit, beleidigt den Fortschrittsglauben des Menschen. Beides – eingeschränkte Handlungsfreiheit und getrübter Fortschrittsglauben – zeigt, dass der Mensch heute an eine Grenze gelangt ist, die er nicht überschreiten kann, von der er aber dachte, dass jenseits von ihr seine Zukunft liegt. Aber die Zukunft liegt nicht im Jenseits, liegt nicht auf fremden Planeten, nicht in fernen Welten. Die Zukunft des Menschen liegt hier auf der Erde. Hier kann er nicht weg, hier muss er bleiben, muss klarkommen mit den Limits, die Gaia ihm setzt. Er muss an den Grenzen zum Universum umdrehen und zurückkehren nach Hause, muss nach neuen Wegen suchen, wie er hier und heute und für eine lange Zeit eine lebenswerte Welt erhalten kann, eine Welt, lebenswert nicht nur für uns selbst, sondern auch für künftige Generationen, für unsere Kinder, Enkel und Urenkel.

Schon der Weltgipfel von 1992 in Rio de Janeiro hatte formuliert, dass der Mensch »*Verantwortung für eine ökologische und sozial zukunftsfähige Entwicklung*« übernehmen müsse. Das setzt zwar voraus, dass der Mensch doch ein Stück weit »über den Dingen« steht, was Darwin ja eigentlich widerlegt hatte. Aber ganz falsch ist es ja nicht: Wir sind schließlich die einzigen, die es ändern können, auch wenn wir streng genommen nur ein Tier unter vielen sind. Trotzdem bleibt festzustellen, dass wir diesem Appell bisher nicht konsequent gefolgt sind. Die Zerstörung der Erde durch den Menschen geht weiter, wie die vorangegangenen Kapitel dieses Buchs gezeigt haben, vielleicht sogar schneller als jemals zuvor. Unser Problem sei, so Klingholz, »*dass wir diese vierte Kränkung noch nicht realisiert haben. Erst wenn wir das tun, werden wir sie nicht mehr als Kränkung betrachten, sondern als Chance.«*[347] Wenn wir tatsächlich realisieren, was wir an unserer wunderschönen blauen Murmel, an unserem blassblauen Punkt in den unendlichen Weiten des Universums haben, wenn wir tatsächlich realisieren, dass wir ohne sie nicht sein, nicht überleben können, dann und *nur* dann bietet sich für uns die Chance, mit ihrer Hilfe eine für uns alle lebenswerte Zukunft zu gestalten.

Die Erde ist ein Geschenk.

Das zu begreifen, ist elementar. Wenn wir begreifen, dass wir für den Erhalt unseres einzigartigen Lebensraums etwas tun müssen, um zu überleben, anstatt ihn bedingungslos auszubeuten, wenn wir das begreifen und uns dann auch nicht davon abhalten lassen, tatsächlich etwas zu tun, dann ist bereits viel gewonnen, dann ist der erste Schritt getan, der Weg in die richtige Richtung angetreten.

Im zweiten Schritt müssen wir uns dann über die konkreten Maßnahmen unterhalten, über die Ursachen, die zu bekämpfen, über die Bereiche, in denen Veränderungen herbeizuführen, und über die Maßnahmen, die einzuleiten sind. Denn wir haben, trotz der misslichen, in diesem Buch beschriebenen Ausgangslage, noch immer genügend Optionen, um den Planeten zu retten und unser Überleben zu sichern. Die Beantwortung der Frage, welche Optionen das sind, würde aber den Rahmen dieses Buches sprengen; dieses Thema soll daher *an anderer Stelle*[348] vertieft werden.

Epilog

DIE MENSCHLICHE GESCHICHTE WIRD MEHR UND MEHR ZU EINEM WETTLAUF ZWISCHEN BILDUNG UND KATASTROPHE.

[H. G. Wells, englischer Schriftsteller]

Am 5. April 1722, einem Ostersonntag, betrat der niederländische Seefahrer und Forschungsreisende *Jakob Roggeveen* (1659 bis 1729) das wohl entlegenste bewohnbare Stückchen Land auf dem gesamten Planeten. Die *Osterinsel*, wie sie seither genannt wird, liegt isoliert in den Weiten des Pazifischen Ozeans. Das nächste Festland, die chilenische Küste, liegt mehr als dreitausendfünfhundert Kilometer weiter östlich, die nächste bewohnte Insel, die Insel *Pitcaim*, knapp zweitausendeinhundert Kilometer weiter westlich. Roggeveen, der im Auftrag der Westindischen Handelskompanie eine Weltumsegelung unternehmen sollte, war mit seinen drei Schiffen bereits seit siebzehn Tagen ohne jede Landsichtung von Chile aus unterwegs, bis er das Eiland entdeckte. Er fand eine weitgehend kahle und trostlose Insel vor, die keinerlei Baumbestand aufwies; es gab lediglich niedrige Büsche, keiner von ihnen höher als drei Meter. Die wenigen tausend Bewohner, die er antraf, – ärmliche Polynesier – schienen Kannibalen zu sein. So verwundert es kaum, dass Roggeveen wenig Interesse daran zeigte, länger als irgend nötig zu bleiben.

Allerdings fanden die Europäer etwas, das sie hier nicht erwartet hatten und das sie in allergrößtes Erstaunen versetzte: Riesige Steinskulpturen, von den Einheimischen *Moai* genannt, mit übergroßen Köpfen, hohen Stirnen, markanten Kinnen und schmalen Lippen, die leicht nach hinten geneigt und mit dem Rücken zum Meer über die Insel blickten. Offenkundig hatten die Einwohner sie zu Ehren ihrer Ahnen errichtet. Über neunhundert solcher Figuren gibt es auf der Osterinsel, allesamt mehrere Meter hoch und viele Tonnen schwer. Die größten, die aufgerichtet wurden, recken sich fast zehn Meter hoch in den wolkenlosen Himmel und wiegen bis zu achtundachtzig Tonnen. Es gibt sogar ein unfertiges Exemplar von über zwanzig Metern Länge und geschätzten zweihundertsiebzig Tonnen Gewicht. Durchschnittlich waren die *Moai* mehr als vier Meter hoch und über zwölf Tonnen schwer. Alle stehen sie, meist in Gruppen, in Küstennähe auf großen steinernen Podesten, *ahu* genannt, ihrerseits größer und schwerer als die Figuren selbst. Im hinteren Teil eines jeden *ahu* gab es ein Krematorium, in denen sich die sterblichen Überreste von Tausenden von Menschen befanden. Die Ureinwohner müssen über ausgefeilte Techniken und über ein intuitives physikalisches Wissen verfügt haben, um die Figuren herzustellen, über mehrere Kilometer weit zu transportieren und dann auf den Podesten aufzurichten. Zahl und Größe der Skulpturen lassen nur den Schluss zu, dass die Bevölkerungszahl einmal viel höher gewesen sein muss. Denn eine Kultur, die imstande war, solche Werke zu schaffen, musste nicht nur über eine große Zahl spezialisierter Fachkräfte verfügen, sondern auch über eine Wirtschaft, die vorwiegend auf die Herstellung dieser Werke ausgerichtet war. Dazu war es aber auch erforderlich, dass die Umwelt, in der eine solche Gesellschaft lebte, ihnen in ausreichender Anzahl Rohstoffe und Nahrungsmittel zur Verfügung stellen konnte.

All das stand aber in diametralem Bezug zu der trostlosen Landschaft, die Roggeveen auf der Insel vorfand. In sein Tagebuch notierte er: »*Die steinernen Bildsäulen sorgten zuerst dafür, dass wir starr vor Erstaunen waren, denn wir konnten nicht verstehen, wie es möglich war, dass diese Menschen, die weder über dicke Holzbalken zur Herstellung irgendwelcher Maschinen noch über kräftige Seile verfügten, dennoch solche Bildsäulen aufrichten konnten, welche volle neun Meter hoch und in ihren Abmessungen sehr dick waren.*«[349] Ihm war klar, dass sich ohne geeignetes Holz die Herstellung, der Transport und die Aufrichtung der Skulpturen nicht bewerkstelligen ließen. Aber Holz war auf der gesamten Insel nicht vorhanden! »*Ur-*

sprünglich,«, so Roggeveen, »*aus größerer Entfernung, hatten wir besagte Osterinsel für sandig gehalten, und zwar aus dem Grund, dass wir das verwelkte Gras, Heu und andere versengte und verbrannte Vegetation als Sand angesehen hatten, weil ihr verwüstetes Aussehen uns keinen anderen Eindruck vermitteln konnte als den einer einzigartigen Armut und Öde.*«[350]

Dieser Eindruck prägte sich ein. Für die Europäer war das trostlose, abgelegene Eiland – mit hundertsechzig Quadratkilometern gerade einmal so groß wie Liechtenstein – derart uninteressant, dass es nach Roggeveens Landung noch ganze fünfzig Jahre dauerte, bis sich die Spanier schließlich ihrer »erbarmten« und die Insel annektierten.

Was aber blieb, war das Rätsel der *Moai*. Die Tatsache, dass viele der Figuren offenbar von den Einwohnern, also ihren Erschaffern, *selbst* umgeworfen und zerstört worden waren, ließ vermuten, dass sich hier eine unglaubliche Tragödie zugetragen haben musste. Offenbar hatte sich hier eine einstige Hochkultur – denn nur eine solche konnte diese Werke hervorbringen – selbst zerstört, hatte sich selbst zugrunde gerichtet! Doch wie konnte das geschehen? Was genau war passiert? Nun, über diese Frage wurde mehr als drei Jahrhunderte lang wild spekuliert. Heute hat sich dazu eine weitgehend anerkannte Theorie herauskristallisiert, die *Jared Diamond* in seinem berühmten Buch »*Kollaps*«[351] eindringlich beschreibt. Sie geht so:

Rapa Nui, wie ihre Einwohner die Osterinsel nennen, hat in etwa die Form eines rechtwinkligen Dreiecks, dessen längere Basis etwa vierundzwanzig Kilometern lang ist. Sie entstand, als vor etwa 240.000 Jahren der Vulkan *Terevaka* aus den Fluten des Pazifiks emporwuchs und sich mit den beiden bereits vorhandenen, nur wenig weiter südwestlich beziehungsweise östlich gelegenen Vulkanen *Rano Kao* und *Poike* zu einer Insel verband. Die Kegel der drei Vulkane erheben sich folglich in der Nähe der drei Spitzen des Dreiecks, darüber hinaus gibt es noch bis zu siebzig Nebenkrater. An einem von ihnen, dem *Rano Raraku*, gelegen in der Nähe des Poike im Osten der Insel, befinden sich die Steinbrüche, aus denen fast alle Moai herausgehauen wurden. Das hier vorgefundene Gestein, ein gelblichbrauner, poröser Tuff, der aus dem Schlackenkegel des erloschenen Vulkans entstanden ist, ist geradezu geschaffen dafür, um es bildhauerisch zu verwerten. In den Steinbrüchen wimmelt es nur so von mal mehr, mal weniger bearbeiteten Figuren; noch heute sind 397 von ihnen vorhanden. Teilweise sind sie noch mit dem Muttergestein verbunden und die Figur kaum erkennbar, bei anderen finden sich schon Details wie Ohren oder Nase, wieder andere wurden bereits aus dem Stein herausgeschlagen oder sogar aufgerichtet. Es finden sich auch herumliegende Werkzeuge aus Stein, etwa Pickel, Bohrer oder Hämmer, sowie Reste einer Transportstraße, die aus dem Steinbruch heraus führt, sich dreifach verzweigt und dann fünfzehn Kilometer weit zu den Küsten verläuft. Entlang dieser Straße, zerstreut auf beiden Seiten, finden sich weitere Figuren, etwa hundert an der Zahl. »*Auf mich wirkte der Steinbruch*«, so berichtet Diamond, selbst tief bewegt von seinem Besuch an diesem Ort, »*vor allem deshalb so gespenstisch, weil ich das Gefühl hatte, mich in einer Fabrik zu befinden, deren Arbeiter plötzlich auf rätselhafte Weise verschwunden waren – es war, als hätten sie ihr Werkzeug fallen gelassen und seien hinausgelaufen, wobei sie die einzelnen Statuen in beliebigem Zustand zurück ließen.*[...] *An manchen Statuen in dem Krater erkennt man, dass sie absichtlich zerbrochen oder ihrer Gesichter beraubt wurden, als hätten rivalisierende Gruppen von Steinmetzen gegenseitig ihre Produkte zerstört.*«[352]

Die Menschen, die dieses Chaos hinterlassen hatten, waren Polynesier. Ihre Vorfahren, ursprünglich ansässig auf dem asiatischen Festland, hatten bereits vor mehr als dreitausend Jahren damit begonnen, mithilfe von Kanus den Westpazifik zu besiedeln. Zunächst erreichten sie die Inseln des heutigen Indonesiens, dann Neuguinea und schließlich auch die Salomonen und Australien. Zwar kannten sie weder Kompass noch eine Schriftsprache, verstanden sich aber umso besser auf die Navigation. Bis ins 12. Jahrhundert nach Christus hatten sie fast den gesamten Westpazifik zwischen Hawaii, Neuseeland und der Osterinsel besiedelt. Während man früher davon ausging, dass diese Besiedelung eher zufällig geschah, ist man heute davon überzeugt, dass die Entdeckung und Besiedelung sorgfältig geplant war. Für uns mag es zwar unbegreiflich erscheinen, wie man in einem schmalen Kanu sitzend und umgeben von Tausenden von Quadratkilometern Wasserfläche ein Inselchen von gerade einmal vierundzwanzig Kilometern Durchmesser finden kann, von dessen Existenz man obendrein noch gar nichts weiß. Dabei vergessen wir aber, wie vertraut diese Polynesier mit der Natur waren. Sie orientierten sich nämlich an Seevogelschwärmen, die in einem Radius von über hundertfünfzig Kilometern um ein Stück Land nach Nahrung suchen. Und so kam es, dass dieses bemerkenswerte Volk nach einer wochen- oder monatelangen Reise über den Stillen Ozean auf der Suche nach einer neuen Heimat schließlich auch – es dürfte so um das Jahr neunhundert nach Christus gewesen sein – die Osterinsel entdeckte, die von allen polynesischen Inseln am weitesten östlich und damit am weitesten entfernt von der ursprünglichen Heimat ihrer Vorfahren liegt. Auf die Besiedlung waren sie gut vorbereitet: Sie führten Hühner, Pflanzen, Samen, Süßkartoffeln und andere Dinge mit sich.

Mit *Rapa Nui* fanden die Weitgereisten ein Schlaraffenland. Auf der Insel musste es – wie man später durch die Untersuchung von Pollen feststellte – einmal einen artenreichen Wald mit mindestens einundzwanzig Baumarten gegeben haben. Eine der Baumarten ähnelte sehr stark der chilenischen Honigpalme, der größten Palmenart überhaupt, die eine Höhe von zwanzig Metern und einen Stammdurchmesser von einem Meter erreichen kann. Aus ihrem Stamm lässt sich ein süßer Saft gewinnen, aus dem sich Wein und Zucker herstellen lässt. Die ölhaltigen Kerne ihrer Nüsse sind sehr schmackhaft und ihre Palmwedel eignen sich hervorragend für das Decken von Dächern. Aus den

Stämmen anderer Arten, bis zu dreißig Meter hohen Bäumen, ließen sich dagegen erstklassige Kanus bauen und aus ihrer Rinde Seile herstellen.

Anhand aufgefundener Knochen ließ sich später nachweisen, dass auf der Osterinsel mindestens sechs Landvogelarten beheimatet sein mussten, darunter Reiher, Papageien und Schleiereulen sowie mindestens fünfundzwanzig Seevogelarten: Albatrosse, Tölpel, Fregattvögel, Sturmvögel, Seeschwalben und andere. Das machte das Eiland einst zu einem wahren Vogelparadies, begünstigt durch seine abgeschiedene Lage und den Umstand, dass es hier keine Raubtiere gab. Heute dagegen gibt es auf der Insel nur noch eine einzige Seevogelart.

Neben Früchten, Nüssen und Vögeln ernährte sich das Volk der Rapa Nui auch von Delfinen, die man nicht von der Küste aus, sondern nur mithilfe von Harpunen weit draußen auf dem Meer jagen konnte. Hinzu kam das Fleisch von Robben, Ratten und Hühnern sowie natürlich Muscheln und Fisch, wobei der Anteil an letzterem deutlich geringer war als auf anderen polynesischen Inseln. Trinkwasser war in Hülle und Fülle vorhanden und es gab genug Brennholz, mit dessen Hilfe man all diese Delikatessen schmackhaft zubereiten konnte.

Nach und nach begannen die Polynesier, Teile des Waldes zu roden und auf der Fläche Landwirtschaft zu betreiben. Sie bauten unter anderem Süßkartoffeln an, Bananen und Zuckerrohr und benutzten Steine, um den Boden abzudecken und ihn auf diese Weise feucht zu halten und vor Winderosion zu schützen. Noch wichtiger aber war die Hühnerzucht. Sie betrieben sie so intensiv, dass die Osterinsel heute – wenn die berühmten Statuen und ihre Plattformen nicht so prägend wären – wohl als die Insel der steinernen Hühnerställe bekannt wäre; das Landschaftsbild an der Küste wird von ihnen geradezu beherrscht, mehr als tausendzweihundert von ihnen sind noch vorhanden. Dagegen sind die Reste der menschlichen Behausungen – steinerne Fundamente und ansonsten wohl aus Holz gefertigt – weit weniger auffällig.

Rapa Nui bot ihren Bewohnern eine solche Fülle an Nahrung, dass die Bevölkerungszahl in ihrer Blütezeit wohl auf zehn- bis zwanzigtausend angestiegen ist. Die Nahrungsbeschaffung war so leicht und erforderte so wenig Aufwand, dass die Menschen offenbar genügend Zeit hatten, sich anderen Aufgaben zu widmen. Alsbald schon entschieden sie sich, ihre überflüssige Zeit und Energie in das Herstellen von Statuen zu stecken.

Wie überall in Polynesien gliederte sich die Bevölkerung in Häuptlinge und einfaches Volk. Auf der Osterinsel gab es wohl ein Dutzend verschiedener Sippen oder Stämme, die jeweils ein Territorium ihr Eigen nannten. Die großen Häuser der Häuptlingsfamilien lagen allesamt in einem Streifen von zweihundert Metern von der Küste entfernt. Dort gab es auch die rituelle Plattform mit den Statuen. Die kleineren Häuser des gemeinen Volkes lagen weiter im Landesinneren, besaßen jeweils einen Hühnerstall, einen Ofen, einen Kreis von Steingärten und eine Abfallgrube. Da jedes Territorium von der Küste aus ins Inselinnere reichte, hatte jedes von ihnen eine keilförmige Form. Die Insel war also gleichsam in Tortenstücke aufgeteilt.

Allerdings waren die Ressourcen unterschiedlich verteilt: In einem Territorium lag der wertvolle Steinbruch, aus dem die Statuen herausgehauen wurden, in einem anderen gab es den Basalt für die Fundamente der Plattformen, in wieder einem anderen das Material, aus dem die scharfen Steinwerkzeuge hergestellt wurden und im siebten oder neunten lagen die Strände, die am besten für den Fischfang geeignet waren. Die Tatsache, dass in allen elf oder zwölf Territorien dieselben Steinstatuen aufgestellt wurden, für deren Herstellung aber jeweils Ressourcen aus verschiedenen Territorien benötigt wurden, zeigt, dass die Stämme am Anfang sehr gut zusammen gearbeitet haben mussten.[353]

Doch irgendwann kam es, wie es kommen musste: Mit der Zeit versuchten sich die Stämme gegenseitig zu übertrumpfen. Zunächst geschah das im friedlichen Wettbewerb; die Figuren wurden immer größer. Später wurden ihnen sogar noch Zylinder aus

Rotschlacke auf den Kopf gesetzt, der größte von ihnen ganze zwölf Tonnen schwer. Doch die Rivalität wuchs und früher oder später mischte auch der Größenwahn mit. Die Statuen wurden immer größer und zahlreicher, aber damit stieg natürlich auch die Nachfrage nach entsprechenden Rohstoffen. Insbesondere Holz und Seile wurden bald knapp mit der Folge, dass der Wald der Insel immer weiter abgeholzt wurde.

Um das Jahr 1400 war wohl der Höhepunkt der Produktion erreicht. Hernach ging die Schere zwischen Angebot und Nachfrage immer weiter auseinander. Das Material wurde knapp, es kam zu Diebstählen, es gab Streit. Mit den schwindenden Ressourcen mussten die Steinmetzarbeiten unweigerlich eingeschränkt werden, der Skulpturenkult ging nach und nach zurück, bis er schließlich komplett zum Erliegen kam. Zum Schluss war einfach nicht mehr genügend Holz vorhanden, um Hebel, Rollen und Seile für die Bearbeitung und den Transport der Figuren herzustellen. Auch von der Feuerbestattung musste bald Abstand genommen werden. Mangels Brennholz verbrannten die Polynesier fortan ihre Toten nicht mehr, sondern begruben sie in der Erde.

Doch mit der weiteren Reduzierung des Baumbestandes wurde auch die Nahrungsbeschaffung schwieriger. Für den Fischfang fehlten die Netzte, die man vorher aus den Fasern von Palmen hergestellt hatte. Durch den Verlust der Baumkronen verlor die Insel bald auch ihre Vögel, die zuvor dort genistet hatten. Und mit den Vögeln verlor die Insel auch ihren Dünger in Form des Vogelkots, der wertvolle Nährstoffe aus dem Meer auf das Land gebracht hatte. Die zunehmende Entwaldung begünstigte außerdem die Erosion, infolgedessen die Ernteerträge sanken. Denn wie in den meisten subtropischen Regionen enthält auch auf der Osterinsel die dünne Schicht Oberboden die meisten Nährstoffe. Sind keine Pflanzen mehr vorhanden, wird diese dünne Schicht schnell fortgespült; es bleibt nur der nackte Vulkanboden zurück. Die Landwirtschaft war also fortan nicht sehr ertragreich und nur noch in wenigen Regionen der Insel möglich. Die Menschen begannen zu hungern und ihre Zahl nahm ab. Schließlich konnten sie auch keine Häuser und Hütten mehr bauen, da das Holz für die Wände und die Palmwedel für die Dächer fehlten. Sie waren gezwungen, in Höhlen Unterschlupf zu suchen. Am Ende hatten sie noch nicht einmal mehr genügend Holz, um seetüchtige Kanus zu bauen, mit deren Hilfe sie auf altbewährte polynesische Art in eine neue Heimat hätten paddeln können.

So kam es, dass das einstige grüne Schlaraffenland für seine Bewohner zu einer trostlosen Grassteppe mutierte. Ja, schlimmer noch: Es wurde für sie zu einem Gefängnis inmitten der riesigen Weiten des Ozeans, aus dem es kein Entkommen gab. Die Insulaner hatten sich ihr eigenes Grab geschaufelt!

Doch wie konnte es sein, dass die Bewohner nicht wahrnahmen, dass sie ihre eigene Lebensgrundlage zerstörten? Wie konnte es sein, dass sie keine Gegenmaßnahmen ergriffen? Wie konnte es sein, dass sie nicht sparsamer mit dem Holz umgingen oder den Wald wieder aufforsteten? Konnten sie wirklich so blind in ihr eigenes Verderben rennen? Was dachten sie sich wohl beim Fällen des letzten Baumes?

Jared Diamond formuliert es – uns einen Spiegel vorhaltend – sarkastisch wie folgt: »*Schrie er wie moderne Holzfäller: ›Wir brauchen keine Bäume, sondern Arbeitsplätze‹? Oder sagte er: ›Die Technik wird unsere Probleme schon lösen, keine Angst, wir werden einen Ersatz für das Holz finden.‹ Oder vielleicht: ›Wir haben keinen Beweis, dass es nicht an anderen Stellen auf der Osterinsel noch Palmen gibt, wir brauchen mehr Forschung, der Vorschlag, das Abholzen zu verbieten ist voreilig und reine Angstmacherei.‹?*«[354]

Nein, das sagten sie natürlich nicht. Bestimmt ist es den Menschen nicht entgangen, dass etwas falsch läuft. Vielleicht haben auch einige von ihnen ihren Untergang kommen sehen. Aber das hat sie trotzdem nicht dazu bewogen, sich zusammen zu setzen und nach einer Lösung zu suchen. Dazu hatten sie nämlich gar keine Zeit. Sie waren mit anderen Dingen beschäftigt.

Doch was kann so wichtig sein, dass man nicht versucht, seinen eigenen Untergang abzuwenden? Dass man nicht versucht, sein Leben und das seiner Mitmenschen zu retten?

Nun, die Antwort lautet: Krieg! Mit zunehmender Ressourcenknappheit begannen die Bewohner von Rapa Nui, sich zu bekriegen! Je knapper das Holz wurde, desto erbitterter wurden die Kämpfe. Schließlich schreckten sie auch vor den Heiligtümern ihrer Gegner nicht mehr zurück, sie zerstörten sie. Sie warfen die Statuen der feindlichen Stämme um und zwar meistens so, dass sie auf das Gesicht fielen, wodurch ihr Genick brach. Irgendwann kam es auf diese Weise wohl zum Bürgerkrieg, in dem sich jeder nahm, was noch da war, ohne sich um die anderen oder gar um die Lebensgrundlage der nachfolgenden Generationen zu kümmern. Wegen des vorherrschenden Fleischmangels ging das so weit, dass sie sich sogar am Fleische ihres Gegners selbst bedienten: Sie wurden zu Kannibalen! Die Bewohner der Osterinsel hatten somit ihren eigenen Untergang nicht nur eingeleitet, sondern endgültig besiegelt. Und zwar nicht nur denjenigen ihrer Kultur, ihrer Religion, ihrer Gesellschaft, sondern auch denjenigen ihrer menschlichen Würde.[355] Am Ende fehlte es also an Weitsicht und an der Erkenntnis, dass nur gemeinsames Handeln zu einem Ausweg aus der kollektiven Krise führen könne. Ein jeder war sich selbst der Nächste, betrachtete nur seinen eigenen Stamm, sein eigenes Wohlbefinden, seinen ganz persönlichen Vorteil. Der Blick über den Tellerrand der Vernunft, der vielleicht allen ein besseres Leben ermöglicht hätte, kam ihnen gar nicht erst in den Sinn.

Der traurige Rest der Osterinsel ist schnell erzählt: Die Europäer machten ihr nämlich endgültig den Garaus. Die ersten Schüsse, gleichsam als schlechtes Omen, fielen schon bei der Ankunft von Roggeveen. Als die Einheimischen seine drei großen Schiffe am Horizont erblickten, stiegen sie in ihre löchrigen Kanus und paddelten ihnen neugierig entgegen. Doch der Empfang war schmerzlich – die Holländer eröffneten das Feuer und töteten gleich zehn oder zwölf von ihnen, ehe die Übrigen ins Wasser sprangen und flüchteten. Glücklicherweise ließen die Europäer die Insel daraufhin aber erst einmal für ein halbes Jahrhundert in Ruhe. Erst nachdem ab 1770 die spanische Flagge über der Insel flatterte, häuften sich die zweifelhaften Rendezvous: Engländer, Franzosen, Russen und Amerikaner gaben sich fortan ein Stelldichein, darunter auch *James Cook* (1728 bis 1779), den es 1774 während seiner zweiten Weltumseglung für vier Tage hierher verschlug. Gefallen hat es ihm allerdings nicht. Er spottete, dass keine Nation jemals für die Ehre kämpfen werde, die Osterinsel zu erforschen, da es kaum ein anderes Eiland gebe, welches weniger Erfrischungen und Annehmlichkeiten biete als dieses.

Auch Walfänger schauten vorbei, holten einige Frauen auf ihr Schiff, vergewaltigten sie und warfen sie hernach ins Wasser. Grausam war das, aber es kam noch schlimmer: Nachdem 1855 in Peru die Sklaverei abgeschafft wurde, brauchte man neue, billige Arbeitskräfte und suchte und fand sie unter den Polynesiern. 1862 legten innerhalb eines halben Jahres gleich achtzehn Schiffe an und verschleppten insgesamt rund tausendfünfhundert Menschen – über ein Drittel der Bevölkerung. Viele starben, sei es bereits während der Menschenjagt oder später in den Minen und auf den Feldern, wo sie Zwangsarbeit leisten mussten. Erst auf Protest der Briten, Franzosen und Chilenen wurde diesem Treiben ein Ende gesetzt. Hundert Inselbewohner durften nach Hause zurückkehren. Unglücklicherweise führte ihre Reise aber über Tahiti, wo sie sich mit den Pocken ansteckten. Fünfundachtzig von ihnen starben noch unterwegs, die verbliebenen fünfzehn, die daheim ankamen, gaben den todbringenden Virus an ihre Stammesgenossen weiter, wo er weitere tausend dahinraffte.

Zwei Jahre später traf der erste christliche Missionar ein, *Eugène Eyraud*, Franzose. Zunächst beraubt und vertrieben, kehrte er alsbald mit Verstärkung zurück, errichtete eine Kirche und trieb den »Wilden« bald ihre alten heidnischen Kulte aus, bis schon wenig später, im April 1868, ein weiterer Franzose auf dem Eiland auftauchte: *Jean-Baptiste Dutrou-Bornier*, ein übler Bursche, der im Auftrag eines tahitianischen Unternehmers eine Schaffarm gründen sollte. Er nahm eine Einheimische zur Frau, erklärte sich zum König der Insel und führte eine Schreckensherrschaft. Die Missionare flüchteten vor ihm übers Meer nach Westen und mit ihnen hundertachtundsechzig Missionierte. Weitere zweihundert ließ Dutrou-Bornier nach Tahiti deportieren. Den Verbliebenen spielte er so übel mit, dass sie sich schließlich rächten und ihn 1876 ermordeten. Als der französische Anthropologe *Alphonse Pinart* ein Jahr später die Osterinsel betrat, zählte er gerade noch einhundertelf Einheimische.

1888 annektierte schließlich Chile das Land, indem die Inselbewohner »*die vollständige und ganze Souveränität für immer und ohne Vorbehalt an die Regierung der Republik Chile abtreten*«. Ob die Unterschriften dabei gefälscht oder die unterzeichnenden Häuptlinge überhaupt des Schreibens mächtig waren, spielt keine Rolle. Angesichts der Streitmacht, die ihnen gegenüberstand, hatten sie ohnehin keine andere Wahl. Es gibt dazu aber diese Geschichte, die sich die Insulaner bis heute erzählen: Als sich nämlich ihr damaliger König *Atamu Tekena* vor dem chilenischen Eroberer verbeugt habe – ein Büschel Gras in der Rechten und ein Häufchen Erde in der Linken –, habe er nur das Gras übergeben, die Erde aber behalten. Es sollte heißen: *Nutzen* dürft ihr das Land, *besitzen* werden wir es aber weiterhin.

Doch auch mit der Annexion durch Chile endete die Zeit der Ausbeutung der Insel und der Unterdrückung ihrer Bewohner nicht – ganz im Gegenteil. Erstere wurde als Ganzes an eine Firma verpachtet, die sich »*Gesellschaft zur Ausbeutung der Osterinsel*« nannte, letztere, die wenigen verbliebenen Einheimischen, wurden in ein tausend Hektar großes Areal gepfercht, umgeben von Mauern und Stacheldraht. Aufstände und Schlimmeres ließen nicht lange auf sich warten.

Erst 1964 wendet sich das Blatt. Damals wurde den Rapa Nui

eine Gleichstellung mit den Festlandchilenen zugesichert, sie durften nun erstmals einen der Ihren zum Bürgermeister wählen und erhielten ein Jahr später die chilenische Staatsbürgerschaft. Heute zählt die Insel rund fünftausendachthundert Einwohner, etwa die Hälfte von ihnen Nachkommen der ursprünglichen Rapa Nui. 1967 wurde ein Flughafen gebaut, der bald die ersten Touristen brachte. 1995 erklärt die UNESCO die Osterinsel zum Weltkulturerbe. Der Fremdenverkehr ist inzwischen die wichtigste Einnahmequelle. Viele Besucher nehmen eine kleine, nachgebildete Moai-Statue mit nach Hause – als Erinnerung an ihre Reise und an eine große, untergegangene Kultur. Von der tragischen Geschichte aber, die untrennbar mit dieser Kultur verbunden ist, erfahren die meisten von ihnen wohl nur wenig.[356]

◊◊◊

Erinnert uns das Schicksal der Osterinsel nicht auf erschreckend vertraute Weise an unsere heutige Situation? Erinnert es uns nicht frappierend an unsere moderne Weltgemeinschaft, in der angesichts der herrschenden Umwelt- und drohenden Klimakatastrophe die Staats- und Konzernchefs dieser Erde nichts Besseres zu tun haben, als ihre eigenen Vorteile, den kurzfristigen wirtschaftlichen Erfolg ihrer jeweiligen Nation oder ihres Unternehmens im Blick zu haben? In der das eigene Wohl und dasjenige des eigenen Volkes immer über dem Gesamtwohl der Menschheit und seines Planeten zu stehen scheinen, obwohl es eigentlich umgekehrt sein müsste? Entspricht unser Egoismus, unser Wettbewerbsdenken, unser Neid und unsere Gier nicht genau demjenigen, wie er unter den Stämmen dieser unglückseligen Insel verbreitet war und die zu ihrem Untergang führte? Ist denn der kleine grüne Punkt im weiten Blau des Pazifiks dem kleinen blauen Punkt im weiten Schwarz des Universums wirklich so unähnlich?

Nein?

Dann sollten wir daraus lernen und versuchen, es besser zu machen. Wenn wir als Spezies überleben wollen, müssen wir handeln und zwar gemeinsam. Einzelinteressen sind zwar zu berücksichtigen, aber im Zweifel hintanzustellen. Das Gemeinwohl, das gemeinsame Interesse an einem friedlichen, sorgenfreien und guten Leben *aller* Menschen muss oberste Priorität haben; den modernen Individualismus, so hip er auch sein mag, gilt es, einzufangen und zurückzudrängen zugunsten eines internationalen Kollektivismus. Der moderne Individualismus und die demokratische Freiheit des Einzelnen können dabei mit den Möglichkeiten moderner Kommunikationsmedien sogar helfen, ein neues, kollektives Verantwortungsbewusstsein zu etablieren und Lösungen für die Probleme zu finden. Denn nur dieses kollektive Verantwortungsbewusstsein, das sich auch auf unsere Umwelt und mit ihr auf sämtliche anderen Lebewesen erstrecken muss, schenkt uns die Motivation, die für die intensive Suche nach vernünftigen Lösungen und für ihre Umsetzung notwendig ist. Wir haben schließlich nur diesen einen Planeten. Wenn wir die notwendigen Lösungen für die Probleme, die in diesem Buch dargelegt wurden, nicht finden und sie nicht konsequent und zielgerichtet umsetzen, dann haben wir – als Menschen – keine Zukunft.

Die Erde wird an dem Schaden, den wir angerichtet haben, nicht zugrunde gehen, aber unsere Spezies aller Voraussicht nach schon. Jedenfalls dann, wenn wir so weitermachen wie bisher und nicht umdenken. Wenn wir die Erde weiterhin so schonungslos ausbeuten wie bisher. Wenn wir weiterhin wenig Rücksicht nehmen auf die komplexen und fantastischen Ökosysteme, die uns umgeben. Wenn wir Arten ausrotten, Wälder zerstören, Meere verschmutzen und Böden vernichten. Wenn wir das Klima verändern, während wir kaum absehen können, welche Folgen das haben wird.

Es bleibt uns somit eigentlich keine Wahl: Wir müssen den Krieg gegen die Natur ein für alle Mal beenden. Wir sind zum

Handeln, zum Gegensteuern verdammt. Wenn wir das Lenkrad jetzt nicht in die Hand nehmen, um den richtigen Weg in unsere eigene Zukunft einzuschlagen, dann wird es Gaia höchstpersönlich tun und uns – abermals – zum Passagier degradieren. Denn im Grunde genommen wissen wir doch ganz genau, was zu tun ist, in welche Richtung der Weg zu gehen ist, in welche Richtung das Steuer herumzureißen ist. Wir müssen lediglich nach ihm greifen. Und zwar schnell. Denn schon sehr bald könnte es zu spät dafür sein. Wenn wir Menschen überleben wollen, wenn wir nicht enden wollen wie die unglückseligen Bewohner der Osterinsel, wenn wir nicht wie sie unser eigenes Grab schaufeln wollen, dann bleibt uns nichts anderes übrig, als sie zu bewahren, sie zu schonen, sie zu schützen. Sie, unsere Lebensgrundlage, unsere Heimat, sie, unsere, DES MENSCHEN ERDE.

Anhang

Literatur und Quellen

- Böhm, Reinhard: »Heiße Luft – Reizwort Klimawandel – Fakten, Ängste, Geschäfte«, Wien 2008
- Bommert, Wilfried: »Kein Brot für die Welt – Die Zukunft der Welternährung«, München 2009
- Bundesanstalt für Geowissenschaften und Rohstoffe (BGR): »Energiestudie 2013«, Hannover 2013, als pdf unter www.bgr.bund.de
- Carson, Rachel: »Der stumme Frühling«, München 1963
- Darwin, Charles: »Über die Entstehung der Arten durch natürliche Zuchtwahl«, 1859, Nachdruck der 1920 erschienenen 9. unveränderten Auflage, Darmstadt 1988
- Diamond, Jared: »Kollaps. Warum Gesellschaften überleben oder untergehen«, Frankfurt am Main 2005
- Energieagentur NRW: »Der europäische Emissionshandel 2013 – 2020. Einführung und Überblick« (Broschüre als pdf), Düsseldorf 2013
- FAO: »The state of the world's land and water resources for food and agriculture (SOLAW) – Managing systems at risk« (engl.; Weltbericht Land- und Wasserressourcen), Food and Agriculture Organization of the United Nations, Rome and Earthscan, London 2011
- FAO: »State of the World's Forests 2011« (engl.; Weltwaldbericht 2011), Food and Agriculture Organization of the United Nations, Rom 2011
- FAO: »State of World Fisheries and Aquaculture 2012« (engl.; Weltfischereibericht), Food and Agriculture Organization of the United Nations, Rom 2012
- FAO: »State of the World's Forests 2016« (engl.; Weltwaldbericht 2016), Food and Agriculture Organization of the United

Nations, Rom 2016

- Feyder, Jean: »Mordshunger – Wer profitiert vom Elend der armen Länder?«, Frankfurt am Main/München 2010
- Freud, Sigmund: »Eine Schwierigkeit der Psychoanalyse«, 2017
- Grundmann, Emmanuelle: »Wälder, die wir töten – Über Waldvernichtung, Klimaänderung und menschliche Unvernunft«, München 2007
- Guwak, Barbara; Strolz, Matthias: »Die vierte Kränkung – Wie wir uns in einer chaotischen Welt zurecht finden«, Berlin 2012
- Harding, Stephan: »Lebendige Erde. Gaia – vom respektvollen Umgang mit der Natur«, Kreuzlingen/München 2006
- Heinrich-Böll-Stiftung, BUND, Le Monde diplomatique: »Fleischatlas 2014 – Daten und Fakten über Tiere als Nahrungsmittel«, Berlin 2014, als pdf unter www.bund.net
- Heinrich-Böll-Stiftung, BUND, Le Monde diplomatique: »Bodenatlas 2015 – Daten und Fakten über Acker, Land und Erde«, 2015, als pdf unter www.bund.net
- Heinrich-Böll-Stiftung, BUND: »Kohleatlas 2015 – Daten und Fakten über einen globalen Brennstoff«, 2015, als pdf unter www.bund.net
- Hütz-Adams, Friedel; Diakonisches Werk der EKD für die Aktion »Brot für die Welt« (Hrsg.): »Palmöl: vom Nahrungsmittel zum Treibstoff - Entwicklungen und Prognosen für ein umstrittenes Plantagenprodukt«, Stuttgart 2011, als pdf unter www.suedwind-institut.de
- Institut für ökologische Wirtschaftsforschung (IÖW); im Auftrag des Umweltbundesamtes (Hrsg.): »Umweltbewusstsein und Umweltverhalten in Deutschland 2014; Vertiefungsstudie: Trends und Tendenzen im Umweltbewusstsein«, Dessau-Roßlau 2016, als pdf unter www.umweltbundesamt.de

- IPCC, 2013: Zusammenfassung für politische Entscheidungsträger. In: Klimaänderung 2013: Wissenschaftliche Grundlagen. Beitrag der Arbeitsgruppe I zum Fünften Sachstandsbericht des Zwischenstaatlichen Ausschusses für Klimaänderungen (IPCC), Stocker, T.F., D. Qin, G.-K. Plattner, M. Tignor, S.K. Allen, J. Boschung, A. Nauels, Y. Xia, V. Bex and P.M. Midgley (hrsg.), Cambridge University Press, Cambridge, United Kingdom and New York, NY, USA, 1535 Seiten. Deutsche Übersetzung durch ProClim, Deutsche IPCC-Koordinierungsstelle, Österreichisches Umweltbundesamt, Bern/Bonn/Wien, 2014
- Jäger, Jill: »Was verträgt unsere Erde noch? Wege in die Nachhaltigkeit«, Frankfurt am Main 2007
- Kleber, Claus: »Spielball Erde. Machtkämpfe im Klimawandel«, München 2012
- Klingholz, Reiner: »Sklaven des Wachstums – die Geschichte einer Befreiung«, Frankfurt am Main 2014
- Koerber, Karl v.; Männle, Thomas; Leitzmann, Claus: »Vollwert-Ernährung – Konzeption einer zeitgemäßen und nachhaltigen Ernährung«, 11. Auflage, Stuttgart 2012
- Latif, Mojib: »Bringen wir das Klima aus dem Takt? Hintergründe und Prognosen«, Frankfurt am Main 2007
- Lovelock, James: »Gaia – Die Erde ist ein Lebewesen«, Bern/München/Wien 1992
- Lovelock, James: »Gaias Rache – Warum die Erde sich wehrt«, Berlin 2007
- Martin, Claude: »Endspiel – Wie wir das Schicksal der tropischen Regenwälder noch wenden können – Der neue Bericht an den Club of Rome«, München 2015
- Meadows, Dennis; Meadows, Donella H.; Zahn, Erich; Milling, Peter: »Die Grenzen des Wachstums – Bericht des Club of Rome zur Lage der Menschheit«, 1972
- Meadows, Dennis; Randers, Jørgen; Meadows, Donella:

»Grenzen des Wachstums – Das 30-Jahre-Update«, Stuttgart 2006

- Miegel, Meinhard: »Exit – Wohlstand ohne Wachstum«, Berlin 2010
- Montgomery, David R.: »Dreck – Warum unsere Zivilisation den Boden unter den Füßen verliert«, München 2010
- Müller, Michael; Fuentes, Ursula; Kohl, Harald (Hrsg.): »Der UN-Weltklimareport. Bericht über eine aufhaltsame Katastrophe«, Köln 2007
- Neffe, Jürgen: »Darwin – Das Abenteuer des Lebens«, München 2008
- Rahmstorf, Stefan; Schellnhuber, Hans Joachim: »Der Klimawandel«, 7. Auflage, München 2006
- Rahmstorf, Stefan; Richardson, Katherine: »Wie bedroht sind die Ozeane? Biologische und physikalische Aspekte«, Frankfurt am Main 2007
- Reichholf, Josef H.: »Der Tropische Regenwald – Die Ökobiologie des artenreichsten Naturraums der Erde«, Frankfurt am Main 2010
- Rickels, Wilfried; Klepper, Gernot; Dovern, Jonas (Hsg.): »Gezielte Eingriffe in das Klima? Eine Bestandsaufnahme der Debatte zu Climate Engineering. Sondierungsstudie für das Bundesministerium für Bildung und Forschung«, Kiel 2011, als pdf unter www.kiel-earth-institute.de
- Riester, Richard: »Eine Pflanze erobert die Welt - Sojahandel auf dem globalen Markt«, als pdf unter www.landwirtschaft-bw.info, 2012
- Roberts, Callum: »Der Mensch und das Meer - Warum der größte Lebensraum der Erde in Gefahr ist«, München 2013
- Sinn, Hans-Werner: »Das grüne Paradoxon – Plädoyer für eine illusionsfreie Klimapolitik«, Berlin 2012

- Sommer, Ulrich: »Biologische Meereskunde«, 2. Auflage, Heidelberg 2005
- Spektrum der Wissenschaft: »Biologie der Meere«, Heidelberg 1991
- Steinbeck, John: »Früchte des Zorns«, New York 1939, deutsche Erstausgabe Zürich 1940, 19. Auflage München 2011
- Stiglitz, Joseph: »Die Chancen der Globalisierung«, München 2006
- Terborgh, John: »Lebensraum Regenwald – Zentrum biologischer Vielfalt«, Heidelberg 1993
- Umweltbundesamt: »Bodenzustand in Deutschland«, Dessau-Roßlau, November 2015, als pdf unter www.umweltbundesamt.de
- Viering, Kerstin; Knauer, Roland: »Wissen auf einen Blick: Ozeane und Tiefsee«, Köln
- Walker, Gabrielle; King, David: »Ganz heiß – Die Herausforderungen des Klimawandels«, Berlin 2008
- Wissenschaftlicher Beirat der Bundesregierung Globale Umweltveränderungen (WBGU): »Welt im Wandel: Die Gefährdung der Böden. Jahresgutachten 1994«, Bonn 1994
- Wissenschaftlicher Beirat der Bundesregierung Globale Umweltveränderungen (WBGU): »Welt im Wandel: Energiewende zur Nachhaltigkeit«, Berlin/Heidelberg 2003
- Wissenschaftlicher Beirat der Bundesregierung Globale Umweltveränderungen (WBGU): »Welt im Wandel: Menschheitserbe Meer«, Berlin 2013
- WWF (2011): »Die Wälder der Welt – ein Zustandsbericht. Globale Waldzerstörung und ihre Auswirkungen auf Klima, Mensch und Natur«, 2. Auflage 2011
- WWF (2016): »Auf der Ölspur – Berechnungen zu einer palmölfreieren Welt«, Studie, Berlin 2016, als pdf unter www.wwf.de

Internet

- www.admin.ch (Schweizerischer Bundesrat)
- www.awi.de (Alfred-Wegener-Institut)
- www.bauernverband.de (Branchenverband)
- www.bgr.bund.de (Bundesanstalt für Geowissenschaften und Rohstoffe)
- blogs.esa.int (Europäische Weltraumorganisation)
- www.bmub.bund.de (Bundesministerium für Umwelt, Naturschutz, Bau und Reaktorsicherheit)
- www.bmwi.de (Bundesministerium für Wirtschaft und Energie)
- www.boell.de (Heinrich-Böll-Stiftung)
- www.bpb.de (Bundeszentrale für politische Bildung)
- www.bund.net (Bund für Umwelt und Naturschutz)
- www.bundesregierung.de
- www.cbd.int (Convention on Biological Deversity)
- www.de-ipcc.de (Deutsche IPCC-Koordinierungsstelle)
- www.destatis.de (Statistisches Bundesamt)
- www.dge.de (Deutsche Gesellschaft für Ernährung)
- www.dgvn.de (Deutsche Gesellschaft für die Vereinten Nationen)
- www.fao.org (Ernährungs- und Landwirtschaftsorganisation der Vereinten Nationen)
- faszination-regenwald.de
- www.faz.net (Frankfurter Allgemeine Zeitung)
- www.focus.de (Nachrichtmagazin)
- www.fr.de (Frankfurter Rundschau)

- www.gesetze-im-internet.de
- www.greenpeace.de (Umweltorganisation)
- www.greenpeace-aachen.de
- www.handelsblatt.com
- www.internationalrivers.org
- www.ipcc.ch (Weltklimarat)
- www.itlos.org (Internationaler Seegerichtshof)
- www.klima-der-erde.de
- www.laender-analysen.de
- www.landwirtschaft-bw.info
- www.nabu.de (Naturschutzbund Deutschland)
- www.nachhaltigkeit.info
- www.nasa.gov (US-Weltraumbehörde)
- www.oekosystem-erde.de
- www.pik-potsdam.de (Potsdam-Institut für Klimafolgenforschung)
- www.regenwald.org
- www.sdw.de (Schutzgemeinschaft Deutscher Wald)
- www.soja-wissen.de
- www.spiegel.de (Nachrichtenmagazin)
- www.sueddeutsche.de (Süddeutsche Zeitung)
- www.tagesspiegel.de
- www.theoceancleanup.com
- www.umweltbundesamt.de
- www.un.org (Vereinte Nationen)
- www.unccd.int (UN-Wüstenkonvention)
- www.unep.org (UN-Umweltprogramm)

- www.unesco.de (Organisation der UN für Erziehung, Wissenschaft und Kultur)
- unfccc.int (UN-Klimarahmenkonvention)
- www.welt.de (Zeitung Die Welt)
- www.weltagrarbericht.de
- www.whitehouse.gov (Weißes Haus, USA)
- www.who.int (Weltgesundheitsorganisation)
- www.wikipedia.de (Online-Enzyklopädie)
- www.wiwo.de (Wirtschaftswoche)
- www.wwf.de (Naturschutzorganisation)
- www.zeit.de (Wochenzeitung Die Zeit)

Anmerkungen

1 Abrufbar von der Seite des Potsdam-Institut für Klimafolgenforschung (PIK): www.pik-potsdam.de/aktuelles/pressemitteilungen/dateien/ sjpemorandum_deutsch.pdf

2 Artikel auf www.nachhaltigkeit.info: UN Klimakonferenz Kopenhagen, 2009 (http://www.nachhaltigkeit.info/artikel/klimagipfel_kopenhagen_2009_1320.htm)

3 Auszüge aus dem Wortlaut des Kopenhagen Akkords aus der Internet-Seite der Bundesregierung (http://www.bundesregierung.de/Content/DE/Artikel/2009/12/2009-12-21-copenhagen-accord.html)

4 Bericht der WELT vom 19.12.2009: »Kopenhagen gescheitert: US-Präsident Obama stürzt vom Klima-Gipfel« (http://www.welt.de/politik/ausland/article5581658/US-Praesident-Obama-stuerzt-vom-Klima-Gipfel.html)

5 Bericht auf SPIEGEL Online vom 19.12.2009: »Eskalation beim Gipfel: So lief das Chaos von Kopenhagen« (http://www.spiegel.de/wissenschaft/mensch/0,1518,668098,00.html)

6 Bericht auf Zeit Online vom 22.12.2009: »Klimagipfel Kopenhagen: Weltrettung vertagt« (http://www.zeit.de/2009/53/01-Klimagipfel)

7 Bericht der Frankfurter Rundschau vom 19.12.2009: »Verteidigungshaushalt verabschiedet« (http://www.rundschau-online.de/politik/626-milliarden-euro-verteidigungshaushalt-verabschiedet,15184890,15440222.html)

8 Die vollständige englische Bezeichnung der Klimarahmenkonvention lautet »United Nations Framework Convention on Climate Change«, abgekürzt: UNFCCC

9 Angaben der Klimarahmenkonvention (http://unfccc.int/resource/docs/convkp/convger.pdf)

10 Angaben des Bundesministeriums für Umwelt , Naturschutz, Bau und Reaktorsicherheit (http://www.bmub.bund.de/themen/klima-energie/klimaschutz/eu-klimapolitik/)

11 Artikel von der Seite der Bundeszentrale für politische Bildung (bpb), www.bpb.de (http://www.bpb.de/gesellschaft/umwelt/klimawandel/38535/akteure?p=all)

12 Artikel aus www.nachhaltigkeit.info (http://www.nachhaltigkeit.info/artikel/nachhaltigkeit_i_d_forstwirtschaft_1725.htm)

Hans Carl von Carlowitz hat zwar den Begriff »nachhaltig« nicht erfunden, auch das von ihm beschriebene Prinzip war nicht völlig unbekannt. Sein Verdienst liegt darin, dass er beides, Begriff und Prinzip, miteinander verband und verbreitete.

[13] Carson, siehe unter Literatur und Quellen

[14] Harding, S. 230 ff.

[15] Harding, S. 71 ff. und Lovelock (1992), S. 21 ff.

[16] Koerber, S. 21 ff.

[17] Willerding, Eugen: »Die Gaia-Hypothese«, Oktober 2004 (Vorlesungsskript), abrufbar unter https://zeitfuerdich.files.wordpress.com/2014/01/gaia-system.pdf

[18] Angaben aus www.wikipedia.de (http://de.wikipedia.org/wiki/Albedo)

[19] Lovelock (1992) S. 62 ff.

[20] Lovelock (1992), S. 70 ff. und www.wikipedia.de

[21] Angaben der WHO (http://www.who.int/phe/health_topics/outdoorair/databases/en/)

[22] Flannery, S. 47 f.

[23] andere Quellen sprechen vom Jahr 1827

[24] Walker/King, S. 24 f.

[25] Böhm, S. 46

[26] Walker/King, S. 25 f.

[27] Böhm, S. 50 f und Sinn, S. 25 sowie Angaben aus www.wikipedia.de

[28] Sinn, S. 28 ff. sowie Angaben aus www.wikipedia.de

[29] Sinn, S. 32 ff.

[30] Müller/Fuentes/Kohl, S. 39 ff. sowie Angaben aus www.wikipedia.de

[31] Böhm, S. 71 ff.

[32] Böhm, S. 86 ff.

[33] Sinn, S. 45

[34] Böhm, S. 66 f., S. 97 ff. sowie Flannery, S. 80 f.

[35] Böhm, S. 101 ff.

[36] Flannery, S. 65 f.

[37] Böhm, S. 112

[38] Böhm, S. 110 f.

[39] Flannery, S. 63 f.

[40] Böhm, S. 113

[41] Böhm, S. 119 ff.

[42] Rahmstorf, S. 18 ff.; Böhm, S. 123 ff.; Flannery, S. 73 ff.

[43] Rahmstorf, S. 20 ff. sowie Angaben aus www.wikipedia.de

[44] Angaben aus www.wikipedia.de

[45] Pearce, S. 217 ff.

46 Sinn, S. 21 ff.

47 Bericht von SPIEGEL Online vom 23.01.2013: (http://www.spiegel.de/wissenschaft/natur/eem-warmzeit-eiskern-zeigt-eisschmelze-und-temperatur-in-groenland-a-879278.html)

48 Pressemitteilungen des Alfred-Wegener-Instituts aus www.awi.de

49 Rahmstorf, S. 25 ff.; Böhm, S. 127 ff.

50 IPCC 2013, S. 2

51 IPCC 2013, S. 3

52 Angaben aus www.wikipedia.de (http://de.wikipedia.org/wiki/Globale_Abk%C3%BChlung)

53 Kernbotschaften des Fünften Sachstandsberichts des IPCC, herausgegeben vom Bundesministerium für Umwelt, Naturschutz, Bau und Reaktorsicherheit, vom Bundesministerium für Bildung und Forschung, vom Umweltbundesamt und von der Deutschen IPCC Koordinierungsstelle; abrufbar unter: http://www.de-ipcc.de/_media/ 141102_Kernbotschaften_IPCC_SYR.pdf

54 ebenda

55 IPCC 2013, S. 7

56 Rahmstorf/Schellnhuber, S. 56 f.

57 Kleber, S. 58 ff. sowie Angaben aus www.wikipedia.de

58 IPCC 2013, S. 7

59 Rahmstorf/Schellnhuber, S. 58 f.

60 Kleber, S. 150 ff.

61 IPCC 2013, S. 7

62 Rahmstorf/Schellnhuber, S. 60 ff.

63 IPCC 2013, S. 9

64 IPCC 2013, S. 21 und 23

65 Müller/Fuentes/Kohl, S. 203 ff.

66 Kleber, S. 205 ff. sowie Angaben aus www.wikipedia.de

67 Angaben aus www.wikipedia.de (http://de.wikipedia.org/wiki/Thermohaline_Zirkulation)

68 IPCC 2013, S. 22

69 Rahmstorf/Schellnhuber, S. 67

70 Rahmstorf/Schellnhuber, S. 70 ff.

71 IPCC 2013, S. 3

72 Rahmstorf/Schellnhuber, S. 75 ff.; Müller/Fuentes/Kohl, S. 203 ff.

73 IPCC 2013, S. 18

[74] Bericht der Süddeutschen Zeitung vom 04.11.2014 (http://www.sueddeutsche.de/wissen/strategien-der-klimaskeptiker-wissenschaft-wurde-als-nebelwand-missbraucht-1.2200576)

[75] Zitiert von der der Seite des Potsdam-Institut für Klimafolgenforschung (PIK), Stefan Rahmstorf (http://www.pik-potsdam.de/~stefan/)

[76] Kyoto-Protokoll, deutsche Version abrufbar unter http://unfccc.int/resource/docs/convkp/kpger.pdf

[77] http://unfccc.int/resource/docs/2012/sbi/eng/31.pdf

[78] Angaben aus www.wikipedia.de (http://de.wikipedia.org/wiki/Kyoto-Protokoll)

[79] Übereinkommen von Paris, abrufbar unter: http://www.bmub.bund.de/fileadmin/Daten_BMU/Download_PDF/Klimaschutz/paris_abkommen_bf.pdf

[80] Übereinkommen von Paris, Artikel 2

[81] vgl. www.whitehouse.gov/america-first-energy

[82] Berichte auf Zeit Online vom 22.02.2017: »Scott Pruitt: E-Mails zeigen Verbindungen zwischen Ölindustrie und neuem EPA-Chef«, aus SPIEGEL Online vom 18.02.2017: »Neuer Leiter der US-Umweltbehörde: Der ärgste Feind als Chef« und aus www.wikipedia.de

[83] Energieagentur NRW, S. 3

[84] Übereinkommen von Paris, Artikel 6, Absätze 4 und 7

[85] Sinn, S. 94 ff. sowie Energieagentur NRW, S. 4

[86] Bericht auf Zeit Online vom 15.02.2017: »Emissionshandel: EU-Parlament stimmt für strengere Regeln«

[87] vgl. Sinn 2012

[88] Sinn, S. 123 f. sowie Angaben aus www.wikipedia.de

[89] Angaben des Statistischen Bundesamts (https://www.destatis.de)

[90] ebenda

[91] Gesetzestext aus www.gesetze-im-internet.de (http://www.gesetze-im-internet.de/kwkg_2002/index.html)

[92] Angaben aus www.wikipedia.de (http://de.wikipedia.org/wiki/Kraft-W%C3%A4rme-Kopplungsgesetz)

[93] Sinn, S. 188 ff.

[94] siehe unter Literatur und Quellen: Meadows et al. (1972)

[95] alle Zahlen aus dem Anhang der Energiestudie 2013 der Bundesanstalt für Geowissenschaften und Rohstoffe (BGR)

[96] Bundesanstalt für Geowissenschaften und Rohstoffe: Energiestudie 2013, siehe unter Quellen und Literatur

[97] BGR, S. 10

[98] Sinn, S. 417 ff.

[99] Angaben aus www.wikipedia.de (http://de.wikipedia.org/wiki/Hotelling-Regel)

[100] Miegel, S. 106 f.

[101] Angaben aus www.sdw.de (www.sdw.de/bedrohter-wald/wald-weltweit)

[102] Angaben aus www.greenpeace.de (www.greenpeace.de/fileadmin/gpd/user_upload/themen/waelder/Nord_Urwaelder2_012008.pdf)

[103] Angaben aus www.wikipedia.de (http://de.wikipedia.org/wiki/Borealer_Nadelwald)

[104] Angaben aus www.sdw.de (www.sdw.de/bedrohter-wald/wald-weltweit)

[105] Grundmann, S. 36 f.

[106] Meadows et. al. (2006), S. 74 ff.

[107] FAO, Weltwaldbericht; die Daten wurden aus dem Weltwaldbericht des Jahres 2011 entnommen; die folgenden Ausgaben aus den Jahren 2012, 2014 und 2016 enthielten keine Gesamt-Statistik mit Flächenangaben

[108] FAO ist die englische Abkürzung für: »Food and Agriculture Organization of the United Nations«

[109] FAO, Weltwaldbericht 2011

[110] Martin, S. 106

[111] Martin, S. 27, S. 37 f., S. 71

[112] Seite der FAO (http://www.fao.org/docrep/013/i2000e/i2000e00.htm)

[113] WWF (2011), S. 11

[114] Angaben aus www.wwf.de (http://www.wwf.de/themen-projekte/waelder/wald-und-klima/waelder-und-klimaschutz/)

[115] Reichholf, S. 17

[116] Angaben aus www.klima-der-erde.de (http://www.klima-der-erde.de/zirk_passat.html)

[117] Reichholf, S. 21 ff.

[118] Meadows, S. 74 ff.

[119] Angaben aus faszination-regenwald.de (http://faszination-regenwald.de/info-center/vielfalt/index.htm)

[120] Terborgh, S. 12 f.

[121] Reichholf, S. 65 f.

[122] Reichholf, S. 172

[123] Terborgh, S. 14 f.

[124] Reichholf, S. 67

[125] Angaben aus www.wikipedia.de (http://de.wikipedia.org/wiki/Minimumgesetz)

[126] Reichholf, S. 191 ff.

[127] Terborgh, S. 59

[128] Reichholf, S. 209 ff.

[129] Angaben aus www.wikipedia.de (http://de.wikipedia.org/wiki/Homestead_Act)

[130] Terborgh, S. 202 ff.

[131] Grundmann, S. 101

[132] WWF (2011), siehe unter Literatur und Quellen

[133] WWF (2011), S. 47

[134] Angaben aus www.wikipedia.de

[135] Grundmann, siehe unter Literatur und Quellen

[136] WWF (2011), S. 48

[137] Martin, S. 99 f.

[138] Grundmann, S. 95 ff.

[139] Martin, S. 101 f.

[140] Angaben aus www.greenpeace-aachen.de (http://www.greenpeace-aachen.de/wald/papier.php)

[141] Heinrich-Böll-Stiftung et al.: Fleischatlas 2013, S. 42

[142] Angaben aus www.soja-wissen.de sowie www.wikipedia.de (http://de.wikipedia.org/wiki/Soja)

[143] Angaben aus www.soja-wissen.de und des WWF (www.wwf.de/themen-projekte/landwirtschaft/produkte-aus-der-landwirtschaft/soja/)

[144] Riester

[145] Feyder, S. 239

[146] Martin, S. 125

[147] Martin, S. 109

[148] Martin, S. 84 f.

[149] WWF (2016), S. 5 ff.

[150] Hütz-Adams

[151] Grundmann, S. 137 ff.

[152] WWF (2016)

[153] WWF (2016), S. 74

[154] ebenda

[155] aus Greenpeace-Magazin Nr. 03/09 (http://www.obert.de/fileadmin/obert.de/reportagen/Cote_d_Ivoire/cote_d_Ivoire.pdf)

[156] Angaben aus www.wikipedia.de (http://de.wikipedia.org/wiki/Kaffee)

[157] Grundmann, S. 167 ff. sowie Angaben aus www.wikipedia.de

[158] Grundmann, S. 173 f. sowie Angaben aus www.wikipedia.de und www.regenwald.org

[159] Angaben aus www.faszination-regenwald.de

[160] Angaben von Greenpeace (www.greenpeace.de/node/12870)

[161] Grundmann, S. 175 ff.

[162] Die Abkürzung von *REDD+* lautet mit vollem Titel: »reducing emissions from deforestation and forest degradation,including the role of conservation, sustainable management of forests and enhancement of forest carbon stocks« (etwa: »Verringerung von Emissionen aus Entwaldung und Waldschädigung sowie die Rolle des Waldschutzes, der nachhaltigen Waldbewirtschaftung und des Ausbaus des Kohlenstoffspeichers Wald«)

[163] Martin, S. 265 f.

[164] Martin, siehe unter Literatur und Quellen

[165] Martin, S. 286

[166] Martin, S. 230

[167] Martin, S. 29 f.

[168] Martin, S. 292

[169] Martin, S. 55

[170] Steinbeck, S. 7 ff.

[171] Montgomery, S. 202 ff. sowie Bommert, S. 77 f.

[172] Angabe aus www.wikipedia.de (http://de.wikipedia.org/wiki/Fr%C3%BCchte_des_Zorns)

[173] Montgomery, S. 195 ff.

[174] Montgomery, S. 204

[175] Wissenschaftlicher Beirat (1994), S. 158 ff.

[176] Montgomery, S. 47 sowie Angaben aus www.wikipedia.de

[177] Heinrich-Böll-Stiftung/Bodenatlas, S. 12 f. sowie Angaben aus www.oekosystem-erde.de (www.oekosystem-erde.de/html/boden.html)

[178] Mit vollem Namen »Gesetz zum Schutz vor schädlichen Bodenveränderungen und zur Sanierung von Altlasten« (BBodSchG)

[179] § 2 Absatz 2 des BBodSchG, abrufbar unter www.gesetze-im-internet.de

[180] »Verlehmung«: bei der Silikatverwitterung und der Neubildung von Tonmineralen kommt es zu einer Korngrößenverkleinerung; durch die größere Oberfläche der kleineren Partikel legt sich ein dünner Wasserfilm um sie und sie verkleben, es entsteht Lehm; »Verbraunung«: einige Minerale enthalten Eisen, das infolge der chemischen Verwitterung freigesetzt wird, es oxidiert anschließen und bringt die rötlich-braune Färbung hervor.

[181] Montgomery, S. 37 und www.wikipedia.de

[182] Montgomery, S. 40

[183] Bommert, S. 73 ff.

[184] Montgomery, S. 38 f.

[185] Angaben aus www.wikipedia.de (http://de.wikipedia.org/wiki/Allgemeine_Bodenabtragsgleichung)

[186] Angaben der Bundeszentrale für politische Bildung (www.bpb.de)

[187] Montgomery, S. 38 f., 41 ff. sowie Angaben aus www.oekosystem-erde.de (http://www.oekosystem-erde.de/html/boden.html)

[188] Angaben der Bundeszentrale für politische Bildung (www.bpb.de) sowie des Umweltbundesamtes (www.umweltbundesamt.de)

[189] Angaben aus www.wikipedia.de (http://de.wikipedia.org/wiki/Sahelzone)

[190] Montgomery, S. 217 ff.

[191] Angaben der Bundeszentrale für politische Bildung (www.bpb.de)

[192] Abkürzung für »United Nation Convention to Combat Desertification«

[193] Artikel 2 Abs. 1 der UN-Wüstenkonvention (UNCCD), abrufbar unter www.unccd.int

[194] Angaben aus www.wikipedia.de

[195] Wissenschaftlicher Beirat (1994), S. 161 ff.

[196] Angaben der Bundeszentrale für politische Bildung (www.bpb.de)

[197] Dettmann, Ullrich; Kleinmann, Joachim: »Salintion, Desalination Irrigation«, Braunschweig 2009 (Vorlesungsskript) abrufbar unter http://www.soil.tu-bs.de/lehre/Master.Irrigation/2011/Lit/2_Dettmann_Kleinmann.Salination-Desalination-Irrigation.pdf

[198] ebenda

[199] Bommert, S. 85 ff.

[200] Angaben aus http://www.laender-analysen.de/zentralasien/pdf/ZentralasienAnalysen86.pdf sowie aus www.wikipedia.de

[201] Montgomery, S. 214 ff.; Wissenschaftlicher Beirat (1994), S. 166 ff. sowie Angaben aus www.wikipedia.de

[202] Angaben aus www.internationalrivers.org und www.wikipedia.de

[203] Wissenschaftlicher Beirat (1994), S. 166 ff.

[204] Angaben des Statistischen Bundesamts (www.destatis.de)

[205] ebenda

[206] Angaben der Bundeszentrale für politische Bildung (www.bpb.de)

[207] Wissenschaftlicher Beirat (1994), S. 176 ff.

[208] Wissenschaftlicher Beirat (1994), S. 179

[209] Heinrich-Böll-Stiftung et. al., Bodenatlas 2015, S. 30 f. und www.wikipedia.de

[210] Carson, S. 15 f.

211 Carson, siehe unter Literatur und Quellen

212 Handelsbroschüre von Monsanto aus dem Jahr 2008, Zitat auf S. 27, abrufbar unter http://s3.nuuspace.com/monsanto/roundup/wp-content/uploads/2015/04/handelsbroschuere1.pdf

213 Die Internetseite www.rumoro.de und auch www.wikipedia.de schreiben dazu, dass Monsanto im Jahre 1996 eine Unterlassungserklärung gegenüber dem Generalstaatsanwalt abgegeben habe, in dem sie sich unter anderem dazu verpflichteten, im Staat New York glyphosathaltige Pestizide nicht mehr als sicher, ungiftig, harmlos, risikofrei, biologisch abbaubar, umweltfreundlich, ökologisch vorteilhaft oder praktisch ungiftig zu bezeichnen (abgerufen im November 2016). Wikipedia verweist dabei auf die Internetseite www.mindfully.org, auf der die Erklärung im Wortlaut widergegeben ist.

214 Angaben des Umweltbundesamtes auf www.umweltbundesamt.de (https://www.umweltbundesamt.de/themen/boden-landwirtschaft/umweltbelastungen-der-landwirtschaft/stickstoff)

215 Bericht von SPIEGEL Online vom 07.11.2016 (http://www.spiegel.de/wirtschaft/soziales/nitrat-im-grundwasser-eu-reicht-klage-gegen-deutschland-ein-a-1120036.html)

216 Heinrich-Böll-Stiftung et. al., Bodenatlas 2015, S. 20

217 Umweltbundesamt, S. 27

218 Umweltbundesamt, S. 20 ff.

219 Wissenschaftlicher Beirat (1994), S. 171 ff.

220 Heinrich-Böll-Stiftung et. al., Bodenatlas 2015, S. 11

221 Wissenschaftlicher Beirat (1994), S. 181 ff.

222 Heinrich-Böll-Stiftung et. al., Bodenatlas 2015, S. 24 f. und Daten des Deutschen Bauernverbandes aus www.bauernverband.de

223 Heinrich-Böll-Stiftung et. al., Bodenatlas 2015, S. 26 f.

224 Roberts, S. 44 ff.

225 englisch auch als »aquatic ape theory« (AAT) bezeichnet

226 Rahmstorf/Richardson, S. 21 ff.

227 Rahmstorf/Richardson, S. 23 ff.; Viering/Knauer, S. 24

228 Rahmstorf/Richardson, S. 30 ff.; Sommer, S. 31 sowie Angaben aus www.wikipedia.de

229 Angaben aus www.wikipedia.de (http://de.wikipedia.org/wiki/Wattenmeer_(Nordsee))

230 Sommer, S. 30 f.

231 Viering/Knauer, S. 32

232 Viering/Knauer, S. 34

233 Rahmstorf/Richardson, S. 58 f.

234 Rahmstorf/Richardson, S. 60 ff.

[235] Roberts, S. 478 sowie Angaben aus www.wikipedia.de

[236] Viering/Knauer, S. 52 ff.

[237] Rahmstorf/Richardson, S. 70 ff.

[238] Rahmstorf/Richardson, S. 43 ff.

[239] Rahmstorf/Richardson, S. 47 ff.

[240] Roberts

[241] Roberts, S. 72

[242] Roberts sowie Angaben aus www.wikipedia.de (http://de.wikipedia.org/wiki/Grundschleppnetz)

[243] Roberts, Abb. 37

[244] Roberts, S. 303

[245] Roberts sowie Angaben aus www.wikipedia.de (http://de.wikipedia.org/wiki/Langleinen)

[246] Roberts, S. 463 f.

[247] Roberts, S. 74 f.

[248] Angaben von Greenpeace (http://www.greenpeace.org/austria/de/themen/meere/hintergrund-info/fangmethoden/treibnetz/)

[249] Greenpeace veröffentlichte im November 2014 unter dem Stichwort »fish fairly – stop monster boats« eine Liste der »größten Übeltäter auf See«, in der die zwanzig größten Fabrikschiffe der Welt aufgeführt werden, darunter auch zwei unter deutscher Flagge fahrende; abrufbar unter www.greenpeace.de

[250] Roberts, S. 77 f.

[251] Roberts, S. 68 ff.

[252] FAO 2011

[253] FAO 2011, S. 53 und 56

[254] Auf das Thema Aquakulturen wird im zweiten Band dieser Buchreihe noch ausführlicher eingegangen.

[255] Roberts, S. 78 ff. und Viering/Knauer, S. 192

[256] Roberts, S. 218

[257] Angaben des Naturschutzbundes Deutschland (http://www.nabu.de/themen/meere/plastik/)

[258] Angaben aus der Titel-Story des SPIEGEL vom 13.08.2016 »Das blaue Wunder – Warum der Mensch die Meere retten muss«

[259] ebenda

[260] Roberts, S. 218 ff. sowie Angaben des Naturschutzbundes Deutschland (http://www.nabu.de/themen/meere/plastik/) und www.wikipedia.de

[261] Roberts, S. 235, Rahmstorf/Richardson, S. 226 f.

[262] Roberts, S. 234

263 Die lobenswerte Initiative eines jungen Niederländers ist unter www.theoceancleanup.com näher beschrieben.

264 Studie der Ellen-MacArthur-Stiftung, vom 19. Januar 2016, abrufbar unter http://www.ellenmacarthurfoundation.org

265 Artikel von SPIEGEL Online vom 23.03.2009 (http://einestages.spiegel.de/external/ShowTopicAlbumBackground/a3823/l17/lo/F.html)

266 Angaben von Greenpeace (http://www.greenpeace.de/themen/oel/oeltanker/artikel/exxon_valdez_katastrophe_16_jahre_spaeter/)

267 Angaben aus www.wikipedia.de (http://de.wikipedia.org/wiki/%C3%96lpest_im_Golf_von_Mexiko_2010)

268 Roberts, S. 195 ff.

269 Rahmstorf/Richardson, S. 223 ff.

270 Roberts, S. 190 ff. sowie www.wikipedia.de

271 Roberts, S. 240 ff., sowie Angaben von Greenpeace (http://www.greenpeace.de/themen/meere/wale_ihre_gefaehrdungen/artikel/unterwasserlaerm_wale_im_dauerstress/)

272 Bericht des Tagesspiegel vom 10.02.2017: »Hunderte Wale verenden an neuseeländischem Strand«

273 Angaben des Umweltbundesamtes (http://www.umweltbundesamt.de/presse/presseinformationen/laerm-im-meer-der-unterschaetzte-stoerfaktor)

274 Neffe, S. 411 f.

275 Spektrum der Wissenschaft, S. 9 ff. sowie Angaben aus www.wikipedia.de

276 Spektrum der Wissenschaft, S. 91 f., Viering/Knauer, S.166

277 Bericht der Frankfurter Rundschau vom 01.10.2012 und der Süddeutschen Zeitung vom 08.08.2016 sowie Angaben von www.globalcoralbleaching.org

278 Viering/Knauer, S. 168, www.wwf.de

279 Spektrum der Wissenschaft, S. 92; Viering/Knauer, S. 170

280 Roberts, S. 144 ff.

281 Viering/Knauer, S. 162 und Roberts, S. 156 ff.

282 Roberts, S. 157 ff.

283 Roberts, S. 161 ff.

284 Bericht von SPIEGEL Online vom 08.04.2014 (www.spiegel.de/wissenschaft/natur/ipcc-klimawandel-und-ozeane-ph-wert-im-meer-steigt-durch-co2-a-956022.html)

285 Roberts, S. 165 ff.

286 Roberts, S. 434 f.

287 Zitiert aus der COP 10 der Biodiversitäts-Konvention (Target 11, S. 9),

abrufbar unter www.cbd.int/doc/decisions/COP-10/cop-10-dec-02-en.pdf (englisch)

[288] Angaben des WWF vom 22.05.2015, also noch *vor* der im folgenden beschriebenen Ausweisung der Gebiete im Pazifik und in der Antarktis

[289] Bericht von SPIEGEL Online vom 16.07.2013 (www.spiegel.de/wissenschaft/natur/ccamlr-bremerhaven-antarktis-konferenz-zum-meeresschutz-gescheitert-a-911449.html)

[290] Bericht von SPIEGEL Online vom 27.08.2016 (http://www.spiegel.de/wissenschaft/natur/hawaii-obama-schafft-weltgroesstes-meeresschutzgebiet-a-1109731.html)

[291] Bericht des Umweltbundesamtes vom 28.10.2016 (https://www.umweltbundesamt.de/themen/meer-vor-der-antarktis-wird-groesstes)

[292] Angaben des BUND (www.bund.net/themen_und_projekte/biologische_vielfalt/international/was_ist_die_cbd/)

[293] Angaben des WWF (http://www.wwf.de/themen-projekte/meere-kuesten/meeresschutz/meeres-schutzgebiete/hohe-see/)

[294] Seerechtsübereinkommen (SRÜ), englisch: »United Nations Convention on the Law of the Sea« (UNCLOS*)*, abrufbar auf Deutsch unter https://www.admin.ch/opc/de/official-compilation/2009/3209.pdf

[295] Artikel 119 SRÜ

[296] Zweihundert Seemeilen (sm) entsprechen 370,4 Kilometern

[297] Artikel 56 Abs. 1 SRÜ

[298] Die englische Bezeichnung der Kommission lautet: »Commission on the Limits of the Continental Shelf« (CLCS)

[299] Die englische Bezeichnung des Internationalen Seegerichtshofs lautet: »International Tribunal for the Law of the Sea« *(*ITLOS*)*

[300] Nach eigenen Angaben des Internationalen Seegerichtshofs; die Liste der Fälle ist abrufbar unter https://www.itlos.org/cases/list-of-cases/

[301] vgl. Kapitel 1

[302] Bericht des Handelsblatts vom 05.01.2017 (http://www.handelsblatt.com/politik/deutschland/hoeherer-satz-fuer-milch-und-fleisch-gefordert-mehrwertsteuer-aufschlag-fuer-aufschnitt/19214352.html)

[303] Angaben des Umweltbundesamts (www.umweltbundesamt.de) mit Verweis auf die Studie des IÖW aus dem Jahr 2014 (siehe Literatur und Quellen)

[304] IÖW, siehe Literatur und Quellen

[305] IÖW, S. 76

[306] IÖW, S. 79

[307] Die so genannte »erste kosmische Geschwindigkeit« (7,9 km/s), die notwendig ist, um eine niedrige Umlaufbahn um die Erde zu erreichen

308 Bericht der Wirtschaftswoche vom 02.06.2015 (http://www.wiwo.de/technologie/forschung/weltraum-bahnhof-wird-60-das-schicksal-von-baikonur-ist-ungewiss/11852666.html)

309 Angaben aus www.wikipedia.de (https://de.wikipedia.org/wiki/Sojus_(Rakete)

310 Aus dem Blog von Alexander Gerst unter »Eine andere Perspektive«, August 2014 (http://blogs.esa.int/alexander-gerst/de/)

311 ebenda

312 Interview des Focus vom 21.11.2014 (http://www.focus.de/wissen/weltraum/raumfahrt/deutscher-astronaut-im-interview-alex-gerst-die-erde-ist-kleiner-geworden_id_4283332.html)

313 Jäger, S. 71 f.

314 Angaben aus www.wikipedia.de (http://de.wikipedia.org/wiki/Heraklit)

315 Jäger, S. 75 ff.

316 Angaben aus www.wikipedia.de (http://de.wikipedia.org/wiki/Irreversibler_Prozess)

317 Aus einem Vorlesungsskript der Universität des Saarlandes, WS 2007/2008 (http://www.uni-saarland.de/fak7/hartmann/files/docs/pdf/teaching/lectures/talks/WS0708/SelbstorganisationFinal.pdf) sowie www.wikipedia.de

318 Jäger, S. 75 ff.

319 Definition aus www.wikipedia.de

320 Rickels et al., S. 41 ff.

321 Rickels et. al., S. 44 ff.

322 Die offizielle Bezeichnung lautet: »Übereinkommen über die Verhütung der Meeresverschmutzung durch das Einbringen von Abfällen und anderen Stoffen« (»Convention on the Prevention of Marine Pollution by Dumping of Wastes and Other Matter«)

323 Rickels et. al., S. 49 ff.

324 Rickels et. al., S. 29 ff.

325 Das deutsche »Gesetz über die Vermeidung und Sanierung von Umweltschäden« (Umweltschadensgesetz - USchadG) vom 10.05.2007 (abrufbar unter https://www.gesetze-im-internet.de/bundesrecht/uschadg/gesamt.pdf) ist die nationale Umsetzung der »EU-Richtlinie 2004/35/EG über Umwelthaftung zur Vermeidung und Sanierung von Umweltschäden«

326 Die Umlaufbahn des Mondes um die Erde ist elliptisch – genau wie diejenige der Erde um die Sonne. Die kleinste Entfernung, die der Mond von der Erde haben kann, liegt bei rund 356.000 Kilometern, die größte bei rund 406.000 Kilometern, jeweils gemessen von Erdmittelpunkt zu Mondmittelpunkt.

327 Im Original vergaß Armstrong vor Aufregung das »a« vor »man«, sodass der Satz im Englischen eine etwas andere Bedeutung bekam: anstatt »für

einen Menschen«, lautete er nun: »für *den* Menschen«; Angabe aus www.wikipedia.de

[328] NASA-Foto mit der Nummer AS8-14-2383HR, abrufbar unter https://www.nasa.gov/content/forty-fifth-anniversary-of-earthrise-image/#.WGG-oi997IU

[329] Bericht der WELT vom 15.10.2013: »Oh Gott, seht euch dieses Bild da an« (https://www.welt.de/wissenschaft/weltraum/article120918160/Oh-Gott-Seht-euch-dieses-Bild-da-an.html)

[330] Zitat aus www.wikipedia.de (https://de.wikipedia.org/wiki/Apollo_8)

[331] Zitat taucht mehrmals im Internet auf und wurde stets Edgar Mitchell zugeschrieben, z. B. unter http://scilogs.spektrum.de/clear-skies/die-erde-von-oben/

[332] Aus dem Blog von Alexander Gerst vom 20.08.2015 unter »Nächster Halt: Mond« (http://blogs.esa.int/alexander-gerst/de/)

[333] NASA-Foto mit der Nummer AS17-148-22727, abrufbar unter http://spaceflight.nasa.gov/gallery/images/apollo/apollo17/html/as17-148-22727.html

[334] NASA-Foto mit der Nummer PIA00452, abrufbar unter https://www.nasa.gov/jpl/voyager/pale-blue-dot-images-turn-25

[335] Aus dem Blog von Alexander Gerst vom 21.10.2014 unter »Ein einzelner Pixel. Der Ursprung des Missionsnamens *The Blue Dot*« (http://blogs.esa.int/alexander-gerst/de/)

[336] ebenda

[337] Aus Freuds »Eine Schwierigkeit der Psychoanalyse« aus dem Jahre 1917 (siehe unter Literatur)

[338] Freuds »Eine Schwierigkeit der Psychoanalyse«, in dem er die These der drei Kränkungen vertrat, erschien 1917, sein »Das Ich und das Es« erst 1923

[339] Lutherbibel, 1. Mose 1, 28

[340] Aus einem Bericht des Tagesspiegel mit dem Titel »Die vierte Kränkung« vom 12.03.2016 (http://www.tagesspiegel.de/wissen/menschliche-computer-die-vierte-kraenkung/13312632.html)

[341] Aus einem Artikel der der Frankfurter Allgemeinen Zeitung »Abschied von der Utopie – Die digitale Kränkung des Menschen« vom 11.01.2014 (http://www.faz.net/aktuell/feuilleton/debatten/abschied-von-der-utopie-die-digitale-kraenkung-des-menschen-12747258.html)

[342] in den »Grenzen des Wachstums«, siehe unter Literatur und Quellen: Meadows, Dennis et. al.

[343] Herrmann, Bernd: »... mein Acker ist die Zeit – Aufsätze zur Umweltgeschichte«, S. 281

[344] Guwak, Barbara; Strolz, Matthias: »Die vierte Kränkung – Wie wir uns in einer chaotischen Welt zurecht finden«, S. 21

[345] ebenda

346 Klingholz, Reiner: »Sklaven des Wachstums – die Geschichte einer Befreiung«, S. 108

347 ebenda

348 Siehe dazu den zweiten Band dieser Buchreihe: Oliver M. Herchen: »DES MENSCHEN ERDE – Band 2«. Er erscheint voraussichtlich im Jahr 2018, näheres ist der Homepage www.des-menschen-er.de zu entnehmen.

349 Diamond, S. 106

350 ebenda

351 Diamond

352 Diamond, S. 104

353 Diamond, S. 120 ff.

354 Diamond, S. 147

355 Neffe, S. 293 ff. sowie Angaben aus www.wikipedia.de

356 Aus zwei Artikeln der ZEIT vom 28.03.3009 mit dem Titel »Warnung an die Welt« (http://www.zeit.de/2009/23/DOS-Osterinsel/komplettansicht) sowie vom 12.04.2006 mit dem Titel »Das Eiland am Ende der Welt« (http://www.zeit.de/2006/16/A-Osterinseln/komplettansicht)